三维地质建模实验教程

吴志春　郭福生　李长圣　李菊红
秦耀祖　马粉玲　周　放　罗建群　编著
吴珍云　李华亮　李增华　郑　翔

地质出版社
·北　京·

内 容 提 要

本实验教程是作者在长期从事三维地质建模研究与实践的基础上编写而成。其内容涵盖了整个三维地质建模流程，共包含十八个实验，分别为：GOCAD 软件简介、工程创建与软件参数设置、建模数据预处理、点集的创建、点集的编辑、线的创建、线的编辑、线的约束-插值处理、面的创建、面的编辑、面的约束-插值处理、区域（Region）的创建与编辑、三维界面模型的创建、三维属性模型的创建、断层和地层工作流建模、矿产资源储量估算、构造建模和网格划分、构造变形数值模拟。

本实验教程可作为地质类专业本科生、专科生实验教材，也可供从事三维地质建模一线工作人员使用。

图书在版编目（CIP）数据

三维地质建模实验教程 / 吴志春等编著. —北京：地质出版社，2024. 4

ISBN 978 - 7 - 116 - 14112 - 4

Ⅰ. ①三… Ⅱ. ①吴… Ⅲ. ①三维-地质模型-建立模型-教材 Ⅳ. ①P628

中国国家版本馆 CIP 数据核字（2024）第 087745 号

SANWEI DIZHI JIANMO SHIYAN JIAOCHENG

责任编辑： 徐 洋
责任校对： 田建茹
出版发行： 地质出版社
社址邮编： 北京市海淀区学院路 31 号，100083
电　　话：（010）66554646（邮购部）；（010）66554582（编辑室）
网　　址： https://www. gph. clmpg. com
印　　刷： 北京印匠彩色印刷有限公司
开　　本： 787mm×1092mm 1/16
印　　张： 18. 25
字　　数： 441 千字
版　　次： 2024 年 4 月北京第 1 版
印　　次： 2024 年 4 月北京第 1 次印刷
定　　价： 48. 00 元
书　　号： ISBN 978 - 7 - 116 - 14112 - 4

前　言

三维地质建模是在地质体空间结构分析的基础上，运用计算机技术，建立可供展示、编辑、计算与输出于一体的三维可视化地质模型的过程。三维地质建模技术的研究始于20世纪70年代，近十余年来，该技术得到了快速发展，现已广泛应用于地下水资源调查、地质灾害防治、水利工程建设、城市地下空间开发利用、油气勘探、矿山建设、地质矿产勘查、深部资源探测等领域。目前，国内外常用的建模软件主要有Surpac、Vulcan、Micromine、MVS、MineSight、Petrel、GOCAD、GeoModeller、Datamine、3D Move、Leapfrog Geo等，其中GOCAD软件具有建模速度快、精度高、操作简单、功能强大等优点，在国内外应用广泛，具有较大影响力。运用上述各类软件进行三维地质建模的操作流程大致相同，现选用GOCAD软件作为本教程的实验软件，同时增加了Micromine软件三维资源储量估算、Abaqus软件构造变形数值模拟等实验内容，以便让学生更好地掌握三维地质建模的基本流程，起到举一反三的作用。

在多年相关科研与教学的基础上，作者编写了本实验教程。本书涵盖GOCAD软件的简介，建模数据的预处理，点集、线、面的创建与编辑，约束-插值建模技术、模型构建、三维资源储量估算、构造变形数值模拟等内容。按三维地质建模流程的先后顺序，本书共分为十八个实验：

（1）GOCAD软件简介：主要包括GOCAD软件的发展历史、特征及视窗布局。

（2）工程创建与软件参数设置：主要包括新建工程、打开已有工程、编辑工程等操作；查看工程初始参数设置、解除工程“锁”、另存工程中的对象、从已有工程中添加对象、将工程中的部分对象另存为一个工程等操作；工作目录、字体属性信息、撤消操作次数、数据处理缓存路径等设置。

（3）建模数据预处理：主要包括地形、遥感影像、地质图、地质剖面图、钻孔、散点等数据预处理及导入GOCAD软件。

（4）点集的创建：主要包括根据点集、线、面、钻孔、SGrid、Voxet、2D-Grid等对象创建点集；根据对象区域（Region）创建点集；矢量化创建点集。

（5）点集的编辑：主要包括点集的移动、旋转；点集的节点（Node）编辑；点集的部分（Part）、区域（Region）操作。

（6）线的创建：主要包括创建点集的包络线；根据面、钻孔、向量、通道（Channel）、2D-Grid等对象创建线；矢量化创建线。

（7）线的编辑：主要包括线的移动、旋转；线的节点（Node）、线段（Segment）编辑；过滤线中的线段、加密线中节点、断开线等编辑；线的部分（Part）、区域（Region）操作。

(8) 线的约束-插值处理：主要包括几何控制节点、属性控制节点约束；点对线的约束；约束的删除、激活、冻结、方向修改等；线几何形状、属性插值处理。

(9) 面的创建：主要包括根据点集、线、面、钻孔、Model3d、SGrid、线框模型、2D-Grid、Voxet、通道（Channel）、Solid、平面网格等对象创建面；根据线和向量创建面；矢量化创建面。

(10) 面的编辑：主要包括面的移动、旋转、裁剪等操作；面的节点（Node）、三角网（Triangle）、端点（Extremity）、边界等编辑；三角网抽稀、加密、优化、美化等操作；面的部分（Part）、区域（Region）操作。

(11) 面的约束-插值处理：主要包括几何控制节点约束、属性控制节点约束；点、线对面的几何形状约束、面边界约束、面的边界对面的端点约束；约束的删除、激活、冻结、方向修改等操作；面几何形状、属性插值处理。

(12) 区域（Region）的创建与编辑：主要包括点集、线、面的区域（Region）创建与编辑。

(13) 三维界面模型的创建：主要包括地质界面组合生成三维界面模型、创建 Model3d 模型。

(14) 三维属性模型的创建：主要包括属性表、空白 SGrid、SGrid 区域（Region）、SGrid 属性名称等的创建和赋予 SGrid 属性信息。

(15) 断层和地层工作流建模：主要包括断层和地层工作流建模的基本流程。

(16) 矿产资源储量估算：主要包括运用 SKUA-GOCAD 软件平台提供的克里金插值法和 Micromine 软件平台提供的距离反比加权法进行矿产资源储量估算。

(17) 构造建模和网格划分：主要包括 Model3d 模型的构建和模型的网格划分。

(18) 构造变形数值模拟：主要包括运用 Abaqus 软件进行构造变形数值模拟。

参加撰写工作的有吴志春、郭福生、李长圣、李菊红（帕拉代姆技术（北京）有限公司）、秦耀祖、马粉玲、周放（中国地质调查局成都地质调查中心）、罗建群（核工业二七〇研究所）、吴珍云、李华亮、李增华、郑翔（江西应用技术职业学院）等，在撰写过程中还得到许德如、张树明、时国、刘林清、朱志军、李祥、周万蓬、张夏林（中国地质大学（武汉））、李丰丹（中国地质调查局自然资源综合调查指挥中心）、楼法生（江西省地质调查勘查院）、夏时斌（中国地质调查局成都地质调查中心）、任国刚（江西应用技术职业学院）、徐荣华（江西省地质调查勘查院）、李英鸿（重庆地质矿产研究院）、祝一丹、李斌、国振、李宏达、朱素芹、池禹等的帮助，在此致以衷心的感谢！

本书的出版得到东华理工大学教材建设基金、东华理工大学一流学科建设经费资助。

由于作者知识水平有限，本书可能还存在着许多错误和不足，恳请读者批评指正。

作者

2024 年 1 月 20 日

目　　录

实验一　GOCAD 软件简介

一、实验目的和要求

（一）实验目的

通过讲解 GOCAD 软件的发展历史和特征，介绍软件视窗布局，演示工具条显示、隐藏等设置操作，让学生学习和掌握 GOCAD 软件的基本操作和功能，更好地理解和应用该软件，同时为后续实验做准备。

（二）实验要求

了解 GOCAD 软件发展历史和软件特征。

熟悉 GOCAD 软件主要功能组成。

掌握 GOCAD 软件视窗布局；掌握工具条显示、隐藏的操作。

（三）软件

GOCAD 软件。

二、实验内容

（一）软件发展历史

1989 年，法国 Nancy 大学的 J. L. Mallet 教授提出了用于曲面建模的离散光滑插值（Discrete Smooth Interpolation，DSI）技术。同年，多所高校和企业联合成立了以 DSI 技术为核心的建模技术攻关联合体（以下简称“联合体”），致力于研发一套适用于石油、气藏、矿山、环境工程等领域的三维地质建模软件。20 世纪 90 年代，联合体利用 C 语言开发出初代 GOCAD（Geological Object Computer Aided Design）软件，随后在数家公司的支持下用 C++语言重新进行了编译。1998 年，Earth Decision Seciences 公司开始对 GOCAD 软件进行商业化推广，并成立了 T-SURF 子公司负责软件的开发、维护和技术支持。2004 年，J. L. Mallet 教授在 GOCAD 软件的基础上，又提出了地质年代学模型（Geo-Chronological model 或 GeoChron model）的概念，并研发了（古地理）坐标转换（UVT Transform）技术，该技术在保证地质数据解译一致性的前提下，更能精确地构建地下三维地质模型。2006 年，帕拉代姆（Paradigm）公司收购了 T-SURF 公司，并开始使用 GOCAD 软件自带的开发工具模块对软件进行开发。2007 年，帕拉代姆公司在 GOCAD 软件的基础之上推出了新一代基于 UVT 地质沉积空间的三维地质建模软件 SKUA（Subsurface Knowledge Unified Approach）。相比于 GOCAD 软件，SKUA 软件不仅提高了油藏建模的速度和真实三维模拟地下沉积状态，还提供了全局解释、真三维地震古拉平、断裂概率计算等功能。2011年，帕拉代姆公司推出基于Epos数据库平台的SKUA软件，实现了SKUA与其他产品的数据共享。2013年，帕拉代姆公司将GOCAD软件与SKUA软件合并，推出SKUA-GOCAD软件，现该软件已广泛应用于地球物理学、地质学、储层建模、油藏工程模拟网格、地质力学等领域。

（二）软件特征

GOCAD软件是以工作流程为核心的地质建模软件。该软件实现了高水平的半智能化建模，具有功能强、界面友好、易学易用等优点，并能在几乎所有的硬件平台上运行。与其他三维地质建模软件相比，该软件具有以下显著特征。

1. 真三维地质建模

采用*UVT*坐标转换技术进行三维地质建模，能综合应用地下多源信息，充分考虑建模区的断裂系统，同时进行地层界面与断层网格的建模。

2. 准确建模

*UVT*坐标转换技术，为解译的地震界面赋予了地下地质意义。应用这种古地理网格，建模人员可对地质目标、储层参数及储层属性建立真实沉积环境下的三维模型，而不是在现今几何形态或古几何形态发生变形的条件下建立三维地质模型。同时，该建模软件可以构建复杂（地层、断裂）三维地质模型。

GOCAD软件提供了一种角点（corner point）网格来刻画断裂构造系统，该网格可以快速实现柱状（pillar）网格或阶梯状（stair-step）网格（横向交互近似垂直的柱状网格）转换。由于储层建模与数值模拟建模对网格的要求不一样，基于柱状网格的建模软件只能输出一种网格，不能很好地满足这两种建模的要求。GOCAD软件提供的网格能生成两种不同的网格，满足不同生产阶段的建模需求，具体采用哪种网格取决于建模人员的实际需要。

3. 快速建模

GOCAD软件的建模速度快。一是能自动生成断层模型，断层之间的关系自动产生，较大程度减少了人工参与修改的工作量；二是能自动生成不存在层位间交叉现象的地层模型，避免了常规建模软件层位相互交叉的现象；三是能应用新增地质数据快速对三维地质模型进行更新、修改。

（三）软件视窗布局

GOCAD软件视窗界面（图1.1）主要由七个部分组成。

1. 菜单栏

菜单栏（图1.1①）包括七个下拉菜单项，分别是File、Edit、View、Applications、Windows、Commands和Help。File下拉菜单主要用于管理工程文件和对象数据，以及输入、输出数据等；Edit下拉菜单主要用于编辑工程对象和群组数据等；View下拉菜单主要用于管理主界面、视图和面板等；Applications下拉菜单主要用于工程属性的统计分析和快速建模的向导；Windows下拉菜单主要用于管理和控制3D视图窗口；Commands下拉

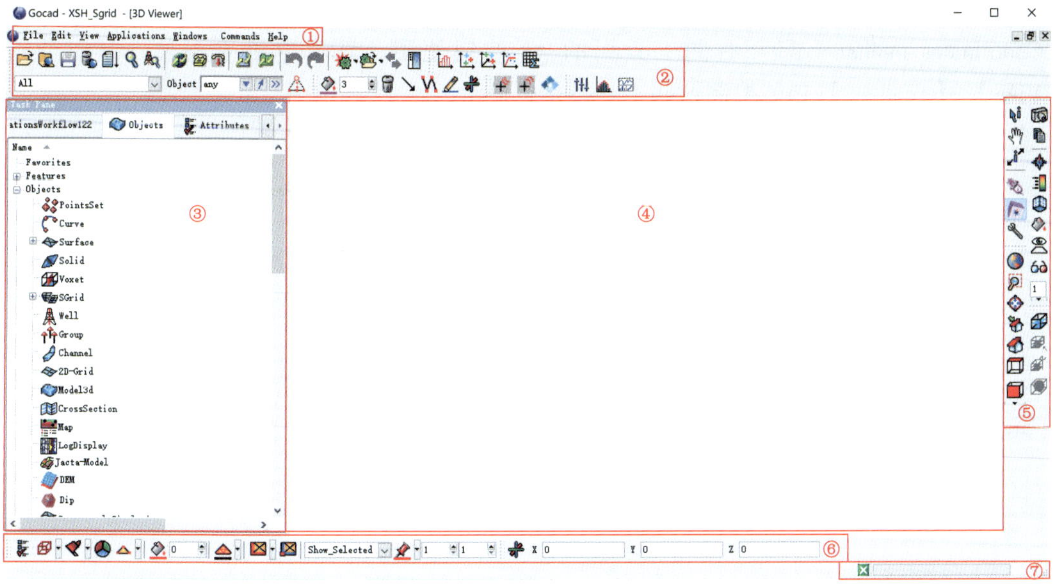

图 1.1　GOCAD 软件视窗界面

①菜单栏；②顶部工具栏；③任务面板；④3D 视图；⑤右侧工具栏；⑥底部工具栏；⑦状态栏

菜单主要用于对象建模，在下拉菜单中选择建模对象后，此项就替换为建模对象；Help 下拉菜单主要用于获取相关帮助信息。

2. 顶部工具栏

顶部工具栏（图 1.1②）包含六个部分，分别是 Main toolbar、Application toolbar、Digitization/Editing toolbar、Annotation toolbar、Jacta toolbar 和 OpenSpirit toolbar。顶部工具栏都是关于文件、工程的相关操作的快捷按钮。可以通过【View】→【Toolbars】功能控制这些工具条是否显示。

3. 任务面板

任务面板（图 1.1③）包括工作流（Workflows）、对象（Objects）、属性（Attributes）等标签。当创建工作流后，任务面板中会出现工作流名称的标签。这些标签都是活动的，可以通过长按鼠标左键拖动标签进行位置调整，也可以取出成为一个单独的对话框。三维地质建模、创建工作流、对象的可视化、数据分析等操作都可在该任务面板中实现。

4. 3D 视图

3D 视图（图 1.1④）用于显示二维和三维对象。菜单栏的 Windows 下拉菜单可以控制 3D 视图窗口的样式，视图中内容的显示方式受右侧工具栏的快捷按钮控制。

5. 右侧工具栏

右侧工具栏（图 1.1⑤）包括四个部分，分别是 Camera Tools toolbar、Camera View toolbar、Camera Snapshot and Options toolbar 和 Slicer toolbar，主要用于操作、管理 3D 视图中显示的内容。可以通过【View】→【Toolbars】功能控制这些工具条是否显示。

6. 底部工具栏

底部工具栏（图 1.1⑥）包括 Attribute toolbars 和 Coordinates toolbar 两个部分，属性

工具条（Attribute toolbars）配合任务面板使用，设置对象显示的属性信息；坐标工具条（Coordinates toolbar）配合右侧工具栏的 按钮使用，显示三维坐标值。可以通过【View】→【Toolbars】功能控制这些工具条是否显示。

7. 状态栏

状态栏（图 1.1⑦）的主要作用是显示工程的控制信息和任务执行进度等。

实验二　工程创建与软件参数设置

一、实验目的和要求

（一）实验目的

学习 GOCAD 软件工程创建流程和常用参数设置，进一步熟悉软件界面和工具。培养学生动手能力和解决实际问题能力，学会如何有效地使用软件工具提高工作和学习效率，并为后续更高级的学习和实践打下坚实的基础。

（二）实验要求

了解 GOCAD 软件工作目录、字体属性信息、撤消操作次数、数据处理缓存路径等设置。

熟悉查看工程初始参数设置、另存工程中的对象、从已有工程中添加对象、将工程中的部分对象另存为一个工程等操作。

掌握 GOCAD 软件新建工程、打开已有工程、解除工程“锁”等操作。

（三）软件

GOCAD 软件。

二、实验内容

（一）新建工程

双击 GOCAD 软件图标，弹出“Open Existing or New Project”（打开或新建工程）对话框（图 2.1）。在对话框中，单击“New Project”按钮，在弹出的对话框中选择工程存放的路径，并给新建工程命名。整个路径和创建的工程名中只包含字母和数字，不能出现汉字和特殊符号。单击“Open Existing or New Project”对话框中的“OK”按钮，弹出“Project Modules Selector”（功能模块选择）对话框（图 2.2）。

在“Project Modules Selector”对话框中，点击“Select All”按钮，自动勾选所有模块。单击“OK”按钮，弹出“Initialize Project Units”（初始化工程参数设置）对话框（图 2.3）。

在“Initialize Project Units”对话框的“Projection name”栏中输入工程名称，“Area units”栏选择“Meters”单选按钮，“Depth unit”栏选择“Meters”单选按钮，“Time unit”栏选择“Milliseconds”单选按钮（因未涉及地震数据，保留原选项），“Depth axis positive values”栏选择“Upward”单选按钮，“Preferred z-axis”栏选择“Depth”单选按

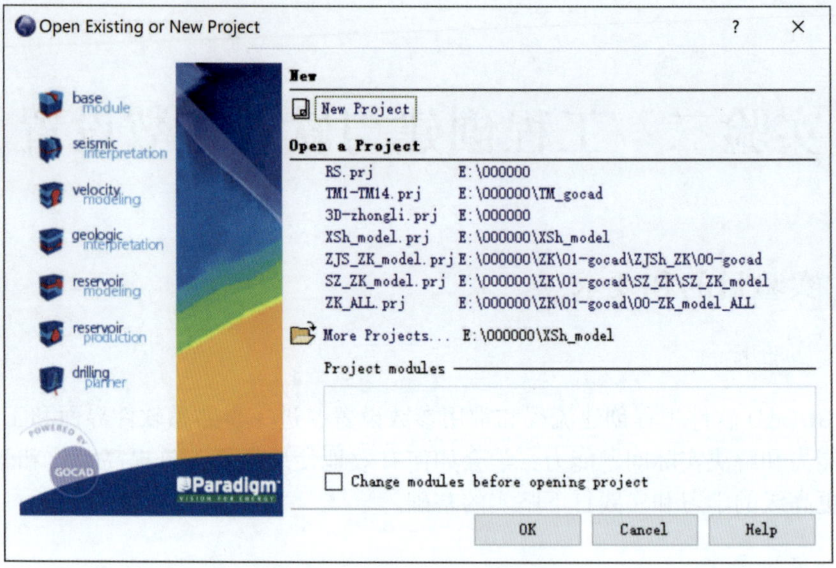

图 2.1　打开或新建工程对话框

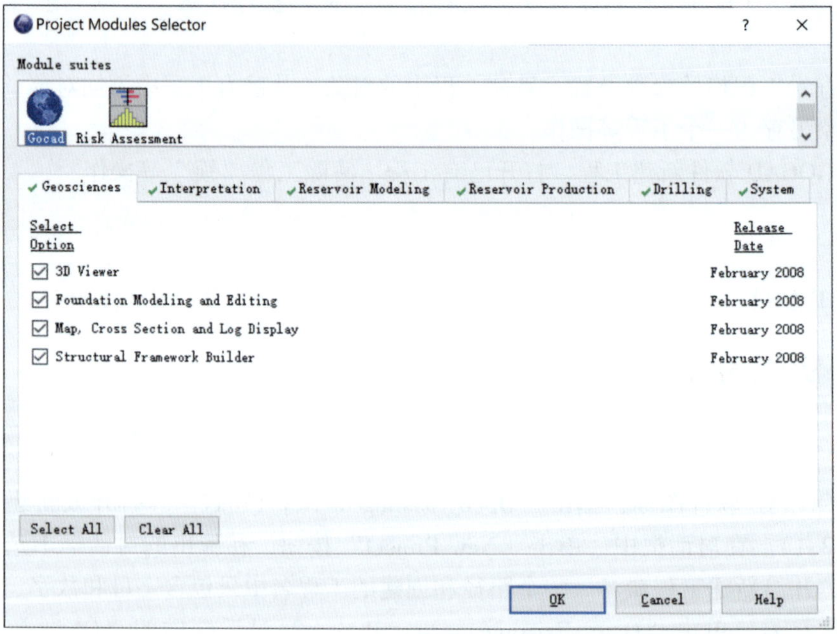

图 2.2　功能模块选择对话框

钮。单击“OK”按钮，工程创建完成，进入视窗。工程的坐标系和椭球参数与第一次导入工程中的数据的坐标系与椭球参数相一致。

（二）打开已有工程

在“Open Existing or New Project”对话框（图 2.1）的“Open a Project”栏中选择需要打开的工程名称，单击“OK”按钮即可。如果“Open a Project”栏没有出现需要打开的工程名称，可单击“More Projects”选项，通过路径选择打开工程。

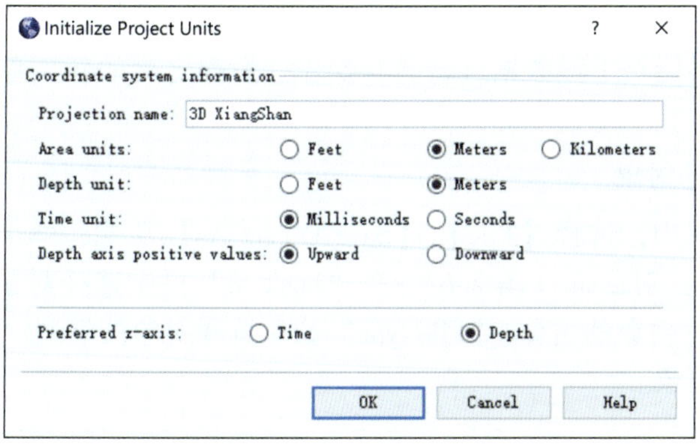

图 2.3　初始化工程参数设置对话框

（三）编辑工程

1. 查看工程初始参数设置

在视窗下拉菜单中，选择【File】→【Project Properties】功能，打开“Project Information”（工程信息）对话框（图 2.4），查看工程初始参数设置。

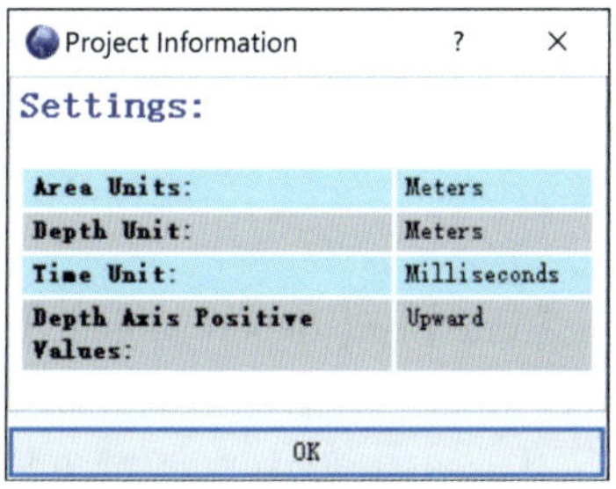

图 2.4　工程信息对话框

2. 解除工程“锁”

无法对已操作的工程进行保存时，需要在视窗中选择【File】→【Locks Manager】功能，在弹出的“Locks Manager”（工程“锁”管理）对话框（图 2.5）中单击鼠标左键选中所有“锁”的选项，然后点击“Delete Locks”按钮删除这些被选中的“锁”。当工程

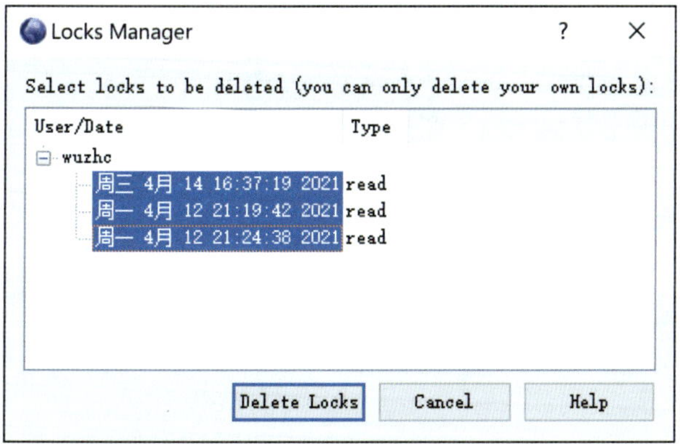

图 2.5　工程“锁”管理对话框

数据拷贝至不同电脑中操作时，存在无法解除工程“锁”的问题，此时可通过【File】→【Save Project As】功能对工程数据进行另存操作，另存之后的新工程可对工程“锁”进行删除。

3. 另存工程中的对象

在视窗下拉菜单中，选择【File】→【Save Object As】功能，弹出“Save Objects As”（另存工程中的对象）对话框（图 2.6）。在“Look in”栏中选择对象保存的路径，“File name”栏中输入保存对象的名称，“File type”栏中选择对象的类型，“Objects to save”栏中选择需要保存的对象。

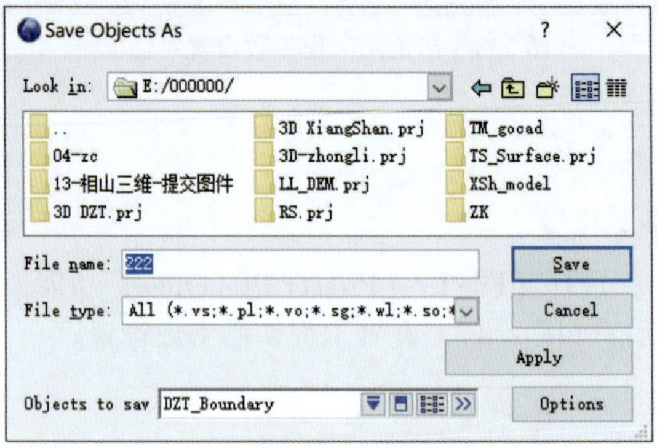

图 2.6　另存工程中的对象对话框

4. 从一个工程中添加对象

在视窗下拉菜单中，选择【File】→【Import Object from Project】功能，在弹出的“Choose a Project to Import Objects From”对话框中选择需要从哪个工程中添加对象，再弹出“Choose Objects to Import”（从一个工程中选择对象导入另一个工程）对话框（图 2.7）。单击“Name”“Type”选项后，可对这些列的内容进行排序，以方便选择需要导

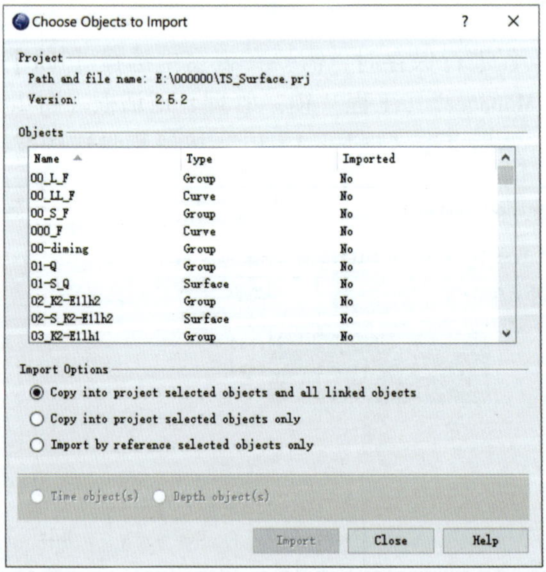

图 2.7　从一个工程中选择对象导入另一个工程对话框

入的对象。在“Objects”列表中，可长按 Ctrl 键，然后单击鼠标左键即可选择需要添加的对象。在“Import Options”中选择“Copy into project selected objects and all linked objects”单选按钮，然后单击“Import”按钮完成对象的添加。

5. 将工程中的部分对象另存为一个工程

在视窗下拉菜单中，选择【File】→【Save Selection as New Project】功能，弹出“Save Selection as New Project”（将选中的对象另存为一个新工程）对话框（图 2.8）。在“Look in”栏中选择工程保存的路径，“File name”栏中输入保存工程的名称，“File type”栏中选择工程的类型，“Objects to save”栏中选择需要保存的对象。同时，需要勾选“Save linked objects”复选框。

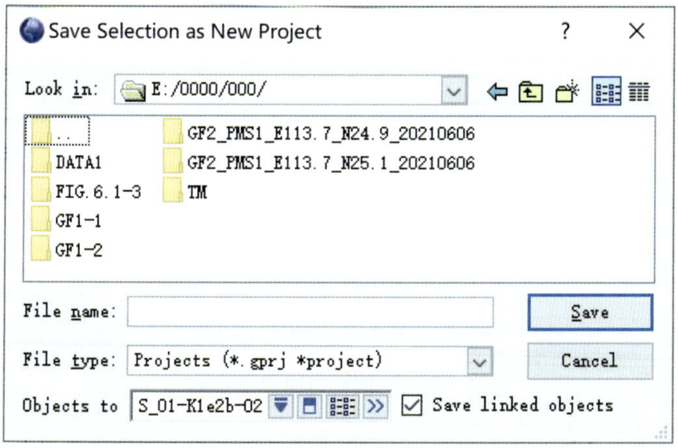

图 2.8　将选中的对象另存为一个新工程对话框

（四）软件参数设置

1. 工作目录设置

在视窗下拉菜单中，选择【Edit】→【Preferences】功能，弹出“Preferences”（工作目录设置）对话框（图 2.9）。在“Preferences”对话框中，选择“General”选项卡，在“Default working folder for finding and saving objects and projects”栏中选择工作目录路径。设置后，执行打开路径时，软件默认打开已设置的路径。

2. 字体属性信息设置

在“Preferences”对话框中，选择“Appearance”选项卡，显示字体属性信息设置对话框（图 2.10），此时在“Font”栏中单击“Change...”按钮，弹出“Select Font”（字体属性设置）对话框（图 2.11）。在“Select Font”对话框中设置需要显示的字体类型、大小、效果等信息。

3. 撤消操作次数和数据处理缓存路径设置

在“Preferences”对话框中，选择“Advanced”选项卡，显示“撤消操作次数和数据缓存路径设置”对话框（图 2.12）。在该对话框中，如果勾选了“Undo”栏的“Disable the undo functionality”复选框，则软件操作过程中无法进行撤消操作；如果未勾选该复选

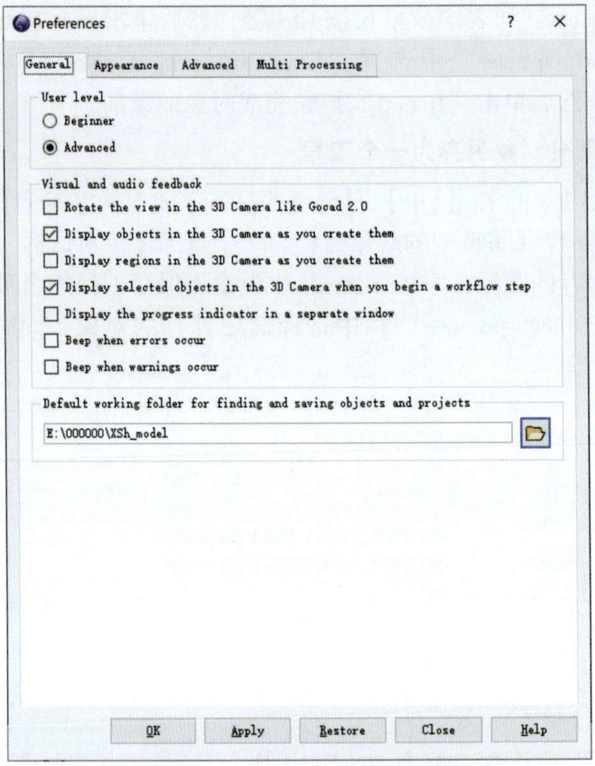

图 2.9　工作目录设置对话框

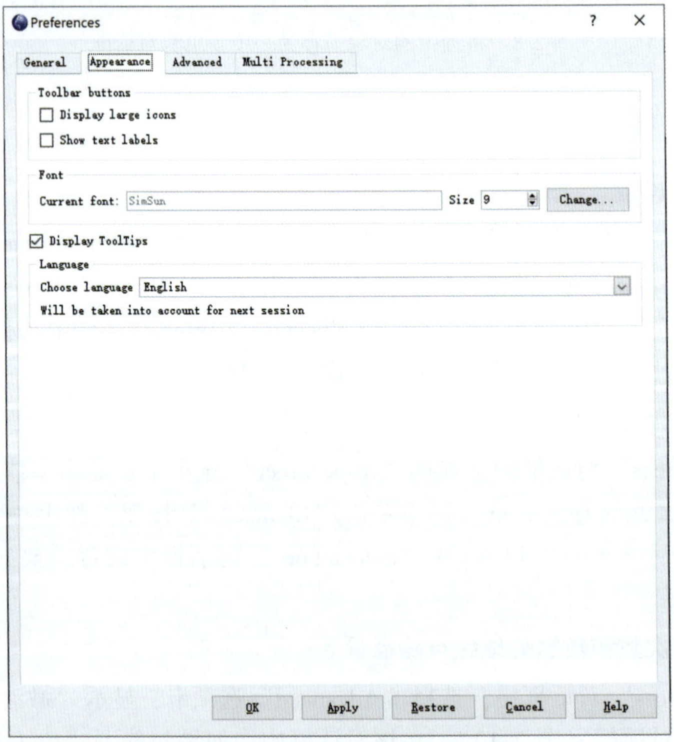

图 2.10　字体属性信息设置对话框

框，则可以设置撤消操作的次数。此外，需勾选“Use this path for storing temporary files for projects and grids”复选框，在下方的空白框中设置数据处理缓存的路径，但该路径目录不宜过深，且路径目录所在硬盘的剩余存储量要尽可能大。

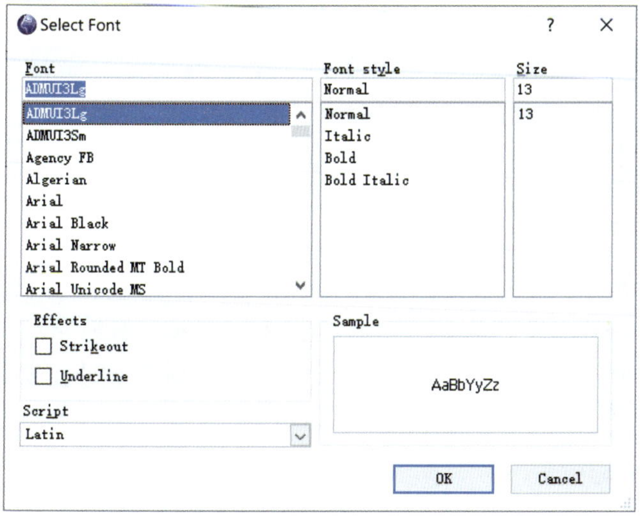

图 2.11　字体属性设置对话框

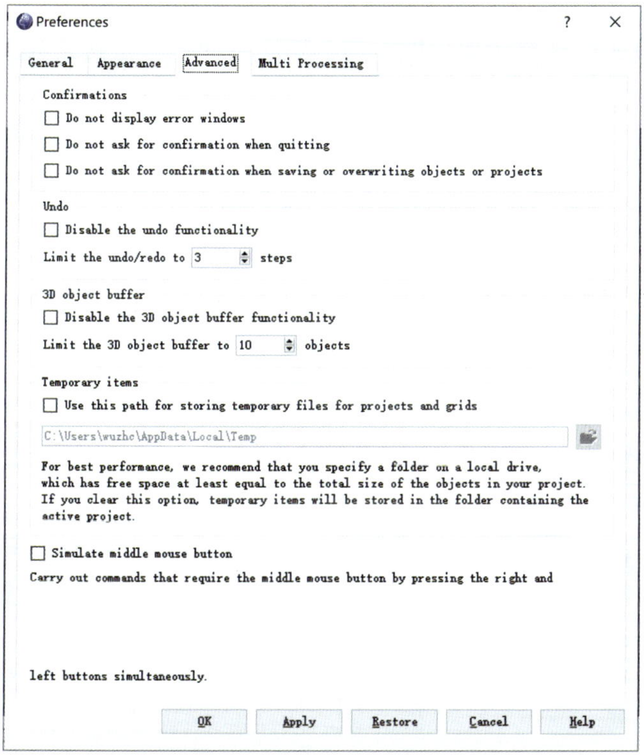

图 2.12　撤消操作次数和数据缓存路径设置对话框

实验三 建模数据预处理

一、实验目的和要求

（一）实验目的

学习如何将各种原始建模数据转换成 GOCAD 软件能读取和使用的数据，数据预处理步骤主要包含属性修改、投影变换、几何校正、格式转换、数据导入、空间定位等过程。让学生掌握建模数据预处理的关键步骤，确保后续的数据处理和三维建模过程更加准确、高效，并能更好地从建模数据中提取有用信息。

（二）实验要求

了解三维矢量地质图的制作。

熟悉地形数据、遥感影像的预处理操作；熟悉遥感影像、地质图的几何校正操作。

掌握将地形数据、遥感影像、地质图、地质剖面图、钻孔、散点数据等数据导入 GOCAD 软件的操作。

（三）软件

MapGIS、ERDAS IMAGINE（或 ENVI）、GOCAD 软件。

二、实验内容

（一）地形数据

下文以 1∶50000 矢量化地形图（椭球参数为 2000 国家大地坐标系，CGCS2000）为例介绍地形数据的预处理步骤。

1. 将等高线的线型统改为实线，颜色统改为黑色

在 MapGIS 软件中选择【图形处理】→【输入编辑】模块，下拉菜单中选择【线编辑】→【参数编辑】→【统改线参数】功能，弹出“MAPCAD/MAPGIS 线参数替换”对话框（图 3.1）。在对话框中的“替换结果”列中，勾选“线型”和“线颜色”复选框，再选择对应的参数将等高线的线型统改为实线，颜色统改成黑色。该处理的目的是防止在数据格式转换过程中丢失数据。

2. 修改等高线的属性名称

GOCAD 软件无法读取汉字和特殊符号。当等高线的高程属性名称中存在汉字或特殊符号时，需要对其进行修改。在 MapGIS 软件中选择【图形处理】→【输入编辑】模块，下拉菜单中选择【线编辑】→【参数编辑】→【编辑线属性结构】功能，弹出“编辑属性结构”对话框（图 3.2），并将对话框中的高程属性名称修改为英文字母“altitude”。

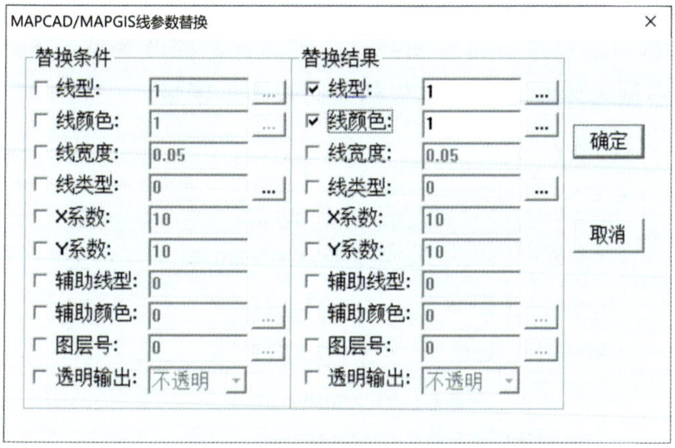

图 3.1　MAPCAD/MAPGIS 线参数替换对话框

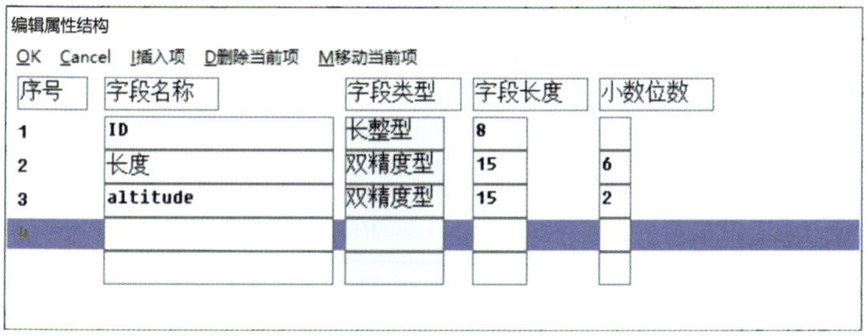

图 3.2　编辑属性结构对话框

3. 投影变换，修改比例尺和投影参数

修改等高线的比例尺、投影参数等信息，与建模工程保持一致。在 MapGIS 软件中选择【实用服务】→【投影变换】模块，下拉菜单中选择【投影变换】→【成批文件投影变换】功能，弹出“多个文件或整个目录投影转换”对话框（图 3.3）。

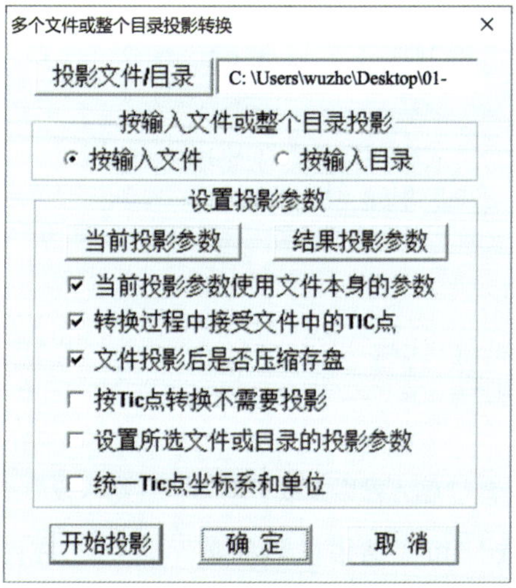

图 3.3　“多个文件或整个目录投影转换”对话框
可进行成批文件的投影变换

点击“投影文件/目录”按钮，选择等高线所在目录。单击“当前投影参数”按钮，弹出“输入投影参数”对话框（图 3.4）。在“输入投影参数”对话框中，根据地形数据的比例尺、椭球参数等信息进行相应的修改。椭球参数修改为北京 54，比例尺分母修改为 50000，投影带类型选择 6 度带，填写相应的投影带序号。

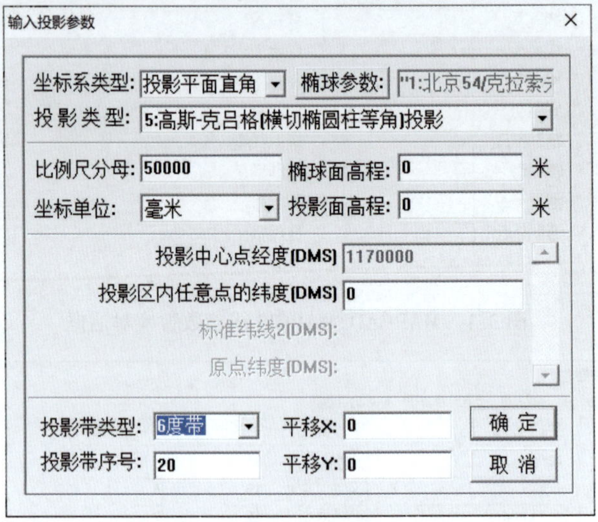

图 3.4 “输入投影参数”对话框（当前投影参数）

点击“结果投影参数”按钮，弹出“输入投影参数”对话框（图 3.5）。在对话框中，根据建模工程的比例尺、椭球参数等信息进行相应修改。椭球参数修改为 2000 国家大地坐标系（CGCS2000），比例尺分母修改为 1000，投影带类型选择 3 度带，填写相应的投影带序号。

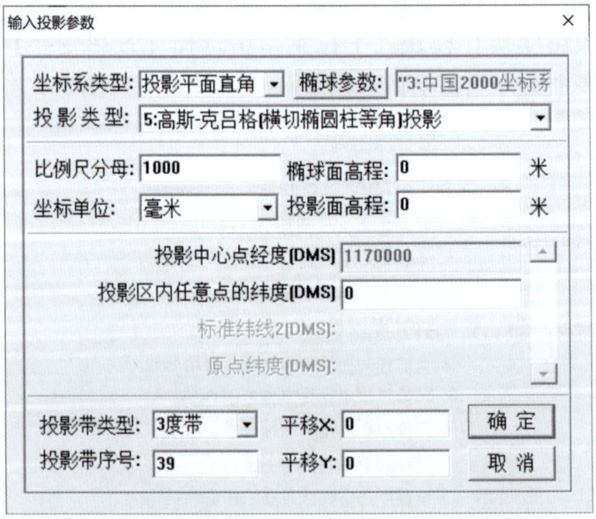

图 3.5 “输入投影参数”对话框（结果投影参数）

设置完“当前投影参数”和“结果投影参数”之后，在图 3.3 对话框中点击“开始投影”按钮执行对地形图投影变换功能。

6 度带和 3 度带对照图如图 3.6 所示。根据经度计算 6 度带和 3 度带的带号方法如下：

具体步骤如图 3.8 所示。在“Import Image as Voxet”对话框中的“File name”栏中选择遥感影像所在的路径，然后单击“OK”按钮加载影像。

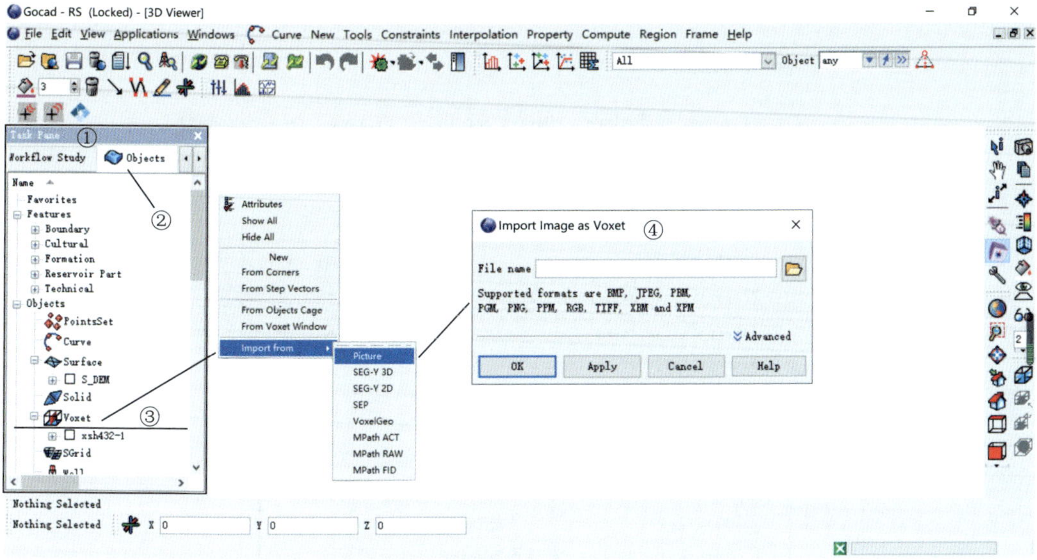

图 3.8 遥感影像图导入 GOCAD 软件步骤

①“Task Pane”面板；②“Objects”选项卡；③“Voxet”对象；④“Import Image as Voxet”对话框

4. 遥感影像空间定位

遥感影像图导入 GOCAD 软件之后，遥感影像空间位置并不准确，需要在 GOCAD 软件中进一步进行空间定位。在“Task Pane”面板中选择“Objects”选项卡，展开“Voxet”对象，鼠标右击已导入的遥感影像，选择“Resize with Points”选项，弹出“Resize Voxet with Points”（空间定位）对话框（图 3.9）。在对话框的“Origin:”栏和“Point_w:”栏中输入影像图的左上角坐标，“Point_u:”栏中输入影像图的右上角坐标，“Point_v:”栏中输入影像图的左下角坐标。上述四栏中输入的“z”值可以为任意值，但应相同。

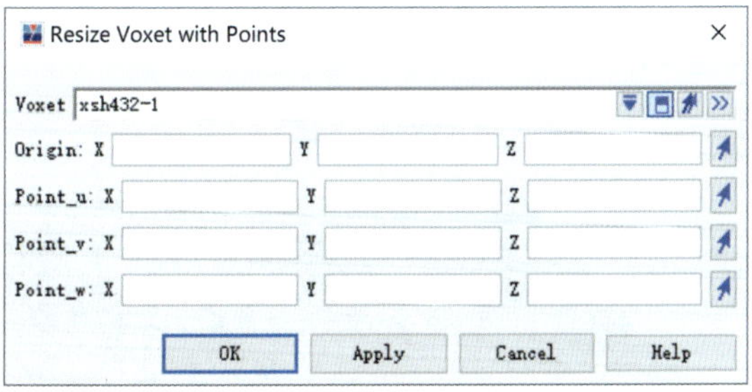

图 3.9 空间定位对话框

5. 将遥感影像设置成 DEM 的纹理

遥感影像图设置为 DEM 的纹理，DEM 便成为含有遥感影像信息的三维图。在“Task Pane”面板中选择“Objects”选项卡，展开“Surface”对象，用鼠标右击 DEM 面，选择“Attributes”选项，弹出“Attributes S_DEM”（面纹理属性设置）对话框（图 3.10），在属性对话框中选择“Texture”选项卡。在“Draping”栏中勾选“Visible”和“Precise”

复选框，“Voxet”栏和“Property”栏中选择遥感影像图的名称。也可以在“Task Pane”面板中选择“Attributes”选项卡进行相同的设置。将遥感影像作为 DEM 的纹理之后，DEM 面将被隐藏，此时只显示三维遥感影像图（图 3. 11）。

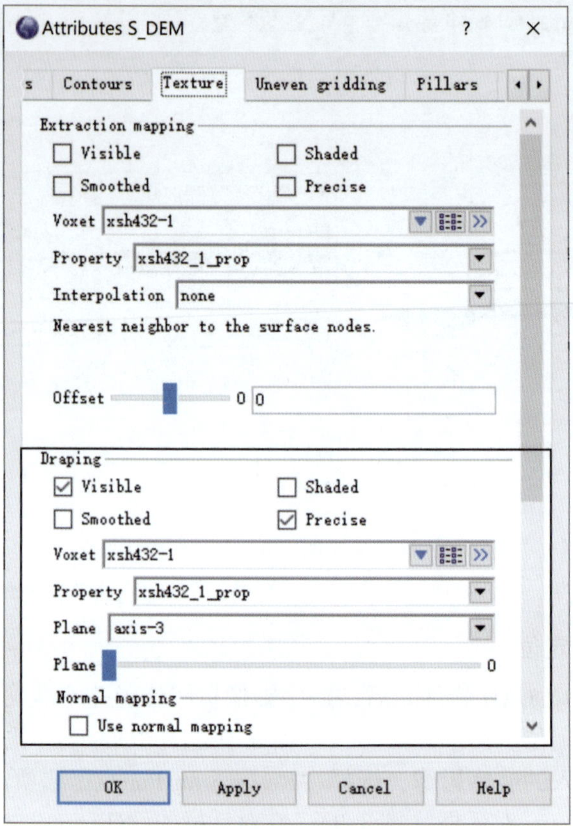

图 3. 10　面纹理属性设置对话框

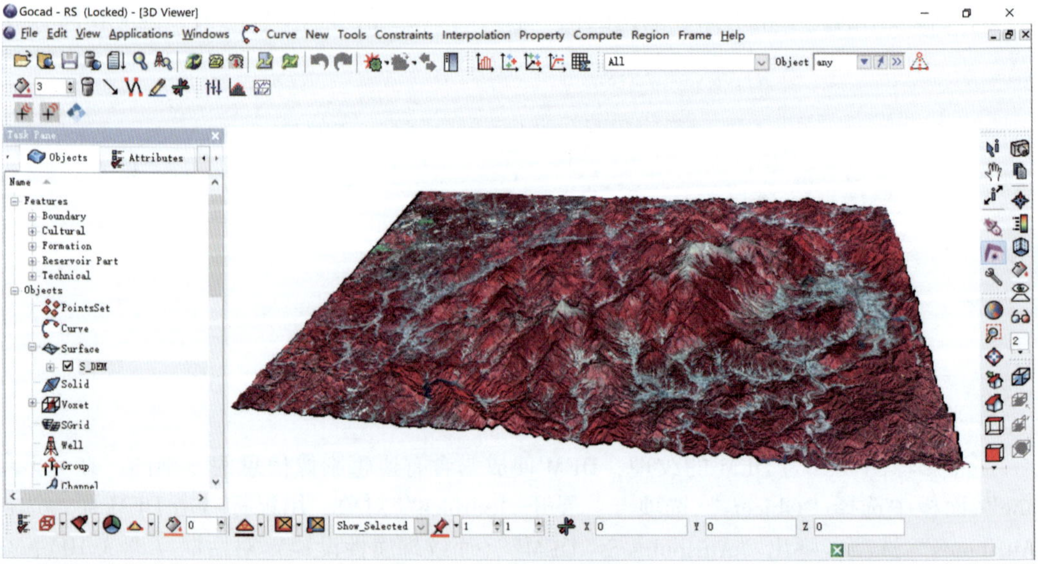

图 3. 11　三维遥感影像图

(三) 地质图

地质图分为栅格和矢量两种格式，其中栅格地质图的处理方法与遥感影像图的处理方法基本相同。栅格图件和矢量图件的具体处理方法如下。

1. 栅格地质图几何校正步骤

(1) 生成图框

在 MapGIS 软件中选择【实用服务】→【投影变换】模块，在视窗下拉菜单中选择【投影变换】→【绘制投影经纬网】功能，弹出创建图框对话框（图 3.12）。

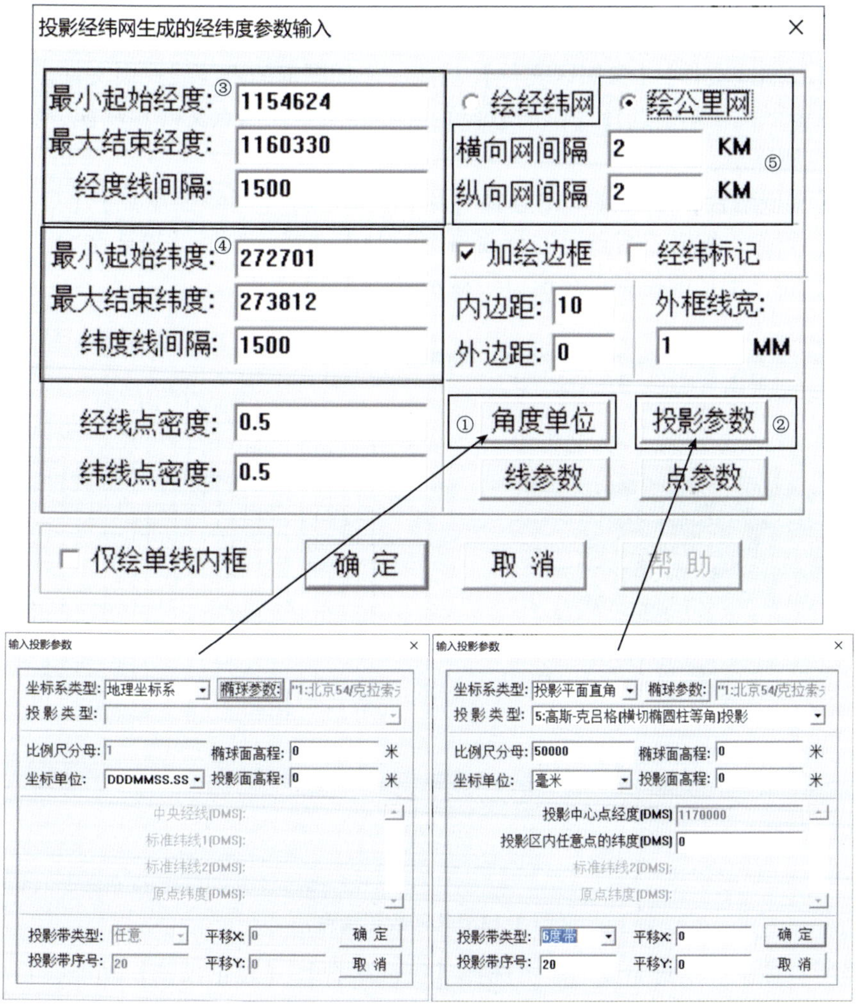

图 3.12　创建图框对话框

单击“角度单位”按钮（图 3.12①处），弹出角度单位“输入投影参数”对话框。在弹出的对话框中，“坐标系类型”选择“地理坐标系”，“坐标单位”选择“DDDMMSS.SS”；单击“投影参数”按钮（图 3.12②处），弹出投影参数“输入投影参数”对话框。在弹出的对话框中，“坐标系类型”选择“投影平面直角”，“椭球参数”选择“北京 54”，“比例尺分母”栏输入“50000”，“投影带类型”选择“6 度带”，“投影带序号”栏输入相应的带号（带号需根据图幅中心经度获得）；在图3.12③处，分别输入图幅的最小起始经度、最大结束经度和经度线间隔；在图3.12④处，分别输入图幅的最小起始纬度、最大结束纬度和纬度线间隔；在图3.12⑤处，选择“绘公里网”单选按钮，并根据地质图中的网格间隔公里数在“横向网间隔”“纵向网间隔”中输入合理的数值。

（2）几何校正

运用生成的图框对地质图进行逐格网几何校正，具体包括以下八个关键步骤：

1）在MapGIS软件中选择【图象处理】→【图象分析】模块，下拉菜单中选择【文件】→【数据输入】功能，将.jpg格式或.tif格式的地质图转换成.msi格式。

2）在视窗下拉菜单中选择【文件】→【打开影像】功能，打开.msi格式的地质图。

3）在视窗下拉菜单中选择【镶嵌融合】→【打开参照文件】功能，再分别选择【参照点文件】【参照线文件】【参照区文件】功能，添加图框的点、线、面文件。

4）在视窗下拉菜单中选择【镶嵌融合】→【删除所有控制点文件】功能，将原来默认的4个控制点删除。

5）在【镶嵌融合】下拉菜单中选择【添加控制点】【删除控制点】【更新控制点】等功能增加、删除、编辑控制点，进行逐格网控制点选择。选择【镶嵌融合】→【控制点浏览】功能，将已增加的控制点在窗口中显示（图3.13）。

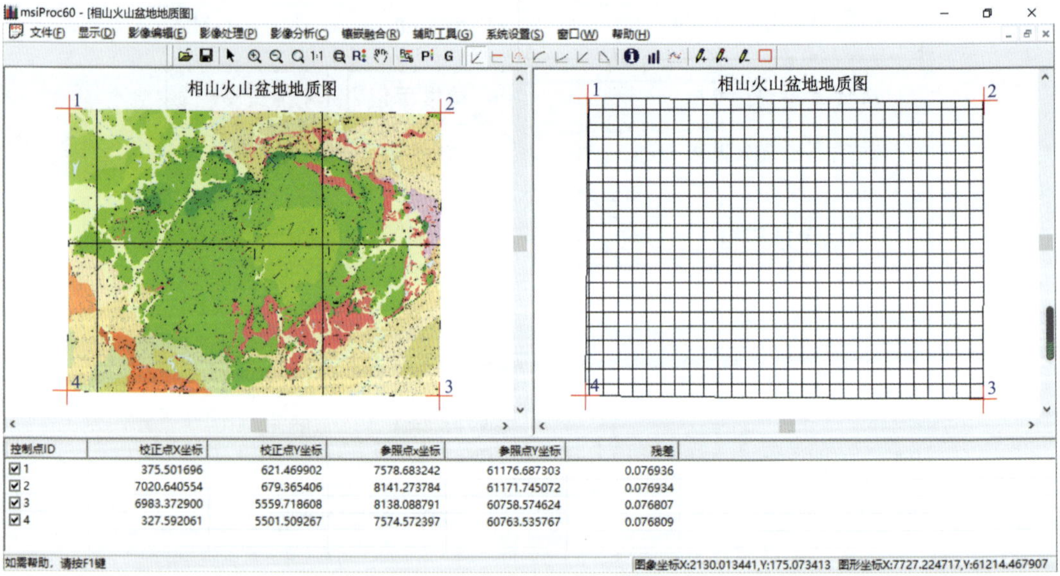

图3.13　几何校正视窗

6）当所有控制点采集完成之后，选择【镶嵌融合】→【校正预览】功能，将栅格地质图与矢量图框进行套合显示。

7）在下拉菜单中选择【镶嵌融合】→【校正参数】功能，弹出“校正参数”对话框。在对话框中，“多项式次数”栏选择“二次多项式”，“重采样方式”栏选择“双线性”。

8）在下拉菜单中选择【镶嵌融合】→【影像校正】功能，生成一幅校正后的栅格地质图。

2. 矢量地质图几何校正步骤

（1）矢量地质图误差校正

当矢量地质图的图存在变形或坐标存在误差时，需要运用创建的图框对矢量地质图进行误差校正。矢量地质图的处理步骤具体如下：

1）在 MapGIS 软件中选择【实用服务】→【误差校正】模块，弹出“误差校正”视窗。在视窗中选择【文件】→【打开文件】功能，运用该方式分别打开矢量地质图和参考图框。

2）在下拉菜单中选择【控制点】→【设置控制点参数】功能，弹出“控制点参数设置”对话框。在对话框中的“采集数据值类型”栏选择“实际值”。

3）在“误差校正”视窗中，选择【控制点】→【选择采集文件】功能，弹出“选择采集文件”对话框。在对话框中，选中地质图的图框线文件。用鼠标左键单击对话框“确定”按钮，退出对话框。

4）在视窗空白处点击鼠标右键，选择“复位窗口”功能，在弹出的对话框中用鼠标左键单击“确定”按钮，退出对话框。此时地质图的图框在视窗中显示。

5）在“误差校正”窗口中，选择【控制点】→【添加校正控制点】功能，或者用鼠标左键单击按钮，在地质图图框中选择一定数量的控制点，并记住控制点的位置和控制点的编号。

6）实际控制点选择完成之后，在“误差校正”窗口中，选择【控制点】→【设置控制点参数】功能，弹出“控制点参数设置”对话框。在对话框中的“采集数据值类型”栏选择“理论值”。

7）在“误差校正”窗口中，选择【控制点】→【选择采集文件】功能，弹出“选择采集文件”对话框。在对话框中，选中创建的图框线文件。用鼠标左键单击对话框“确定”按钮，退出对话框。

8）在窗口空白处点击鼠标右键，选择“复位窗口”功能，在弹出的对话框中用鼠标左键单击“确定”按钮，退出对话框。此时窗口中不再显示地质图的图框，而是显示创建的图框。

9）在“误差校正”窗口中，选择【控制点】→【添加校正控制点】功能，或者用鼠标左键单击按钮，在图框中选择与地质图图框相对应的控制点，并填写相对应的控制点编号。

10）在“误差校正”窗口中，选择【控制点】→【编辑校正控制点】功能，弹出“浏览编辑控制点”对话框（图 3.14）。在对话框中的“误差校正方法”栏选择“双线性多项式”；点击“校正”按钮，在弹出的对话框中选择所有地质图的矢量文件，然后点击“确定”按钮执行文件校正，并退出窗口。在“浏览编辑控制点”对话框（图 3.14）中，单击“确定”或“取消”按钮退出对话框，完成矢量地质图的误差校正。

（2）投影变换，修改比例尺和投影参数

与地形数据的处理方法相同。

（3）按图层将 .wl 格式的线转换成 .dxf 格式

与地形数据的处理方法相同。

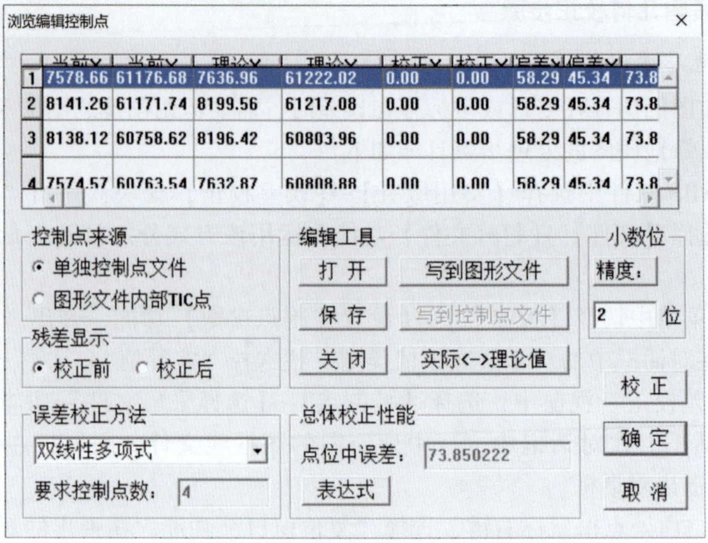

图 3.14 “浏览编辑控制点”对话框

（4）按图层将线导入 GOCAD 软件

与地形数据的处理方法相同。

（5）加密地质界线的节点

矢量地质图导入 GOCAD 软件后，检查每个地质体是否闭合。在 GOCAD 软件窗口中，选择【Commands】→【Curve】，然后选择【Tools】→【Densify】功能，弹出“加密线段节点”对话框。在对话框中，“Curve”栏选择需要加密节点的线文件，“Maximum length”栏输入最大线段长度数值，当线段长度超过该数值时，则在线段中加入一定数量的节点使所有线段长度都不大于该数值。单击“OK”或“Apply”按钮，执行加密线中节点。

（6）将地质界线投影到 DEM 面

将加密节点的地质界线按不同图层在 Z 轴方向上投影到 DEM 面，使地质界线与 DEM 面完全重合。在 GOCAD 软件窗口中，选择【Commands】→【Curve】，然后选择【Tools】→【Project】→【On Surface】功能，弹出“Curve Constraints Thickness and Project”（线投影到面）对话框（图 3.15）。在对话框中，“Curve”栏选择需要投影到面的线文件名称；

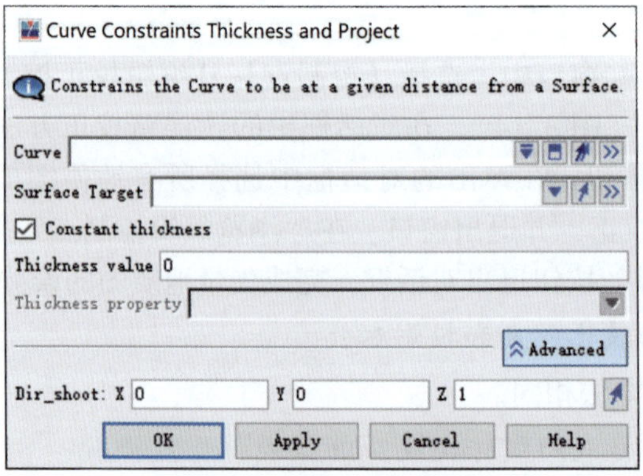

图 3.15 线投影到面对话框

“Surface Target”栏选择DEM面名称；勾选“Constant thickness”复选框，“Thickness value”栏输入“0”，该处的数值为处理之后线与面保持的距离；在“Dir _ shoot:”栏中，“X”值为0，“Y”值为0，“Z”值可为非0的任何值。单击“OK”或“Apply”按钮，实现地质界线在Z轴方向上投影到DEM面。

（7）运用地质界线将DEM面裁剪成许多小块

选择【Commands】→【Surface】，然后选择【Tools】→【Cut】→【By Curves】功能，弹出“Cut Surface by Curves”（线裁剪面）对话框（图3.16）。在对话框中，“Surface”栏选择DEM面；“Curve Curves”栏选择所有地质界线；“Expansion”栏中“X”值为0，“Y”值为0，“Z”值可为非0的任何值；此时需勾选“Two ways”复选框；不勾选“Set border extremities”复选框；单击“OK”或“Apply”按钮，执行地质界线裁剪面功能。

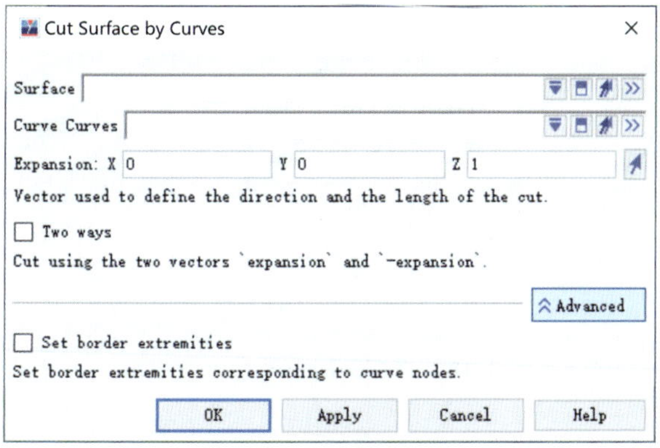

图3.16　线裁剪面对话框

（8）将同一个填图单元对应的小块DEM面合并成一个文件

参照地质图中填图单元的颜色，分别修改每个文件DEM面的颜色。对每一个填图单元对应的DEM面增加填图单元代号。填图单元代号、地质界线和所有填图单元对应的DEM面共同构成了三维矢量地质图（图3.17）。

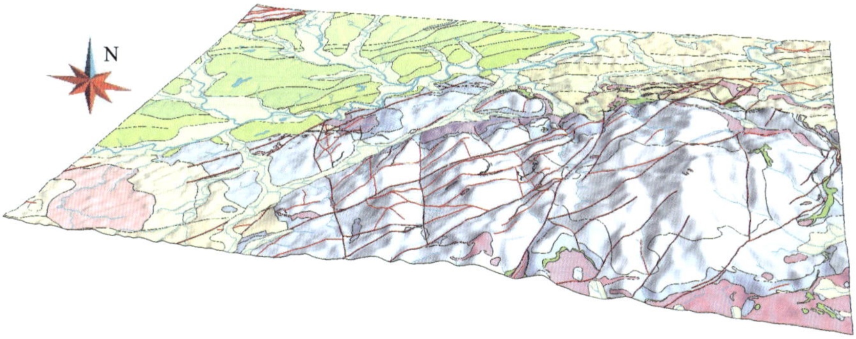

图3.17　三维矢量地质图

（四）地质剖面图

地质剖面图主要有勘探线剖面图、物探剖面图等，其与栅格地质图导入GOCAD软件的方法基本相同，不同之处在于读取矩形图四个角点坐标之后，地质剖面图还需根据所处位置和走向换算出四个角点的三维空间坐标（x、y、z）。地质图校正时输入的 z 值都相同且可以为任意值，而地质剖面图校正时则输入换算后的坐标值。图 3.18 为物探剖面导入 GOCAD 软件显示的三维效果图。

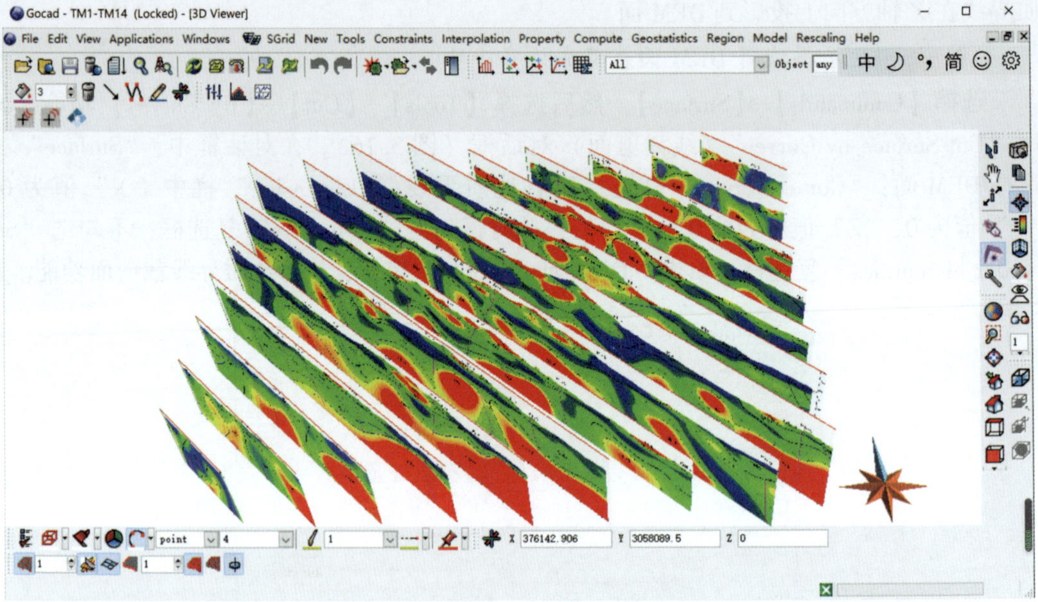

图 3.18　物探剖面三维显示效果图

（五）钻孔

将钻孔数据整理成钻孔测斜表、钻孔位置表、钻孔岩性表、钻孔曲线表四个表。

钻孔测斜表中包含“Wellname”（钻孔名称）、“Inclination”（倾角）、“Azimuth”（方位角）、“MD”（深度）等信息（表 3.1）；钻孔位置表中包含“Wellname”（钻孔名称）、“X”“Y”“Z”（开孔坐标）、“Totaldepth”（钻孔深度）等信息（表 3.2）；钻孔岩性表中包含“Wellname”（钻孔名称）、“MD”（深度）、“Markername”（分层代号）等信息（表 3.3）；钻孔曲线数据表中包含“Wellname”（钻孔名称）、“Top”（顶测深）、“Bottom”（底测深）、“Grade”（品位）等信息（表 3.4）。数据表之间以钻孔名相链接。钻孔测斜表中的倾角为钻孔与 Z 轴所交的锐角，测斜数据需要从开孔位置处开始算起。在 GOCAD 软件中，依次按钻孔测斜表、钻孔位置表、钻孔岩性表、钻孔曲线表顺序导入。

表 3.1　钻孔测斜表

Wellname	Inclination	Azimuth	MD
ZK14-1	11	50	0
ZK14-1	11	52	100
ZK14-1	12	52	200
ZK14-1	12	48	300
ZK14-1	12	51	400
ZK14-1	13	51	500
ZK14-1	13	48	600

“Column number”栏中输入对应所在列，也可以鼠标左键单击 按钮之后，使用鼠标选择数据所在列。单击“Add”按钮，添加重力异常或磁化率异常属性，并在“Column number”栏中输入对应所在列，或通过鼠标选择属性所在列。单击“OK”按钮，完成数据的导入。

在“Task Pane”面板中，勾选数据，并以属性信息显示颜色，效果图如图 3.39 和图 3.40 所示。

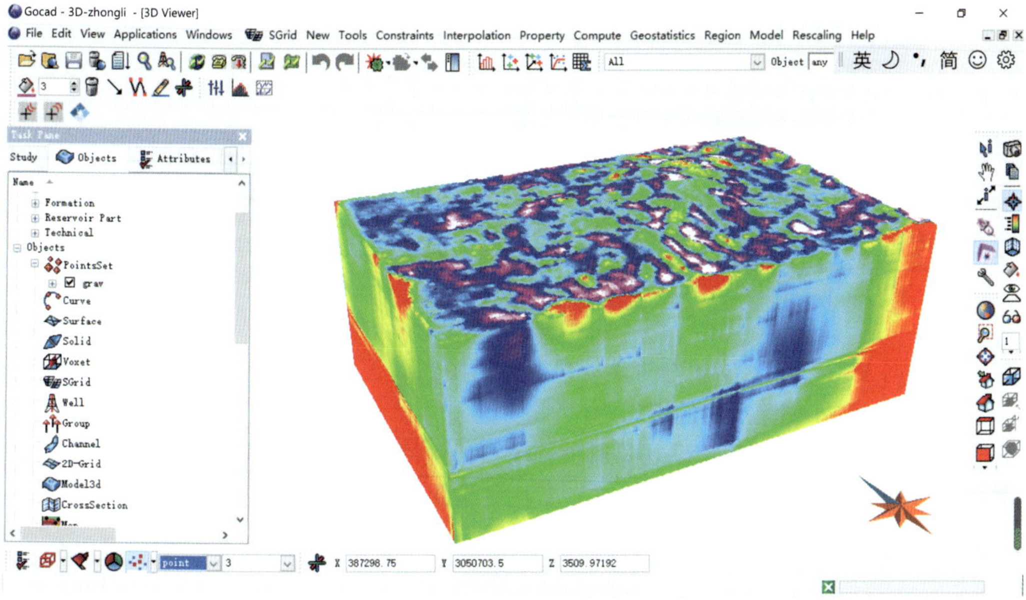

图 3.39 重力三维数据体

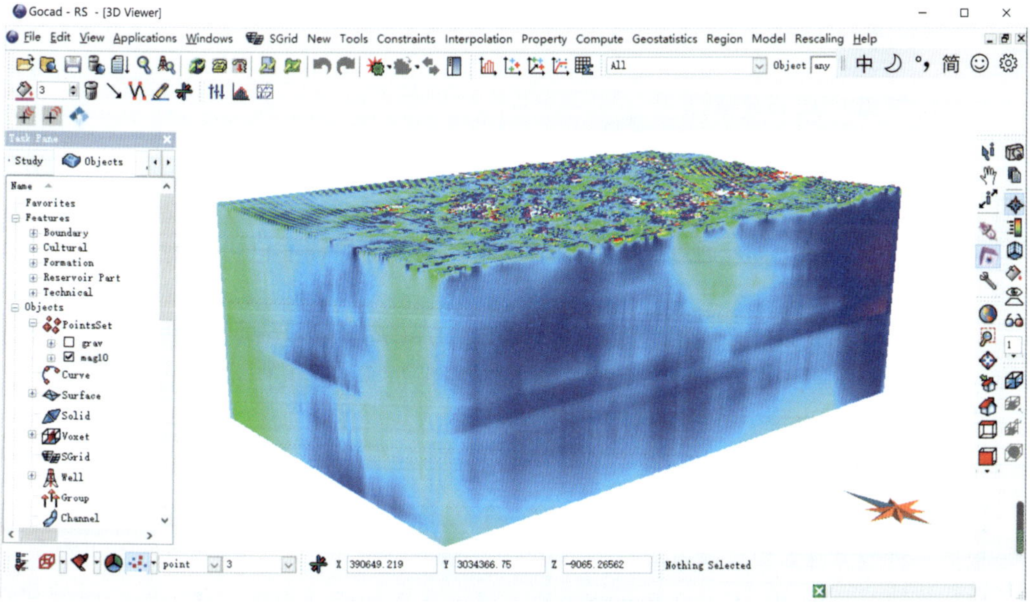

图 3.40 磁化率三维数据体

实验四　点集的创建

一、实验目的和要求

（一）实验目的

点集的创建是三维地质建模中的基础操作。通过本实验的学习，让学生理解点集、节点的概念和点集的组成，学习点集的创建方法与基本操作流程；同时，让学生能够熟练地创建和使用点集，为后续点集的编辑、线的创建、面的创建等实验的学习做准备。

（二）实验要求

了解根据 Voxet、2D-Grid 等对象创建点集的操作。

熟悉根据 SGrid 创建点集的操作。

掌握根据点集、线、面、钻孔等对象创建点集的操作；掌握根据点集、线、面、钻孔等对象区域（Region）创建点集的操作；掌握矢量化创建点集的操作。

（三）软件

GOCAD 软件。

二、实验内容

（一）根据对象创建点集

点集是由一系列不连接的节点组成，这些节点存放在同一个文件中。点集的创建方法有通过文本文件批量导入、根据对象（如点集、线、面、SGrid、Voxet、2D-Grid、钻孔等）转换、鼠标矢量化等。通过文本文件批量导入的方法在前文已进行阐述，此处不再赘述。

根据对象（如点集、线、面、SGrid、Voxet、2D-Grid、钻孔等）创建点集，主要通过窗口下拉菜单功能实现。在视窗下拉菜单中，选择【Commands】→【PointsSet】，在新的【New】下拉菜单中出现一系列根据对象创建点集的方法（图 4.1），具体实现如下。

1. 根据点集、线、面创建点集

【New】→【From PointsSet，Curve or Surface】功能：根据点集、线、面创建点集。可以是根据一种或多种对象创建点集。

执行该命令，弹出“Create PointsSet From Set of Points”（根据点集、线、面创建点集）对话框（图 4.2）。在“Name”栏中输入新创建点集的名称。

在“AtomsSet Points”栏中选择对象，鼠标左键单击▼按钮可展开所有可选择的对

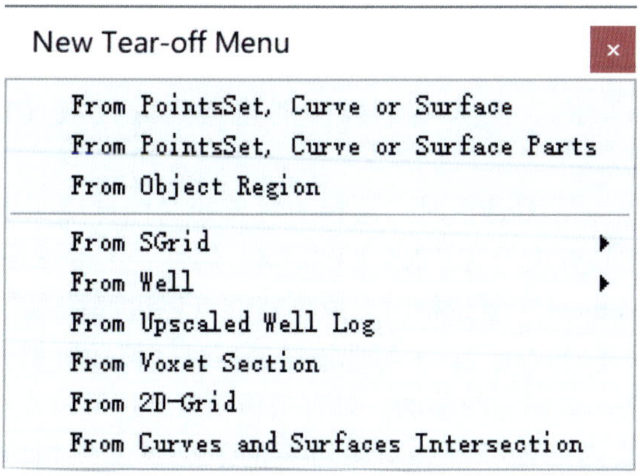

图 4.1　创建点集下拉菜单

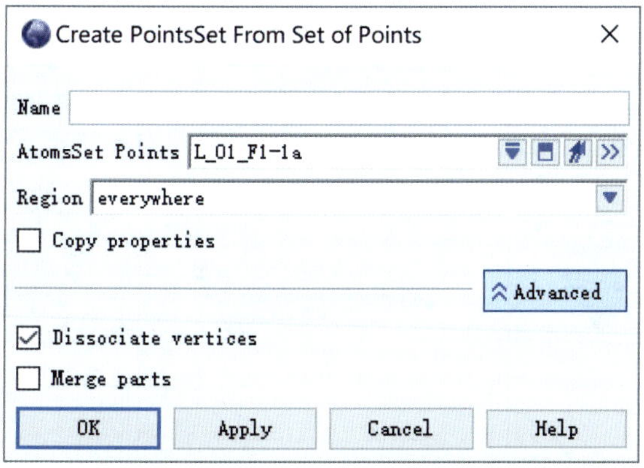

图 4.2　根据点集、线、面创建点集对话框

象，运用 Ctrl 键与鼠标左键相结合的方式可选择多个对象。单击按钮，可选中所有对象。单击按钮，可单击鼠标左键在 3D 视图中选择对象，也可长按 Ctrl 键，单击鼠标左键选择多个对象。单击按钮，在展开的对象中选择“ Object Selector”，新弹出一个“Object Selector”（对象选择）对话框（图 4.3），可在对话框中选择相应的对象。单击

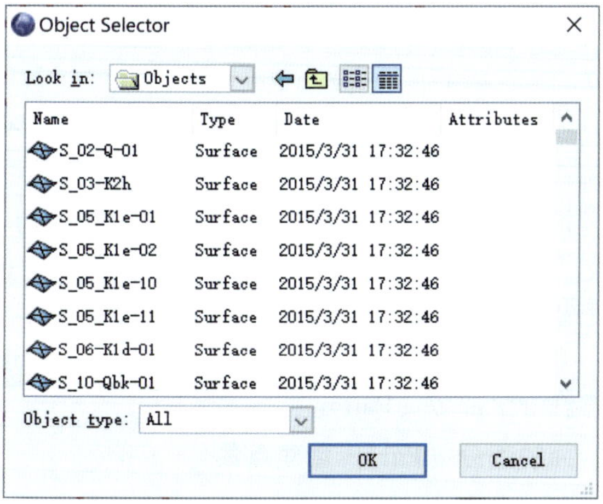

图 4.3　对象选择对话框

》按钮后，也可在展开的对象中选择“ Select Shown”，将在3D视图中显示的对象都添加到“AtomsSet Points”栏中。

在图4.2“Region”栏下拉选项中选择创建点集的区域（Region）。默认选项为“everywhere”。

勾选“Copy properties”复选框时，选择的对象的属性自动赋予新创建的点集；未勾选该复选框时，新创建的点集只有“X”“Y”“Z”属性，不继承原对象的其他属性。

勾选“Dissociate vertices”复选框时，所创建的点集边部端点与原对象的边部端点之间不再有联系［图4.4（a）（b）］；未勾选该复选框时，移动所创建的点集边部端点，原对象的边部端点也随之发生相应的移动。只有当移动点集边部端点时，对象对应的端点才会移动，如果移动点集内部的节点，对象对应的节点不发生相应的改变［图4.4（a）（c）］。

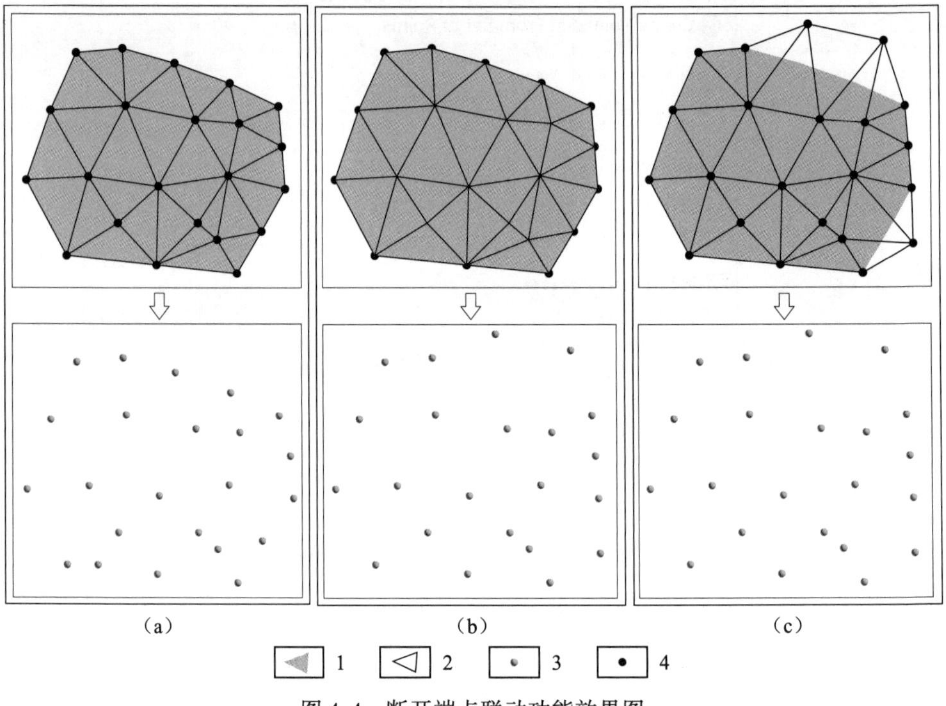

图4.4　断开端点联动功能效果图

（a）面转换点集；（b）勾选“Dissociate vertices”复选框时，移动点集端点的效果图；（c）未勾选“Dissociate vertices”复选框时，移动点集端点的效果图。1—面；2—三角网；3—点集；4—面节点

一个点集可以由一个或多个部分（Part）节点组成，点集中的一个部分（Part）可以由一个或多个节点组成。同一个点集中的不同部分（Part）可以通过不同颜色相区分。未勾选“Merge Parts”复选框时［图4.5（b）］，一个对象中存在多个部分（Part）或多个对象同时转换成点集，则生成的点集存在多个部分（Part）；勾选该复选框时［图4.5（c）］，生成的点集只存在一个部分（Part）。

2. 根据点集、线、面的部分（Part）创建点集

【New】→【From PointsSet，Curve or Surface Parts】功能：将点集、线、面的部分（Part）转换成点集。

（a）　　（b）　　（c）

图 4.5　由面生成点集示意图

（a）多个面；（b）未勾选“Merge Parts”复选框时生成的点集效果图；

（c）勾选“Merge Parts”复选框时生成的点集效果图

执行该命令，弹出“Create PointsSet From AtomSet Parts”［根据点集、线、面的部分（Part）创建点集］对话框（图 4.6）。在“Name”栏中输入新创建点集的名称。单击“OK”或“Apply”按钮，在 3D 视图中单击鼠标左键选择需要转换成点集的对象部分（Part），也可长按 Ctrl 键和单击鼠标左键选择多个对象的部分（Part）。

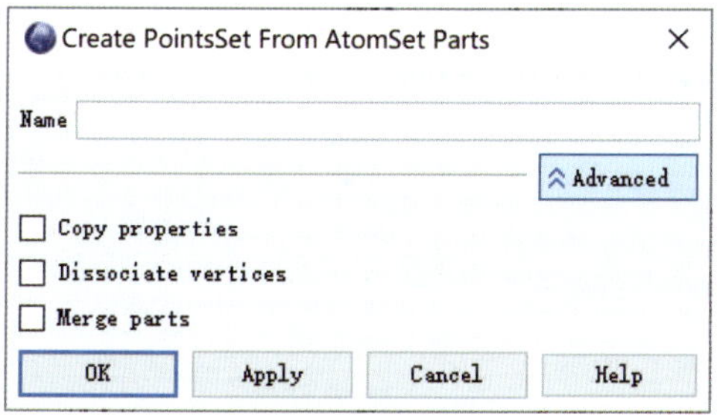

图 4.6　根据点集、线、面的部分（Part）创建点集对话框

3. 根据对象区域（Region）创建点集

【New】→【From Object Region】功能：将对象（点集、线、面、SGrid、钻孔等）区域（Region）范围的节点转换成点集（图 4.7）。

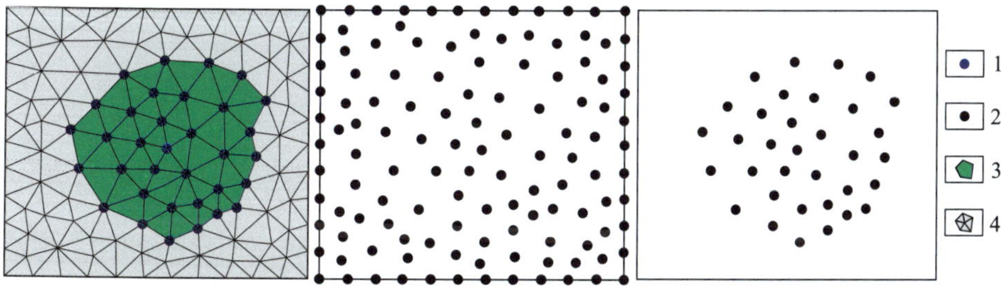

（a）　　（b）　　（c）

图 4.7　对象区域（Region）创建点集示意图

（a）面及面中区域（Region）；（b）面节点转换成点集；（c）区域（Region）范围面节点转换成点集。

1—区域（Region）范围的面节点；2—点集中的节点；3—区域（Region）范围；4—面及三角网

执行该命令，弹出“Create PointsSet from Object Region”［根据区域（Region）范围创建点集］对话框（图 4.8）。在“Name”栏中输入新创建点集的名称，“Object Object”栏中选择对象文件，“region”栏中选择创建点集的区域（region）名称。最后，单击“OK”或“Apply”按钮。

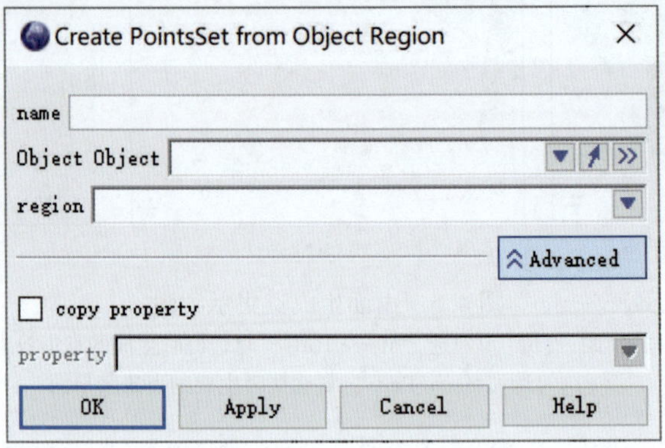

图 4.8　根据区域（Region）范围创建点集对话框

4. 根据 SGrid 创建点集

【New】→【From SGrid】功能中提供了两种不同创建点集的方法，分别是【New】→【From SGrid】→【SGrid Section】和【New】→【From SGrid】→【SGrid Region】。

【New】→【From SGrid】→【SGrid Section】功能：按 SGrid 的切片创建点集。

执行该命令，弹出“Create PointsSet From SGrid Section”（将 SGrid 按切片转换成点集）对话框（图 4.9）。

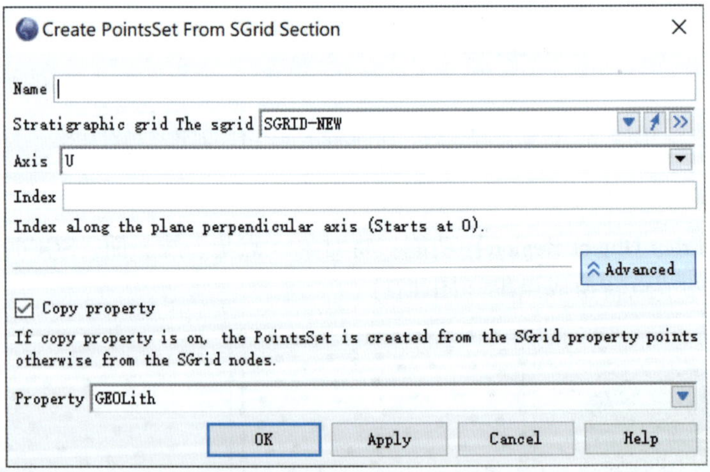

图 4.9　将 SGrid 按切片转换成点集对话框

在“Name”栏中输入新创建点集的名称，“Stratigraphic grid The sgrid”栏中选择 SGrid 文件。在“Axis”栏中提供了三个方向的剖面供选择，分别是“U”“V”“W”，等同于“X”“Y”“Z”（图 4.10）。在“Index”栏中输入数字，该值为切片所在位置。勾选“Copy property”复选框，在“Property”栏中选择点集中需要继承的属性名称。

【New】→【From SGrid】→【SGrid Region】功能：按 SGrid 区域（Region）创建点集。

实验五　点集的编辑

一、实验目的和要求

（一）实验目的

点集的编辑是三维地质建模中的基础操作。通过本实验的学习，让学生进一步理解点集的组成，学习点集的各种编辑方法与操作流程；同时，培养学生对点集的编辑处理能力和动手能力、解决实际问题的能力，并理解点集在三维建模中的应用，为后续三维建模打下坚实的基础。

（二）实验要求

了解断开对象之间的节点链接、点集投影到2D-Grid的操作。

熟悉点集与线、面等对象空间保持一致的操作。

掌握点集的移动、旋转操作；掌握点集的部分（Part）、区域（Region）的编辑操作；掌握点集的节点（Node）编辑操作；掌握运用快捷按钮移动点集中节点的操作。

（三）软件

GOCAD软件。

二、实验内容

（一）下拉菜单编辑功能

在视窗下拉菜单中，选择【Command】→【PointsSet】，点集的编辑功能位于新的【Tools】下拉菜单中。

1. 移动、旋转点集

【Tools】→【Move】功能：移动、旋转点集。

执行该命令，弹出“Move Objects”（移动、旋转点集）对话框（图5.1）。选择“Translate”单选按钮为平移功能，选择“Rotate”单选按钮为旋转功能。选择移动点集时［图5.1（a）］，“Translation:”栏的“X”“Y”“Z”值为移动一次的三维空间向量，也就是单击一次“Apply”按钮或单击“OK”按钮后点集在三维空间内 X、Y、Z 方向上移动的距离。选择旋转点集时［图5.1（b）］，在“Origin:”栏中输入旋转的原点坐标，“Axis:”栏中输入旋转轴，“Angle”栏中输入旋转角度。当角度为正值时，点集逆时针方向旋转；当角度为负值时，点集顺时针方向旋转（图5.2）。

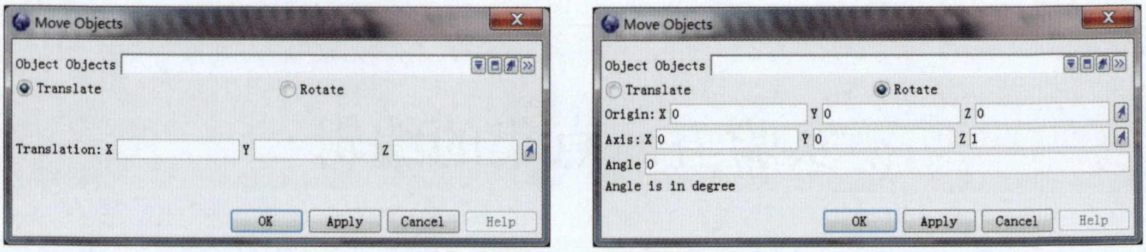

（a）　　　　　　　　　　　　（b）

图 5.1　移动、旋转点集对话框

（a）移动点集对话框；（b）旋转点集对话框

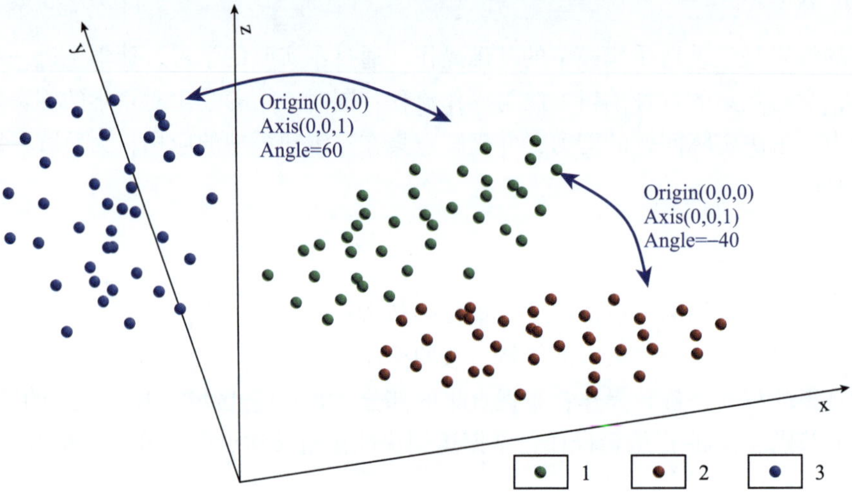

图 5.2　旋转点集示意图

1—原始点集；2—旋转-40°的点集；3—旋转 60°的点集

2. 根据点集中节点到面的距离将点集划分为不同的部分（Part）

【Tools】→【Segregate with Surface】功能：根据点集中节点到面的距离将点集划分为不同的部分（Part）。

执行该命令，弹出“Segregate PointsSet with Surface”［通过地质界面将点集分成不同部分（Part）］对话框（图 5.3）。在“PointsSet”栏中选择点集文件，“Surfaces”栏中选择面文件，“Maximum distance”栏中输入数值，“Length unit”栏中选择距离类型。勾选“Merge parts first”复选框时，是在对点集划分不同部分（Part）处理之前将点集合并成一个部分（Part）；未勾选该复选框时，则在原点集的基础上进一步划分为不同的部分（Part）。单击“OK”或“Apply”按钮，点集中的节点到面的距离大于“Maximum distance”的值为一个部分（Part），剩余的节点为一部分（Part）（图 5.4）。

3. 点集与线、面等对象保持空间一致

【Tools】→【Map on Points】功能：通过调整点集中的节点，使点集中的节点位于线、面等对象上，或者通过调整线、面等对象中的节点，使线、面等对象通过点集中的节点。

执行该命令，弹出“Map Points on Points”（点集与线、面等对象保持空间一致）对话框（图 5.5）。当“AtomsSet To map”栏选择点集文件，“AtomsSet Targets”栏选择线或

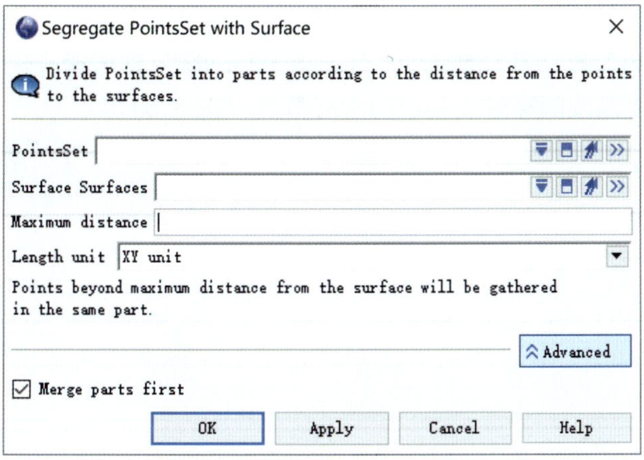

图 5.3　通过地质界面将点集分成不同部分（Part）对话框

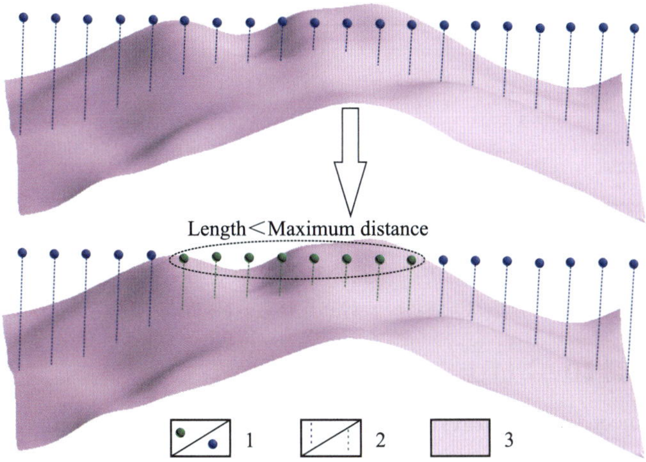

图 5.4　通过地质界面将点集分成不同部分（Part）示意图

1—点集；2—点集的节点到面的距离线；3—面

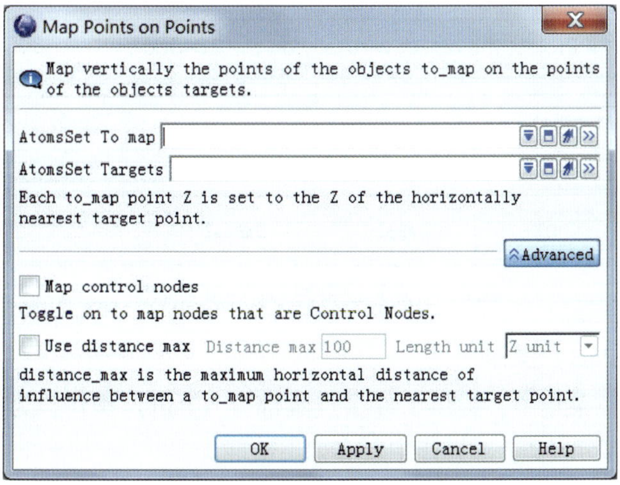

图 5.5　点集与线、面等对象保持空间一致对话框

面文件时，则是通过移动点集中的节点，使点集与线或面保持空间位置一致（图 5.6）；当“AtomsSet To map”栏选择线或面，“AtomsSet Targets”栏选择点集时，则是通过移动线或面中的节点，使线或面穿过点集中的所有节点（图 5.6）。

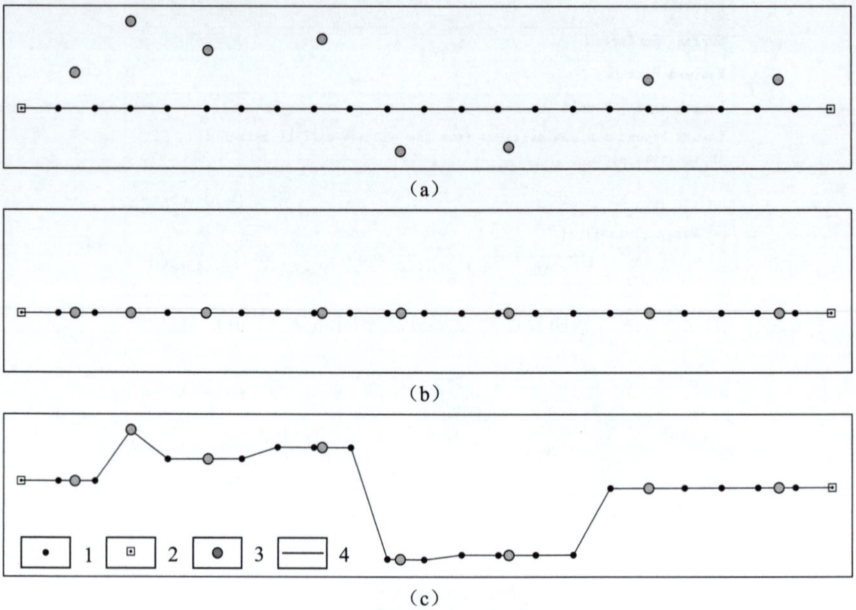

图 5.6　点集与线、面等对象保持空间一致示意图

（a）原始空间位置；（b）点集靠近线；（c）线靠近点集。1—节点；2—端点；3—点集；4—线段

4. 将点集投影到 2D-Grid 上

【Tools】→【Project On 2D Grid】功能：将点集投影到 2D-Grid 上。

执行该命令，弹出“Project the object vertically on the 2D-Grid”（点集投影到 2D-Grid）对话框（图 5.7）。在“AtomsSet”栏中选择点集文件，“2D-Grid Grid”栏中选择 2D-Grid 文件。

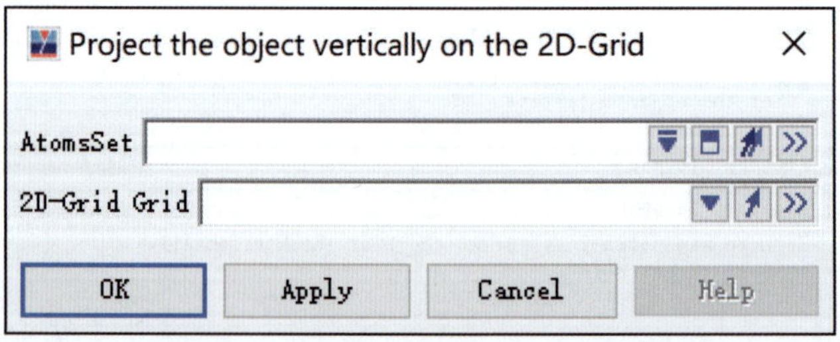

图 5.7　点集投影到 2D-Grid 对话框

5. 点集部分（Part）操作

在【Tools】下拉菜单中，提供了许多点集部分（Part）操作，为点集的编辑操作提供了方便。点集的部分（Part）操作主要有如下功能。

【Tools】→【Part】→【Merge All】功能：将一个点集中的所有部分（Part）合并成一个整体（图 5.8）。

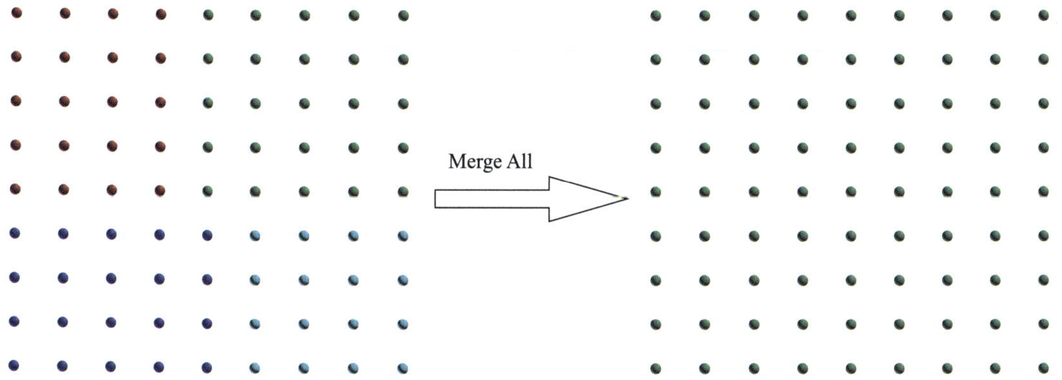

图 5.8　合并所有点集部分（Part）示意图

【Tools】→【Part】→【Merge Selection】功能：将同一个点集中的多个部分（Part）合并成一个部分（Part）。执行该功能后，长按 Ctrl 键和单击鼠标左键选择需要合并的点集部分（Part），松开 Ctrl 键后则执行部分（Part）合并。

【Tools】→【Part】→【Keep Selection】功能：在同一个点集中，保留鼠标选中的部分（Part）点集，删除未选中的部分（Part）点集。点集部分（Part）的选择可以通过 Ctrl 键+鼠标左键选择多个部分（Part）。

【Tools】→【Part】→【Delete Selection】功能：在同一个点集中，删除鼠标选中的部分（Part）点集，保留剩余未选中的部分（Part）点集。点集部分（Part）的选择可以通过 Ctrl 键+鼠标左键选择多个部分（Part）。

【Tools】→【Part】→【Translate】功能：按向量移动鼠标选中的部分（Part）点集。在对话框中输入移动的向量值，执行确定或应用，单击鼠标左键选择一个部分（Part）点集或 Ctrl 键+鼠标左键选择多个部分（Part）点集，松开鼠标则执行部分（Part）点集的移动。

【Tools】→【Part】→【Filter Small Parts】功能：删除点集中节点数小于一定数量的部分（Part）。设置需要过滤掉的最少节点数，当部分（Part）中的节点数量小于设置的数值时，该部分（Part）将会被删除，否则会被保留。

【Tools】→【Part】→【Filter】功能：删除部分（Part）中的部分节点，保留一定数量的节点。所保留部分（Part）中的节点数量可以通过人工设置实现，该功能相当于抽稀点集部分（Part）中的节点数。

【Tools】→【Part】→【Segregate with Surface】功能与前述的【Tools】→【Segregate with Surface】功能相同。

【Tools】→【Part】→【Crop by Grid】功能：保留或删除 SGrid 范围内的点集。

执行该命令，弹出“Remove Points Inside or Outside Grid”（保留或删除 SGrid 范围内的点集）对话框（图 5.9）。在“PointsSet”栏中选择点集文件，“GridObj Grid”栏中选择 SGrid 文件，而不是 2D-Grid 文件。勾选“Inside”复选框时，删除 SGrid 范围内的点集，保留 SGrid 之外的点集；未勾选该复选框时，保留 SGrid 范围内的点集，删除 SGrid 之外的点集。

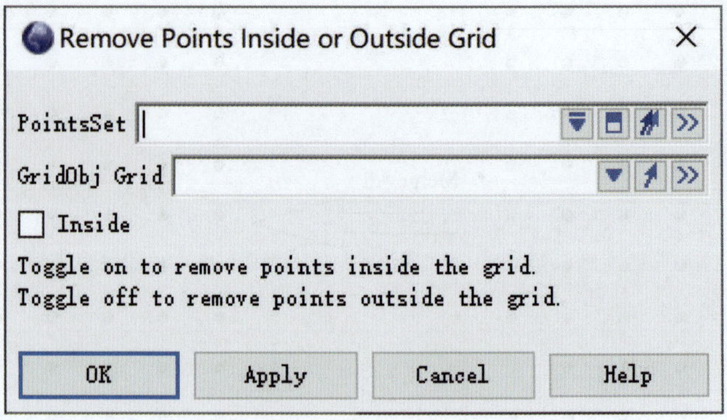

图 5.9　保留或删除 SGrid 范围内的点集对话框

6. 点集区域（Region）操作

【Tools】→【Region】→【Keep Points】功能：保留点集中区域（Region）部分节点，删除非区域（Region）部分节点。

【Tools】→【Region】→【Delete Points】功能：删除点集中区域（Region）部分节点，保留非区域（Region）部分节点。

【Tools】→【Region】→【Move Points】功能：移动点集中区域（Region）部分节点，非区域（Region）部分节点空间位置保持不变。

7. 点集节点（Node）编辑

【Tools】→【Node】→【Delete】功能：删除点集中的节点。

执行该命令，鼠标左键点击节点，删除选中的节点。可长按 Ctrl 键，单击鼠标左键删除多个节点。执行完删除节点操作后，可单击空格键继续执行删除操作。

【Tools】→【Node】→【Move To】功能：将点集中的节点移到某个具体坐标位置。

执行该命令，在对话框中输入的 X、Y、Z 值为节点移到的具体空间坐标值［图 5.10（a）］。

【Tools】→【Node】→【Translate】功能：将点集中的节点按某一给定向量进行移动。

执行该命令，在对话框中输入的 X、Y、Z 值为节点单次移动的 X、Y、Z 向量值［图 5.10（b）］。

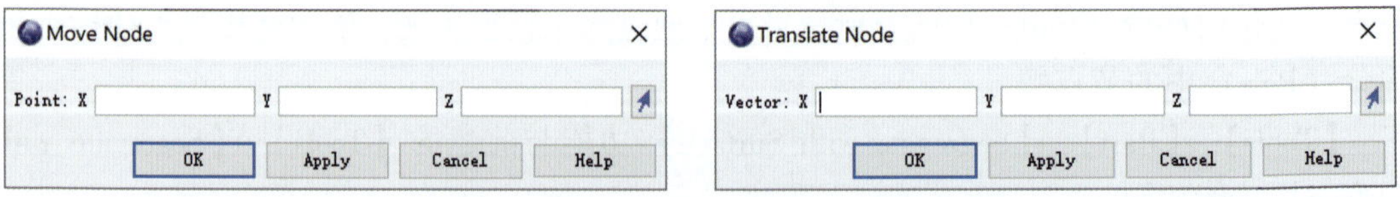

（a）　　　　　　　　　　（b）

图 5.10　移动点集中的节点对话框

（a）【Move Node】对话框；（b）【Translate Node】对话框

【Tools】→【Node】→【Drag with Mouse】功能：用鼠标移动节点。

执行该命令，单击鼠标左键选择节点，同时长按鼠标左键并移动鼠标到达目标空间位置，松开鼠标左键之后节点自动移动到目标空间位置。

【Tools】→【Node】→【Crop by Grid】功能与【Tools】→【Part】→【Crop by Grid】功能相

同，只是在节点操作功能下的【Crop by Grid】功能中增加了点集区域（Region）的选择功能（图5.11）。

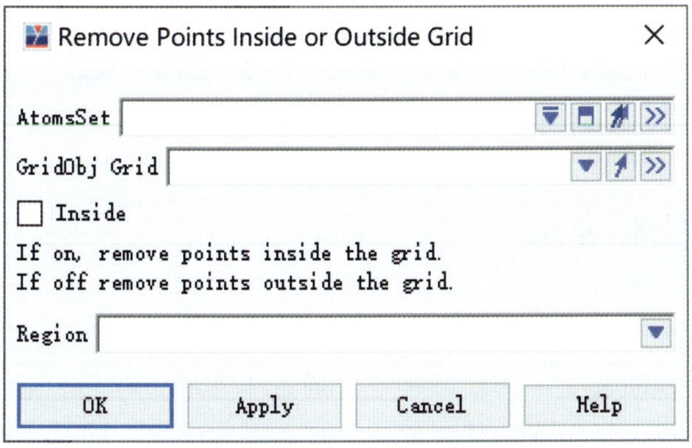

图5.11 保留或删除SGrid范围内的点集对话框

8. 断开对象之间的节点链接

【Tools】→【Dissociate Vertices】功能：断开对象之间的节点链接。节点可以在对象之间互相共享，当移动所共享的节点时，与之相链接的对象中的节点也会随之发生改变。该功能的作用是断开对象之间的节点链接，使得对象之间的修改互不相影响。

（二）工具条快捷按钮编辑功能

“Digitization/Editing toolbar”工具条中的按钮功能、操作方法与【Tools】→【Node】→【Drag with Mouse】相同。

实验六　线的创建

一、实验目的和要求

（一）实验目的

线的创建是三维地质建模中的基础操作。通过本实验的学习，让学生理解线、线段、节点的概念和线的组成，学习线的创建方法与基本操作流程；同时，让学生能够熟练地创建和使用线，为后续线的编辑、线的约束-插值处理、面的创建等实验的学习做准备。

（二）实验要求

了解根据通道（Channel）、2D-Grid 创建线的操作。

熟悉创建点集包络线的操作；熟悉根据钻孔创建线的操作。

掌握根据面、向量创建线的操作；掌握矢量化创建线的操作。

（三）软件

GOCAD 软件。

二、实验内容

（一）根据对象创建线

线由节点（Node）和线段（Segment）组成（图 6.1）。不闭合的线存在两个端点（Extremity），闭合的线不存在端点（图 6.1）。为了在数据插值时不改变线中的节点空间位置，可以将节点设置成控制节点（Control Node）。一个线文件中可能包含多条互相之间不连接的线，每一条线为一个部分（Part）。

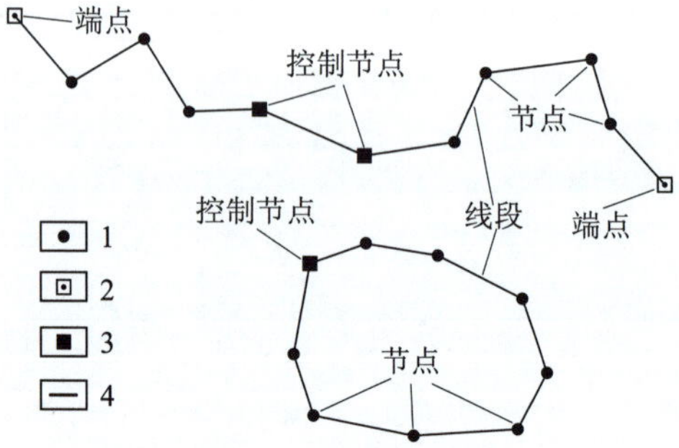

图 6.1　线的组成要素

1—节点；2—端点；3—控制节点；4—线段

线的创建方法可以细分为根据已有对象创建线和鼠标矢量化创建线两种方法。在视窗下拉菜单中，选择【Command】→【Curve】，在【New】下拉菜单中提供了许多根据已有对象创建线的功能，具体如下。

1. 创建对象的包络线

【New】→【Convex Hull】→【of Object】功能：创建对象（如点集、线、面等）的包络线（图6.2）。该功能的实现过程是先将三维空间内的对象投影到选定的平面上，再根据平面上的投影范围生成包络线。

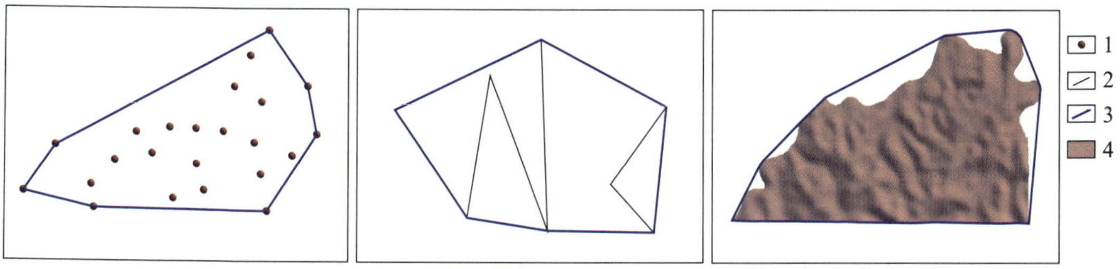

（a）　　（b）　　（c）

图6.2　点集、线、面包络线效果图

（a）点集包络线效果图；（b）线包络线效果图；（c）面包络线效果图。1—点集；2—线；3—包络线；4—面

执行该命令，弹出“Create Curve from Object Convex Hull”（创建对象的包络线）对话框（图6.3）。在“Name”栏中输入生成线的名称，“AtomsSet Object”栏中选择对象文件。未勾选“Use normal”复选框时，默认平面坐标为（1，1，1），此时对象投影到（1，1，1）平面上，再根据投影的范围创建对象的包络线（图6.4）；勾选该复选框时，可以修改“Normal:”中“X”“Y”“Z”值设定任意平面。“Scale”中的数值表示生成的包络线与投影平面中对象的相对大小，输入的数值为“n”时，生成的包络线放大 n 倍（图6.4）。

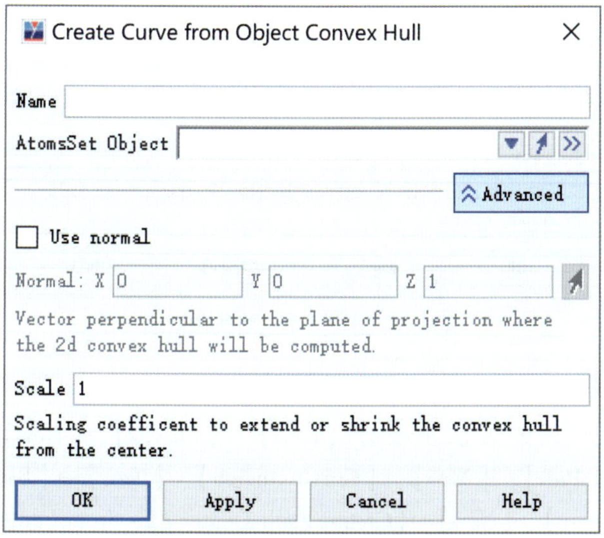

图6.3　创建对象的包络线对话框

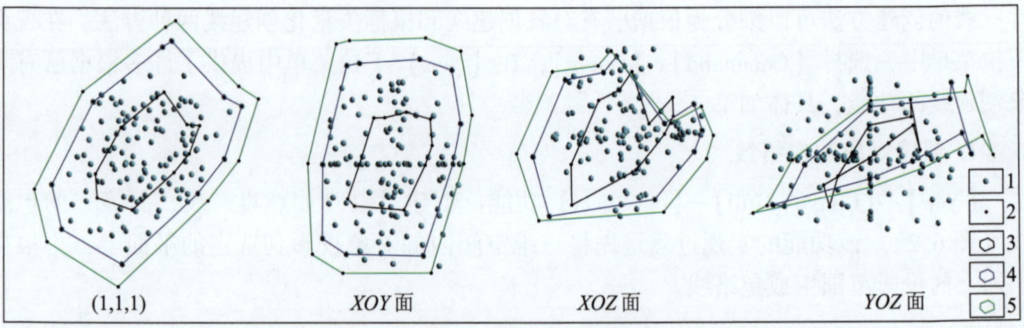

图 6.4　包络线与点集的三维空间关系

1—点集中的节点；2—线中的节点；3—Scale 值为 0.5 的包络线；
4—Scale 值为 1 的包络线；5—Scale 值为 1.2 的包络线

2. 创建点集的包络线

【New】→【Convex Hull】→【of PointsSet Part】功能：创建点集的包络线。该功能的实现过程是先将三维空间内的点集投影到选定的平面上，再根据平面上的点集生成包络线。

执行该命令，弹出“Create Curve from PointsSet Convex Hull”（创建点集包络线）对话框（图 6.5）。在“Name”栏中输入生成线的名称，勾选“Use normal”复选框，修改“Normal:”中“X”“Y”“Z”值；“Scale”栏中输入缩放比例系数。单击“OK”或“Apply”按钮，在 3D 视图中单击鼠标左键选择点集。实现方法与【New】→【Convex Hull】→【of Object】相同。

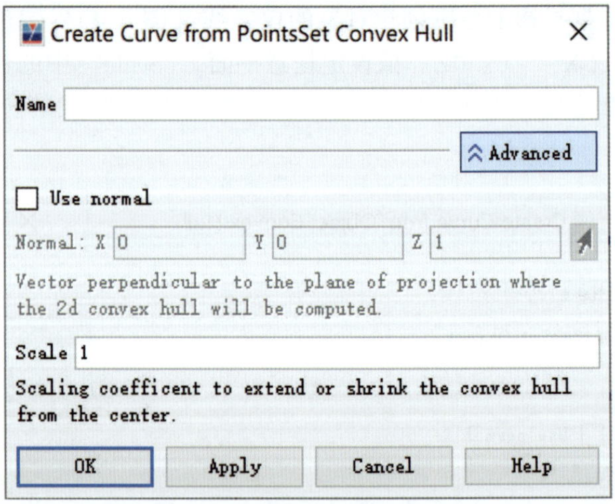

图 6.5　创建点集包络线对话框

3. 根据线创建线

根据已有线创建线的方法主要有【New】→【Curves】、【New】→【Curves Parts】、【New】→【Per Curve Part】、【New】→【Curve Region】、【New】→【Between Curve Parts】、【New】→【Frame Region】、【New】→【Create Fault Center Line from Fault Polygon】等，这些方法的使用具体如下。

【New】→【Curves】功能：根据一个或多个线文件创建一个新的线文件。

执行该命令，弹出“Create Curve from Curves”（根据一个或多个线文件创建一个新的线文件）对话框（图6.6）。在“Name”栏中输入生成线的名称，“Curve Curves”栏中选择线文件，此处可以选择多个线文件。“dissociate vertices”复选框默认为勾选，勾选该复选框时，新创建线的端点与原线的端点之间不再有联系；未勾选该复选框时，新创建线的端点与原线的端点之间存在空间联系，在移动新创建线的端点时，原对象的端点也随之发生相应的移动。“Merge”复选框默认为勾选，勾选该复选框时，生成的线为一个整体，仅存在一个部分（Part）；未勾选该复选框时，生成的线中保留原线的部分（Part），不进行部分（Part）合并。“Copy properties”复选框，默认为未勾选，勾选该复选框时，生成的线保留有原线的属性信息；未勾选该复选框时，生成的线中属性信息只有“X”“Y”“Z”，原线中的其他属性信息将丢失。

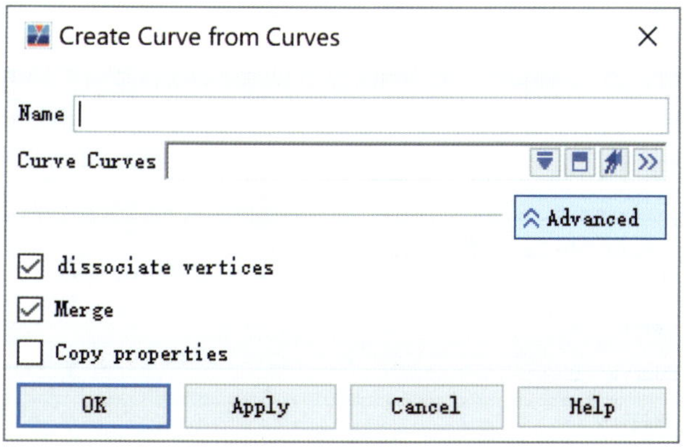

图6.6　根据一个或多个线文件创建一个新的线文件对话框

【New】→【Curves Parts】功能：根据一个或多个线文件中的部分（part）创建一个新的线文件。

执行该命令，弹出“Create Curve from Curves Part”［根据一个或多个线文件中的部分（Part）创建一个新的线文件］对话框（图6.7）。在“Name”栏中输入生成线的名称。单击“OK”或“Apply”按钮，在3D视图中单击鼠标左键选择需要创建的线，也可通过长按Ctrl键并连续单击鼠标左键选择多条线进行创建。

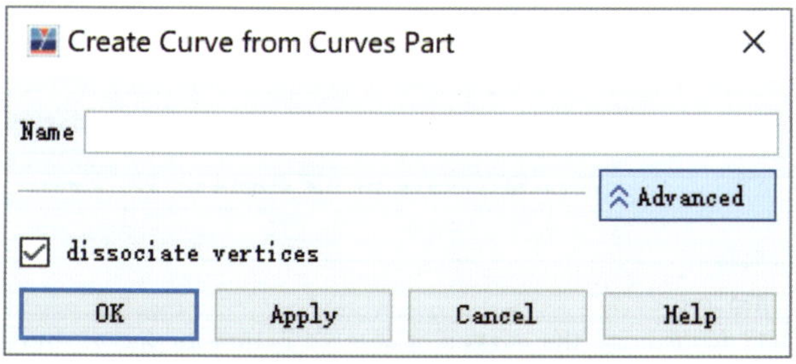

图6.7　根据一个或多个线文件中的部分（Part）创建一个新的线文件对话框

【New】→【Per Curves Parts】功能：将一个或多个线文件中的线同时按部分（Part）进行创建，一个部分（part）生成一个线文件。

执行该命令，弹出“Create one Curve for each Curve parts”［每个线部分（Part）创建一个线文件］对话框（图6.8）。在“Curve Curves”栏中选择线文件，可以同时选择多个线文件。单击“OK”或“Apply”按钮，在任务窗口（Task Pane）的“Curve”目录下自动创建系列线文件，原线中的一个部分（part）新创建一个线文件。

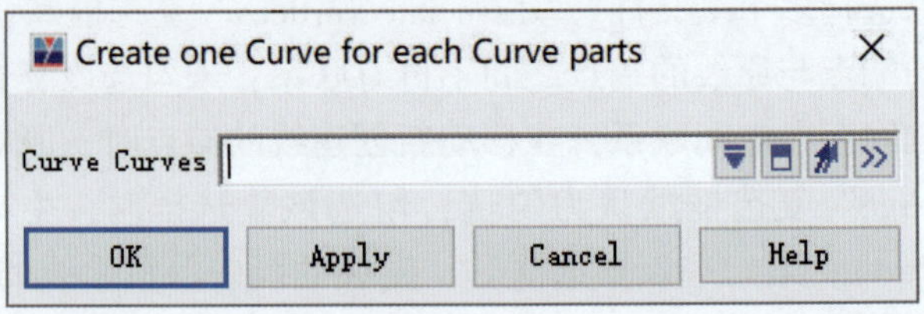

图 6.8　每个线部分（Part）创建一个线文件对话框

【New】→【Curve Region】功能：根据线的区域（Region）创建线，相当于复制区域（Region）范围内的线存放在一个新的线文件中。

执行该命令，弹出“Create Curve from Curve Region”［根据线的区域（Region）创建线］对话框（图 6.9）。在“Name”栏中输入新创建线的名称，“Curve Curve”栏中选择线文件，“Region”栏中选择区域（Region）名称。“Dissociate vertices”“Copy properties”复选框的设置，在前文中已有介绍，参照前文即可。

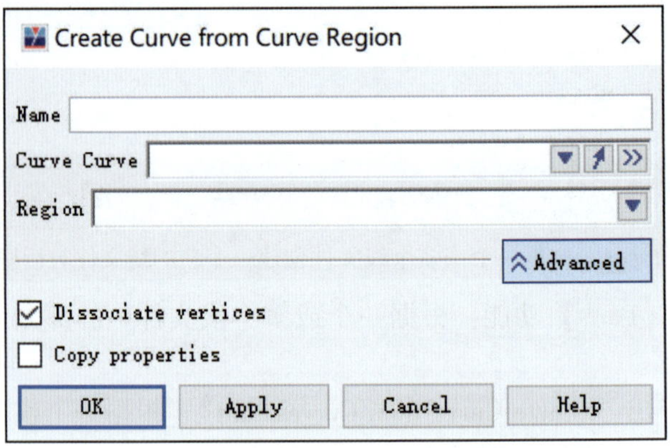

图 6.9　根据线的区域（Region）创建线对话框

【New】→【Between Curve Parts】功能：创建两根线的中线。

执行该命令，弹出“Create Curve between Curve Parts”（创建两根线的中线）对话框（图 6.10）。在“Name”栏中输入新创建线的名称；“Nbp”栏中输入数值，该数值为新

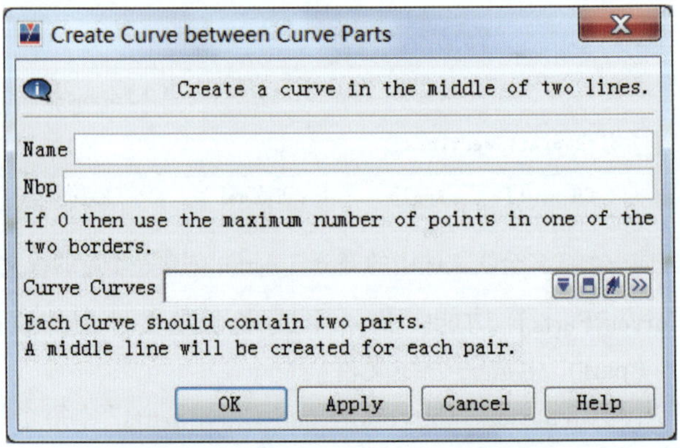

图 6.10　创建两根线的中线对话框

创建线中的节点数，节点在线中均匀分布（图 6.11），“Nbp”中的数值越大，节点越多，线越光滑；“Curve Curves”栏中选择线文件。

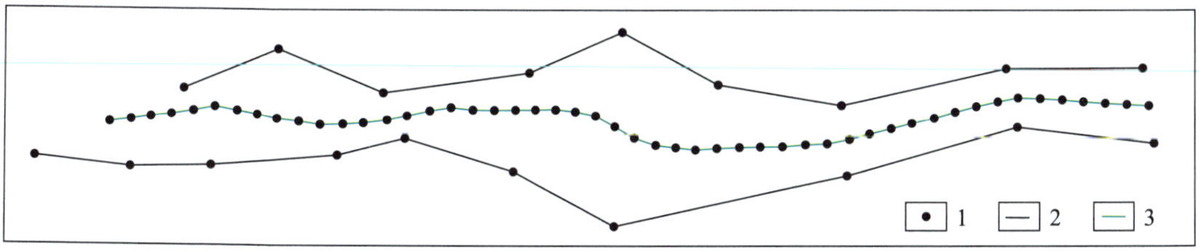

图 6.11　创建两根线的中线效果图

1—线节点；2—已存在的线；3—新创建的线

【New】→【Frame Region】功能：根据框架（Frame）模型的区域（Region）创建闭合线。

执行该命令，弹出“Create Closed Curve from Frame Region”（根据框架创建闭合线）对话框（图 6.12）。在“Name”栏中输入新创建线的名称。“Dissociate vertices”复选框的设置，在前文中已有介绍，参照前文即可。单击“OK”或“Apply”按钮，在 3D 视图中单击鼠标左键选择框架（Frame）。

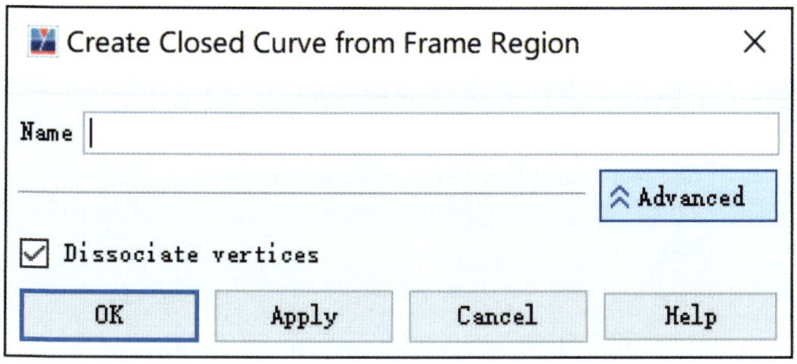

图 6.12　根据框架创建闭合线对话框

【New】→【Create Fault Center Line from Fault Polygon】功能：创建封闭曲线的中线。

执行该命令，弹出“Create CenterLine from Polygon”（创建封闭线的中线）对话框（图 6.13）。在“Name”栏中输入新创建线的名称，“Curve Polygons”栏中选择闭合线。

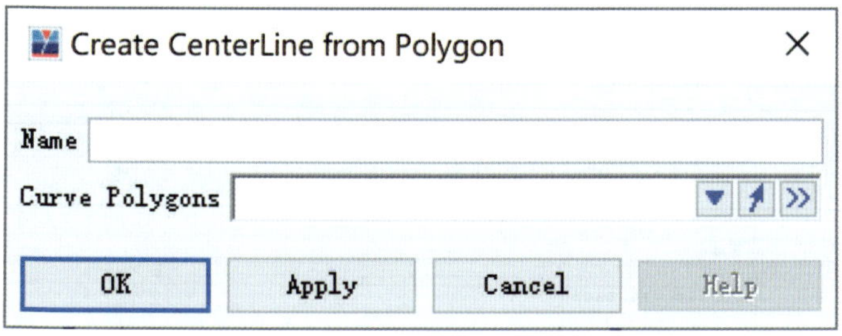

图 6.13　创建封闭线的中线对话框

在大比例尺图中，通常用封闭的线表示具有一定宽度的构造破碎带，而在小比例尺图中断裂构造多用单线表示。该功能的作用就是将大比例尺的断层轮廓线自动转换成小比例尺的断层线，图 6.14 为转换前后的效果图。

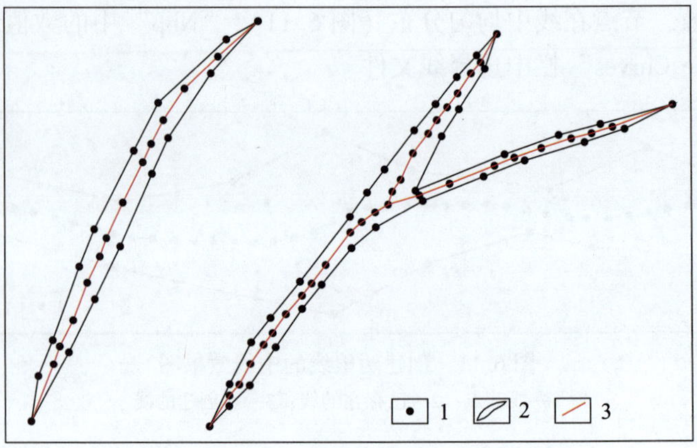

图 6.14　根据断层轮廓线创建断层线的效果图

1—节点；2—断层轮廓线；3—断层线

4. 根据面创建线

【New】→【Borders】→【One】功能：将面中的一条边界转换成线，执行一次该功能只能将一条边界转换成线。面的边界可以通过端点进行细分，具体详见面的创建与编辑部分内容。

执行该命令，弹出“Create Curve from One Surface Border”（将面的一条边界创建成线）对话框（图 6.15）。在“Name”栏中输入新创建线的名称。单击“OK”或“Apply”按钮，在 3D 视图中单击鼠标左键选择需要创建线的面边界。

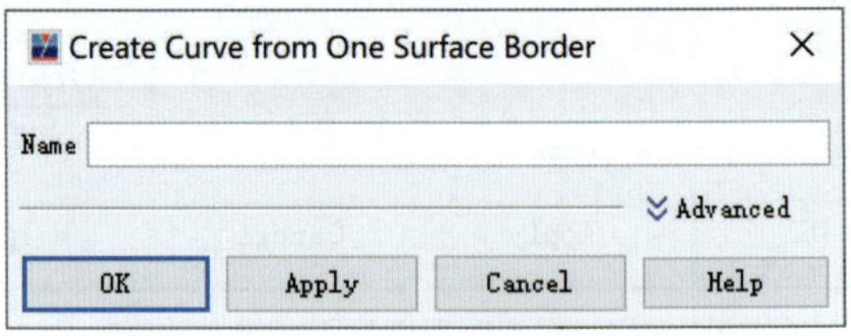

图 6.15　将面的一条边界创建成线对话框

【New】→【Borders】→【All】功能：一次性将面中所有的边界转换成线。

执行该命令，弹出“Create Curve from All Surface Borders”（将面的所有边界创建成线）对话框（图 6.16）。在“Name”栏中输入新创建线的名称，“Surface surface”栏中选择单个面文件。【New】→【Borders】→【One】功能与【New】→【Borders】→【All】功能差异效果图如图 6.17 所示。

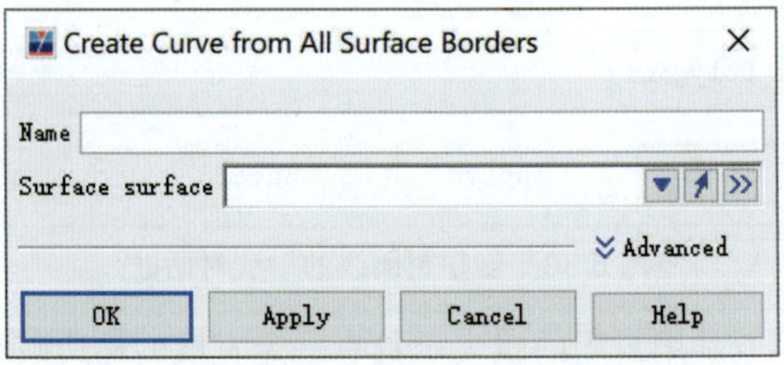

图 6.16　将面的所有边界创建成线对话框

【New】→【Intersection】→【With Surfaces】功能：提取面之间的交线。

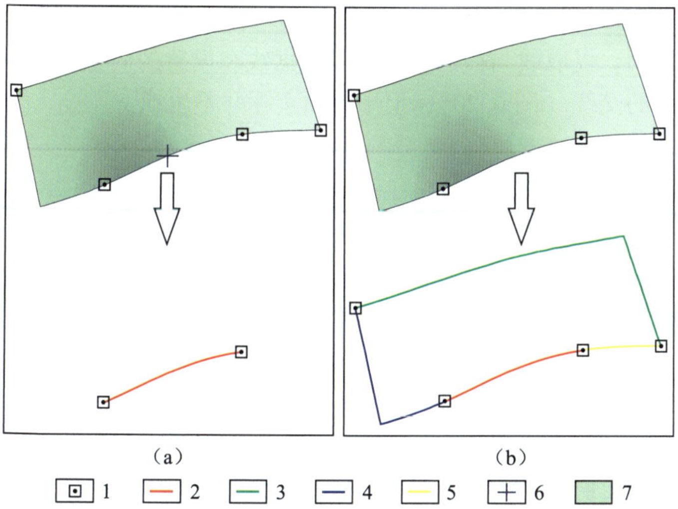

图 6.17　两种将面边界创建成线的效果对比图

（a）单条面边界创建成线的效果图；（b）所有面边界创建成线的效果图。

1—端点；2~5—线；6—鼠标左键单击位置；7—面

执行该命令，弹出“Create Curve from Surface Intersection”（提取面之间的交线）对话框（图 6.18）。在“Name”栏中输入新创建线的名称，“Surface surfaces”栏中选择面文件，面之间需存在交叉。该功能效果图如图 6.19 所示。

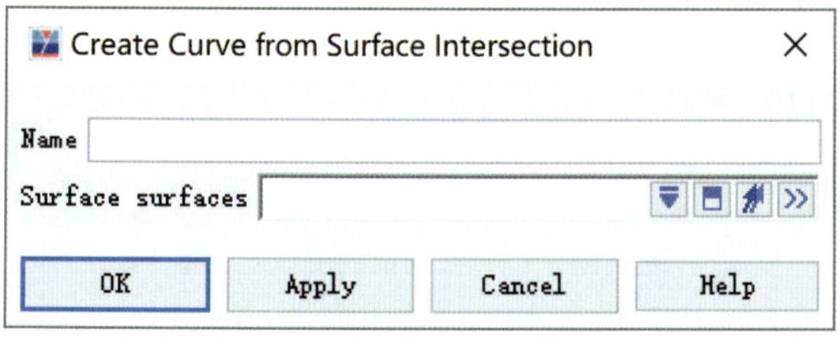

图 6.18　提取面之间的交线对话框

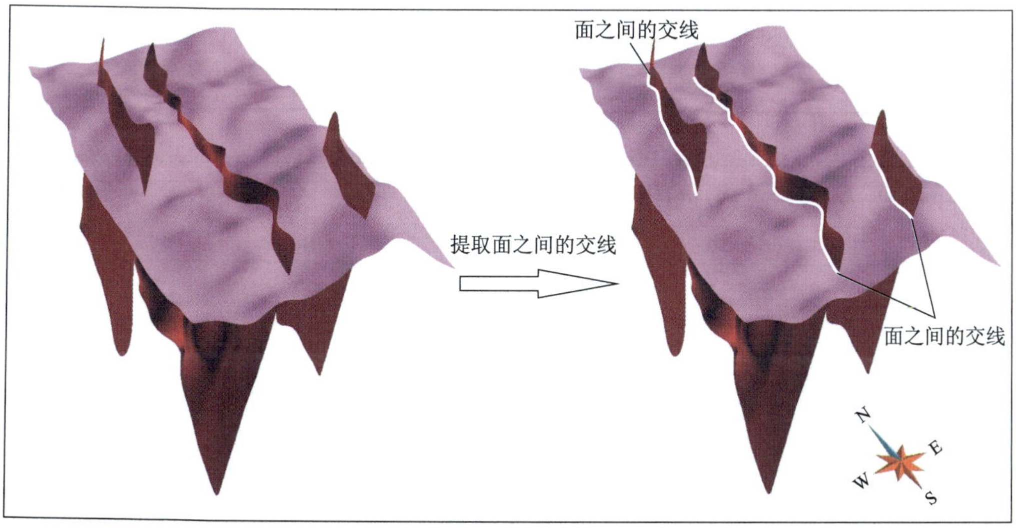

图 6.19　提取面之间的交线效果图

【New】→【Intersection】→【With Curves】功能：提取线与面的交线，该功能与提取面之间的交线原理相同。提取线与面的交线，先根据线和设置的向量生成一个虚拟面，再提取虚拟面与已知面的交线（图6.20），但虚拟面实际并不生成。

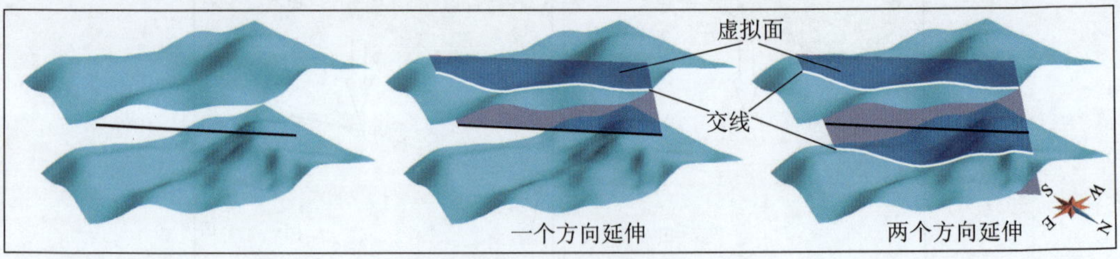

图6.20　创建线与面的交线效果图

执行该命令，弹出“Create Curve from Surface and Curve Intersection”（创建线与面的交线）对话框（图6.21）。在“Name”栏中输入新创建线的名称，“Surface surfaces”栏中选择面文件，“Curve curves”栏中选择线文件，“Expansion：”栏中的“X”“Y”“Z”值为线拉伸生成虚拟面的向量值。勾选“Two ways”复选框时，线根据向量向两侧延伸生成虚拟面；未勾选该复选框时，线仅以设置的向量方向延伸生成虚拟面（图6.20）。

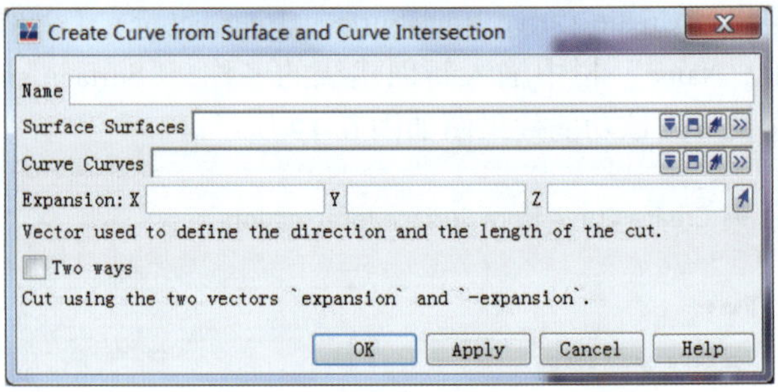

图6.21　创建线与面的交线对话框

【New】→【Contours】功能：提取曲面的等值线。

以提取曲面的等高线为例，实现该功能需要两个关键步骤（图6.22）。

步骤一，在任务面板（Task Pane）中选中面对象，单击鼠标右键查看对象的“Attributes”属性信息。在“Attributes”属性信息中选中“Contours”选项卡，根据Z值创建等值线，并设置显示等值线的高程间距。

步骤二，在窗口下拉菜单中选择【New】→【Contours】功能，弹出“Create Curve From Surface Contours”（提取面中的等值线）对话框（图6.23）。在“Name”栏中输入新创建线的名称，“Surface surface”栏中选择面文件，“Contours name”栏中选择等值线名称。

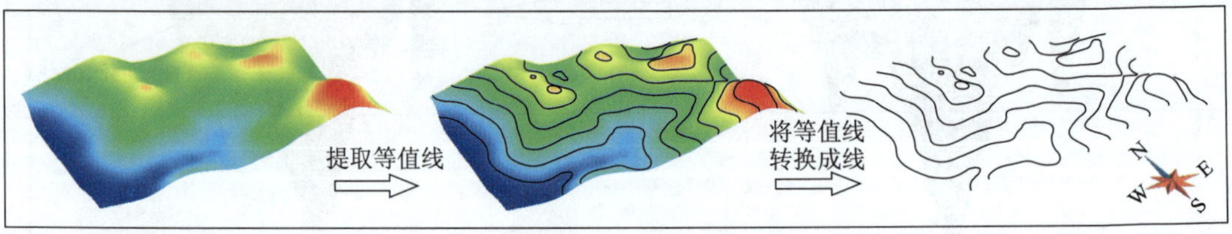

图6.22　提取面中的等值线流程图

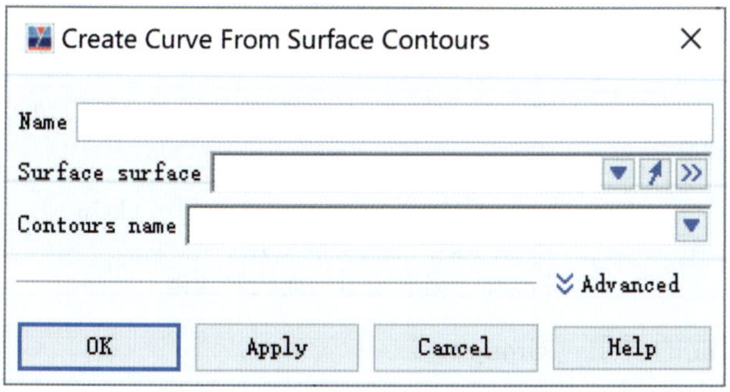

图 6.23　提取面中的等值线对话框

5. 根据通道（Channel）创建线

【New】→【Backbone】功能：提取通道的中心线。

执行该命令，弹出“Create Curve from Channel Backbone”（提取通道中心线）对话框（图 6.24）。在“Name”栏中输入新创建线的名称，“Channel Gshape”栏中选择通道文件。单击“OK”或“Apply”按钮，在 3D 视图中单击鼠标左键选择通道对象，生成线的效果如图 6.25 所示。

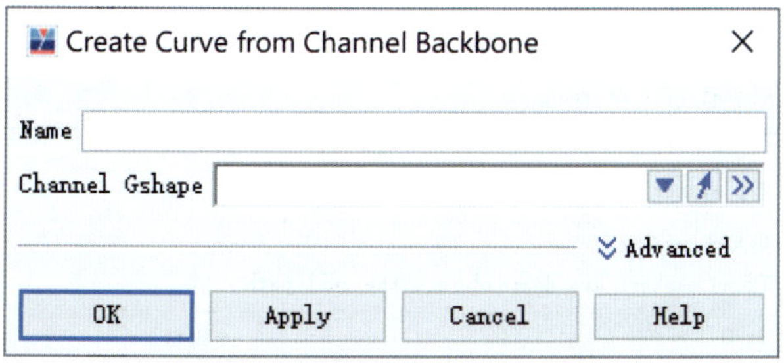

图 6.24　提取通道中心线对话框

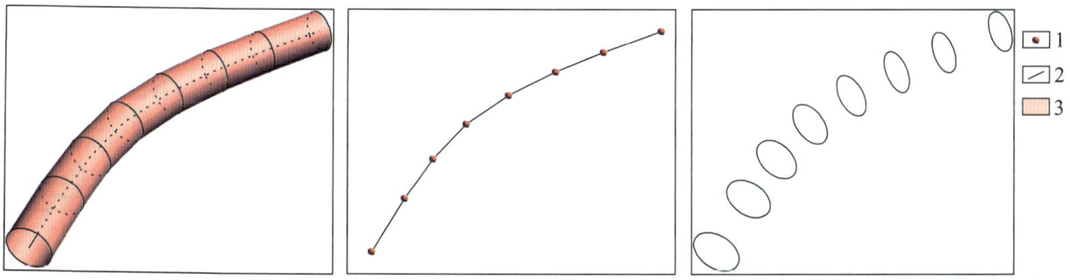

（a）　　　　（b）　　　　（c）

图 6.25　根据通道创建线效果图

（a）通道；（b）根据通道创建的中心线；（c）根据通道创建的切片线。1—节点；2—线；3—通道

【New】→【Set of Sections】功能：提取通道中心线中每个节点处的通道剖面线。

执行该命令，弹出“Create Curve from Channel Sections”（提取通道剖面线）对话框（图 6.26）。在“Name”栏中输入新创建线的名称，单击“OK”或“Apply”按钮，在 3D 视图中单击鼠标左键选择通道对象。根据通道生成剖面线的效果如图 6.25 所示。

6. 根据钻孔创建线

【New】→【Well（Group）and Logs】功能：将钻孔轨迹线转换成线，可以是单个钻孔，

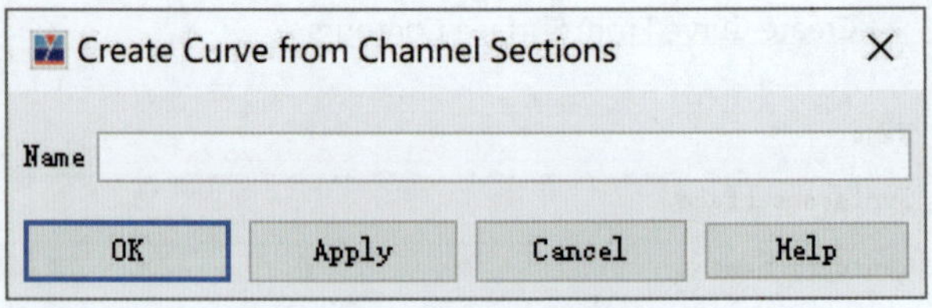

图 6.26　提取通道剖面线对话框

也可以是系列钻孔组成的群组（Group）。

执行该命令，弹出“Create Curve From Well（Group）Path and Logs”（提取钻孔轨迹线）对话框（图 6.27）。在“Name”栏中输入新创建线的名称，“Object Well or Group”栏中选择单个钻孔或由系列钻孔组成的群组；“Top marker”栏中选择钻孔的分层代号；“Bottom marker”栏中选择钻孔的分层代号；“Dz”栏中输入数字，该值为生成线的线段长度；“Unit”栏中选择线段长度单位，有“ft”和“m”两个选项。

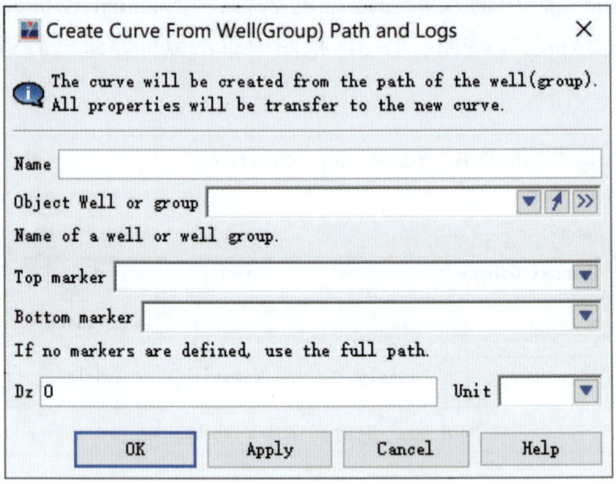

图 6.27　提取钻孔轨迹线对话框

当“Top marker”栏选择 B 地层，“Bottom marker”栏选择 C 地层时（图 6.28），在 B 地层至 C 地层之间生成线［图 6.28（b）］；当“Top marker”栏不选择地层，即默认为“none”，“Bottom marker”栏选择 C 地层时，则在地表至 C 地层生成线［图 6.28（c）］；当“Top marker”栏选择 B 地层，“Bottom marker”栏不选择地层，即默认为“none”，则在 B 地层以下生成线［图 6.28（d）］。

“Dz”栏数值为线段长度。根据钻孔轨迹创建线时，所创建线的长度是“Dz”栏设置线段长度的整数倍，线段从钻孔上部依次向下创建（图 6.29）。当钻孔轨迹长度不够一条线段时，此时线段不再创建，因此所创建的线的长度小于或等于钻孔轨迹的长度。

【New】→【Well Log】→【One】功能：将单个钻孔的曲线（如测试分析等）数据转换成线。

执行该命令，弹出“Create Curve From Well Log”（根据单个钻孔的曲线创建线）对话框（图 6.30）。在“Name”栏中输入新创建线的名称，“Well Well”栏选择单个钻孔，“Well _ log”栏选择该钻孔的曲线名。若勾选“Use top marker”复选框，可在“Top marker”栏选择钻孔的分层代号。若勾选“Use bottom marker”复选框，可在“Bottom marker”栏

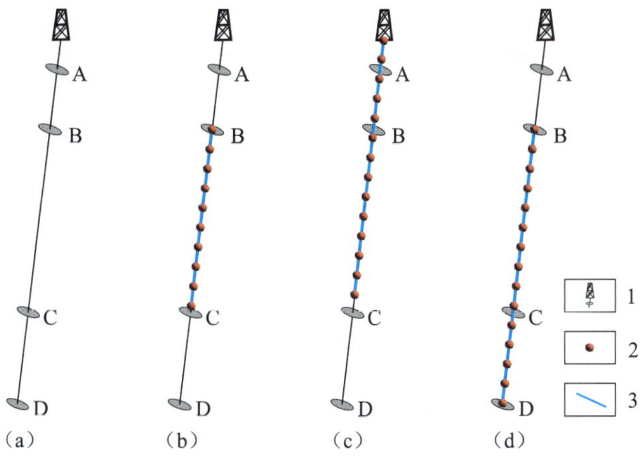

图 6.28　根据地层范围将钻孔轨迹转换成线效果图

（a）钻孔；（b）将 B 地层至 C 地层的钻孔轨迹转换成线；（c）将 C 地层以上的钻孔轨迹转换成线；（d）将 B 地层以下的钻孔轨迹转换成线。1—钻孔；2—线节点；3—线

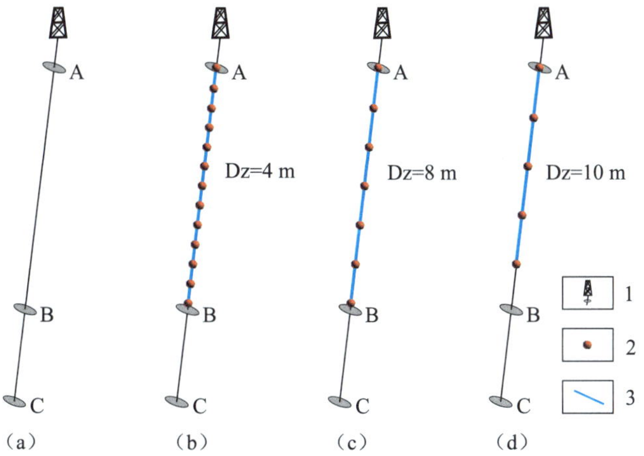

图 6.29　不同线段长度条件下根据钻孔轨迹创建线效果图

（a）钻孔；（b）Dz = 4 m 时钻孔轨迹转换成线效果图；（c）Dz = 8 m 时钻孔轨迹转换成线效果图；（d）Dz = 10 m 时钻孔轨迹转换成线效果图。1—钻孔；2—线节点；3—线

选择钻孔的分层代号。若勾选“Even sampling”复选框，可在“Dz”栏输入数字，该值为生成线的线段长度，“Unit”栏选择线段长度单位，有“ft”和“m”两个单位可选择。

【New】→【Well Log】→【Group】功能：将一个钻孔群组中的曲线数据转换成线。使用方法与【New】→【Well Log】→【One】功能相同。

【New】→【Path】→【One】功能：将单个钻孔的轨迹线转换成线。

执行该命令，弹出“Create Curve From Well Path”（根据单个钻孔的轨迹线创建线）对话框（图 6.31）。在“Name”栏中输入新创建线的名称，“Well Well”栏中选择单个钻孔名称。单击“OK”或“Apply”按钮即可完成线的创建。

【New】→【Path】→【Group】功能：将一个钻孔群组中钻孔轨迹线转换成线。使用方法与【New】→【Path】→【One】功能相同。

【New】→【Path】→【From well zone】功能：将单个钻孔的轨迹线的一部分转换成线。

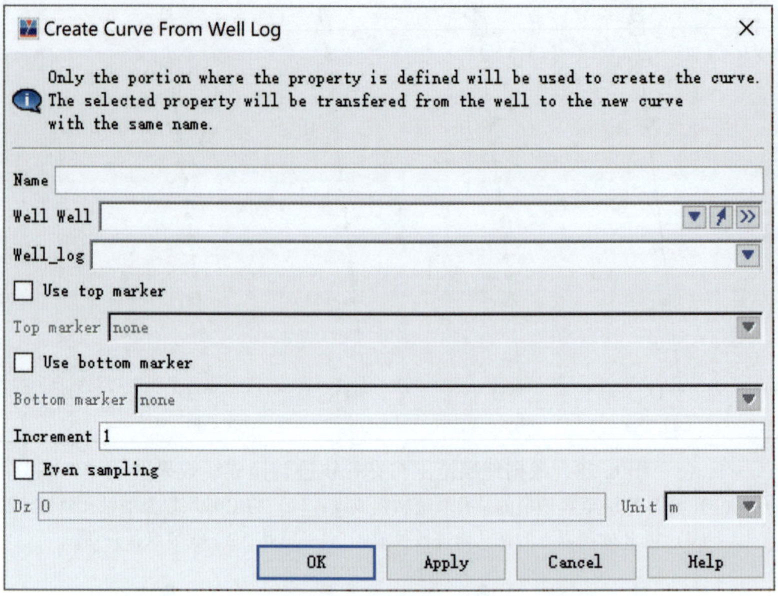

图 6.30　根据单个钻孔的曲线创建线对话框

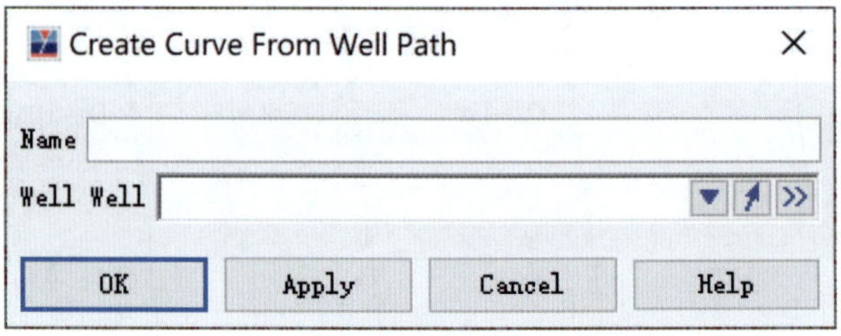

图 6.31　根据单个钻孔的轨迹线创建线对话框

执行该命令，弹出“Create Curve From Well Zone”（根据单个钻孔的轨迹线范围创建线）对话框（图 6.32）。在“Name”栏中输入新创建线的名称，“Well Well”栏中选择单个钻孔，“Zone name”栏中选择该钻孔的区域（Zone）名称。

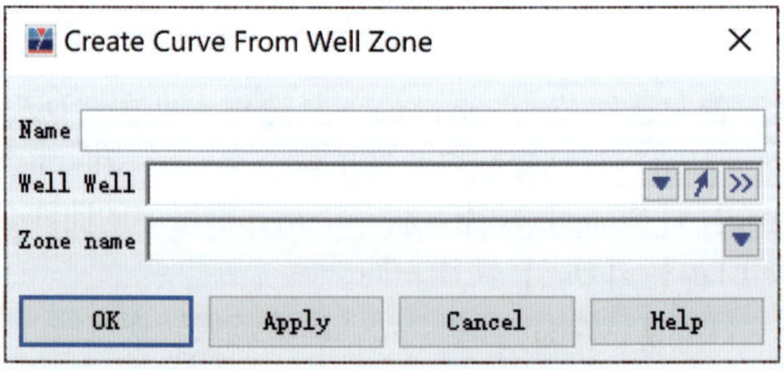

图 6.32　根据单个钻孔的轨迹线范围创建线对话框

7. 根据 2D-Grid 边界创建线

【New】→【From 2D-Grid Border】功能：将 2D-Grid 的边界转换成线。

执行该命令，弹出“Create Curve from 2D-Grid Borders”（根据 2D-Grid 的边界创建线）对话框（图 6.33）。在“Curve name”栏中输入新创建线的名称，“2D-Grid Surface”

栏中选择 2D-Grid 文件。2D-Grid 的边界节点与生成线的节点空间位置保持一致（图 6.34）。

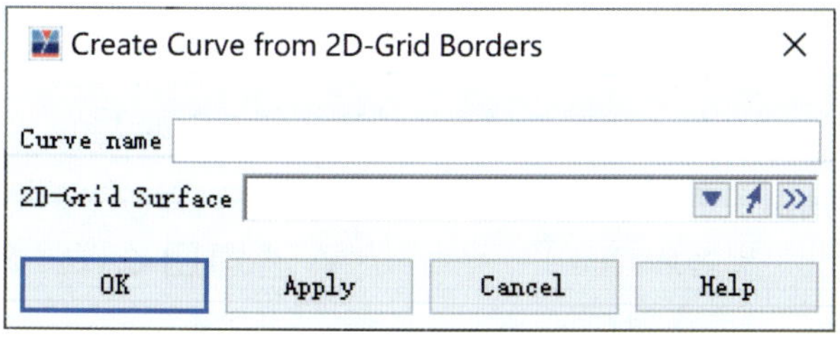

图 6.33　根据 2D-Grid 的边界创建线对话框

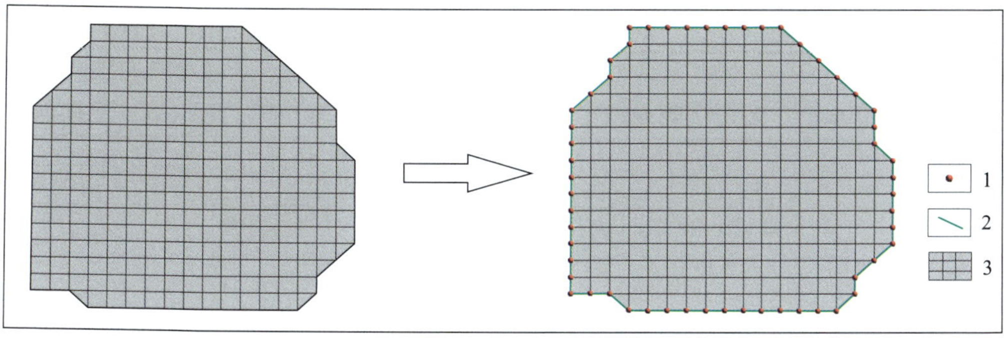

图 6.34　根据 2D-Grid 的边界创建线效果图

1—线节点；2—线；3—2D-Grid

8. 根据向量创建线

【New】→【From Step Vector】功能：根据向量数据创建线。

执行该命令，弹出“Create Curve From Step Vector”（根据向量创建线）对话框（图 6.35）。在“Curve name”栏中输入新创建线的名称，“Origin:”栏的“X”“Y”“Z”中输入线的起点坐标，“Step:”栏的“X”“Y”“Z”中输入线段的向量值，“number of segments”栏中输入线段数量。

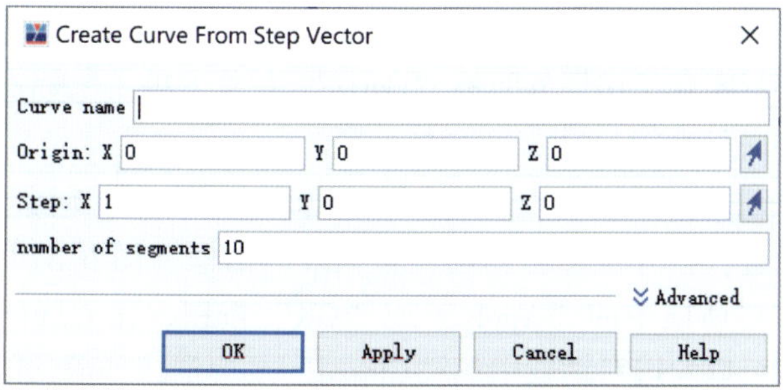

图 6.35　根据向量创建线对话框

（二）矢量化创建线

矢量化创建线功能位于矢量化与编辑线工具条（Digitization/Editing toolbar）中，在下拉菜单中未提供。

在“Digitization/Editing toolbar”工具条中的“Digitize/Edit Object Type”下拉框中选择“Curve”，在工具条中会出现一系列矢量化与编辑线的快捷按钮（图 6.36）。在“Object”下拉框中选择对象，矢量化结束后自动将线添加到已选中的线文件中。当“Object”下拉框中选择“any”选项时，矢量化结束后会弹出对话框，需对矢量化的线进行命名，并新创建一个线文件。不同矢量化线快捷按钮功能如下：

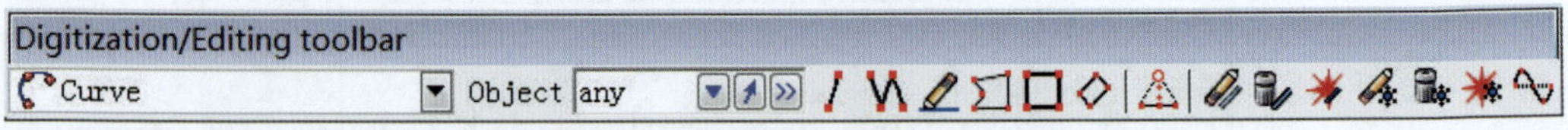

图 6.36　矢量化与编辑线工具条

按钮功能：矢量化一个线段。鼠标左键点击该按钮，在 3D 视图中按住鼠标左键并移动鼠标画出线段的轨迹，松开鼠标会弹出“Creat Curve form（Digitized）Points（矢量化线）对话框（图 6.37）。修改对话框中“Points”栏中的两个节点坐标可以调整线段的三维空间位置和长度。该按钮功能只创建一个线段，因此对话框中的“Closed”复选框无法使用。

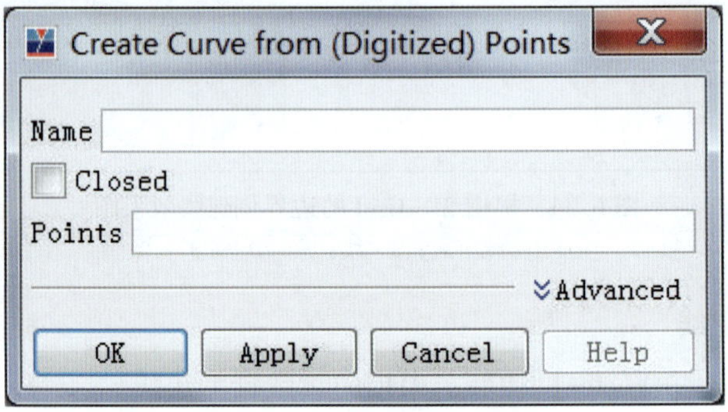

图 6.37　矢量化线对话框

按钮功能：矢量化不闭合线。鼠标左键单击该按钮，在 3D 视图中移动鼠标并单击鼠标左键画出线的轨迹，单击一次鼠标左键矢量化一个节点，单击鼠标右键则结束线的矢量化，并弹出矢量化线对话框，与图 6.37 相同。可以修改矢量化线对话框中的“Points”栏中的节点坐标以调整线的三维空间位置和长度。勾选“Closed”复选框时，矢量化的线首尾节点自动相连进行闭合。在任务面板“Curve”对象上单击鼠标右键，弹出的列表中“From Digitized Polyline”功能与按钮功能相同。

按钮功能：矢量化不闭合线。鼠标左键点击该按钮，在 3D 视图中按住鼠标左键并移动鼠标画出线的轨迹，松开鼠标会弹出矢量化线对话框（图 6.37），在“Name”栏中输入线的名称，单击对话框中的“Apply”或“OK”按钮，完成线的矢量化。如果矢量化的线需要闭合，则可以勾选对话框中的“Closed”复选框，矢量化的线首尾节点自动相连进行闭合。运用该功能，矢量化的线中有大量节点，且节点均匀分布。

按钮功能：矢量化闭合线。该按钮的使用方法与按钮使用方法基本相同，不同的是在弹出的矢量化线对话框中“Closed”复选框默认为勾选。如果取消勾选“Closed”复选框，则功能与按钮功能相同。

按钮功能：矢量化矩形框。鼠标左键点击该按钮，在 3D 视图中按住鼠标左键并移动鼠标画出矩形框的对角线，则自动生成相应的矩形框。

◇按钮功能：矢量化矩形框。该功能可以矢量化任意放置的矩形框，□按钮只能矢量化平放的矩形框。鼠标左键点击该按钮，在3D视图中单击鼠标左键两次确定矩形线的一条边，通过移动鼠标确定矩形范围。点击鼠标右键则结束线的矢量化，并弹出矢量化线对话框。

实验七 线的编辑

一、实验目的和要求

（一）实验目的

线的编辑是三维地质建模中的基础操作。通过本实验的学习，让学生进一步理解线的组成，学习线的各种编辑方法与操作流程；同时，培养学生对线的编辑处理能力和动手能力、解决实际问题的能力，并理解线在三维建模中的应用，为后续三维建模打下坚实的基础。

（二）实验要求

了解线投影到2D-Grid、断开对象之间的节点链接、设置地质信息等操作。

熟悉线靠近点集、断开线等操作。

掌握线的移动、旋转操作；掌握根据条件过滤线中的线段、加密线中节点、断开线等编辑操作；掌握线的部分（Part）、区域（Region）的编辑操作；掌握线的节点（Node）、线段（Segment）等编辑操作；掌握运用快捷按钮对线节点新增、删除、移动和线段删除操作。

（三）软件

GOCAD 软件。

二、实验内容

（一）下拉菜单编辑功能

在视窗下拉菜单中，选择【Command】→【Curve】，在【Tools】下拉菜单中提供了许多线的编辑功能。下拉菜单中的线编辑功能和使用方法具体如下。

1. 移动、旋转线

【Tools】→【Move】功能：移动、旋转线。使用方法与点集【Tools】→【Move】功能相同。

2. 线靠近点集

线靠近点集提供了【Tools】→【Fit to Points】→【Globally】和【Tools】→【Fit to Points】→【Locally】两种功能。这两种功能实现效果相同，都是在线中自动增加节点，并移动新增节点与附近点集的节点重合。不同的是，在执行【Globally】功能时，线中所有线段都能同时执行线靠近点集功能，而执行【Locally】功能时，只是鼠标选中的线段执行该功能（图7.1）。

图 7.1　线靠近点集效果图

(a) 未处理的效果图；(b) 执行【Globally】功能的效果图；(c) 执行【Locally】功能的效果图。
1—点集；2—原始线节点；3—新生成的线节点；4—鼠标左键单击位置；5—线

选择【Globally】或【Locally】功能，弹出“Sculpt one Segment by Inserting Neighbors Points”（线靠近点集）对话框（图 7.2）。在“PointsSet points”栏中选择点集文件，“Concavity factor”栏中输入数值。勾选“Use normal”复选框之后，可修改“Normal”栏的“X”“Y”“Z”值；不勾选该复选框时，默认坐标值为（1，1，1）。单击“OK”或“Apply”按钮，在 3D 视图中选择需要处理的线。

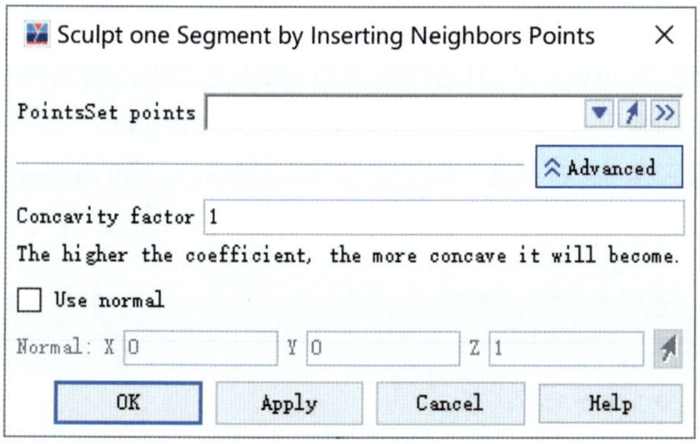

图 7.2　线靠近点集对话框

3. 过滤线中的线段

过滤线中的线段是根据一定条件剔除线中的部分线段，软件提供了根据线段的长度、相邻线段的角度、重复线段三种条件剔除线中部分线段的方法，分别对应【Tools】→【Filter】→【Segment Length】、【Tools】→【Filter】→【Segment Angle】、【Tools】→【Filter】→【Segment Degenerated】功能。

【Tools】→【Filter】→【Segment Length】功能：根据线段的长度剔除线中部分线段，即去除线中长度较短的线段。

执行该命令，弹出“Filter Small Segments”（根据线段的长度剔除线中部分线段）对话框（图 7.3）。在“Curve”栏中选择需要处理的线文件，“Minimum size”栏中输入最小

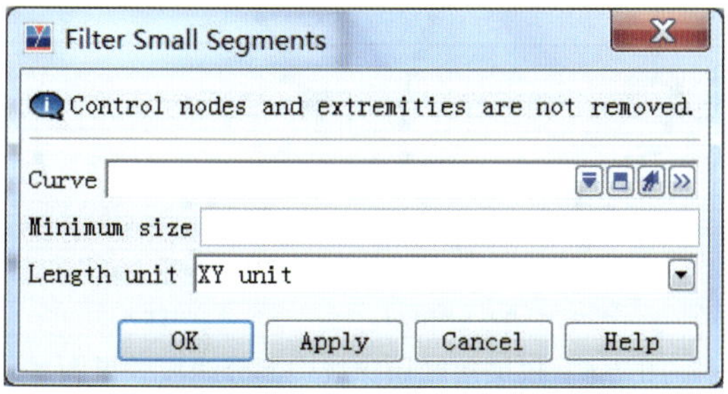

图 7.3　根据线段的长度剔除线中部分线段对话框

线段长度，线中小于该长度的线段将被剔除（图 7.4）。

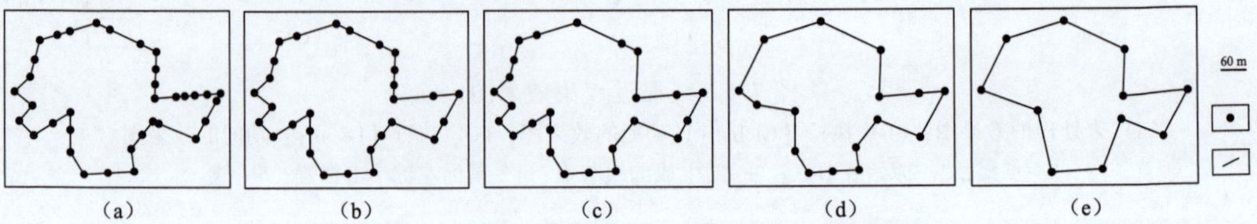

图 7.4　根据线段的长度剔除线中部分线段效果图

（a）原始图；（b）Minimum size = 30 m；（c）Minimum size = 40 m；（d）Minimum size = 50 m；（e）Minimum size = 60 m。1—节点；2—线

【Tools】→【Filter】→【Segment Angle】功能：根据相邻线段的角度大小剔除线中部分线段。

执行该命令，弹出“Filter Segment Angle”（根据相邻线段的角度剔除线中部分线段）对话框（图 7.5）。在“Curve”栏中选择需要处理的线文件。当选择“Remove spikes”单选按钮时，且线段间的角度小于“maxium spikes angle（degree）”栏中输入的数值时，线段被剔除，线段间的夹角变大（图 7.6）；当选择“Remove flat angles”单选按钮时，且线段间的角度大于“minimum flat angle（degree）”栏中输入的数值时，线段被剔除，线段

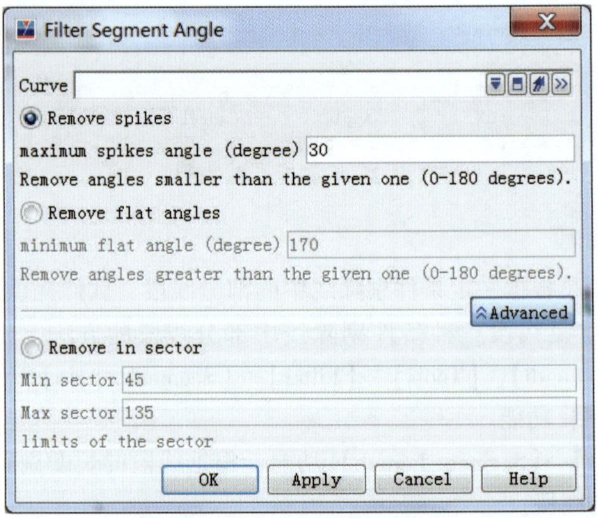

图 7.5　根据相邻线段的角度剔除线中部分线段对话框

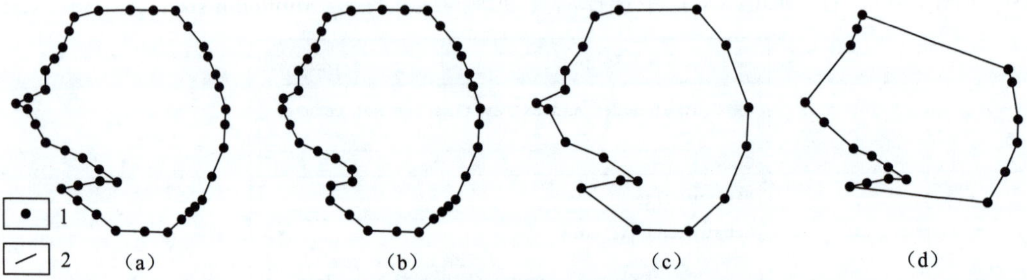

图 7.6　根据角度剔除线中部分线段效果图

（a）原始图；（b）Maximum spikes angle = 60°；（c）Minimum flat angle = 170°；（d）130° <angle< 160°。1—节点；2—线

间的夹角变小（图 7.6）；当选择“Remove in sector”单选按钮时，且线段间的角度介于“Min sector”和“Max sector”栏中输入的数值之间时，线段被剔除，保留线段间夹角小于“Min sector”栏数值和大于“Max sector”栏数值的线段（图 7.6）。

【Tools】→【Filter】→【Segment Degenerated】功能：剔除重复线段和极短线段。

执行该命令，弹出“Filter Degenerated Segments”（剔除重复线段和极短线段）对话框（图 7.7）。在“Curve”栏中选择需要处理的线文件，单击“OK”或“Apply”按钮即可。

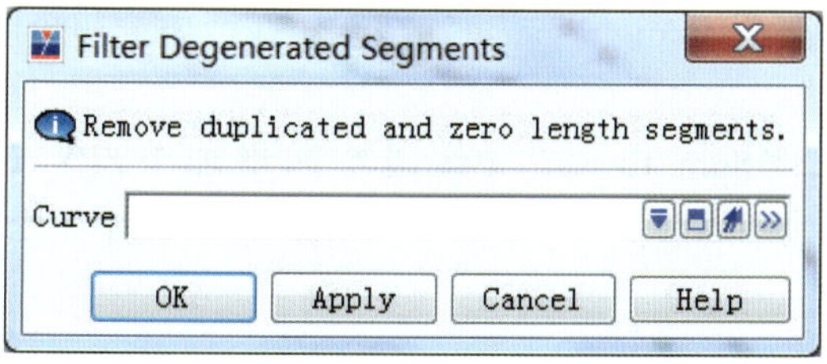

图 7.7　剔除重复线段和极短线段对话框

4. 加密线中节点

加密线中的节点方法有对超过一定长度的线段加密节点和在线段的中间增加节点，分别对应于【Tools】→【Densify】和【Tools】→【Split】→【At Middle Segment】功能。

【Tools】→【Densify】功能：对超过一定长度的线段进行节点加密。

执行该命令，弹出“Densify Segments”（加密线中节点）对话框（图 7.8）。在“Curve”栏中选择需要处理的线文件，“Maximum length”栏中输入最长线段数值。当线中存在长度超过 Maximum length 值的线段时，则会在该线段中插入若干个节点使新生成的线段长度都小于该数值，且新生成的线段长度都相等（图 7.9）。

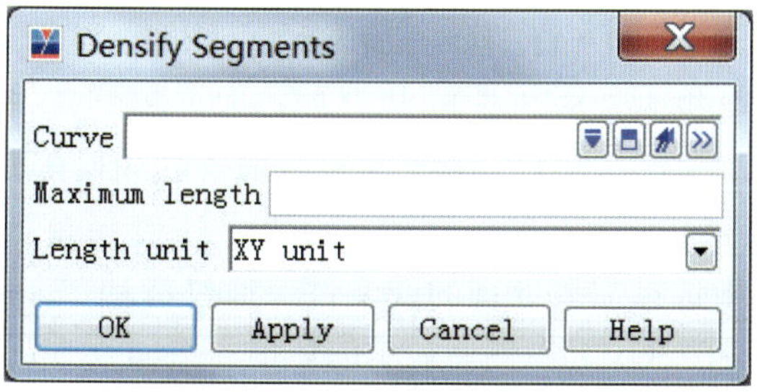

图 7.8　加密线中节点对话框

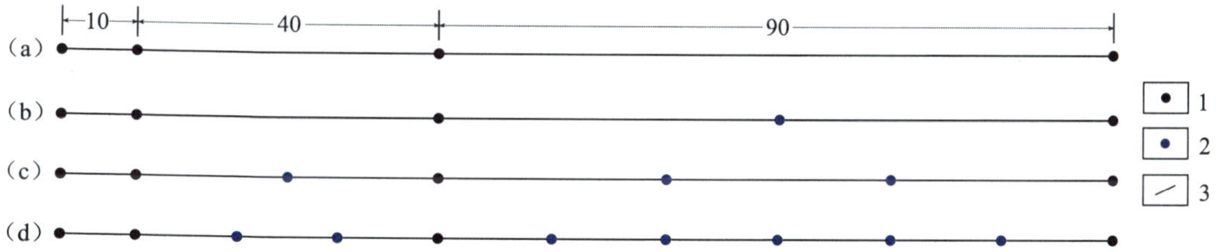

图 7.9　根据线段长度加密线中节点效果图

(a) 原始图；(b) Maximum length = 60；(c) Maximum length = 30；(d) Maximum length = 15。

1—线中原始节点；2—新增节点；3—线

【Tools】→【Split】→【At Middle Segment】功能：在线的所有线段的中间部位增加一个节点。

5. 断开线

在视窗下拉菜单中提供了线的拐角处断开和线与面的交汇处断开两种断开线的方法，分别对应【Tools】→【Split】→【At Corners】、【Tools】→【Split】→【At Surface Intersection】功能。而【Tools】→【Split】→【At Middle Segment】功能是在线的所有线段中间加入节点，线并不断开。

【Tools】→【Split】→【At Middle Segment】功能：在线中的每个线段中间增加一个节点，线不断开。

执行该命令，弹出“Split Curve”（线段中间增加节点）对话框（图 7.10）。在“Curve”栏中选择需要处理的线文件。执行该功能之后，线中每个线段中间增加一个节点（图 7.11）。

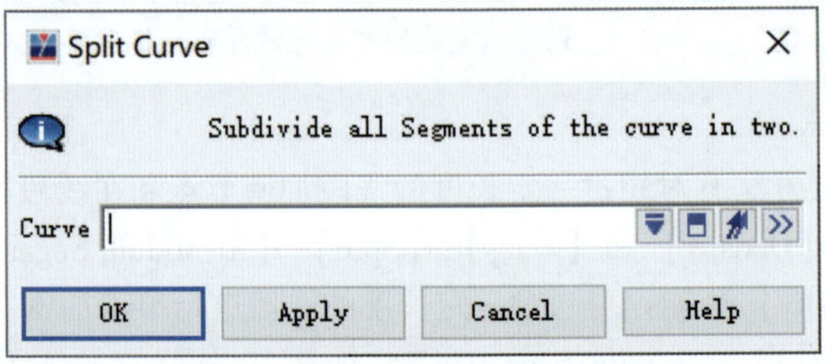

图 7.10　线段中间增加节点对话框

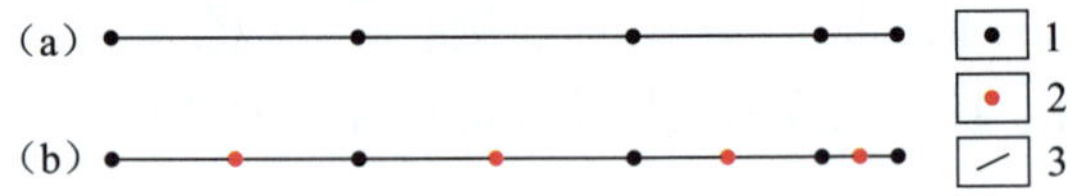

图 7.11　线段中间增加节点示意图

(a) 原始图；(b) 处理结果图。1—线节点；2—新增线节点；3—线段

【Tools】→【Split】→【At Corners】功能：根据线段之间的拐角大小将线断开。

执行该命令，弹出“Split Curve From Corners”（线段拐角处断开线）对话框（图 7.12）。在“Curve”栏中选择需要处理的线文件，通过滑动“Angle”滚动条选择角度。“Angle”的角度范围为 0°~360°，右侧所显示的数值为滚动条所处的角度。当线中相邻线段的拐角小于“Angle”滚动条的数字时，执行该功能后这两个线段则被断开。在底部工具栏单击按钮，线的不同部分（Part）以不同颜色显示相区别。

【Tools】→【Split】→【At Surface Intersection】功能：线与面的交汇处断开线。

执行该命令，弹出“Break Curve at Surface Intersection”（线与面的交汇处断开线）对话框（图 7.13）。在“Curve”栏中选择需要处理的线文件，“Surface Surface”栏中选择与线交汇的面。勾选“Split”复选框时，线在与面交汇的部位断开。在底部工具栏单击按钮，线的不同部分（Part）以不同颜色显示相区别；未勾选该复选框时，线在与面交汇的部位增加节点，但线未断开。

6. 将线投影到曲面或 2D-Gird 上

【Tools】→【Project】→【On Surface】功能：将与面重合部分的线投影到面上，或线与

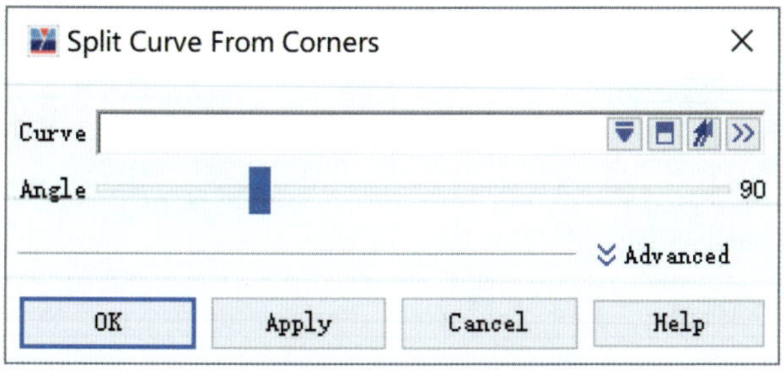

图 7.12　线段拐角处断开线对话框

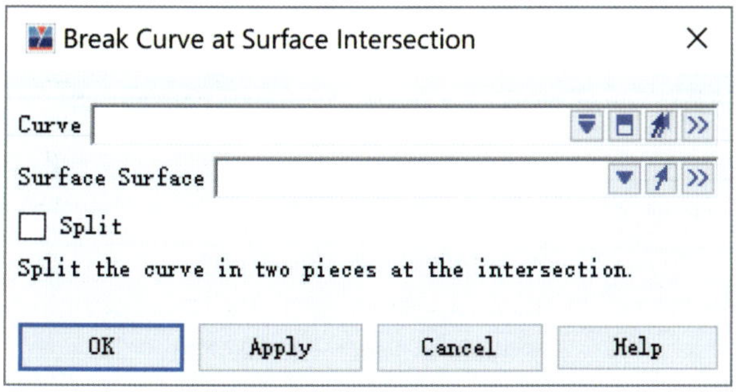

图 7.13　线与面的交汇处断开线对话框

面保持一定距离。在执行该功能之前需要加密线中的节点，确保线投影到面上之后能够与面完全重合，或线中的不同位置与面保持一定距离，线的弯曲变化与面的形态保持一致。

执行该命令，弹出“Curve Constraints Thickness and Project”（线投影到面）对话框（图 7.14）。在“Curve”栏中选择需要处理的线文件，“Surface Target”栏中选择面文件。勾选“Constant thickness”复选框时，在“Thickness value”栏中需输入线与面的距离，此时线与面的距离为固定值。当该值为“0”时，线与面重合，当值为负值时，线位于面的上方，当值为正值时，线位于面的下方（图 7.15）；未勾选“Constant thickness”复选框时，“Thickness value”栏处于不可编辑状态，“Thickness property”栏可选择线的属性，线的属性值作为线与面的距离，此时线节点与面的距离可以是变化值。“Dir _ shoot:”栏的“X”“Y”“Z”值为线到面的方向向量。

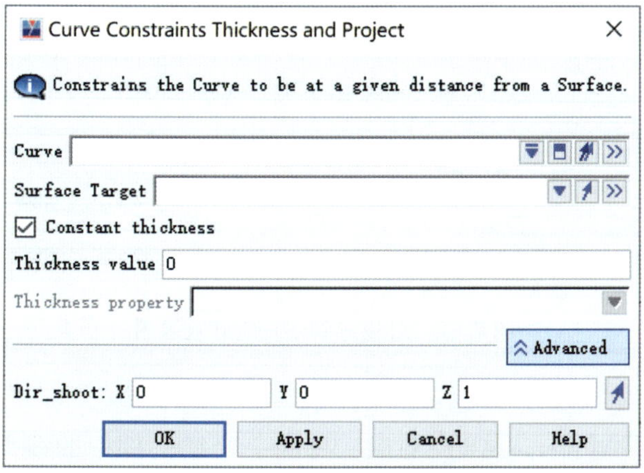

图 7.14　线投影到面对话框

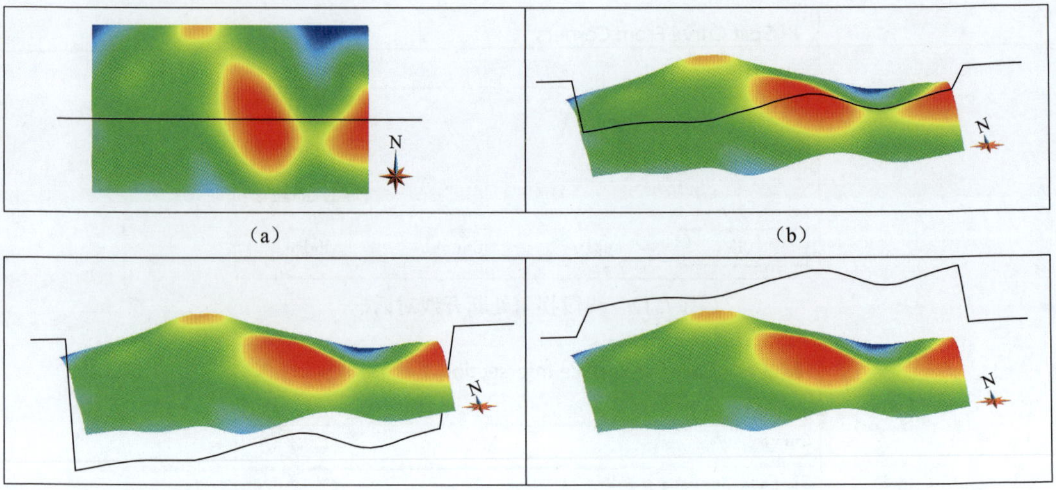

图 7.15　线投影到面效果图

（a）处理前顶视图；（b）Thickness value = 0 的效果图；（c）Thickness value = 350 的效果图；

（d）Thickness value = -350 的效果图

【Tools】→【Project】→【On 2D Grid】功能：将线投影到 2D-Grid 上。在执行该功能之前需要加密线中的节点，才能确保线投影到 2D-Grid 上之后线能够与之相重合。

执行该命令，弹出“Project the object vertically on the 2D-Grid”（线投影到 2D-Grid）对话框（图 7.16）。在“AtomsSet”栏中选择需要处理的线文件，“2D-Grid Grid”栏中选择 2D-Grid 文件。单击“OK”或“Apply”按钮之后执行该功能。位于 2D-Grid 范围内的线，节点靠近 2D-Grid，线与 2D-Grid 重合；超出 2D-Grid 范围的线，节点高程值相同，并与最近 2D-Grid 范围内的节点高程值相同（图 7.17）。

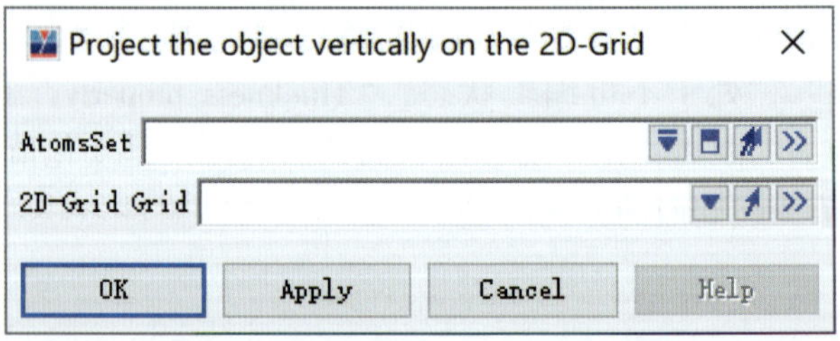

图 7.16　线投影到 2D-Grid 对话框

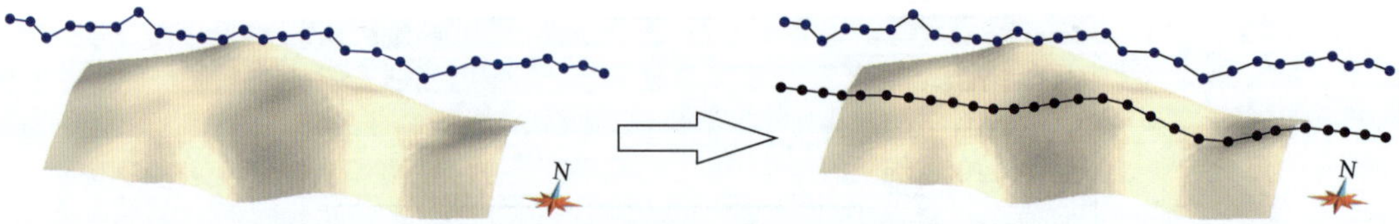

图 7.17　线投影到 2D-Grid 效果图

7. 线部分（Part）操作

【Tools】→【Part】→【Merge All】功能：将同一个线文件中的线部分（Part）进行合并，同时还可以将在一定距离范围内的两条线的端点（Extremity）进行连接。

执行该命令，弹出“Merge All Curve Parts”［合并所有线部分（Part）］对话框（图7.18）。在“Curve”栏中选择需要处理的线文件。勾选“Exactly”复选框时，只有当两端点空间坐标相同时才能进行连接；未勾选该复选框时，可在“Tolerance”栏中输入数值，当两线的端点距离小于该值时能够自动连接，连接后的两根线将变成一根线（图7.19）。未执行【Merge All】功能之前，单击视窗中的按钮，不同线部分（Part）将以不同颜色呈现以相区别，执行该功能之后，合并的线部分（Part）为同一种颜色。

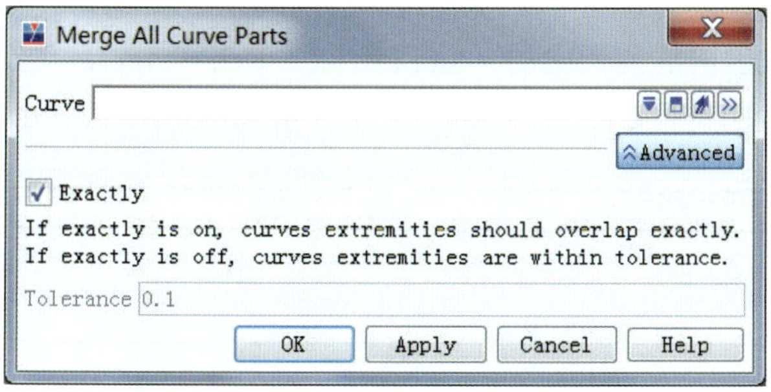

图 7.18　合并所有线部分（Part）对话框

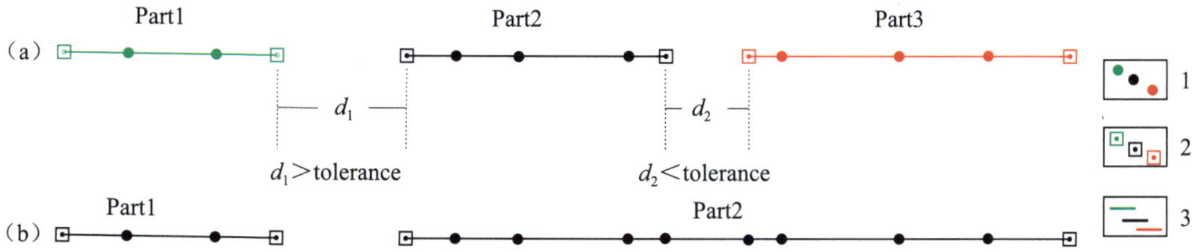

图 7.19　合并所有线部分（Part）效果图
（a）处理前；（b）处理后。1—节点；2—端点；3—线

【Tools】→【Part】→【Merge Selection】功能：通过鼠标选择将同一个线文件中的多个线部分（Part）进行合并。

执行该命令，长按 Ctrl 键和单击鼠标左键选择需要合并的线，松开 Ctrl 键后执行已选择的线部分（Part）进行合并。

【Tools】→【Part】→【Keep Selection】功能：保留鼠标选中的线部分（Part），删除未选中的线部分（Part）（图7.20）。线部分（Part）的选择时，可以通过长按 Ctrl 键和单击鼠

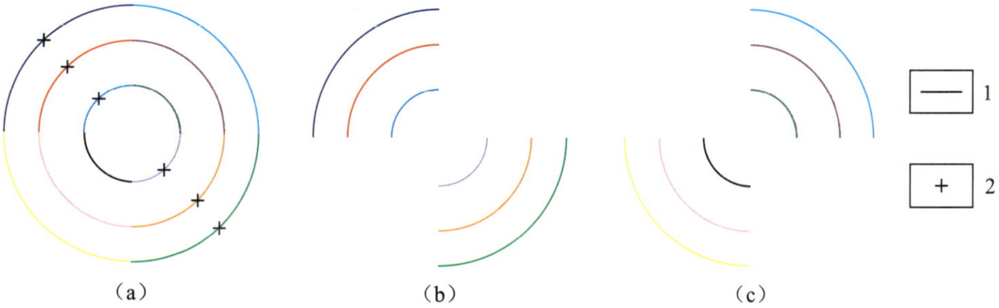

图 7.20　保留、删除线部分（Part）效果图
（a）原始图；（b）执行【Keep Selection】功能的效果图；（c）执行【Delete Selection】功能的效果图。
1—线；2—鼠标左键单击位置

标左键选择多条线。

【Tools】→【Part】→【Delete Selection】功能：删除鼠标选中的线部分（Part），保留未选中的线部分（Part）（图7.20）。选择线部分（Part）时，可以通过长按Ctrl键和单击鼠标左键选择多条线。

【Tools】→【Part】→【Translate】功能：按向量移动线部分（Part）。

执行该命令，弹出“Translate”［按向量移动线部分（Part）］对话框（图7.21）。“X”“Y”“Z”栏的数值为移动一次线的三维空间向量。对话框中的 X、Y、Z 值可以手动输入，也可以通过运用对话框中的按钮获得。单击“Apply”或“OK”按钮，长按Ctrl键和单击鼠标左键选择线部分（Part），松开Ctrl键则执行线部分（Part）移动功能。

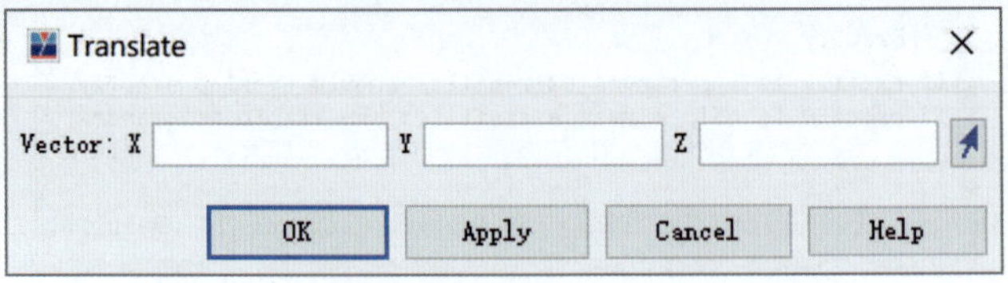

图7.21 按向量移动线部分（Part）对话框

【Tools】→【Part】→【Filter Small Parts】功能：删除线文件中节点数或长度小于一定数值的线部分（Part）。

执行该命令，弹出“Remove Small Curve Parts”［删除节点少或长度短的线部分（Part）］对话框（图7.22）。在“Curve”栏中选择需要处理的线文件。当选择“Use nb segs”单选按钮时，在“Minimum nb of segs”栏中输入数值，删除线文件中节点数小于该值的线；当选择“Use length”单选按钮时，在“Minimum length”栏中输入数值，删除线文件中长度小于该值的线。

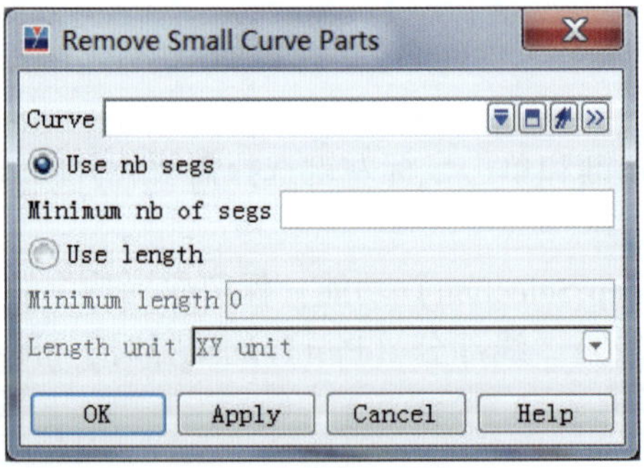

图7.22 删除节点少或长度短的线部分（Part）对话框

8. 线区域（Region）操作

【Tools】→【Region】→【Keep Nodes】功能：保留线文件中区域（Region）范围的线节点，删除其余线节点。

执行该命令，弹出“Clip Nodes in Region”［保留区域（Region）范围内的线节点］对话框（图7.23）。在“Curve”栏中选择线文件，“Region”栏中选择区域（Region）名称。单击“OK”或“Apply”按钮，保留线文件中被选中区域（Region）范围的线节点，其他线节点被删除。

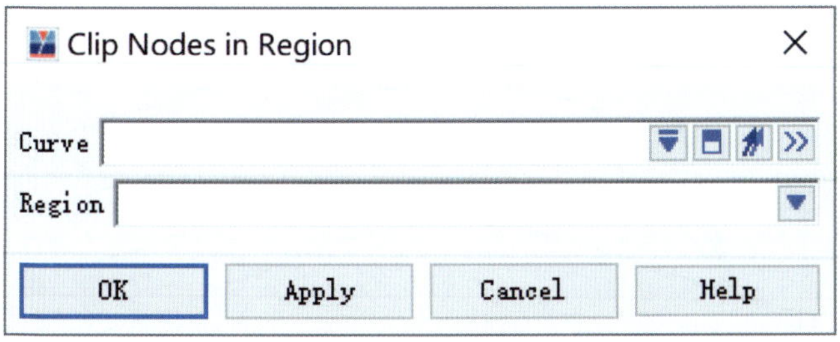

图 7.23　保留区域（Region）范围内的线节点对话框

【Tools】→【Region】→【Delete Nodes】功能：删除线文件中区域（Region）范围的线节点，保留其余部分线节点。

执行该命令，弹出“Remove Nodes in Region”［删除区域（Region）范围内的线节点］对话框（图 7.24）。在“Curve”栏中选择线文件，“Region”栏中选择区域（Region）名称。单击“OK”或“Apply”按钮，删除线文件中被选中区域（Region）范围的线节点，其他线节点则被保留。

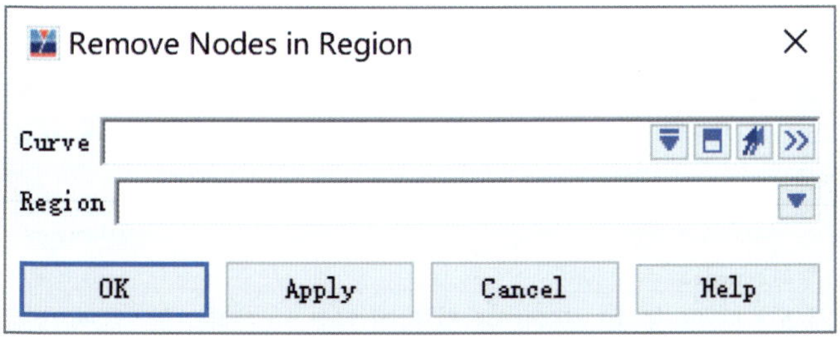

图 7.24　删除区域（Region）范围内的线节点对话框

【Tools】→【Region】→【Move Nodes】功能：移动线文件区域（Region）范围的线节点，区域（Region）范围外的线节点空间位置保持不变。

执行该命令，弹出“Move Nodes in Region”［移动区域（Region）范围内的线节点］对话框（图 7.25）。在“AtomsSet”栏中选择线文件，“Region”栏中选择区域（Region）名称，“Vector:”栏中的“X”“Y”“Z”中输入数值。每执行一次该功能，区域（Region）范围的线节点则按 *X*、*Y*、*Z* 向量移动一次（图 7.26），可多次单击“Apply”按钮连续执行该功能。

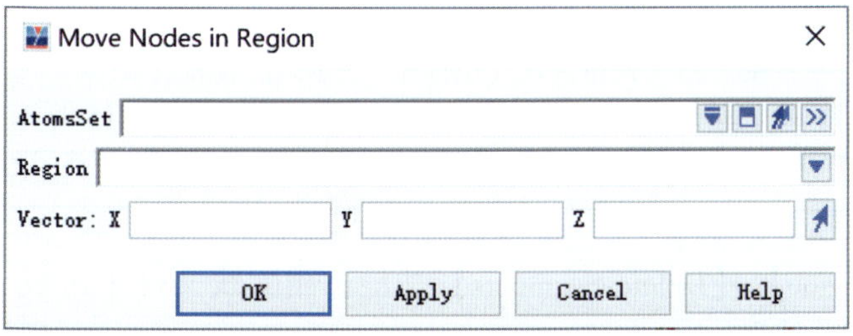

图 7.25　移动区域（Region）范围内的线节点对话框

【Tools】→【Region】→【Keep Segments】功能：保留线文件中区域（Region）范围的线段，删除其余部分线段。

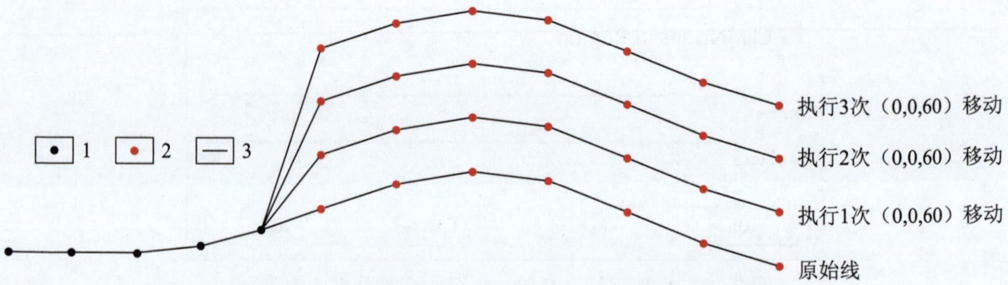

图 7.26　移动区域（Region）范围内的线节点效果图

1—区域（Region）范围外线节点；2—区域（Region）范围内线节点；3—线

执行该命令，弹出“Clip Segments in Region”［保留区域（Region）范围内的线段］对话框（图 7.27）。在“Curve”栏中选择线文件，“Region”栏中选择区域（Region）名称。勾选“All nodes”复选框时，执行该功能，保留区域（Region）范围内节点构成的线段，保留的线范围比【Keep Nodes】功能处理的范围更大；未勾选该复选框时，效果与【Keep Nodes】功能处理的结果相同（图 7.28）。

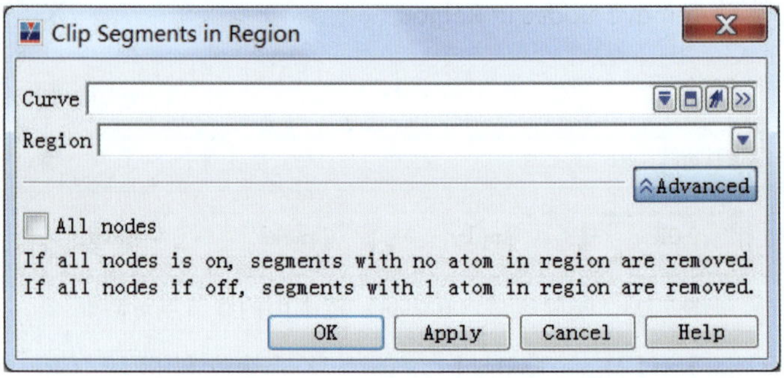

图 7.27　保留区域（Region）范围内的线段对话框

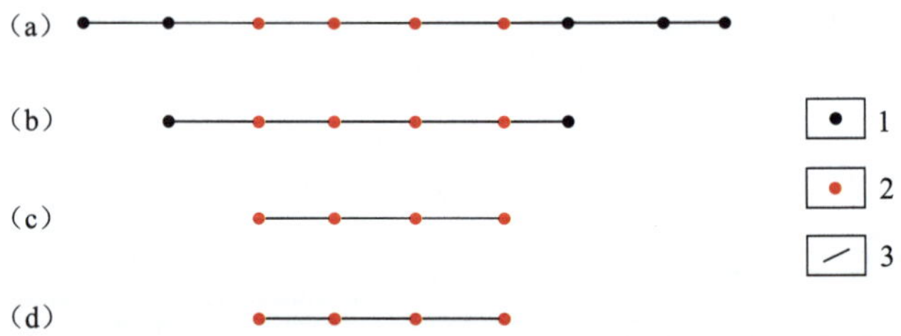

图 7.28　保留区域（Region）范围内的线段效果图

（a）原始图；（b）【Keep Segments】功能处理，勾选“All nodes”复选框；（c）【Keep Segments】功能处理，不勾选“All nodes”复选框；（d）【Keep Nodes】功能处理。1—区域（Region）范围节点；2—区域（Region）范围内节点；3—线

【Tools】→【Region】→【Delete Segments】功能：删除线文件中区域（Region）范围的线段，保留其余部分线段。

执行该命令，弹出“Remove Segments in Region”［删除区域（Region）范围内的线段］对话框（图 7.29）。在“Curve”栏中选择线文件，“Region”栏中选择区域（Region）名称。勾选“All nodes”复选框时，删除区域（Region）范围内的线段，保留的线范围比

【Delete Nodes】功能处理的范围更大；未勾选“All nodes”复选框时，效果与【Delete Nodes】功能处理的结果相同（图 7.30）。

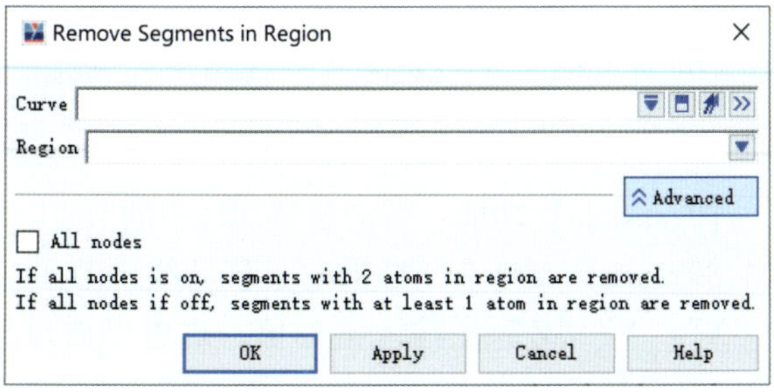

图 7.29　删除区域（Region）范围内的线段对话框

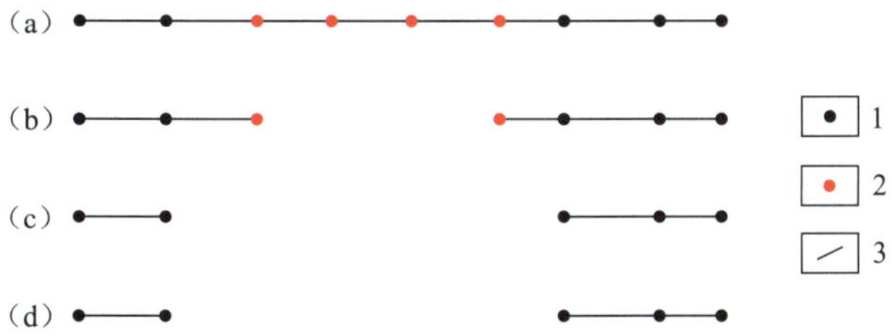

图 7.30　删除区域（Region）范围内的线段效果图

（a）原始图；（b）【Delete Segments】功能处理，勾选“All nodes”复选框；（c）【Delete Segments】功能处理，不勾选“All nodes”复选框；（d）【Delete Nodes】功能处理。1—区域（Region）范围节点；2—区域（Region）范围内节点；3—线

9. 线节点（Node）编辑

【Tools】→【Node】→【Delete】功能：删除线中的节点。该功能与线编辑工具条中的按钮功能和使用方法相同。

执行该命令，在 3D 视图中使用鼠标左键点击线中的节点，则删除选中的节点，同时与该节点相连的线段也被删除（图 7.31）。也可以长按 Ctrl 键，使用鼠标左键选中多个节点同时删除。执行完该操作后，可以单击空格键继续执行删除操作。

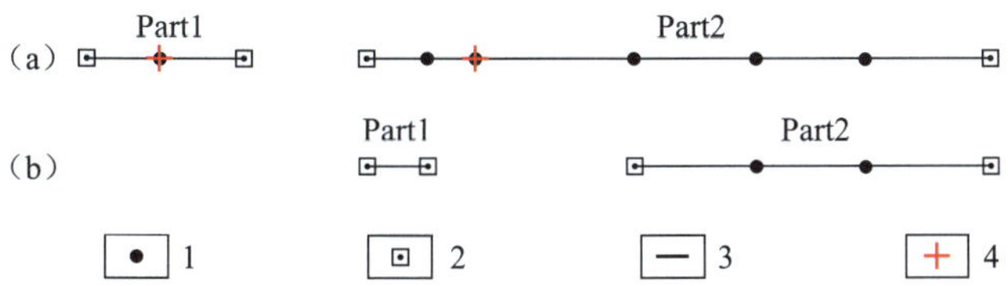

图 7.31　【Delete】功能删除线中节点效果图

（a）原始图；（b）【Delete】功能效果图。1—节点；2—端点；3—线；4—鼠标左键单击位置

【Tools】→【Node】→【Move To】功能：将线中的节点移到某个具体坐标位置。

执行该命令，弹出“Move Node”（根据坐标移动线中节点）对话框（图 7.32）。在“Point:”栏中的“X”“Y”“Z”栏输入坐标值，也可以通过选择对话框中的按钮，在 3D 视图中单击鼠标左键选取具体的坐标位置。单击“Apply”或“OK”按钮，在 3D 视图中通过鼠标选择需要移动的节点。

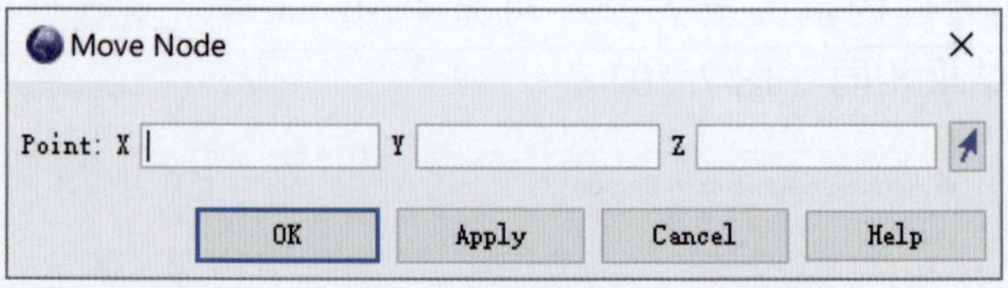

图 7.32　根据坐标移动线中节点对话框

【Tools】→【Node】→【Translate】功能：按向量移动线中的节点。

执行该命令，弹出“Translate Node”（根据向量移动线中节点）对话框（图 7.33）。在“Vector:”栏中的“X”“Y”“Z”栏输入坐标值，也可以通过选择对话框中的按钮，在 3D 视图中通过长按鼠标左键并移动鼠标获取三维空间向量。“Vector:”栏的 X、Y、Z 值是节点单次移动的向量值。单击“Apply”或“OK”按钮，在 3D 视图中通过鼠标选择需要移动的节点。

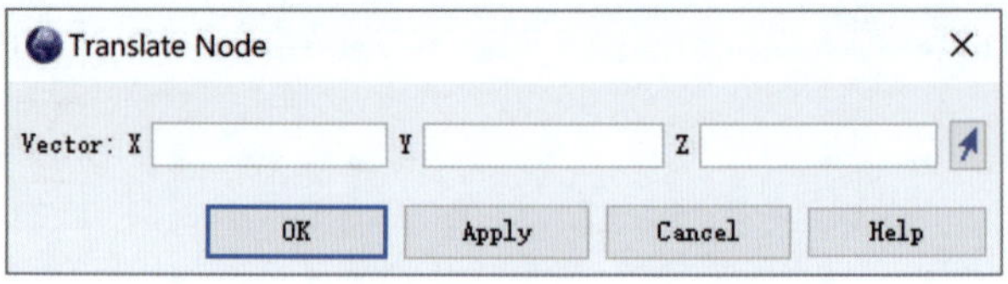

图 7.33　根据向量移动线中节点对话框

【Tools】→【Node】→【Drag with Mouse】功能：用鼠标移动线中节点。该功能与线编辑工具条中的按钮功能和使用方法相同。

执行该命令，使用鼠标左键选择线中的节点，长按鼠标左键并移动鼠标到达目标空间位置，松开鼠标左键之后节点自动移动到目标空间位置。

【Tools】→【Node】→【Bridge】功能：用线段连接两个端点。该功能与线编辑工具条中的按钮功能和使用方法相同。

执行该命令，鼠标左键分别单击同一线文件中的（同一或不同）线部分（Part）的两个端点，将会使用一条线段将这两个端点连接起来（图 7.34）。

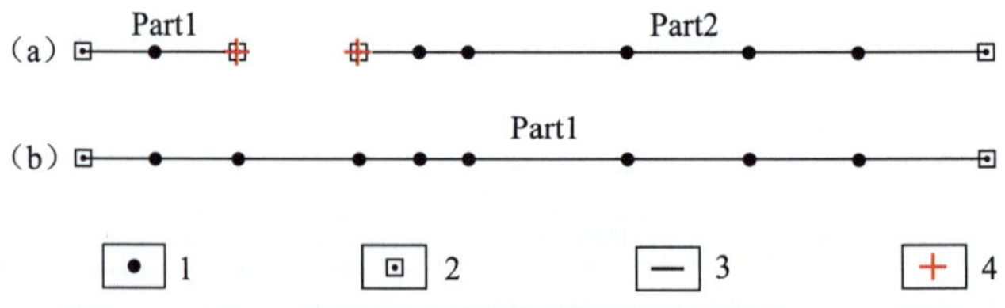

图 7.34　用线段连接两端点效果图

（a）原始图；（b）【Bridge】功能效果图。1—节点；2—端点；3—线；4—鼠标左键单击位置

【Tools】→【Node】→【Collapse】功能：删除线节点。该功能与线编辑工具条中的按钮功能和使用方法相同。运用【Collapse】功能删除节点与用【Delete】功能删除节点的效果不同，【Collapse】功能删除节点只是将节点删除，与节点相连的线段不删除，而【Delete】功能是删除节点和与之相连的线段（图 7.35）。

【Tools】→【Node】→【Disconnect】功能：断开线，线断开部位的节点变成端点（图 7.36）。

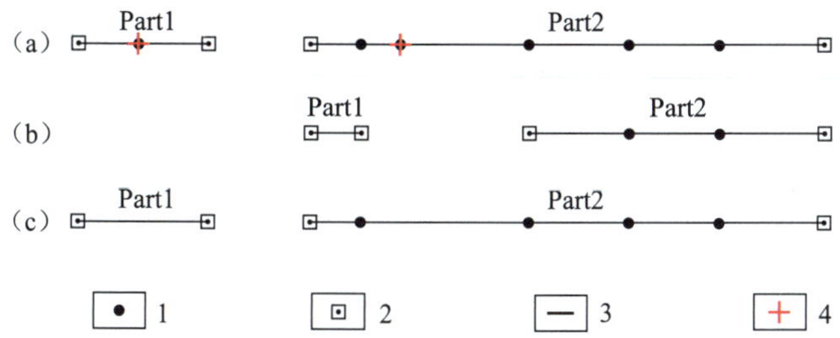

图 7.35 【Collapse】功能删除线中节点效果图

（a）原始图；（b）【Delete】功能效果图；（C）【Collapse】功能效果图。
1—节点；2—端点；3—线；4—鼠标左键单击位置

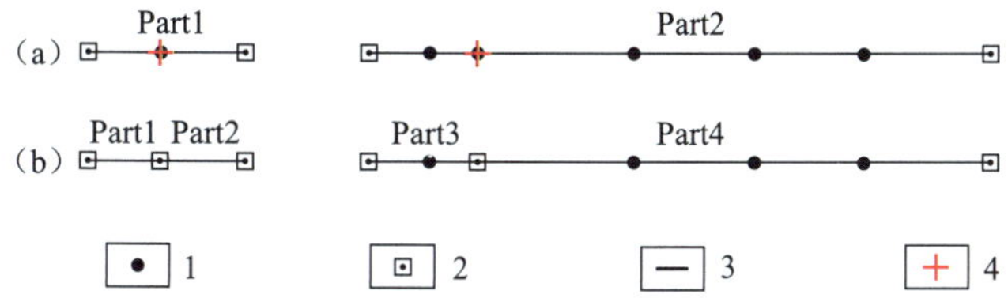

图 7.36 【Disconnect】功能断开线效果图

（a）原始图；（b）【Disconnect】功能效果图。1—节点；2—端点；3—线；4—鼠标左键单击位置

10. 线段（Segment）编辑

【Tools】→【Segment】→【Split】功能：线段中增加节点。该功能与线编辑工具条中的按钮功能相同，但具体使用上存在一定差异。【Split】只需在线段上单击鼠标左键就可完成节点的添加操作（图 7.37），运用按钮在线段中增加节点则需要先单击鼠标左键选中需要添加节点的线部分（Part），然后在需要添加节点的位置单击鼠标左键。

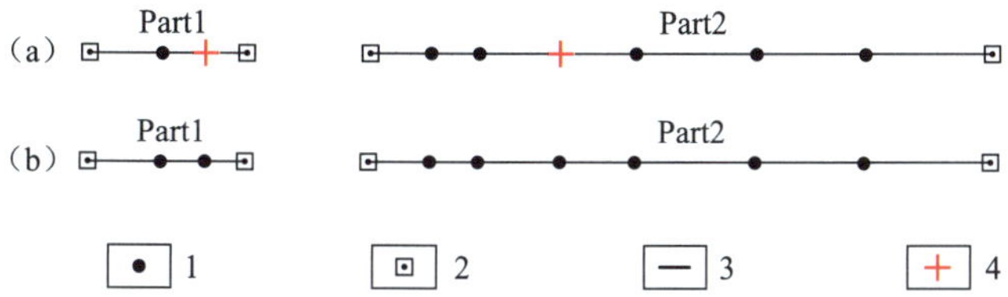

图 7.37 【Split】功能线段增加节点效果图

（a）原始图；（b）【Split】功能效果图。1—节点；2—端点；3—线；4—鼠标左键单击位置

【Tools】→【Segment】→【Delete】功能：删除线段。该功能与线编辑工具条中的按钮功能和使用方法相同。执行该功能之后，只需用鼠标左键单击需要删除的线段即可完成线段的删除（图 7.38）。

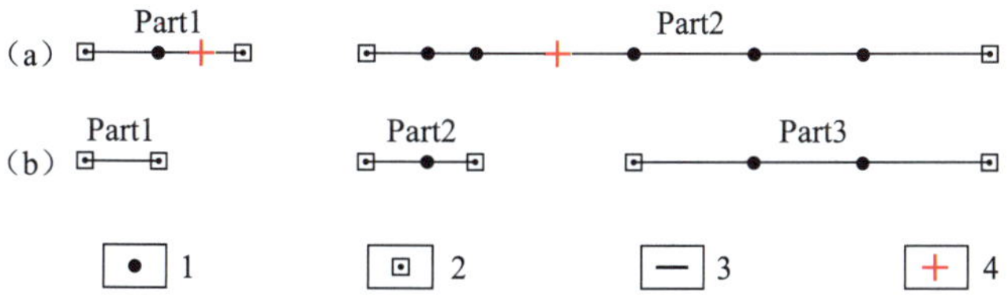

图 7.38 【Delete】功能删除线段效果图

（a）原始图；（b）【Delete】功能效果图。1—节点；2—端点；3—线；4—鼠标左键单击位置

【Tools】→【Segment】→【Break】功能：线段中增加节点。该功能与线编辑工具条中的按钮和下拉菜单的【Split】功能不同。

执行该命令，弹出“Break Segment”（【Break】功能线段增加节点）对话框（图7.39）。在“Pt:”栏的“X”“Y”“Z”中输入坐标信息，单击“OK”或“Apply”按钮，在3D视图中用鼠标左键单击线段所需要增加节点的位置，生成的节点位于X、Y、Z坐标处（图7.40）。

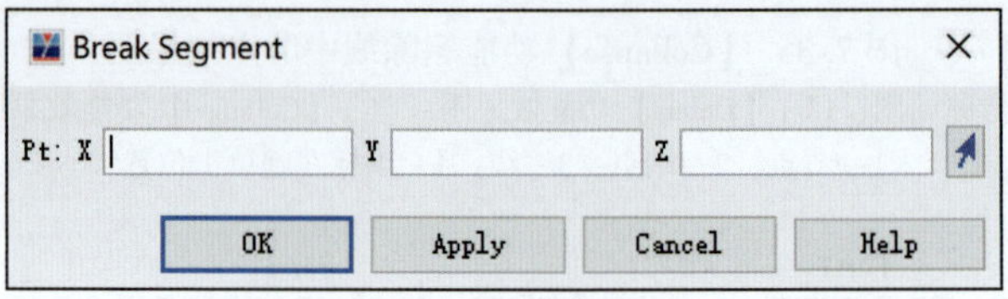

图7.39 【Break】功能线段增加节点对话框

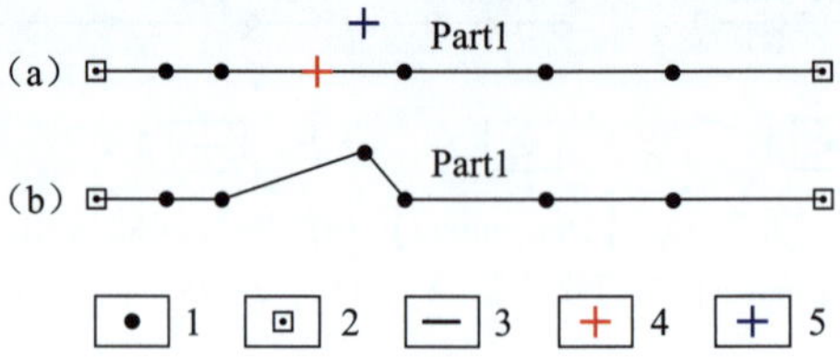

图7.40 【Break】功能线段增加节点效果图

(a) 原始图；(b)【Break】功能效果图。1—节点；2—端点；3—线；4—鼠标左键单击位置；5—对话框输入坐标所在位置

【Tools】→【Segment】→【Collapse】功能：删除线段。该功能与线编辑工具条中的按钮功能和使用方法相同。

执行该命令，在3D视图中用鼠标左键单击需要去除的线段，在鼠标选中的位置增加一个节点，该线段两端的节点则被删除（图7.41）。

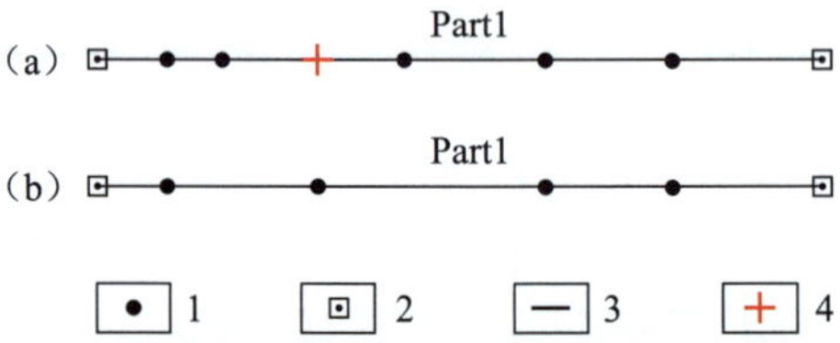

图7.41 【Collapse】功能删除线段效果图

(a) 原始图；(b)【Collapse】功能效果图。1—节点；2—端点；3—线；4—鼠标左键单击位置

【Tools】→【Segment】→【Extend from Node】功能：延长线段。在端点相邻的线段中单击鼠标左键，将根据趋势向外延伸相同长度的一条线段（图7.42）。

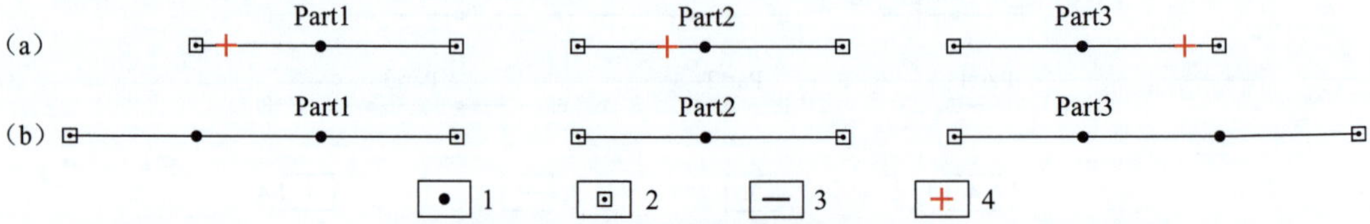

图7.42 延长线段效果图

(a) 原始图；(b)【Extend from Node】功能效果图。1—节点；2—端点；3—线；4—鼠标左键单击位置

11. 线节点链接

【Tools】→【Node Link】→【Add】 功能：增加节点链接。

执行该命令，在 3D 视图中使用鼠标左键分别单击两个需要链接的节点，则会生成一根线将这两个节点链接。

在连接两条线生成面的过程中，未设置节点链接时，线会以最近距离的原则进行连接生成曲面，即一条线上的任意一节点与另一条线上与其最近的节点相连接。在设置了节点链接后，链接线附近的节点连接方向与链接线方向保持一致，从而控制了所生成曲面的局部三维形态。在复杂地质界面的构建过程中，是否设置节点链接所构建的地质界面三维形态可能存在较大差异（图 7.43）。尤其在构建褶皱构造时，需要在褶皱的核部设置节点链接，以确保相邻地质界线连接方向的准确性，使褶皱形态能够被准确表达。

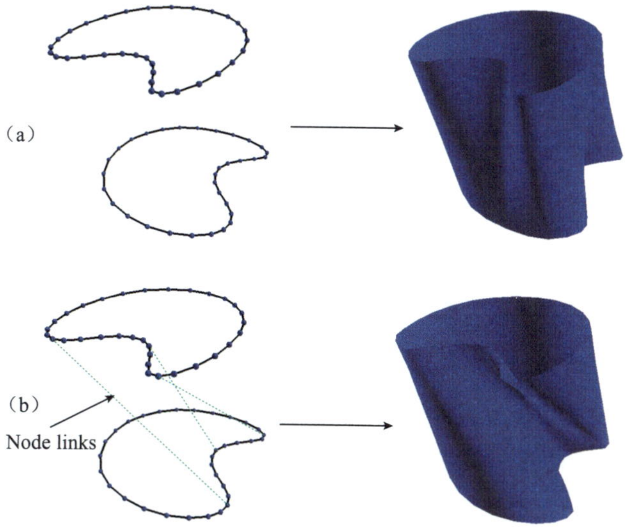

图 7.43　使用与未使用线节点链接功能生成的面效果对比图
（a）未使用线节点链接；（b）使用线节点链接

【Tools】→【Node Link】→【Delete】 功能：删除线节点链接。

执行该命令，在 3D 视图中只要用鼠标左键单击节点链接线即可。

【Tools】→【Node Link】→【Delete All】 功能：删除所有线节点链接。

执行该命令，弹出“Delete All Node Links”（删除所有线节点链接）对话框（图 7.44）。在“AtomsSet Atomic groups”栏中选择线文件。单击“OK”或“Apply”按钮，该线文件中的所有节点链接都被删除。

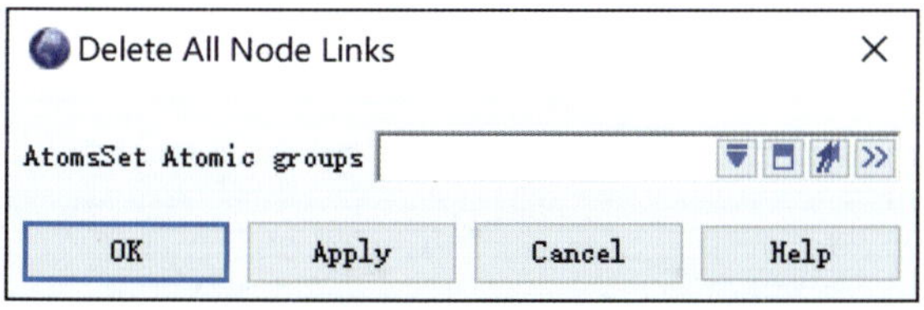

图 7.44　删除所有线节点链接对话框

【Tools】→【Node Link】→【Link Extremities】 功能：线端点链接。

执行该命令，弹出“Link Close Extremities”（线端点链接）对话框（图 7.45）。在“Curve”栏中选择线文件，单击“OK”或“Apply”按钮，线文件中的端点之间进行链接（图 7.46）。该功能常用于线的闭合处理。

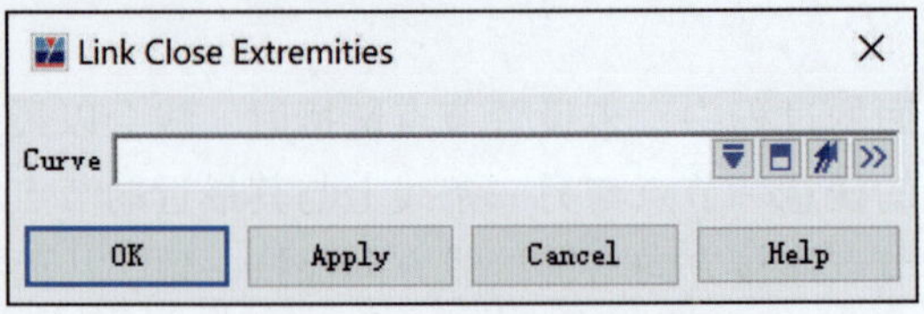

图 7.45　线端点链接对话框

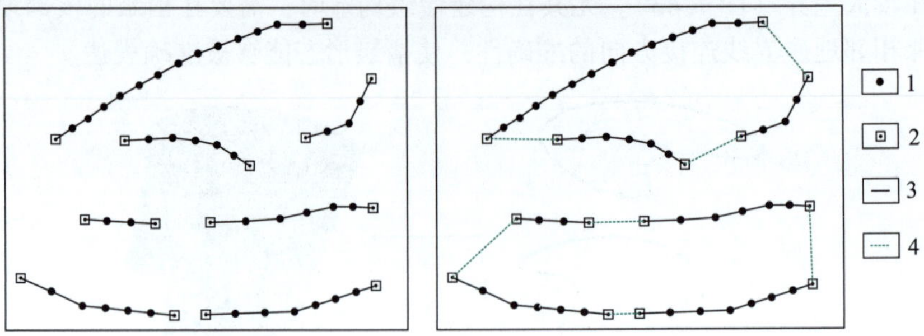

（a）　　　　（b）

图 7.46　线端点链接效果图

（a）原始图；（b）端点链接效果图。1—节点；2—端点；3—线；4—端点链接线

【Tools】→【Node Link】→【Reconstruct Curve from Links】功能：根据线节点链接或端点链接创建线。

执行该命令，弹出“Reconstruct and Merge Curve From Links”（根据线节点链接或端点链接创建线）对话框（图 7.47）。在“Curve”栏中选择线文件，单击“OK”或“Apply”按钮，节点链接或端点链接变成线（图 7.48）。

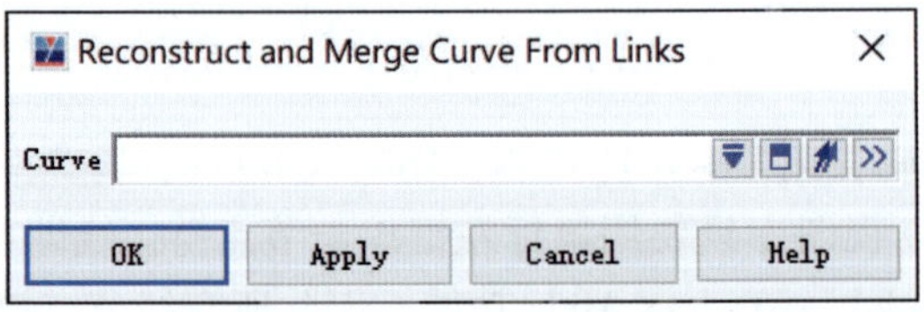

图 7.47　根据线节点链接或端点链接创建线对话框

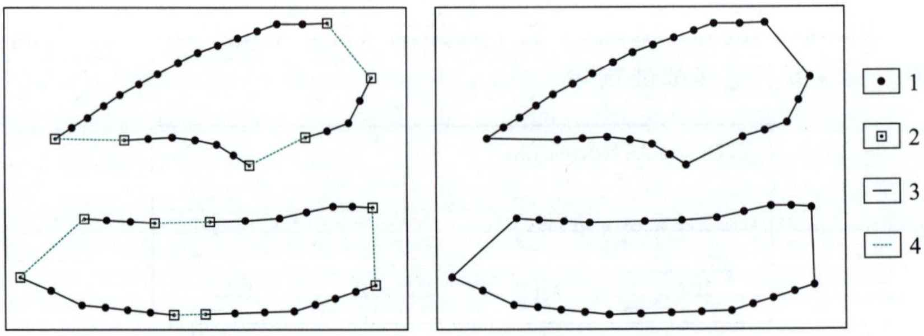

（a）　　　　（b）

图 7.48　线端点链接创建线效果图

（a）原始图；（b）端点链接创建线效果图。1—节点；2—端点；3—线；4—端点链接线

12. 断开对象之间的节点链接

【Tools】→【Dissociate Vertices】功能：断开对象之间的节点链接。该功能已在散点的编辑内容中进行了介绍。

13. 设置地质信息

【Tools】→【Assign Geologic Feature】功能：设置线地质信息。

执行该命令，弹出“Set Geologic Information”（设置线地质信息）对话框（图7.49）。在“Object”栏中选择线文件；“Geologic feature”栏中输入建模单元代号；“Geologic type”栏下拉选项中选择地质类型，例如断层、地层、地形等；“Stratigraphic age”栏中输入对应地质体年代代号，例如J（侏罗纪）、K（白垩纪）等；“Stratigraphic time”栏中输入具体地质时间，输入的为数值。

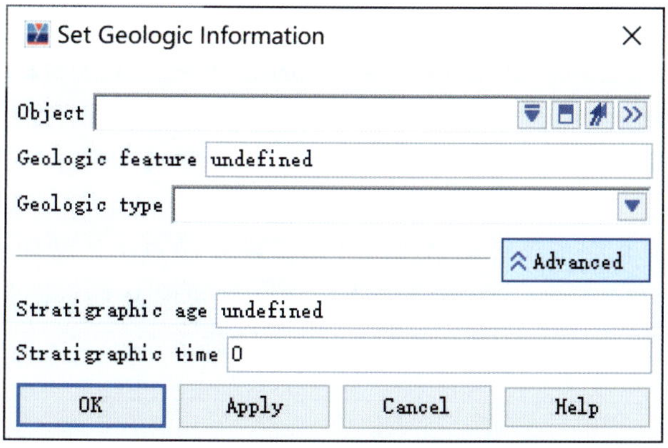

图7.49　设置线地质信息对话框

【Tools】→【Unassign Geologic Feature】功能：取消线地质信息。

执行该命令，弹出“Remove Geologic Information From Object”（取消线地质信息）对话框（图7.50）。在“Object”栏中选择线文件，单击“OK”或“Apply”按钮即可。

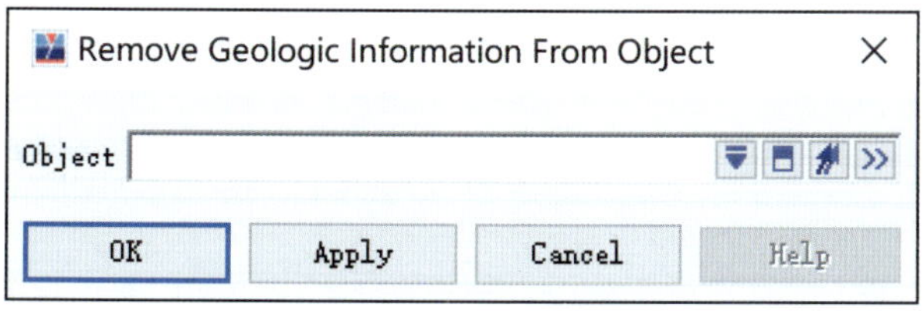

图7.50　取消线地质信息对话框

（二）工具条快捷按钮编辑功能

在“Digitization/Editing toolbar”工具条中的“Digitize/Edit Object Type”下拉框中选择“Curve”，在工具条中会出现一系列矢量化与编辑线的快捷按钮（图7.51）。主要编辑线按钮功能如下。

按钮功能：使用鼠标移动线中节点。该按钮的功能、使用方法与【Tools】→【Node】→【Drag with Mouse】相同。

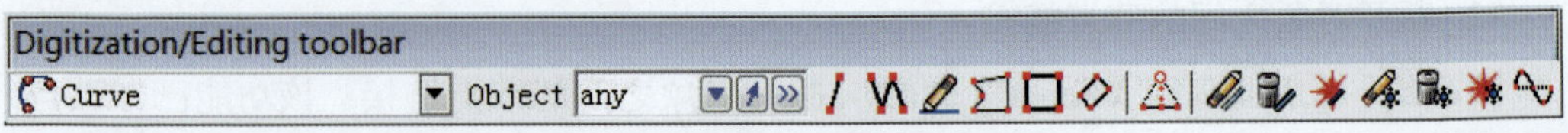

图 7.51　矢量化与编辑线工具条

按钮功能：去除线段。该按钮的功能、使用方法与【Tools】→【Segment】→【Collapse】相同。

按钮功能：删除线段。该按钮的功能、使用方法与【Tools】→【Segment】→【Delete】相同。

按钮功能：连接线段。该按钮的功能、使用方法与【Tools】→【Node】→【Bridge】相同。

按钮功能：去除节点。该按钮的功能、使用方法与【Tools】→【Node】→【Collapse】相同。

按钮功能：删除节点。该按钮的功能、使用方法与【Tools】→【Node】→【Delete】相同。

按钮功能：线段中添加节点。该按钮的功能与【Tools】→【Segment】→【Split】相同。

按钮功能：用 B 样条函数调整线。使用鼠标左键点击该按钮，在 3D 视图中再单击鼠标左键选中需要调整的线，3D 视图中会生成一条根据 B 样条函数和已知线的虚拟曲线，通过调整虚拟曲线中的节点快速调整选中线的三维形态。

实验八　线的约束-插值处理

一、实验目的和要求

（一）实验目的

学习各种线的约束-插值方法与操作流程，提高三维建模效率与精度。培养学生实践动手能力、解决实际问题能力和运用新方法、新技术创新性开展工作的能力，激发学生对本课程的兴趣与热情。

（二）实验要求

了解属性控制节点、点对线属性约束设置。

熟悉线与面的距离约束设置；熟悉线属性插值处理。

掌握几何控制节点约束、点对线的几何形状约束设置；掌握约束的删除、激活、冻结、方向修改等操作；掌握线几何形状插值处理。

（三）软件

GOCAD 软件。

二、实验内容

（一）约束处理

1. 创建约束

（1）几何形状控制节点

控制节点（Control Nodes），按对象的不同可以分为线的控制节点和面的控制节点等；根据类型的不同，又可以分为几何形状控制节点和属性控制节点。

运用几何形状控制节点约束，在插值过程中可以确保受约束部分的线或面的空间位置不发生改变，仅调整未被约束部分的节点的空间位置。几何形状控制节点约束可以对线或面中的部分节点进行约束，也可对全部节点进行约束；当对全部节点进行约束时，插值处理时线和面的几何形状不发生改变。当对线或面中部分节点进行约束时，未被约束的节点空间位置发生变化。几何形状控制节点约束通常需要与其他约束方法结合使用，几何形状控制节点约束控制不需要调整空间位置的节点，使其在插值时空间位置不发生改变，其他约束则用于调整剩余节点的空间位置，约束相当于告知节点调整的空间位置、运动轨迹、运动幅度等。属性控制节点的目的是对象在属性插值时，约束部分的节点属性值不发生改变，仅对其他节点的属性信息进行数据插值。

【Constraints】→【Control Nodes】→【Set One】功能：将线中的一个节点设置成为几何形状控制节点。

执行该命令，在 3D 视图中单击鼠标左键选中需要设置的线节点即可。该功能一次只能将一个节点设置成为几何形状控制节点（图 8.1），但是可以单击空格键重复执行该命令。

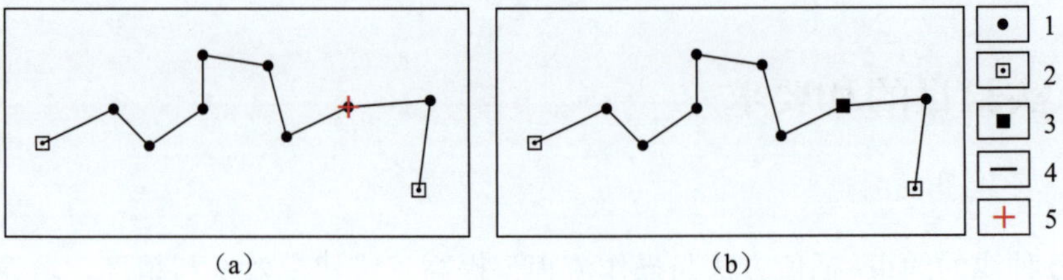

图 8.1　将线中单个节点设置成为几何形状控制节点效果图

(a) 原始图；(b) 结果图。1—节点；2—端点；3—几何形状控制节点；4—线段；5—鼠标左键单击位置

【Constraints】→【Control Nodes】→【Set Everywhere】功能：将线文件中所有节点设置成为几何形状控制节点。

执行该命令，弹出“Set Control Nodes Everywhere”（将线中所有节点设置成为几何形状控制节点）对话框（图 8.2）。在“AtomsSet”栏中选择线文件。单击“OK”或“Apply”按钮，线文件中的所有线节点变成几何形状控制节点。

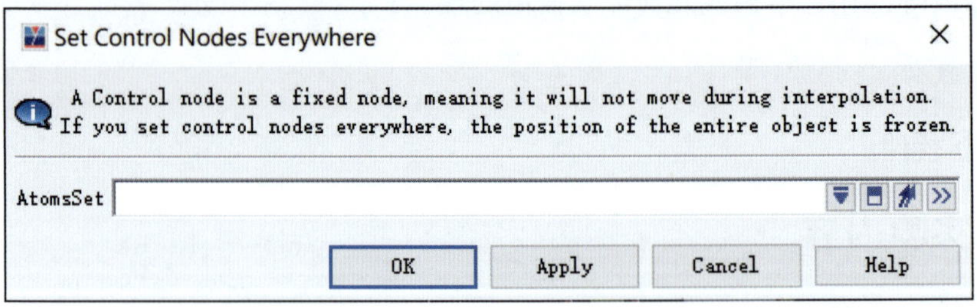

图 8.2　将线中所有节点设置成为几何形状控制节点对话框

【Constraints】→【Control Nodes】→【Set On One Part】功能：将整条线中的线节点设置成为几何形状控制节点。

执行该命令，在 3D 视图中单击鼠标左键选择线的方式实现线中节点设置成为几何形状控制节点。也可以通过长按 Ctrl 键，单击鼠标左键选择多条线，一次性将选中的线的节点设置成为几何形状控制节点。

【Constraints】→【Control Nodes】→【Set In Region】功能：将线区域（Region）内的节点设置成为几何形状控制节点。

执行该命令，弹出“Set Control Nodes on Region”［将线区域（Region）内的节点设置成为几何形状控制节点］对话框（图 8.3）。在“AtomsSet”栏中选择线文件，“Region”栏中选择区域（Region）名称。单击“OK”或“Apply”按钮，线区域内的节点变成几何形状控制节点。

【Constraints】→【Control Nodes】→【On Part Extremities】功能：将线的端点设置成为几何形状控制节点。

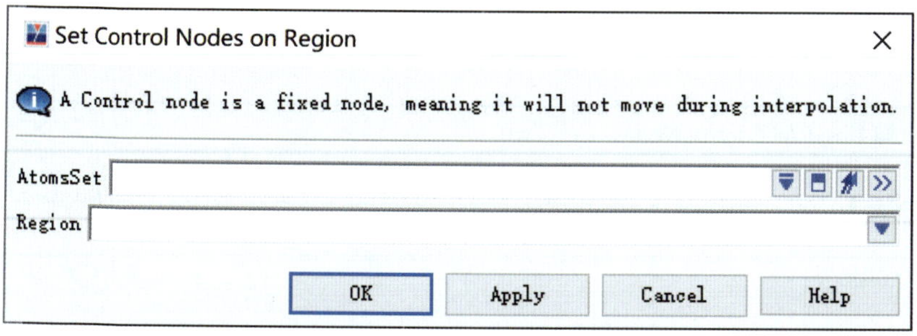

图 8.3　将线区域（Region）内的节点设置成为几何形状控制节点对话框

执行该命令，在 3D 视图中单击鼠标左键选择线，选中线的端点被设置成为几何形状控制节点。也可以通过长按 Ctrl 键，单击鼠标左键选择多条线，一次性将选中线的端点设置成为几何形状控制节点。

【Constraints】→【Control Nodes】→【All Extremities】功能：将线文件中的所有线端点设置成为几何形状控制节点。

执行该命令，弹出“Set Control Nodes on All Extremities”（将线文件中所有线端点设置成为几何形状控制节点）对话框（图 8.4）。在“Curve”栏中选择线文件。单击“OK”或“Apply”按钮，线文件中的所有线端点设置成为几何形状控制节点。

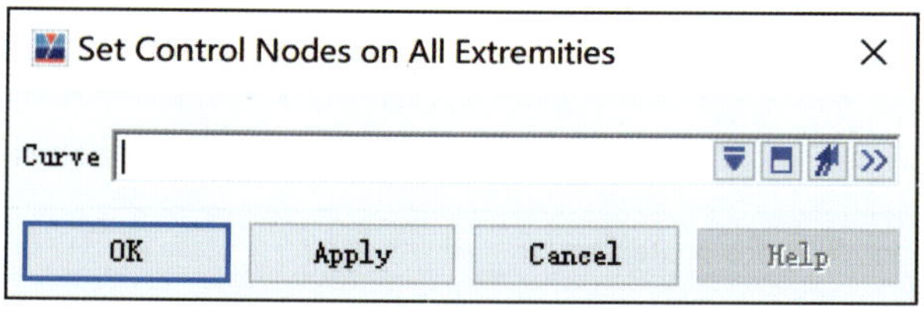

图 8.4　将线文件中所有线端点设置成为几何形状控制节点对话框

【Constraints】→【Control Nodes】→【Unset One】功能：取消线中的一个几何形状控制节点。

执行该命令，在 3D 视图中单击鼠标左键选中所需要取消的几何形状控制节点。执行该功能一次只能取消一个几何形状控制节点设置（图 8.5），但是可以单击空格键重复执行该命令。

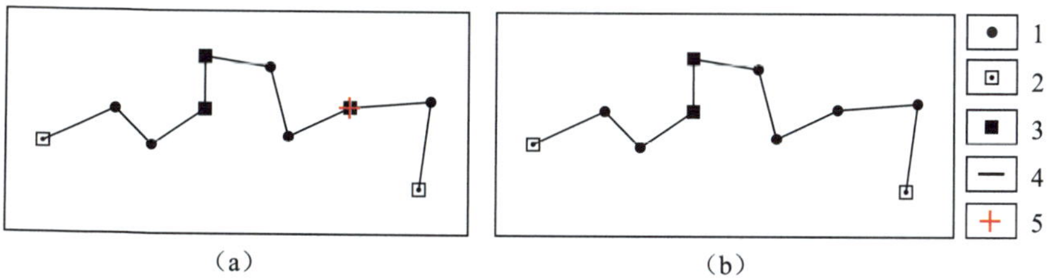

图 8.5　取消线中单个几何形状控制节点效果图

（a）原始图；（b）结果图。1—节点；2—端点；3—几何形状控制节点；4—线段；5—鼠标左键单击位置

【Constraints】→【Control Nodes】→【Unset Everywhere】功能：取消线文件中的所有几何形状控制节点。

执行该命令，弹出“Unset All Control Nodes”（取消线中所有几何形状控制节点）对话框（图 8.6）。在“AtomsSet”栏中选择线文件。单击“OK”或“Apply”按钮，线文件中的所有几何形状控制节点设置将被取消。

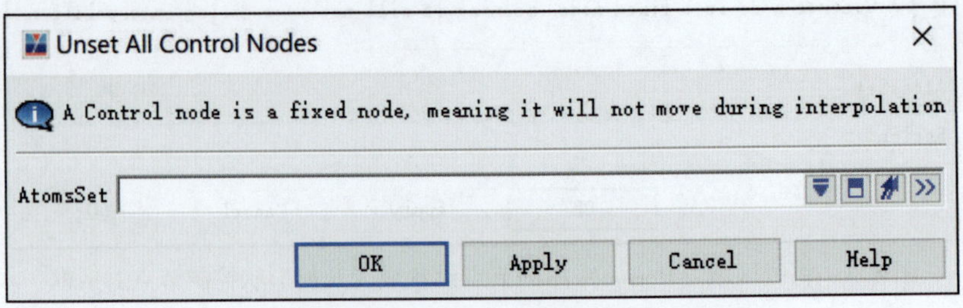

图 8.6　取消线中所有几何形状控制节点对话框

【Constraints】→【Control Nodes】→【Unset On One Part】功能：取消整条线中的几何形状控制节点。

执行该命令，在 3D 视图中单击鼠标左键选择线的方式实现取消线中几何形状控制节点设置。也可以通过长按 Ctrl 键，单击鼠标左键选择多条线，一次性取消选中线的几何形状控制节点设置。

【Constraints】→【Control Nodes】→【Unset In Region】功能：取消区域（Region）内的线几何形状控制节点设置。

执行该命令，弹出“Unset Control Nodes on Region”［取消区域（Region）内的线几何形状控制节点设置］对话框（图 8.7）。在“AtomsSet”栏中选择线文件，“Region”栏中选择区域（Region）名称。单击“OK”或“Apply”按钮即可。

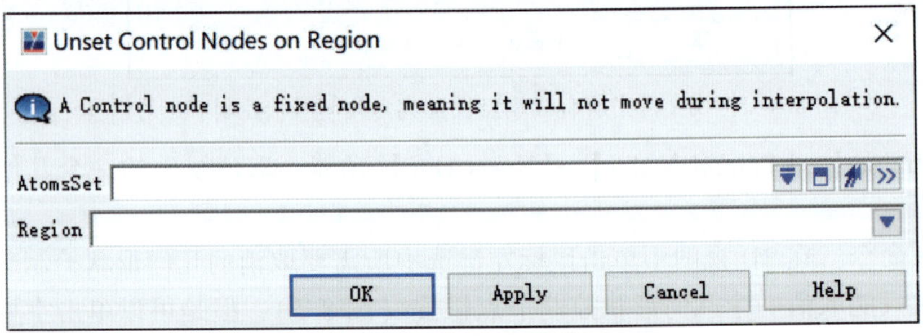

图 8.7　取消区域（Region）内的线几何形状控制节点设置对话框

【Constraints】→【Control Nodes】→【Unset On Part Extremities】功能：取消线的端点几何形状控制节点设置。

执行该命令，在 3D 视图中单击鼠标左键选择线，取消选中线的端点几何形状控制节点设置。也可以通过长按 Ctrl 键，单击鼠标左键选择多条线，一次性取消选中线的端点几何形状控制节点设置。

【Constraints】→【Control Nodes】→【Unset All Extremities】功能：取消线文件中所有线端点几何形状控制节点设置。

执行该命令，弹出“Unset Control Nodes on All Extremities”（取消线文件中所有线端点几何形状控制节点设置）对话框（图 8.8）。在“Curve”栏中选择线文件。单击“OK”或“Apply”按钮，线文件中的所有线端点几何形状控制节点设置将被取消。

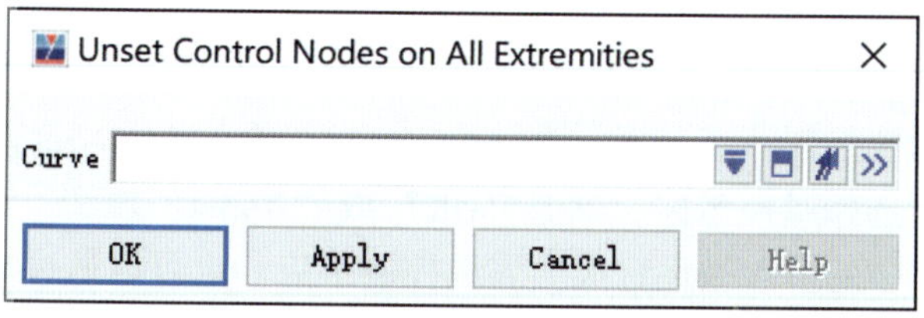

图 8.8　取消线文件中所有线端点几何形状控制节点设置对话框

（2）属性控制节点

【Constraints】→【Property Control Nodes】→【Set One】功能：将线中的一个节点设置成为属性控制节点。

执行该命令，弹出“Set Property Control Node”（设置线中的单个节点为属性控制节点）对话框（图 8.9）。在“AtomsSet Atomicg”栏中选择线文件，“Property”栏中选择属性名称。单击“OK”或“Apply”按钮，在 3D 视图中单击鼠标左键选择线中对应的节点设置成为属性控制节点。

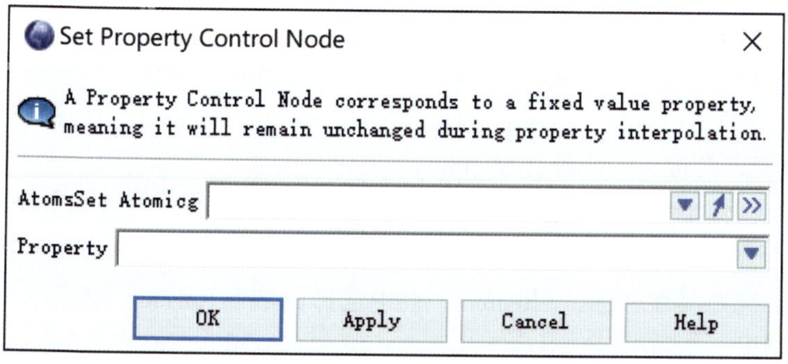

图 8.9　设置线中的单个节点为属性控制节点对话框

【Constraints】→【Property Control Nodes】→【Set Everywhere】功能：将线文件中所有线节点设置成为属性控制节点。

执行该命令，弹出“Set Property Control Nodes everywhere”（将线中所有节点设置成为属性控制节点）对话框（图 8.10）。在“AtomsSet”栏中选择线文件，“Property”栏中选择属性名称。单击“OK”或“Apply”按钮，线文件中的所有线节点变成属性控制节点。

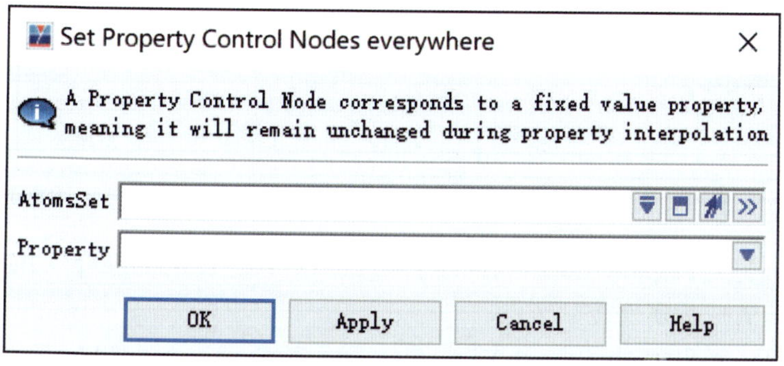

图 8.10　将线中所有节点设置成为属性控制节点对话框

【Constraints】→【Property Control Nodes】→【Set On One Part】功能：将一条线或多条

线中的线节点设置成为属性控制节点。

执行该命令，弹出“Set Property Control Nodes on Entire Part”（将一条线或多条线中所有节点设置成为属性控制节点）对话框（图 8.11）。在“AtomsSet Atgp”栏中选择线文件，“Property”栏中选择属性名称。单击“OK”或“Apply”按钮，在 3D 视图中单击鼠标左键选择线，该线中的节点被设置成为属性控制节点。也可以通过长按 Ctrl 键，单击鼠标左键选择多条线，一次性将选中的线中的节点设置成为属性控制节点。

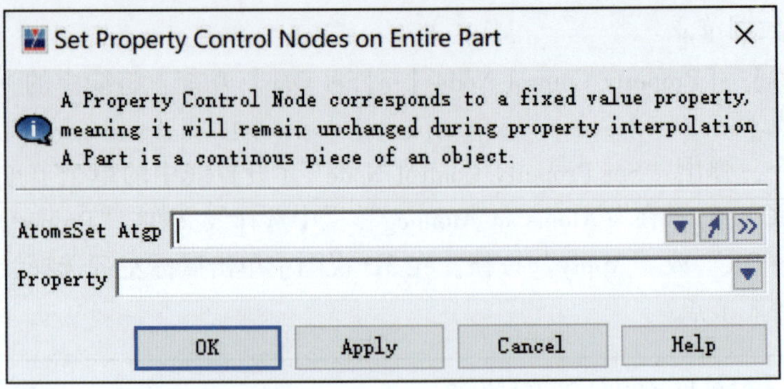

图 8.11　将一条线或多条线中所有节点设置成为属性控制节点对话框

【Constraints】→【Property Control Nodes】→【Set In Region】功能：将一个线区域（Region）内的节点设置成为属性控制节点。

执行该命令，弹出“Set Property Control Nodes on Region”［根据线区域（Region）范围设置线节点为属性控制节点］对话框（图 8.12）。在“AtomsSet”栏中选择线文件，“Property”栏中选择属性名称，“Region”栏中选择区域（Region）名称。单击“OK”或“Apply”按钮即可。

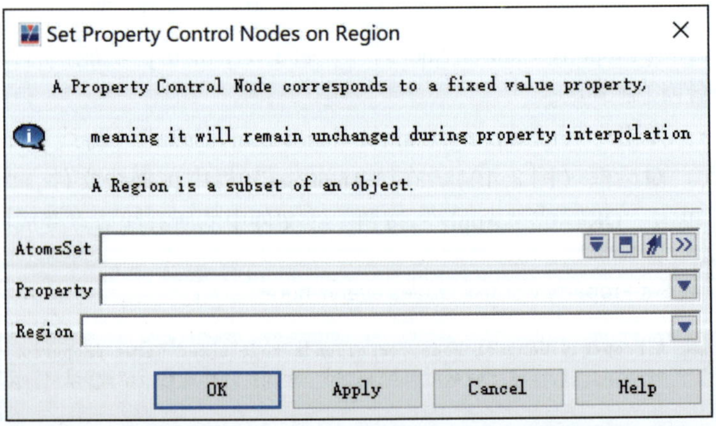

图 8.12　根据线区域（Region）范围设置线节点为属性控制节点对话框

【Constraints】→【Property Control Nodes】→【Set On Part Extremities】功能：将一条线或多条线的端点设置成为属性控制节点。

执行该命令，弹出“Set Control Nodes Property on Extremities of Part”（将一条或多条线的端点设置成为属性控制节点）对话框（图 8.13）。在“Curve Curve”栏中选择线文件，“Property”栏中选择属性名称。单击“OK”或“Apply”按钮，在 3D 视图中单击鼠标左键选择线，选中线的端点被设置成为属性控制节点。也可以通过长按 Ctrl 键，单击鼠标左键选择多条线，一次性将选中线的端点设置成为属性控制节点。

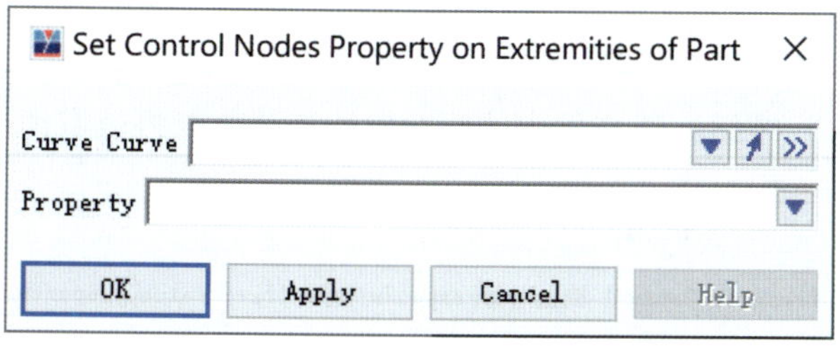

图 8.13　将一条或多条线的端点设置成为属性控制节点对话框

【Constraints】→【Property Control Nodes】→【Set All Extremities】功能：将线文件中的所有线端点设置成为属性控制节点。

执行该命令，弹出“Set Control Nodes Property on All Extremities”（将线文件中所有线端点设置成为属性控制节点）对话框（图 8.14）。在“Curve”栏中选择线文件，“Property”栏中选择属性名称。单击“OK”或“Apply”按钮，将线文件中的所有线端点设置成为属性控制节点。

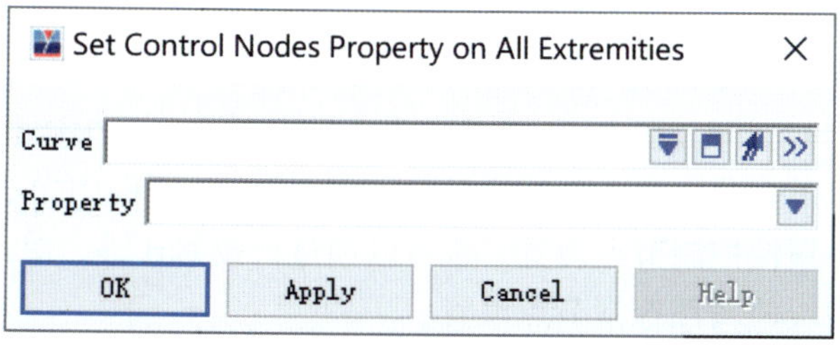

图 8.14　将线文件中所有线端点设置成为属性控制节点对话框

【Constraints】→【Property Control Nodes】→【Unset One】功能：取消线中的一个属性控制节点。

执行该命令，弹出“Unset One Property Control Node”（取消线中单个属性控制节点）对话框（图 8.15）。在“AtomsSet Atomicg”栏中选择线文件，“Property”栏中选择属性名称。单击“OK”或“Apply”按钮，在 3D 视图中单击鼠标左键选中所需要取消的属性控制节点即可。执行该功能一次只能将一个属性控制节点取消，也可以用空格键重复执行该命令。

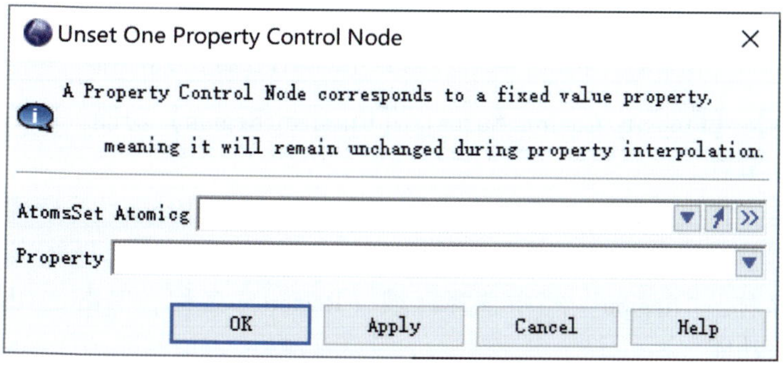

图 8.15　取消线中单个属性控制节点对话框

【Constraints】→【Property Control Nodes】→【Unset Everywhere】功能：取消线文件中的所有属性控制节点。

执行该命令，弹出“Unset All Property Control Node”（取消线中所有属性控制节点）对话框（图 8.16）。在“AtomsSet”栏中选择线文件，“Property”栏中选择属性名称。单击“OK”或“Apply”按钮，线文件中的所有属性控制节点将被取消。

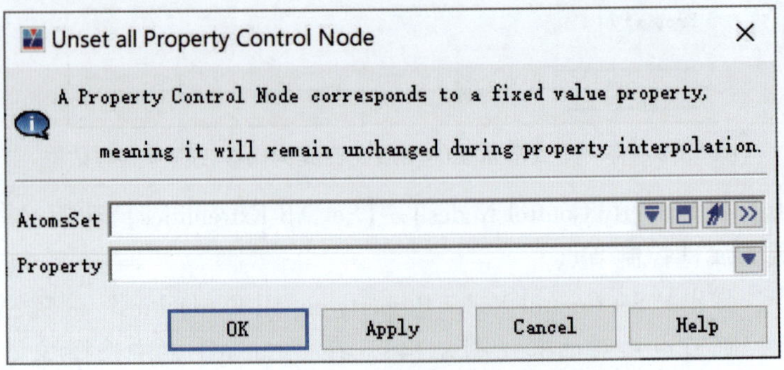

图 8.16　取消线中所有属性控制节点对话框

【Constraints】→【Property Control Nodes】→【Unset On One Part】功能：取消整条线或多条线中的属性控制节点。

执行该命令，弹出“Remove All Property Control Nodes on Part”（取消整条线或多条线中的属性控制节点）对话框（图 8.17）。在“AtomsSet Atgp”栏中选择线文件，“Property”栏中选择属性名称。单击“OK”或“Apply”按钮，在 3D 视图中单击鼠标左键，选择线的方式实现取消线中属性控制节点设置。也可以通过长按 Ctrl 键，单击鼠标左键选择多条线，一次性取消选中线的属性控制节点设置。

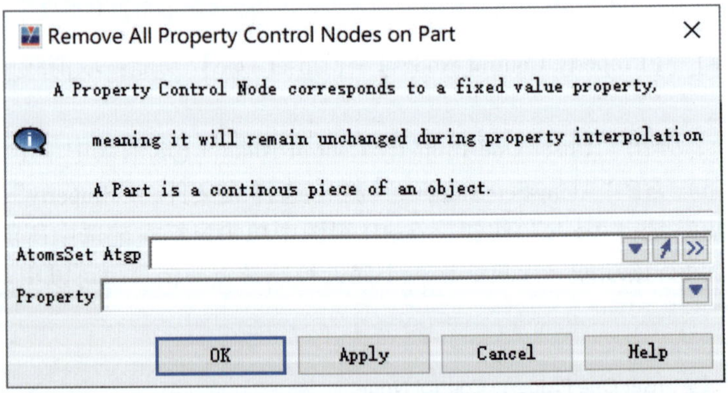

图 8.17　取消整条线或多条线中的属性控制节点对话框

【Constraints】→【Property Control Nodes】→【Unset In Region】功能：取消区域（Region）内的线属性控制节点。

执行该命令，弹出“Remove Property Control Nodes from Region”［取消区域（Region）内的线属性控制节点］对话框（图 8.18）。在“AtomsSet”栏中选择线文件，“Property”栏中选择属性名称，“Region”栏中选择区域（Region）名称。单击“OK”或“Apply”按钮即可实现该功能。

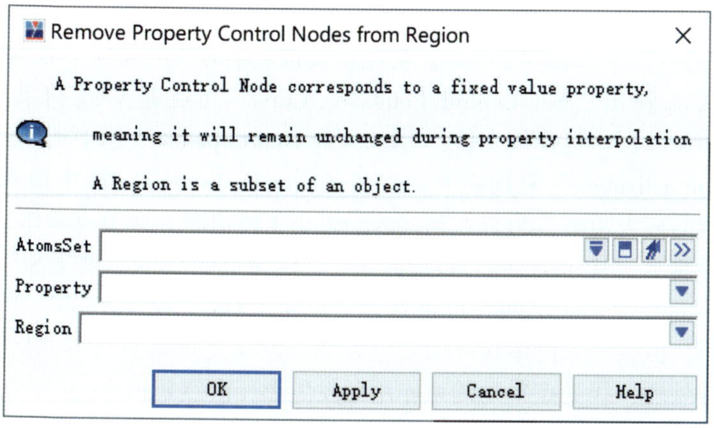

图 8.18　取消区域（Region）内的线属性控制节点对话框

【Constraints】→【Property Control Nodes】→【Unset On Part Extremities】功能：取消线的端点属性控制节点。

执行该命令，弹出“Unset Control Nodes Property on Extremities of…”（取消线的端点属性控制节点）对话框（图 8.19）。在“Curve Curve”栏中选择线文件，“Property”栏中选择属性名称。单击“OK”或“Apply”按钮，在 3D 视图中单击鼠标左键选择线，取消选中线的端点属性控制节点设置。也可以通过长按 Ctrl 键，单击鼠标左键选择多条线，一次性取消选中线的端点属性控制节点设置。

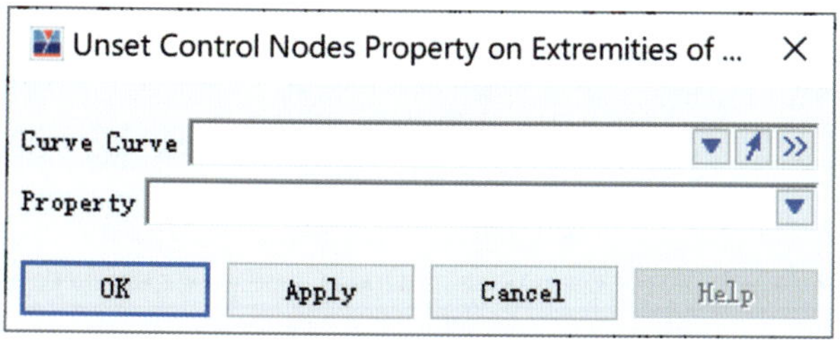

图 8.19　取消线的端点属性控制节点对话框

【Constraints】→【Property Control Nodes】→【Unset All Extremities】功能：取消线文件中所有线端点属性控制节点。

执行该命令，弹出“Unset Control Nodes Property on All Extremities”（取消线文件中所有端点属性控制节点）对话框（图 8.20）。在“Curve”栏中选择线文件，“Property”栏中选择属性名称。单击“OK”或“Apply”按钮，线文件中的所有线端点属性控制节点设置将被取消。

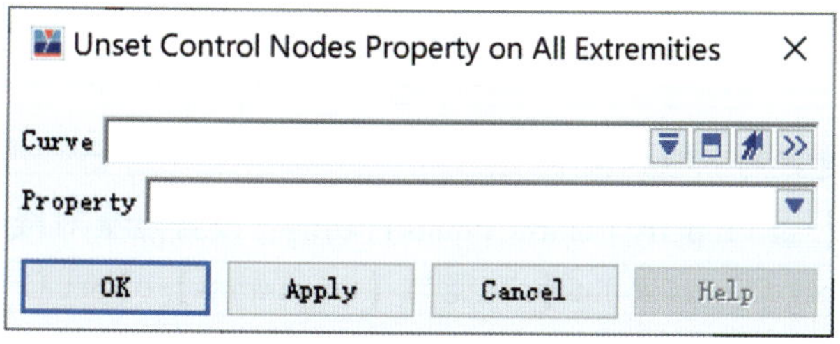

图 8.20　取消线文件中所有端点属性控制节点对话框

(3) 设置点集对线的几何形状约束

【Constraints】→【Set Control Points】功能：设置点集对线的几何形状约束。

执行该命令，弹出“Set Control Points on Curve”（点集对线约束）对话框（图 8.21）。在“Curve”栏中选择线文件，“AtomsSet control points”栏中选择点集文件。勾选“Range dependant activation”复选框时，在“Maximum distance”栏中输入数值，该值为点集的节点到线的最大距离，当节点到线的距离小于该值时，该节点将作为控制点，否则该节点不作为控制点（图 8.22）。“Length unit”栏为点到线的距离类型，有“XY unit”“Z unit”“Time unit”“none”四种可供选择。单击“OK”或“Apply”按钮，点集与线之间出现约束线，但线的几何形状并未发生改变。设置完点集对线的几何形状约束之后，再执行线的插值处理，线受点集的约束作用后发生形变向点集拟合。

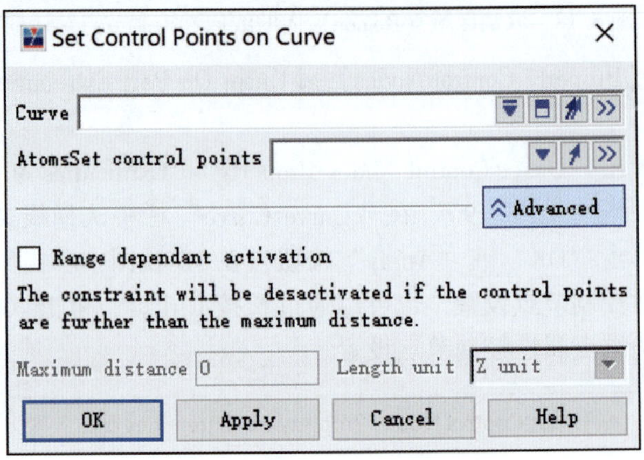

图 8.21　点集对线约束对话框

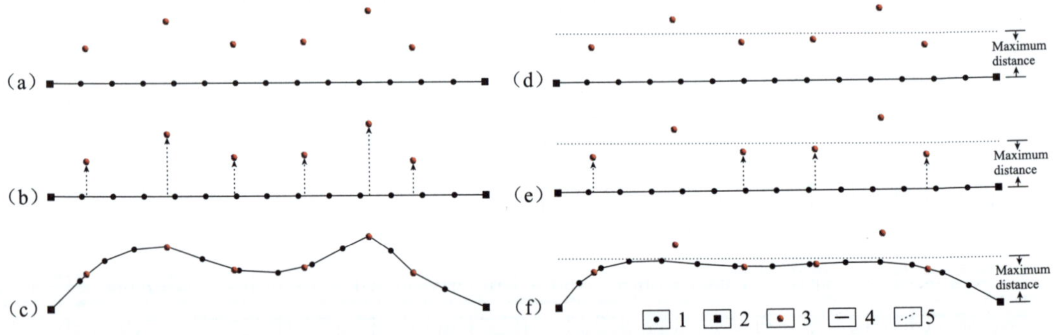

图 8.22　点集对线约束处理效果图

(a) 原始图；(b) 点集对线约束设置；(c) 插值处理后效果图；(d) 原始图；(e) 设置距离条件点集对线约束设置；(f) 设置距离条件插值处理后效果图。(a) (b) (c) 图为未设置距离条件的点集对线约束处理效果图；(d) (e) (f) 图为设置距离条件的点集对线约束处理效果图。

1—节点；2—控制节点；3—点集；4—线；5—约束向量

(4) 设置点集对线的属性约束

【Constraints】→【Set Property Control Points】功能：设置点集对线的属性约束。【Constraints】→【Set Property Control Points】功能与【Constraints】→【Set Control Points】功能设置相同。

(5) 设置线与面的距离约束

【Constraints】→【Set Thickness Constraint】功能：设置线与面的距离约束。

执行该命令，弹出“Set Control Thickness Constraints”（线与面的距离约束）对话框（图 8.23）。在“Curve”栏中选择线文件，“Surface Target”栏中选择面文件。勾选“Constant thickness”复选框时，“Thickness value”栏需输入线与面的距离，此时线与面的距离为固定值。当值为“0”时，线与面重合；当值为负值时，线位于面的上方；当值为正值时，线位于面的下方。未勾选“Constant thickness”复选框时，“Thickness value”栏处于不可编辑状态，“Thickness property”栏可选择线的属性，线的属性值为线与面的距离，此时线节点与面的距离可以是变化值。勾选“Optimize shooting direction”复选框时，约束向量为所有线节点与面的最短距离的连线；未勾选该复选框时，可以对“Dir_shoot:”栏的“X”“Y”“Z”值进行修改，确定线到面的约束向量（图 8.24）。单击“OK”或“Apply”按钮，线与面之间出现约束线，但线的几何形状不发生改变，只有执行线的插值处理时，线的几何形状才发生改变。

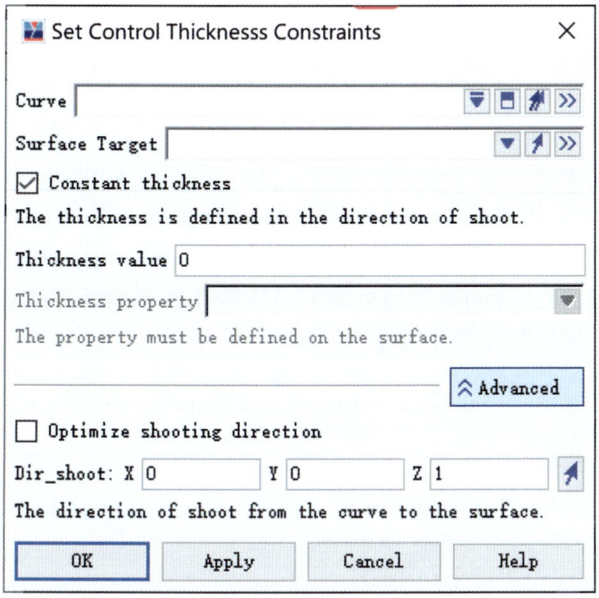

图 8.23　线与面的距离约束对话框

(6) 根据距离条件设置距离约束

【Constraints】→【Set Range Thickness Constraint】→【From Surface】功能：根据距离条件设置线与面的距离约束。

执行该命令，弹出“Set Control Range Thickness Constraint From Surface”（根据距离条件设置线与面的距离约束）对话框（图 8.25）。在“Curve”栏中选择线文件，“Surface Target controller”栏中选择面文件。勾选“Constant minimum thickness”复选框时，在“Minimum thickness value”栏中输入数值，该值的绝对值为约束-插值处理后线与面之间的最小距离，即线中所有节点与面的距离都大于或等于该绝对值；未勾选该复选框时，则在“Minimum thickness property”栏下拉选项中选择线的属性名称，相当于以该属性中的最小值作为“Minimum thickness value”值。勾选“Constant maximum thickness”复选框

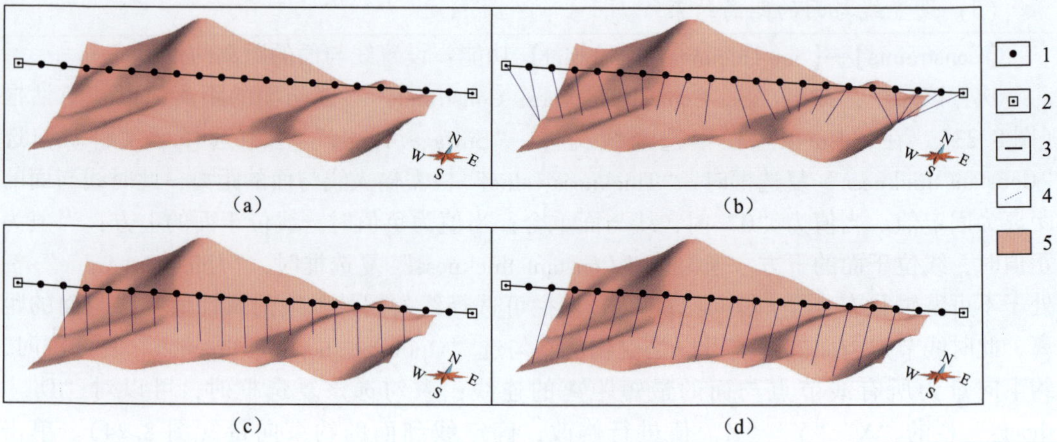

图 8.24　不同约束方向效果图

(a) 原始图；(b) 勾选“Optimize shooting direction”复选框时约束方向效果图；(c)(0，0，1) 向量约束方向效果图；(d)(0，2，1) 向量约束方向效果图。1—节点；2—端点；3—线；4—约束向量；5—面

时，在“Maximum thickness value”栏中输入数值，该值的绝对值为约束-插值处理后线与面之间的最大距离，即线中所有节点与面的距离都小于或等于该绝对值；未勾选该复选框时，则在“Maximum thickness property”栏下拉选项中选择线的属性名称，相当于以该属性中的最大值作为“Maximum thickness value”值。勾选“Optimize shooting direction”复选框时，约束向量为所有线节点与面的最短距离的连线；未勾选该复选框时，可以对“Dir _ shoot:”栏的“X”“Y”“Z”值进行修改，确定线到面的约束向量。单击“OK”或“Apply”按钮，线与面之间出现约束线，但线的几何形状不发生改变，只有执行线的插值处理时，线的几何形状才发生改变。

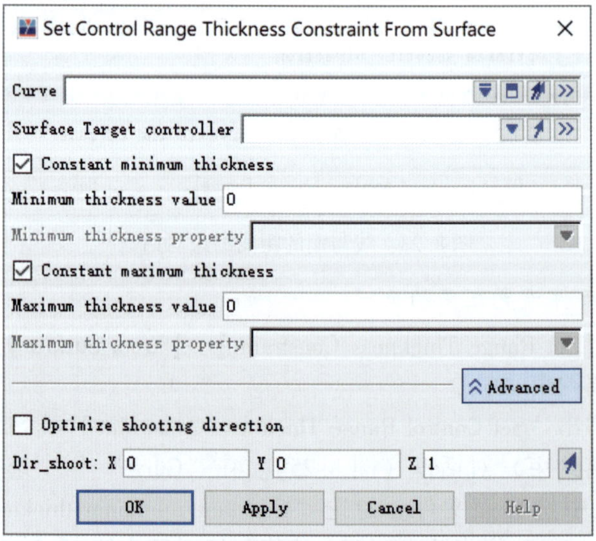

图 8.25　根据距离条件设置线与面的距离约束对话框

“Minimum thickness value”值和“Maximum thickness value”值为负值时，约束-插值处理后线位于面的上方；“Minimum thickness value”值和“Maximum thickness value”值为

正值时，约束-插值处理后线位于面的下方。若只勾选“Constant minimum thickness”复选框，约束-插值处理后，线中的节点与面的距离都大于或等于“Minimum thickness value”绝对值（图 8.26）；若只勾选“Constant maximum thickness”复选框，约束-插值处理后，线中的节点与面的距离都小于或等于“Maximum thickness value”绝对值；若同时勾选“Constant minimum thickness”和“Constant maximum thickness”复选框，则线中的节点与面的距离介于“Minimum thickness value”绝对值与“Maximum thickness value”绝对值之间。当“Minimum thickness value”值与“Maximum thickness value”值相等时，则约束-插值处理后的线与面平行。

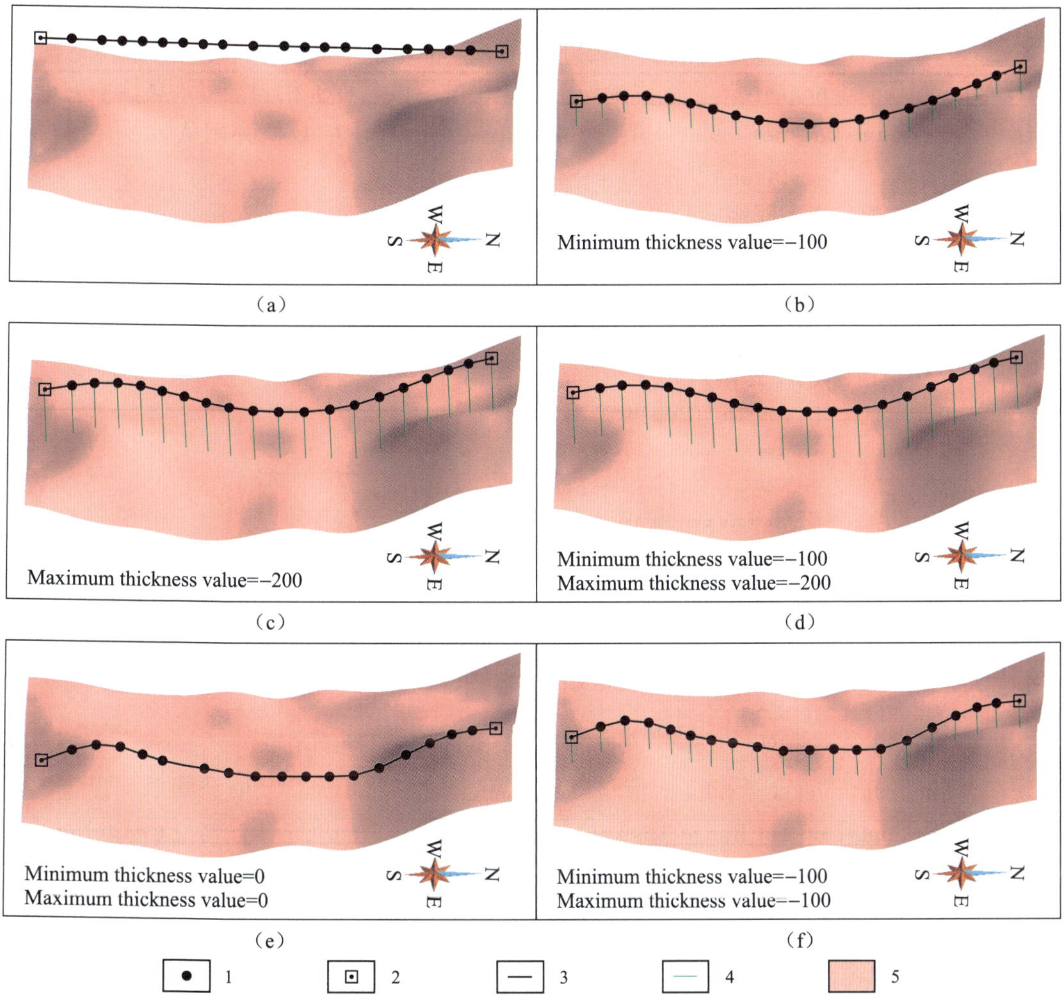

（a）（b）（c）（d）（e）（f）

图 8.26　线与面的距离约束效果图

（a）原始图；（b）“Minimum thickness value”=–100 时处理效果图；（c）“Maximum thickness value”=–200 时处理效果图；（d）“Minimum thickness value”=–100、“Maximum thickness value”=–200 时处理效果图；（e）“Minimum thickness value”=0、“Maximum thickness value”=0 时处理效果图；（f）“Minimum thickness value”=–100、“Maximum thickness value”=–100 时处理效果图。1—节点；2—端点；3—线；4—线节点到面的距离线；5—面

【Constraints】→【Set Range Thickness Constraint】→【From Curve】功能：根据距离条件设置线与线的距离约束。

执行该命令，弹出“Set Control Range Thickness From Curve”（根据距离条件设置线与线的距离约束）对话框（图 8.27）。在“Curve”栏中选择需要处理的线文件，“Curve Target”栏中选择目标线文件。勾选“Constant minimum thickness”复选框时，在“Minimum thickness value”栏中输入数值，该值的绝对值为约束-插值处理后线与目标线之间的最小距离，即线中所有节点与目标线的距离都大于或等于该绝对值；未勾选“Constant minimum thickness”复选框时，则在“Minimum thickness property”栏下拉选项中选择线的属性名称，相当于将该属性中的最小值作为“Minimum thickness value”值。勾选“Constant maximum thickness”复选框时，在“Maximum thickness value”栏中输入数值，该值的绝对值为约束-插值处理后线与目标线之间的最大距离，即线中所有节点与目标线的距离都小于或等于该绝对值；未勾选“Constant maximum thickness”复选框时，则在“Maximum thickness property”栏下拉选项中选择线的属性名称，相当于将该属性中的最大值作为“Maximum thickness value”值。“Max distance”栏中的数值为默认数值，指可执行的最大距离。“Length unit”栏为下拉选择，有“XY unit”“Z unit”“Time unit”“none”四种选项，指不同距离计算方式。

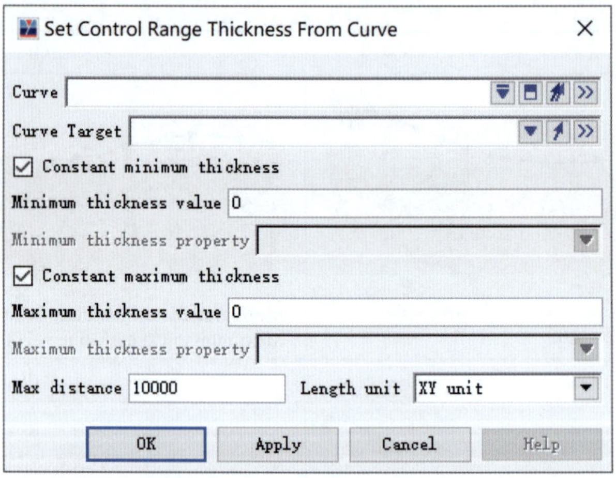

图 8.27　根据距离条件设置线与线的距离约束对话框

在“Minimum thickness value”值与“Maximum thickness value”值分别单一设置的条件下，【Constraints】→【Set Range Thickness Constraint】→【From Curve】与【Constraints】→【Set Range Thickness Constraint】→【From Surface】处理效果基本相同。

2. 编辑约束

（1）删除约束

【Constraints】→【Delete One】功能：删除一个约束。

执行该命令，在 3D 视图中单击鼠标左键选中需要删除的约束，约束线则会被删除（图 8.28）。

【Constraints】→【Delete All or Selected Type】功能：删除所有约束或某一类约束。

执行该命令，弹出“Remove All Projected Constraints”（删除所有约束或某一类约束）对话框（图 8.29）。在“AtomsSet”栏中选择需要处理的文件，“Constraints type”栏下拉选项中选择需要删除的约束类型，有“All”“Border On Cylinder”“Border On Straight line”“Border On Surface”“Border Stone On Border”“Control Points”“Property Control Points”“Fuzzy Vectorial Link”八种选择。单击“OK”或“Apply”按钮，将删除线文件中的所有约束或某一类约束。

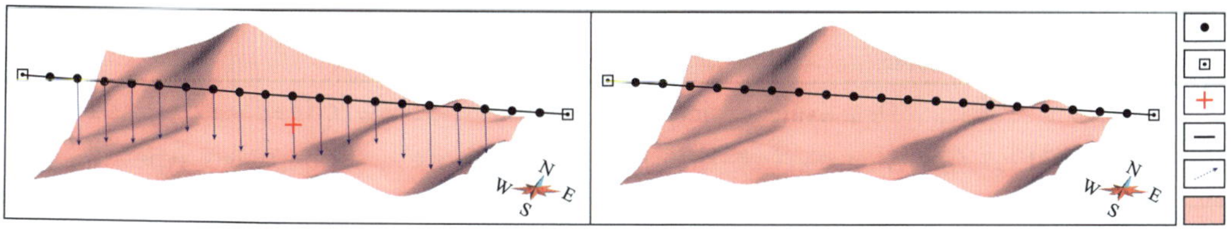

（a）　　（b）

图 8.28　删除一个约束效果图

（a）原始图；（b）删除约束效果图。1—节点；2—端点；3—鼠标左键单击位置；4—线；5—约束向量；6—面

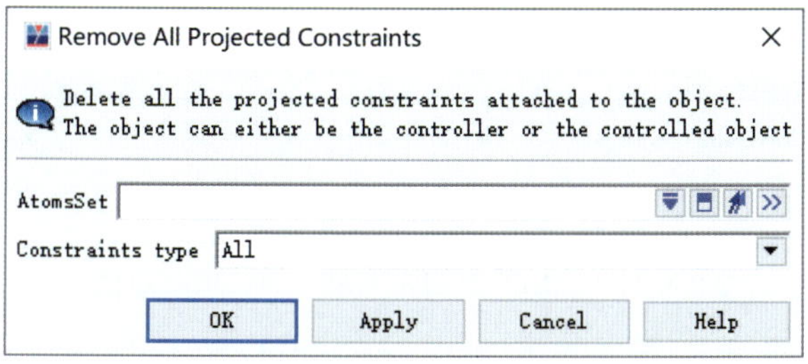

图 8.29　删除所有约束或某一类约束对话框

（2）激活约束

【Constraints】→【Activate one】功能：激活单个约束。

执行该命令，在 3D 视图中单击鼠标左键选中需要激活的约束，原来不显示的约束线将重新显示出来。

【Constraints】→【Activate All】功能：激活所有约束或某一类约束。

执行该命令，弹出“Activate Projected Constraints”（激活所有约束或某一类约束）对话框（图 8.30）。在“AtomsSet”栏中选择需要处理的文件，“Constraints type”栏下拉选项中选择需要删除的约束类型，有“All”“Border On Cylinder”“Border On Straight line”“Border On Surface”“Border Stone On Border”“Control Points”“Property Control Points”“Fuzzy Vectorial Link”八种选择。单击“OK”或“Apply”按钮，激活线文件中的所有约束或某一类约束，约束线重新显示出来。

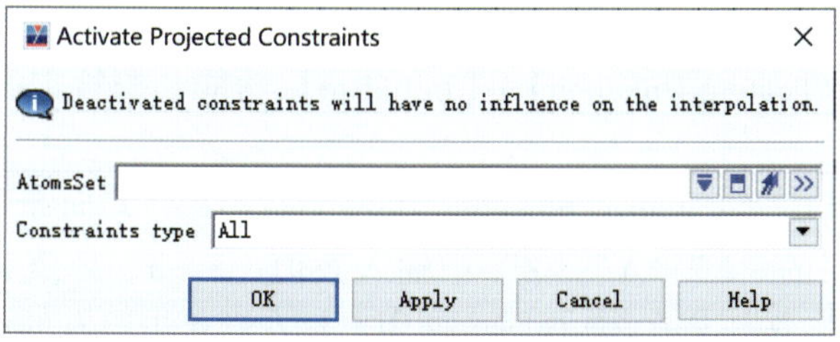

图 8.30　激活所有约束或某一类约束对话框

（3）冻结约束

【Constraints】→【Deactivate one】功能：冻结单个约束。该功能不同于【Constraints】→

【Delete One】(删除约束),冻结的约束可以通过约束激活重新显示,而删除后的约束则彻底丢失,只能重新创建约束。

执行该命令,在3D视图中单击鼠标左键选中约束线,该约束则被冻结而失效,同时约束线也不再显示。

【Constraints】→【Deactivate All】功能:冻结所有约束或某一类约束。

执行该命令,弹出"Deactivate Projected Constraints"(冻结所有约束或某一类约束)对话框(图8.31)。在"AtomsSet"栏中选择需要处理的文件,"Constraints type"栏下拉选项中选择需要冻结的约束类型。单击"OK"或"Apply"按钮,线文件中的所有约束或某一类约束被冻结,约束线也不再显示。

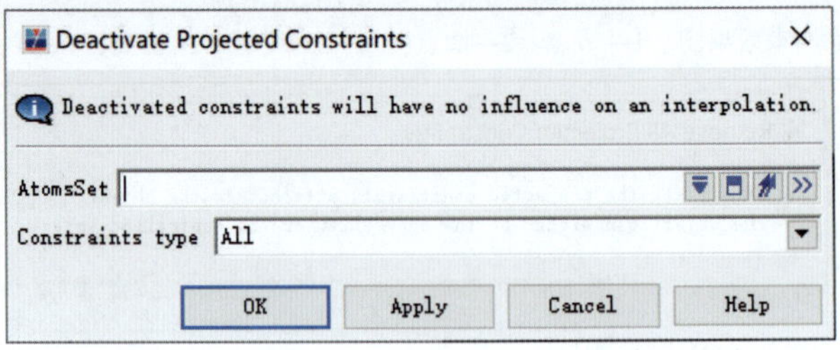

图8.31 冻结所有约束或某一类约束对话框

(4)按距离激活约束

【Constraints】→【Set Activation Distance】功能:按距离激活约束。

执行该命令,弹出"Set Activation distance"(按距离激活约束)对话框(图8.32)。在"Activation distance"栏中输入数值,"Length unit"栏下拉选项中选择距离类型。执行该功能之后,在"Activation distance"距离范围内的约束则被激活。

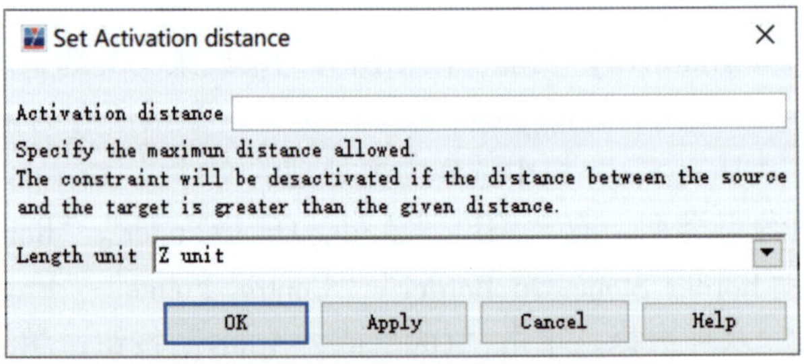

图8.32 按距离激活约束对话框

(5)约束方向设置

【Constraints】→【Shooting Direction】→【Initialize】功能:按给定的向量修改已有的约束方向。

执行该命令,弹出"Initialize Shooting Directions"(约束向量设置)对话框(图8.33)。在"Dir:"栏的"X""Y""Z"中输入数值,X、Y、Z值为约束的向量值。单击"OK"或"Apply"按钮,在3D视图中使用鼠标左键单击已有的约束线,约束方向则会根据向量进行修改,效果图如图8.34所示。

【Constraints】→【Shooting Direction】→【Optimize】功能:按最短距离方式修改已有约束方向。

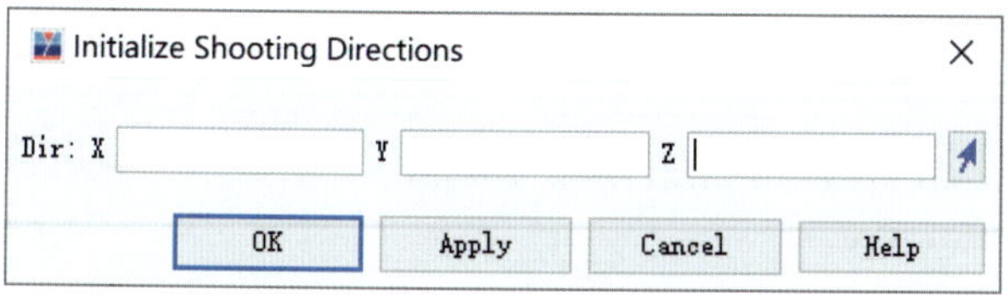

图 8.33　约束向量设置对话框

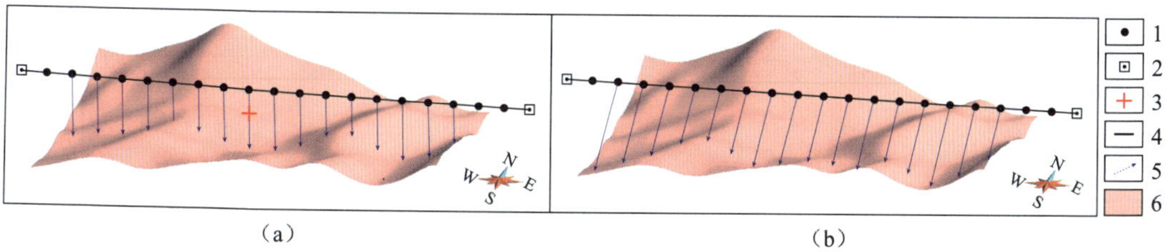

图 8.34　按给定的向量修改已有约束方向效果图

（a）原始图，约束向量为（0，0，1）；（b）（0，2，1）向量修改后的约束方向效果图。
1—节点；2—端点；3—鼠标左键单击位置；4—线；5—约束向量；6—面

执行该命令，在 3D 视图中使用鼠标左键单击已有的约束线，约束方向则会自动进行修改，效果图如图 8.35 所示。

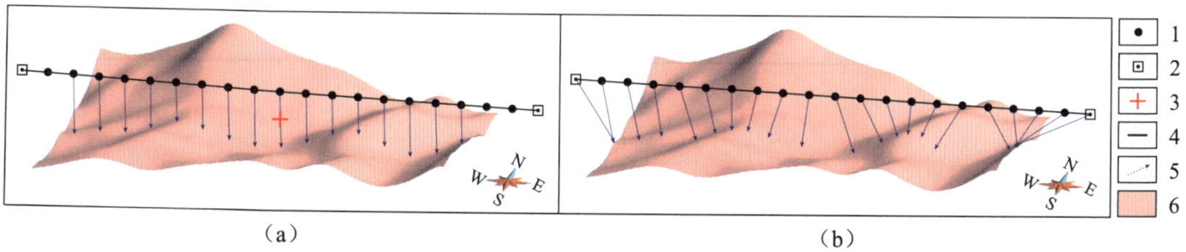

图 8.35　按最短距离方式修改已有约束方向效果图

（a）原始图，约束向量为（0，0，1）；（b）最佳方式优化处理效果图。1—节点；2—端点；
3—鼠标左键单击位置；4—线；5—约束向量；6—面

【Constraints】→【Shooting Direction】→【Smooth】功能：平滑已有约束方向。该处理仅对同一约束中不同线节点存在不同方向的约束（如最短距离约束）时起作用。

执行该命令，在 3D 视图中使用鼠标左键单击已有的约束线，约束方向则会自动进行修改。

【Constraints】→【Shooting Direction】→【Project】功能：消除已有约束向量的某一方向的分向量。

执行该命令，弹出“Project Shooting Directions”（消除已有约束向量的某一方向的分向量）对话框（图 8.36）。在“Constraints type”栏下拉选项中选择约束的类型，有“All”“Border On Cylinder”“Border On Straight line”“Border On Surface”“Border Stone On Border”“Control Points”“Property Control Points”“Fuzzy Vectorial Link”八种选项。在“Plane _ normal:”栏中的“X”“Y”“Z”中输入数值。单击“OK”或“Apply”按钮，在 3D 视图中使用鼠标左键单击已有的约束线，原约束向量中则会消除平行于“Plane _ normal:”栏设置的向量（图 8.37）。

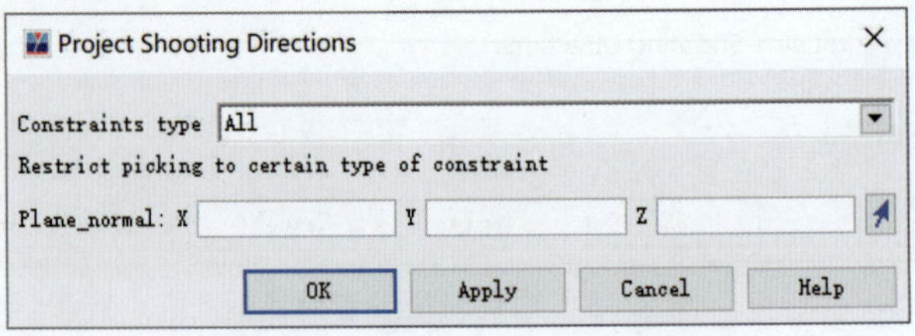

图 8.36 消除已有约束向量的某一方向的分向量对话框

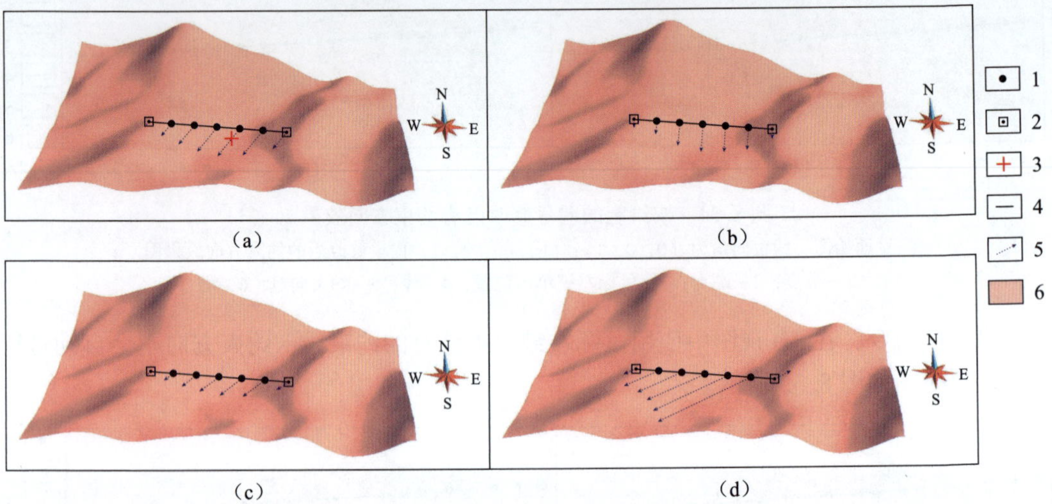

图 8.37 消除不同方向向量的约束效果图

(a) 原始图，约束向量为 (1, 1, 1)；(b) 消除 (1, 0, 0) 分向量的效果图；(c) 消除 (0, 1, 0) 分向量的效果图；(d) 消除 (0, 0, 1) 分向量的效果图。1—节点；2—端点；3—鼠标左键单击位置；4—线；5—约束向量；6—面

(二) 插值处理

1. 几何形状插值处理

线的插值处理可以细分为线的几何形状插值处理和线的属性插值处理。在窗口下拉菜单中，线的几何形状插值处理包括以下三个功能。

【Interpolation】→【On Entire Curve】功能：对线文件中的所有线进行几何形状插值。

执行该命令，弹出“Fit Shape”（对线文件中的所有线进行几何形状插值处理）对话框（图 8.38）。在“AtomsSet”栏中选择线文件；“Number of iterations”栏中输入正整数（默认值为 10），该值为执行一次离散光滑插值（DSI）所迭代的次数，该数值越大，在执行一次该功能后，线的几何形状改变幅度越大；勾选“Smooth”复选框时，会增加相邻节点之间的约束相似性，降低相邻节点之间的约束差异性，一些节点的约束得不到很好的体现，插值处理后的线会更加平滑，未勾选“Smooth”复选框时，线的几何形状插值处理会尽可能地按照节点的约束进行；如果想用共轭梯度法加快数据插值处理的速度，则可以勾选“Conjugate”复选框，否则无须勾选该复选框；在“Fitting factor”栏中输入一个非负数（默认值为 2）作为拟合系数权衡约束条件与曲线平滑程度哪个更重要。该数值越大，插值处理过程越强调约束的要求，适当降低线的几何光滑程度；该数值越小，则插值处理过程更强调线的几何光滑程度，注重相邻节点之间的约束相似性，适当降低约束的要求；当该值为 0 时，处理结果等同于勾选了“Smooth”复选框。单击“OK”或“Apply”按钮，线的几何形状发生改变。当处理结果无法满足要求时，可以不断执行该功能直至符合要求。

一条未设置任何约束条件和节点控制的曲线，不断进行几何形状插值处理，最终会变成一条直线。

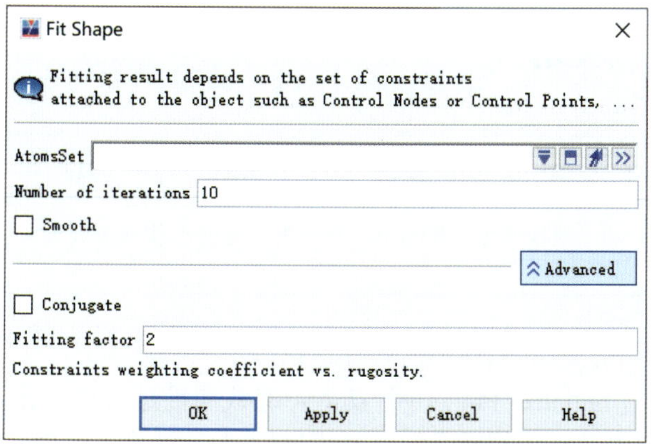

图 8.38　对线文件中的所有线进行几何形状插值处理对话框

【Interpolation】→【In Part】功能：对一条或多条线同时进行几何形状插值。

执行该命令，弹出“Fit Shape”（对一条或多条线同时进行几何形状插值处理）对话框（图 8.39）。在“Number of iterations”栏中输入数值（默认值为 10），判断是否需要勾选“Smooth”和“Conjugate”复选框，“Fitting factor”栏中输入非负数（默认值为 2）。单击“OK”或“Apply”按钮，在 3D 视图中使用鼠标左键单击需要处理的线，或者长按 Ctrl 键，单击鼠标左键选择多条线同时进行处理。

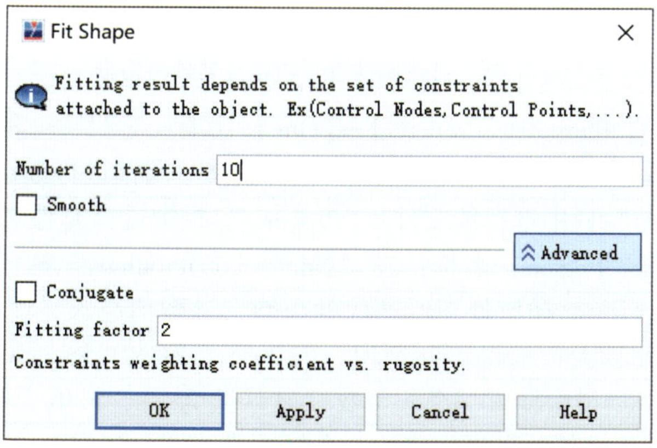

图 8.39　对一条或多条线同时进行几何形状插值处理对话框

【Interpolation】→【In Region】功能：对线文件中的区域（Region）范围中的线进行几何形状插值。

执行该命令，弹出“Fit Shape in Region”［根据区域（Region）对线进行几何形状插值处理］对话框（图 8.40）。在“AtomsSet”栏中选择线文件，“Number of iterations”栏

中输入正整数（默认值为 10），判断是否需要勾选“Smooth”复选框，“Atomic region”栏下拉选项中选择需要处理的区域（Region）名称。单击“OK”或“Apply”按钮进行几何形状插值处理。

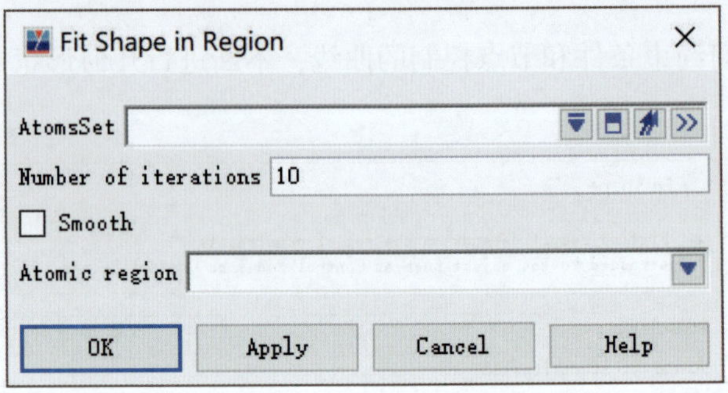

图 8.40 根据区域（Region）对线进行几何形状插值处理对话框

2. 属性插值处理

在窗口下拉菜单中，线的属性插值处理包括以下三个功能。

【Interpolation】→【Initialize Property】功能：对线属性进行初始化。

执行该命令，弹出“Init Property”（对线属性进行初始化处理）对话框（图 8.41）。在“AtomsSet”栏中选择线文件，“Property”栏中选择属性名称。单击“OK”或“Apply”按钮，完成线属性值的初始化处理。

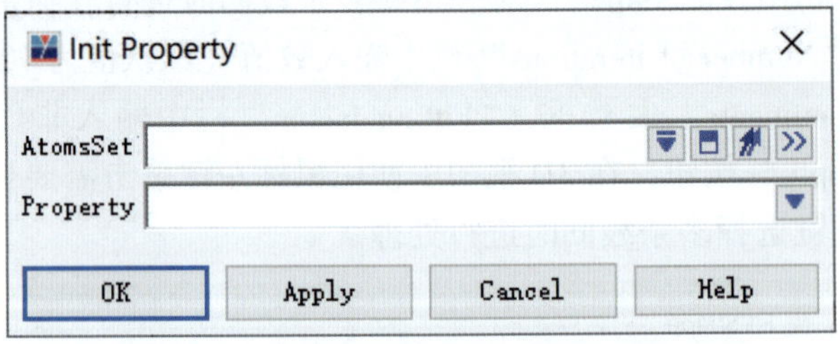

图 8.41 对线属性进行初始化处理对话框

【Interpolation】→【Interpolate Property】→【One】功能：对线某一属性值进行数据插值。

执行该命令，弹出“Interpolate Property”（对线某一属性进行数据插值）对话框（图 8.42）。在“AtomsSet”栏中选择线文件，“Property”栏中选择属性名称，“Region”栏中选择需要处理的区域（Region）名称；在“Number of iterations”栏中输入正整数（默认值为 10），该值为执行一次插值处理所迭代的次数，该数值越大，在执行一次该功能后，线的属性值改变幅度越大；根据实际情况，考虑是否勾选“Smooth”“Conjugate”复选框；在“Fitting factor”栏中输入一个非负数（默认值为 2），该值为拟合系数，是权衡约束条件与线节点之间属性值的平滑程度的一个权重值。该数值越大，插值处理过程越强调约束的要求，适当降低线属性值的渐变过渡；该数值越小，则插值处理过程更强调线的属性值的渐变过渡，适当降低约束的要求。单击“OK”或“Apply”按钮，执行对线属性的插值处理。

【Interpolation】→【Interpolate Property】→【All】功能：对线所有属性进行数据插值。

执行该命令，弹出“Interpolate Properties”（对线所有属性进行数据插值）对话框

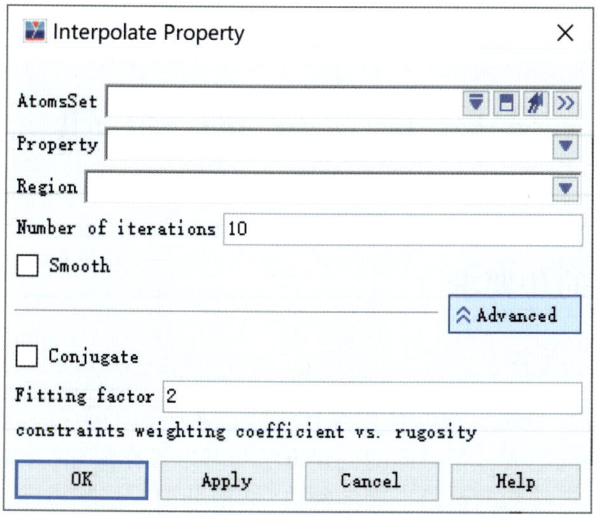

图 8.42　对线某一属性进行数据插值对话框

(图 8.43)。在“AtomsSet”栏中选择线文件,“Number of iterations”栏中输入正整数(默认值为 10),根据实际情况确定是否勾选“Smooth”“Conjugate”复选框,“Fitting factor”栏中输入一个非负数(默认值为 2)。单击“OK”或“Apply”按钮,执行对线所有属性的插值处理。

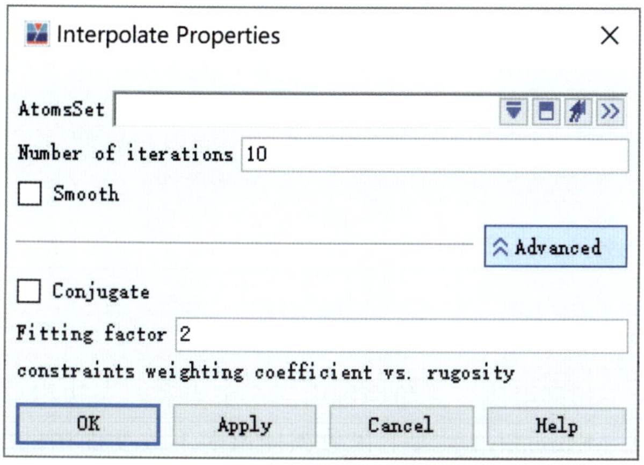

图 8.43　对线所有属性进行数据插值对话框

实验九　面的创建

一、实验目的和要求

（一）实验目的

面的创建是三维地质建模中的基础操作。通过本实验的学习，让学生理解面、三角网、节点的概念和面的组成，学习面的创建方法与基本操作流程；同时，让学生能够熟练地创建和使用面，为后续面的编辑、面的约束-插值处理、三维界面模型的构建等实验的学习做准备。

（二）实验要求

了解根据线框模型、2D-Grid、Voxet、通道（Channel）、Solid、平面网格等对象创建面。

熟悉根据 SGrid 创建面；熟悉根据点集创建椭球面。

掌握根据点集、线、面、钻孔等对象创建面；掌握根据 Model3d 创建面；掌握根据线和向量创建面；掌握矢量化创建面。

（三）软件

GOCAD 软件。

二、实验内容

（一）根据对象创建面

面由一个或多个三角网组成，三角网则由三个节点和三条边组成（图 9.1）。每个面中至少存在一个端点（Extremity）。为了在数据插值时不改变面中的节点空间位置，可以将节点设置成为控制节点（Control Node）。一个面文件中可包含多个面，每个面为一个部分（Part）。

在视窗下拉菜单中提供了众多创建面的方法，下面对各种方法进行简单介绍。

1. 根据点集创建面

软件提供了【New】→【PointsSet】、【New】→【PointsSet and Curve】等根据点集创建面的方法。

【New】→【PointsSet】功能：根据点集创建面。

执行该命令，弹出“Create Surface from Set of Points”（根据点集创建面）对话框（图 9.2）。在“Name”栏中输入新创建面的名称，“AtomsSet Points”栏中选择点集。点集构建曲面采用映射法，其原理是先将三维点集投影至二维平面，然后在平面上进行二维

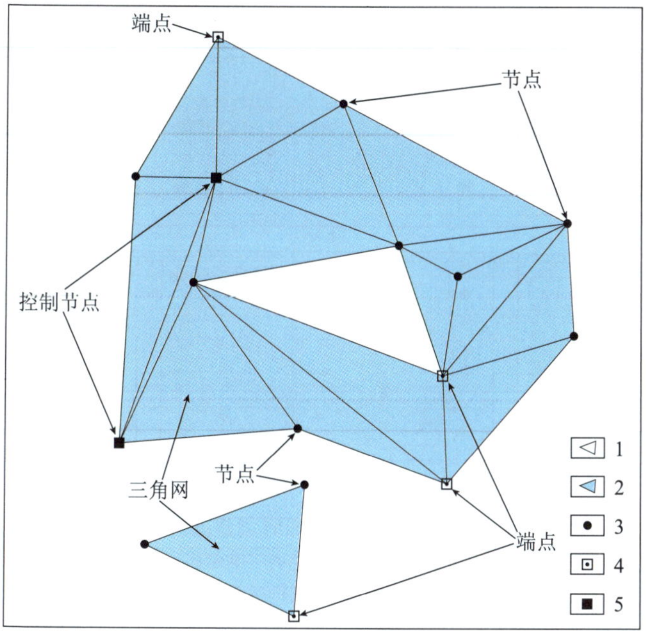

图 9.1　面的组成要素

1—面中三角网空洞；2—面三角网；3—节点；4—端点；5—控制节点

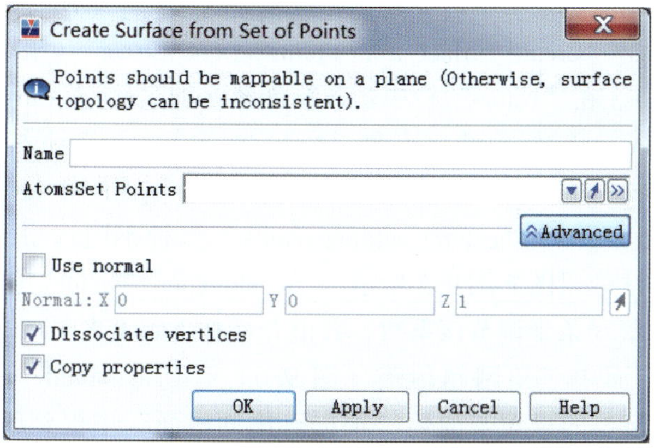

图 9.2　根据点集创建面对话框

Delaunay 三角剖分，再根据点集的映射关系将二维平面剖分结果映射到三维空间，生成三维曲面三角化网格。因此，二维平面的选择对结果界面的影响较大（图 9.3）。“Use normal”复选框用来确定二维平面的法向量，默认为未勾选。未勾选“Use normal”复选框时，法向量根据点集中节点的特征值计算出最佳法向量；勾选“Use normal”复选框时，可在“Normal:”栏的“X”“Y”“Z”中输入数值来确定法向量。“Dissociate vertices”复选框默认为勾选，勾选该复选框时，创建的面的端点与原点集之间不再保持联系；未勾选该复选框时，创建的面的端点与原点集之间存在空间联系，移动面中的端点时，原点集也随之发生相应的移动。“Copy properties”复选框默认为勾选，勾选该复选框时，生成的面继承了原点集的属性信息；未勾选该复选框时，生成的面的属性信息只有 *X*、*Y*、*Z* 属性，原点集中的其他属性信息不继承。单击“OK”或“Apply”按钮，执行该功能。

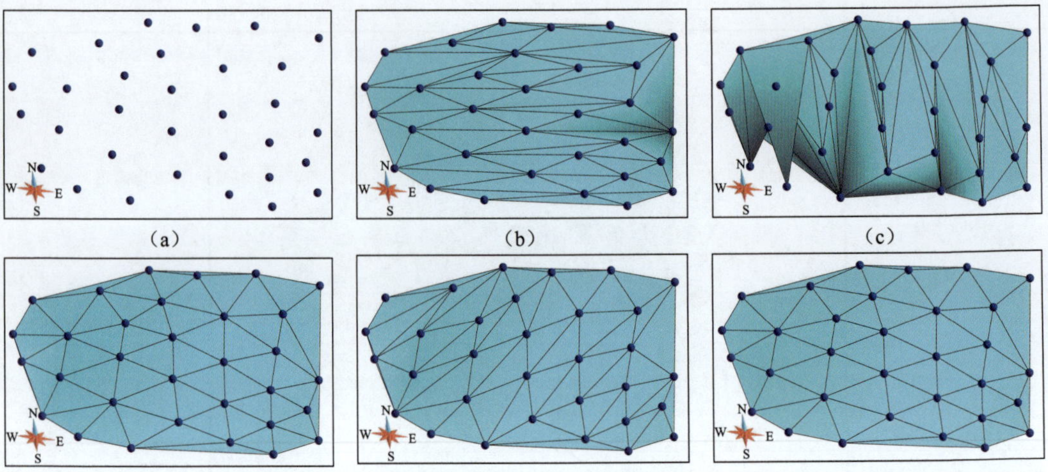

图 9.3　点集投影到不同二维平面时创建的三维曲面效果图

(a) 点集图；(b) 当二维平面法向量为 (1, 0, 0) 时创建的三维曲面；(c) 当二维平面法向量为 (0, 1, 0) 时创建的三维曲面；(d) 当二维平面法向量为 (0, 0, 1) 时创建的三维曲面；(e) 当二维平面法向量为 (1, 1, 1) 时创建的三维曲面；(f) 当二维平面为点集数据自动计算获得时创建的三维曲面

【New】→【PointsSet and Curve】功能：根据点集和边界线创建面。面的创建，不仅需要提供点集，还需要给定创建面的边界线，并且边界线应是一条闭合的曲线。

执行该命令，弹出“Create Surface from PointsSet and Curve”（根据点集和边界线创建面）对话框（图 9.4）。在“Name”栏中输入新创建面的名称，“Curve Curve”栏中选择边界线，“AtomsSet Points”栏中选择点集。“densification type”下拉选项中提供了“no densification”“few triangles”“homogeneous triangles”“enforced homogeneous triangles”“ingrid homogeneous triangles”“enforce adding points”六种不同选项的三角网加密方法，这六种三角网加密方法效果图如图 9.5 所示。“densification _ factor”滚动条为三角网加密系数，可以通过滑动滚动条来调节该系数，数值介于 0.1 到 1 之间。系数越大，面中三角网越密；系数越小，面中三角网越稀疏（图 9.6）。“Use normal”“Dissociate vertices”“Copy properties”复选框的设置与前述“根据点集创建面”中提到的相关设置相同。单

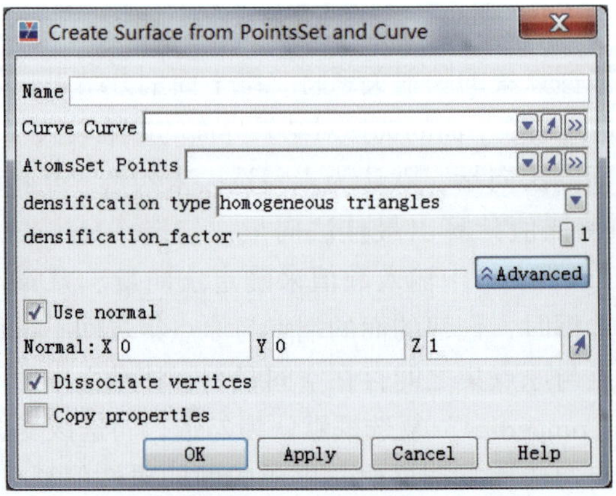

图 9.4　根据点集和边界线创建面对话框

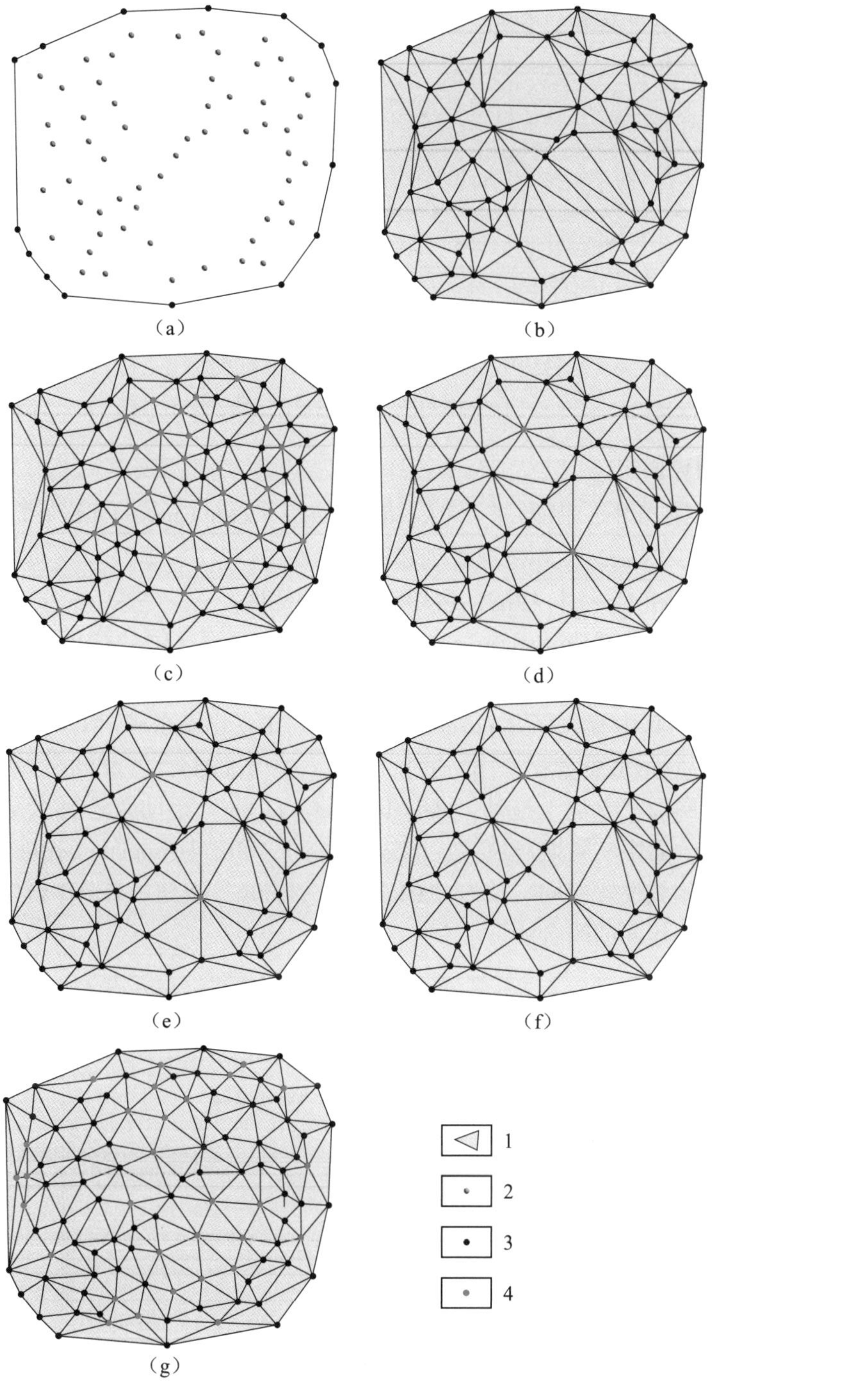

图 9.5　六种不同三角网加密方法处理效果对比图

（a）原始点集与线；（b）“densification type”下拉选择“no densification”时处理效果图；（c）“densification type”下拉选择“few triangles”时处理效果图；（d）“densification type”下拉选择“homogeneous triangles”时处理效果图；（e）“densification type”下拉选择“enforced homogeneous triangles”时处理效果图；（f）“densification type”下拉选择“ingrid homogeneous triangles”时处理效果图；（g）“densification type”下拉选择“enforce adding points”时处理效果图。1—三角网；2—点集的节点；3—与点集节点空间位置相一致的面节点；4—与点集节点空间位置不一致的面节点

击"OK"或"Apply"按钮，执行该功能。

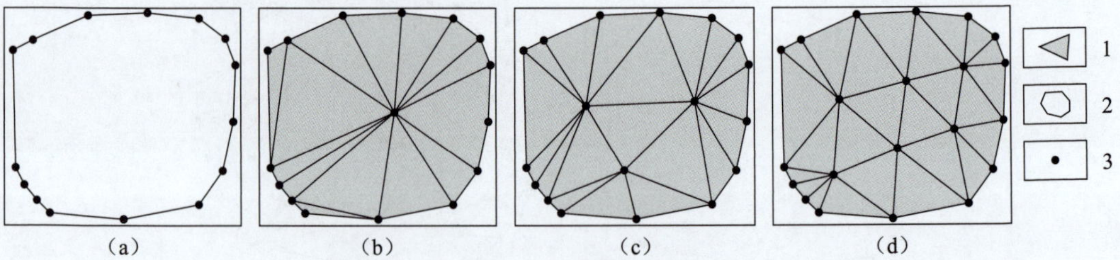

图 9.6　不同三角网加密系数对比图

(a) 原始图；(b) 系数为 0.2 时处理效果图；(c) 系数为 0.5 时处理效果图；(d) 系数为 1 时处理效果图。
1—三角网；2—线；3—节点

2. 根据线创建面

在视窗下拉菜单中，提供了"Closed Curve""Two Curve Parts""Several Curves""Two Parallel Sets of Curve"等根据线创建面的方法。

【New】→【Closed Curve】功能：运用闭合线创建面。

执行该命令，弹出"Create Surface from Closed Curve"（闭合线创建面）对话框（图 9.7）。在"Name"栏中输入新创建面的名称，"densification type"下拉选项中选择面中三角网加密方法，其中提供了"no densification""few triangles""homogeneous triangles""enforced homogeneous triangles""ingrid homogeneous triangles""enforce adding points"六种不同选项三角网加密方法。拖动"densification _ factor"滚动条选择合适的三角网加密系数，该值越大，面中三角网越密集。"Use normal"和"Dissociate vertices"复选框的设置与前述提到的相关设置相同。单击"OK"或"Apply"按钮，在 3D 视图中使用鼠标左键选择需要用于创建面的闭合线。

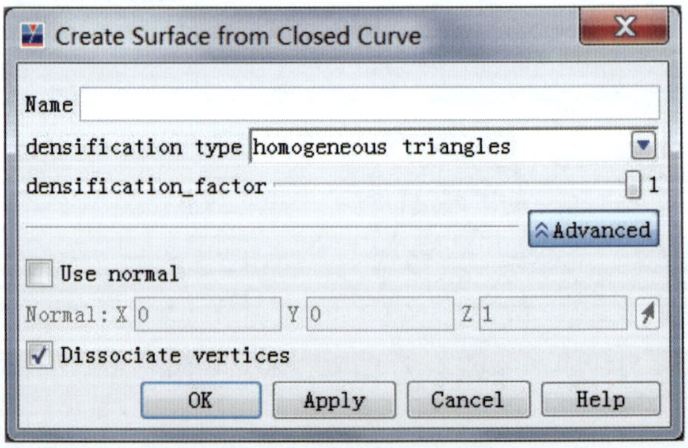

图 9.7　闭合线创建面对话框

【New】→【Two Curve Parts】功能：连接两条线创建面。

执行该命令，弹出"Create Surface from Two Curve Parts"（连接两条线创建面）对话框（图 9.8）。在"Name"栏中输入新创建面的名称，"number of levels"栏中输入正整数，默认值为"4"。该数值为创建的面中三角网层数，数值越大创建的面中三角网越密集（图 9.9）。"Dissociate vertices"复选框的设置与前述提到的相关设置相同。单击

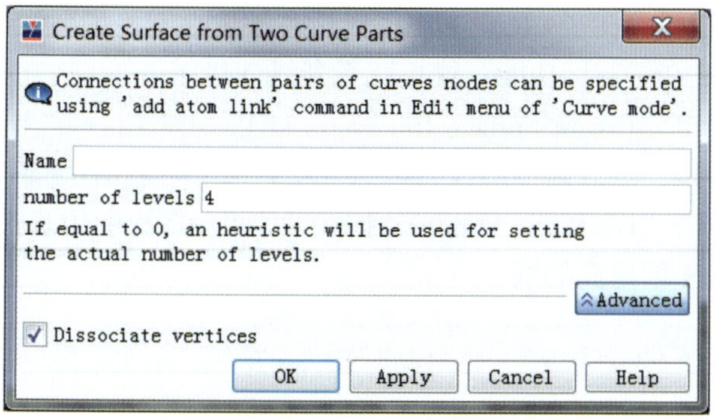

图 9.8　连接两条线创建面对话框

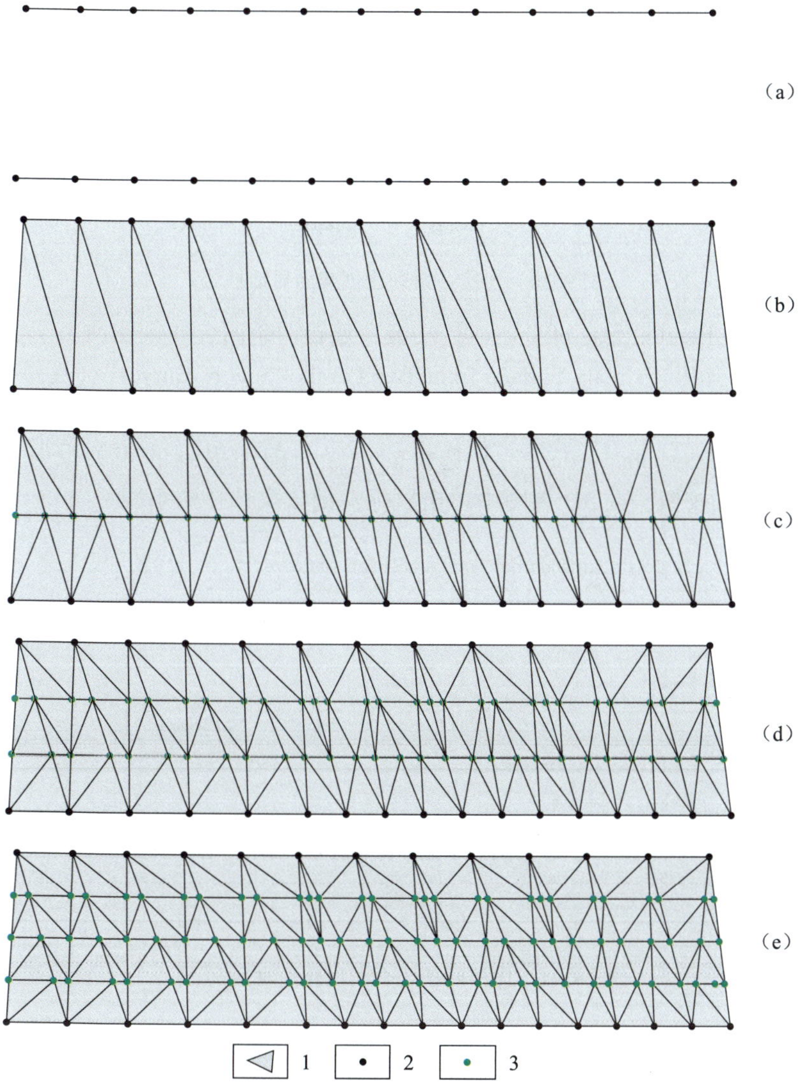

图 9.9　不同层数三角网效果对比图

(a) 原始图；(b) 一层三角网；(c) 二层三角网；(d) 三层三角网；(e) 四层三角网。
1—三角网；2—线节点、与线节点空间位置相一致的面节点；3—与线节点空间位置不一致的面节点

"OK" 或 "Apply" 按钮，在 3D 视图中使用鼠标左键选择需要创建面的两条线。

【New】→【Several Curves】功能：连接一系列线创建面。

执行该命令，弹出 "Create Surface from Several Parallel Curves"（连接一系列线创建面）对话框（图 9.10）。该对话框的设置与【New】→【Two Curve Parts】功能对话框设置相同。不同的是，单击 "OK" 或 "Apply" 按钮后，在 3D 视图中长按 Ctrl 键并单击鼠标左键依次选择需要用于创建面的线。

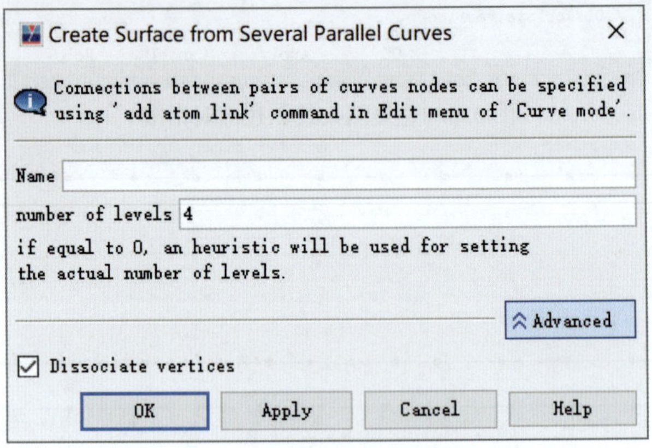

图 9.10　连接一系列线创建面对话框

【New】→【Two Parallel Sets of Curves】功能：连接两条闭合线创建面。

执行该命令，弹出 "Create Surface from Two Parallel Sets of Curves"（连接两条闭合线创建面）对话框（图 9.11）。在 "Name" 栏中输入新创建面的名称，"number of levels" 栏中输入数值。"Dissociate vertices" 复选框的设置与前述提到的相关设置相同。单击 "OK" 或 "Apply" 按钮，在 3D 视图中单击鼠标左键依次选择两条线。

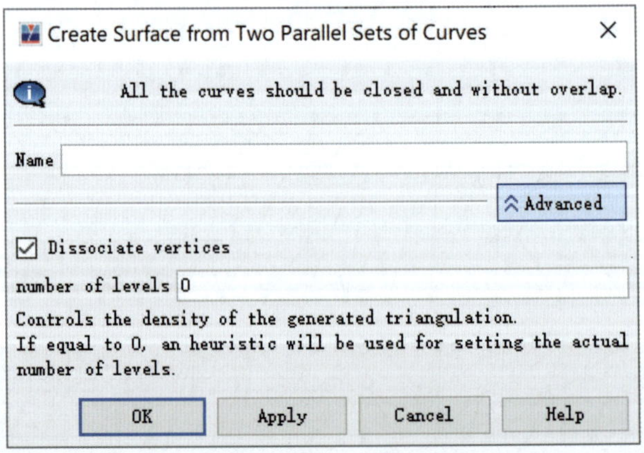

图 9.11　连接两条闭合线创建面对话框

3. 连接两面的边界线创建面

【New】→【Two Surface Borders】功能：连接两面的边界线创建面。在执行该功能之前，需要通过增加、删除或移动端点来确定用于创建面的边界线范围，边界线范围的差异直接影响后期所创建面的大小和三维形态（图 9.12）。

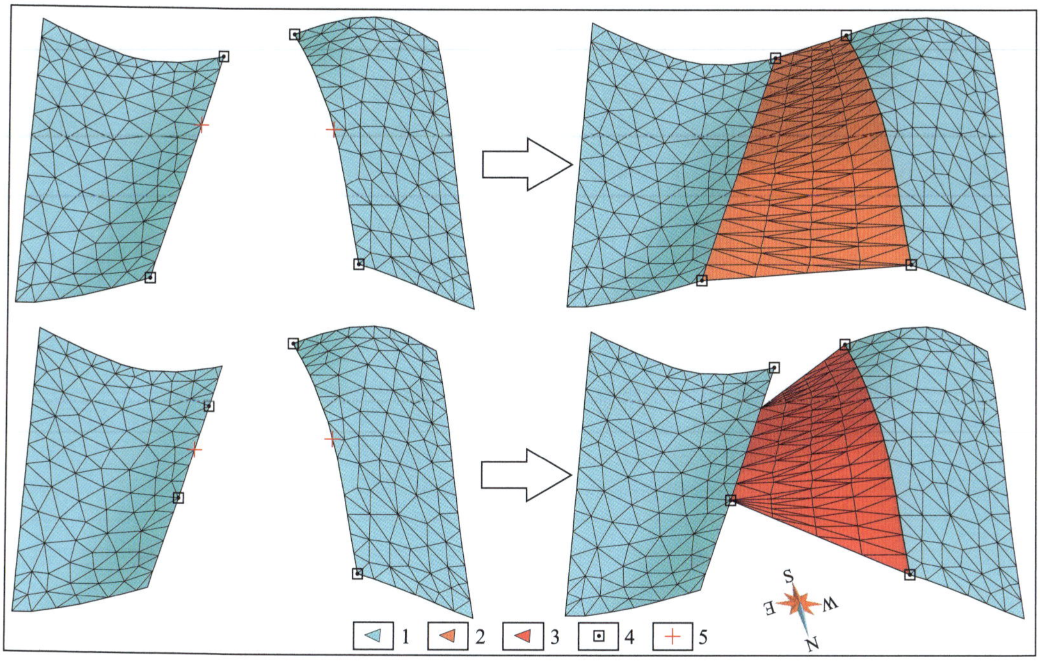

图 9.12　连接两面的边界线创建面的效果图

1~3—三角网；4—端点；5—鼠标左键单击位置

执行该命令，弹出“Create Surface From Two Borders”（连接两面的边界线创建面）对话框（图 9.13）。在“Name”栏中输入新创建面的名称，“number of levels”栏中输入数值。“Dissociate vertices”复选框的设置与前述提到的相关设置相同。单击“OK”或“Apply”按钮，在 3D 视图中依次单击选择两面的边界。

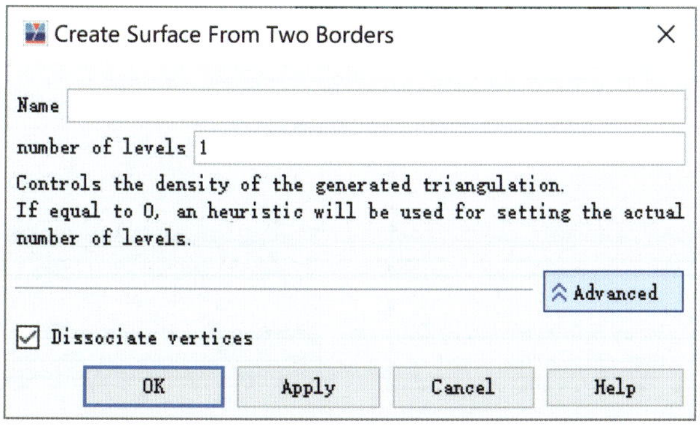

图 9.13　连接两面的边界线创建面对话框

4. 根据点集、边界线和轮廓线共同创建面

【New】→【Border and Faults】功能：运用点集、面边界线和空洞轮廓线共同创建面。该功能常用于地层界面的创建，点集和面边界线为地层界面数据，空洞轮廓线为穿过该地层界面的断裂构造、岩体等的轮廓线。

执行该命令，弹出“Create Surface from Border and Faults Polygons”（根据点集、边界线和断层轮廓线创建地层面）对话框（图 9.14）。在“Name”栏中输入新创建面的名称，

"Curve Border"栏中选择面的边界线，"Curve Faults"栏中选择空洞轮廓线，"AtomsSet Points"栏中选择创建面的点集，"densification type"下拉选项中选择三角网加密类型，滑动"densification _ factor"滚动条选择三角网加密系数。"Use normal"和"Dissociate vertices"复选框的设置与前述提到的相关设置相同。单击"OK"或"Apply"按钮执行该功能。图 9.15 为运用该功能创建面的效果图。

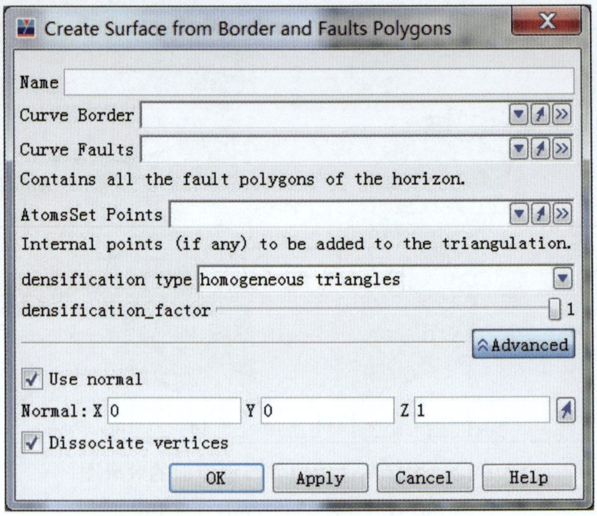

图 9.14 根据点集、边界线和断层轮廓线创建地层面对话框

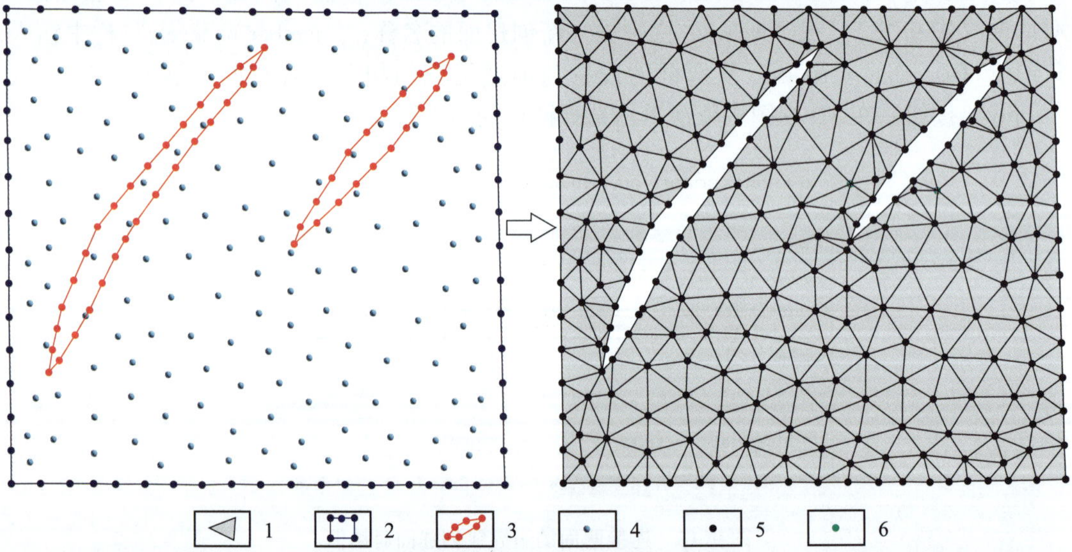

图 9.15 创建被断层切割的地层面效果图

1—三角网；2—边界线及节点；3—断层轮廓线及节点；4—点集；5—与点集、线节点空间位置一致的面节点；6—与点集、线节点空间位置不一致的面节点

5. 根据线框模型创建面

【New】→【Frame】功能：根据线框模型创建面。

执行该命令，弹出"Create Surface From Skeleton"（根据线框模型创建面）对话框

(图 9.16)。在 “Name” 栏中输入新创建面的名称，“Frame frame” 栏中选择线框模型。“Dissociate vertices” 复选框的设置与前述提到的相关设置相同。单击 “OK” 或 “Apply” 按钮执行该功能。图 9.17 为运用该功能创建面的效果图。

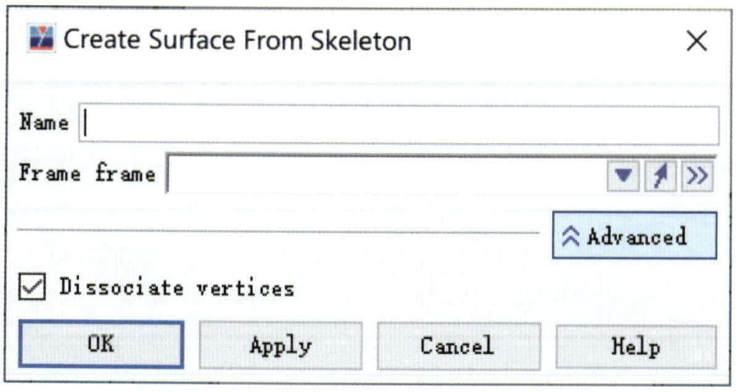

图 9.16　根据线框模型创建面对话框

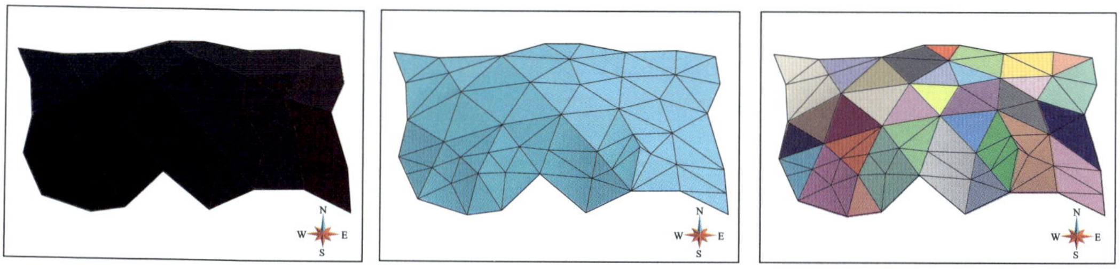

(a)　　(b)　　(c)

图 9.17　根据线框模型创建面效果图

(a) 线框模型；(b) 根据线框模型创建的面；(c) 面按不同部分 (Part) 彩色显示

6. 根据面创建面

在视窗下拉菜单中，提供了【Surfaces】【Surface Part】和【Surface Region】三种根据面创建面的方法。

【New】→【Surfaces】功能：将若干个面文件中的面合并到一个新的面文件中。

执行该命令，弹出 “Create Surface From Surfaces” (根据面创建面) 对话框 (图 9.18)。在 “Name” 栏中输入新创建面的名称，“Surface Surfaces” 栏中选择面文件。

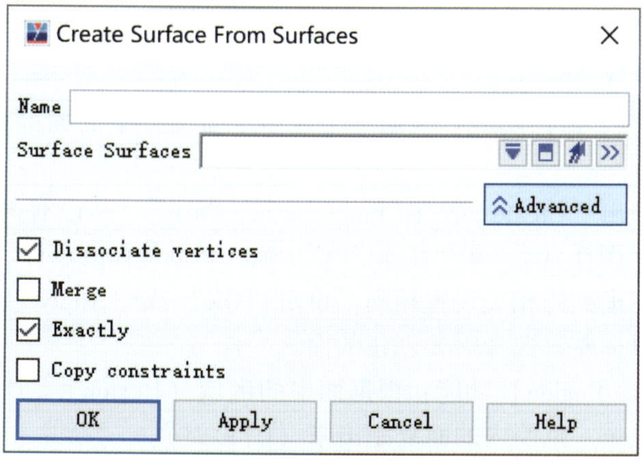

图 9.18　根据面创建面对话框

“Dissociate vertices”复选框的设置与前述提到的相关设置相同。“Merge”复选框默认为未勾选，勾选该复选框时，拥有公共边的面之间会进行连接，将多个面变成一个面（即变成一个 Part）；未勾选该复选框时，生成的面中保留原面的部分（Part），面之间不进行连接处理（图 9.19）。“Exactly”复选框的设置与前述线编辑部分提到的相关设置相同。“Copy constraints”复选框默认为未勾选，勾选该复选框时，生成的面中继承了原面的属性信息；未勾选该复选框时，生成的面中属性信息只有“X”“Y”“Z”“normal”属性，原面中的其他属性信息将丢失。最后，单击“OK”或“Apply”按钮执行该功能。

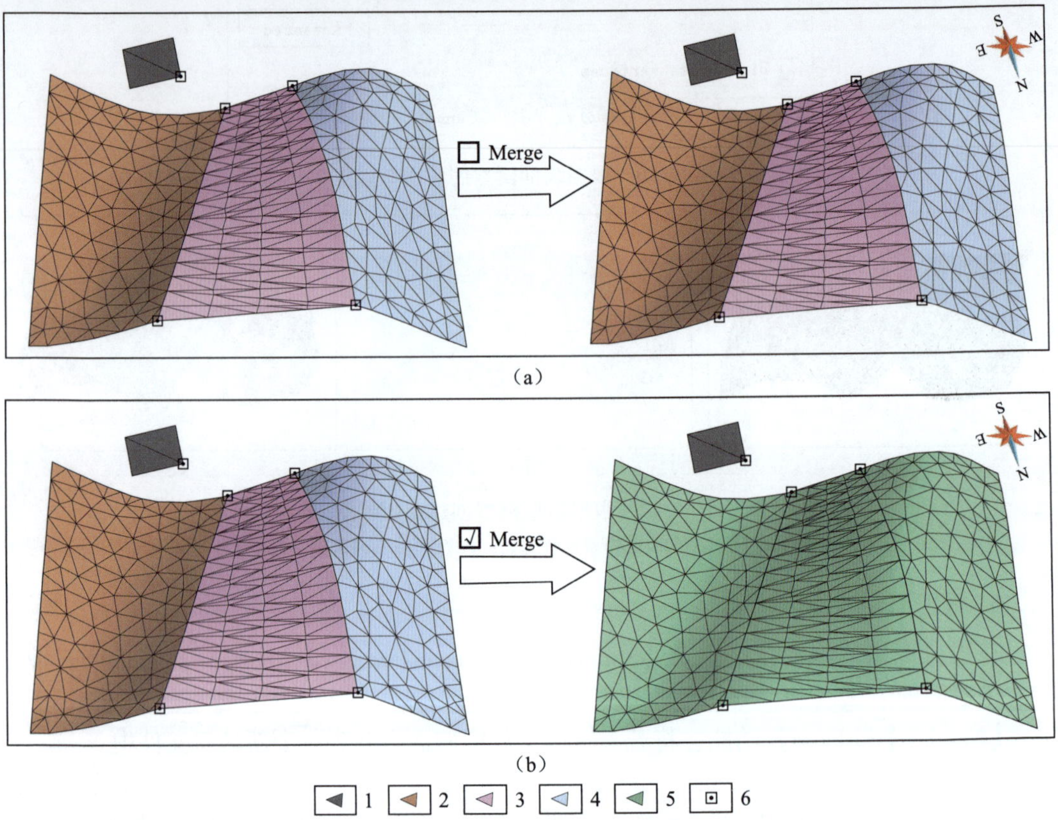

图 9.19　合并面与不合并面效果对比图

（a）未勾选“Merge”复选框时根据面创建面效果图；（b）勾选“Merge”复选框时根据面创建面效果图。
1～5—三角网；6—端点

【New】→【Surface Part】功能：根据一个或多个面文件中的面部分（Part）创建一个新的面文件。

执行该命令，弹出“Create Surface From Surface Parts”［从已有面中选择部分（Part）面创建面］对话框（图 9.20）。在“Name”栏中输入新创建面的名称。“Dissociate vertices”复选框的设置与前述提到的相关设置相同。单击“OK”或“Apply”按钮，在 3D 视图中长按 Ctrl 键并单击鼠标左键选择需要创建的面。

【New】→【Surface Region】功能：根据面中的区域（Region）创建面。该功能相当于将面中的区域（Region）范围内的面复制出来（图 9.21）。

执行该命令，弹出“Create Surface From Surface Region”［根据面中的区域（Region）

创建面］对话框（图 9.22）。在“Name”栏中输入新创建面的名称，“Surface Surface”栏中选择面文件，“Region”栏中选择区域（Region）名称。“Dissociate vertices”复选框的设置与前述提到的相关设置相同。最后，单击“OK”或“Apply”按钮执行该功能。

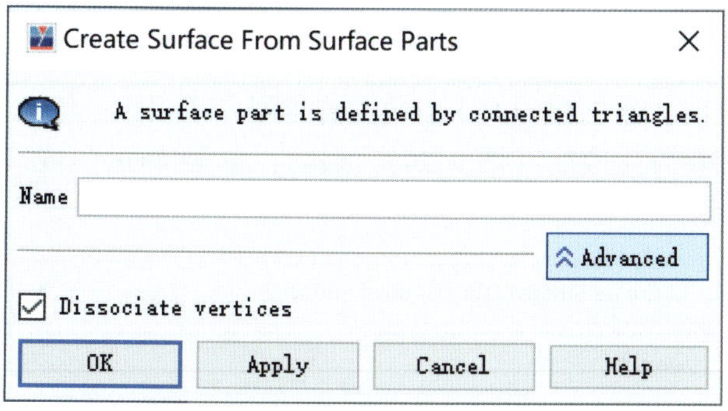

图 9.20　从已有面中选择部分（Part）面创建面对话框

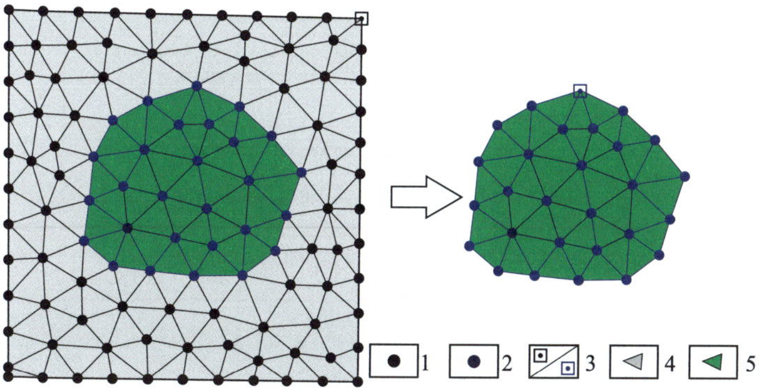

图 9.21　根据面中的区域（Region）创建面示意图

1—非区域（Region）范围的节点；2—区域（Region）范围的节点；3—端点；4—非区域（Region）范围三角网；5—区域（Region）范围三角网

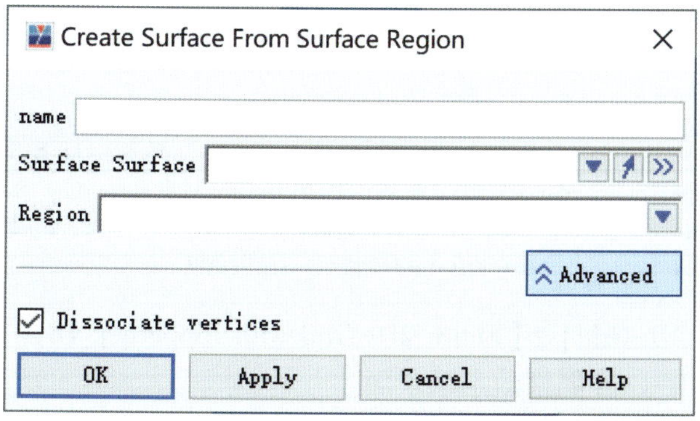

图 9.22　根据面中的区域（Region）创建面对话框

7. 根据 2D-Grid 创建面

在视窗下拉菜单中，提供了【Entire 2D-Grid】【Entire 2D-Grid with Property】和【Decimated 2D-Grid】三种根据 2D-Grid 创建面的方法，实现方法具体如下。

【New】→【From 2D-Grid】→【Entire 2D-Grid】功能：根据整个 2D-Grid 创建面。

执行该命令，弹出“Create Surface From Gridded Surface”（根据 2D-Grid 创建面）对话框（图 9.23）。在“Name”栏中输入新创建面的名称，“2D-Grid Surface”栏选择 2D-Grid 文件。“Split”复选框默认为未勾选，未勾选该复选框时，生成面的过程中将 2D-Grid 中的每个矩形网格拆分成两个三角网；勾选该复选框时，生成面的过程中将 2D-Grid 中的单个矩形网格拆分成四个三角网（图 9.24）。“Switch triangles”复选框默认为未勾选，未勾选该复选框时，所创建的面中三角网的排列方式相同；勾选该复选框时，所创建的面中三角网的排列可发生改变（图 9.24）。最后，单击“OK”或“Apply”按钮执行该功能。

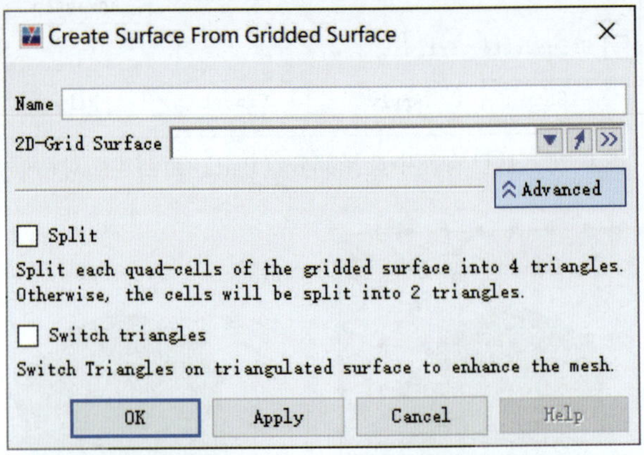

图 9.23　根据 2D-Grid 创建面对话框（一）

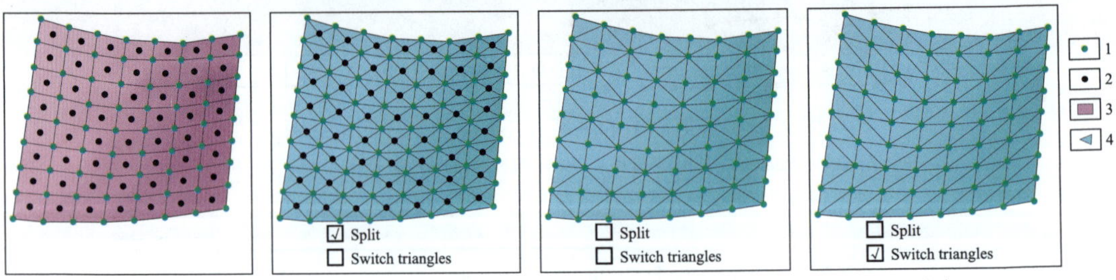

（a）　（b）　（c）　（d）

图 9.24　根据 2D-Grid 创建面效果图（一）

（a）2D-Grid；（b）勾选“Split”复选框、未勾选“Switch triangles”复选框时，根据 2D-Grid 创建的面；（c）未勾选“Split”和“Switch triangles”复选框时，根据 2D-Grid 创建的面；（d）未勾选“Split”复选框、勾选“Switch triangles”复选框时，根据 2D-Grid 创建的面。1—2D-Grid 节点；2—2D-Grid 网格中心点；3—2D-Grid 网格；4—面三角网

【New】→【From 2D-Grid】→【Entire 2D-Grid with Property】功能：根据整个 2D-Grid 创建面，同时可将 2D-Grid 属性信息赋予面。

执行该命令，弹出“Create Surface From Gridded Surface”（根据 2D-Grid 创建面）对话框（图 9.25）。在“Name”栏中输入新创建面的名称，“2D-Grid Surface”栏选择 2D-Grid 文件。“Use centers”复选框默认为未勾选，未勾选该复选框时，创建的面以 2D-Grid 中的节点为节点构建三角网，即将 2D-Grid 中的每个矩形网格拆分成两个三角网；勾选该复选框时，创建的面以 2D-Grid 中的矩形网格中心点作为节点构建三角网（图 9.26）。因此，勾选“Use centers”复选框时，所构建的面要比 2D-Grid 的范围小。“Copy properties”

复选框默认为勾选，勾选该复选框时，可在“Property”下拉选项中选择 2D-Grid 的属性信息，选中的属性信息可以赋予创建的面；未勾选该复选框时，“Property”下拉选项不可选。最后，单击“OK”或“Apply”按钮执行该功能。

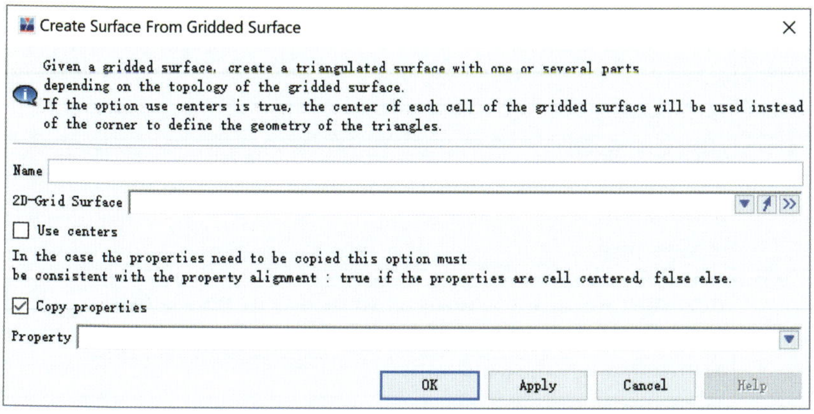

图 9.25　根据 2D-Grid 创建面对话框（二）

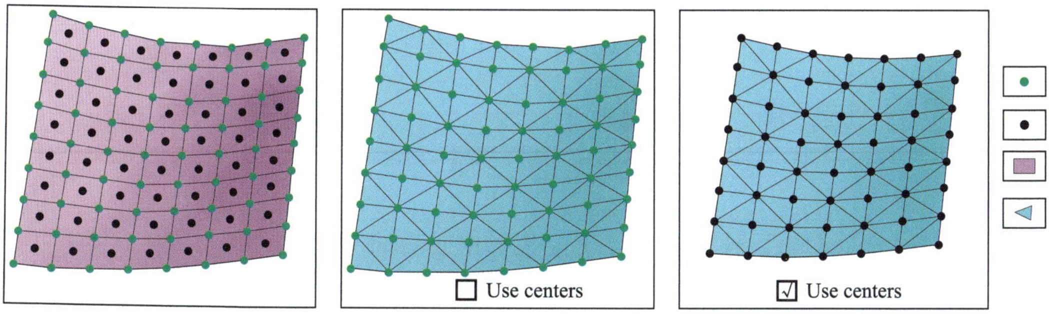

（a）　（b）　（c）

图 9.26　根据 2D-Grid 创建面效果图（二）

（a）2D-Grid；（b）未勾选“Use centers”复选框时，根据 2D-Grid 创建的面；（c）勾选“Use centers”复选框时，根据 2D-Grid 创建的面。1—2D-Grid 节点；2—2D-Grid 网格中心点；3—2D-Grid 网格；4—面三角网

【New】→【From 2D-Grid】→【Decimated 2D-Grid】功能：抽稀或加密 2D-Grid 节点创建面。

执行该命令，弹出“Create Surface by Decimation of a Gridded Surface”（抽稀或加密 2D-Grid 节点创建面）对话框（图 9.27）。在“Name”栏中输入新创建面的名称，“2D-Grid Surface”栏选择 2D-Grid 文件。在“Length unit”下拉选项中选择距离类型，有“XY unit”“Z unit”“Time unit”“none”四种选项，指在“Decimation distance”栏和“Borders filtering distance”栏中输入的数值为“Length unit”中所选择类型的值。在“Decimation distance”栏中输入数值。“Filter borders”复选框默认为勾选，未勾选该复选框时，“Borders filtering distance”栏和“Filter internal borders”复选框为不可编辑。勾选“Filter borders”复选框时，在“Borders filtering distance”栏中可以输入数值，同时“Filter internal borders”复选框处于可勾选状态。“densification _ factor”滚动条的设置与前述提到的相关设置相同。最后，单击“OK”或“Apply”按钮执行该功能。

该功能所创建面的三角网大小与“Borders filtering distance”栏中输入的数值和“densification _ factor”滚动条中的系数密切相关，“Borders filtering distance”栏中输入的数值越小，以及“densification _ factor”设置的系数越大，面中三角网越小；反之，面中三角网越大。

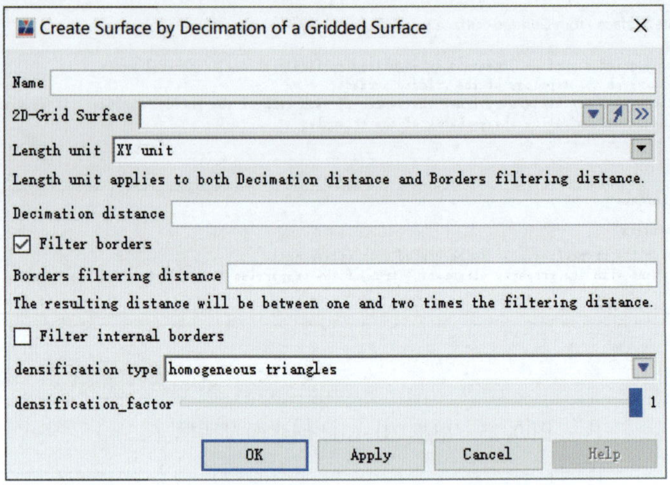

图 9.27　抽稀或加密 2D-Grid 节点创建面对话框

8. 根据 Voxet 创建面

在视窗下拉菜单中，提供了【Voxet Cage】和【Voxet Section】两种根据 Voxet 创建面的方法。

【New】→【From Grid】→【Voxet Cage】功能：根据 Voxet 模型的外围封闭立方体框创建封闭立方体面。

执行该命令，弹出“Create Cube Surface From Voxet Cage”（根据体元模型的外围框架创建面）对话框（图 9.28）。在“Name”栏中输入新创建面的名称，“Voxet Voxet”栏中选择 Voxet 文件。在“Sampling”栏中输入数值，输入数值为 0 时，则以 Voxet 外围封闭立方体框的八个角点作为节点创建面，输入其他正值时，则以输入的正值为距离对立方体框的表面进行采样，这些采样点将作为创建面的三角网节点。因此，输入的数值越小，生成的面三角网越小，也就是面中三角网数量越多（图 9.29）。在“Length unit”下拉选项中选择距离类型，设置与前述提到的相关设置相同。最后，单击“OK”或“Apply”按钮执行该功能。

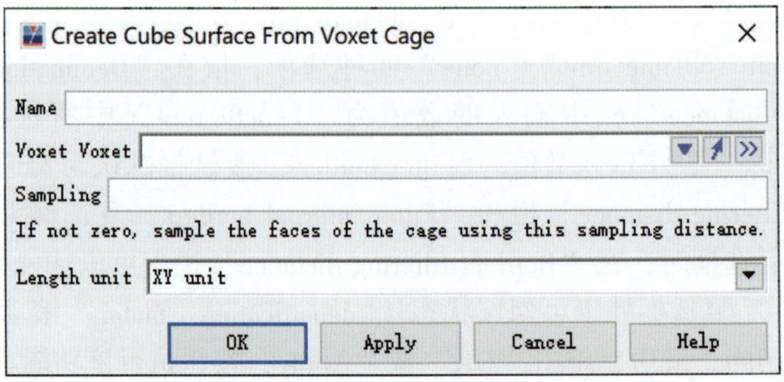

图 9.28　根据体元模型的外围框架创建面对话框

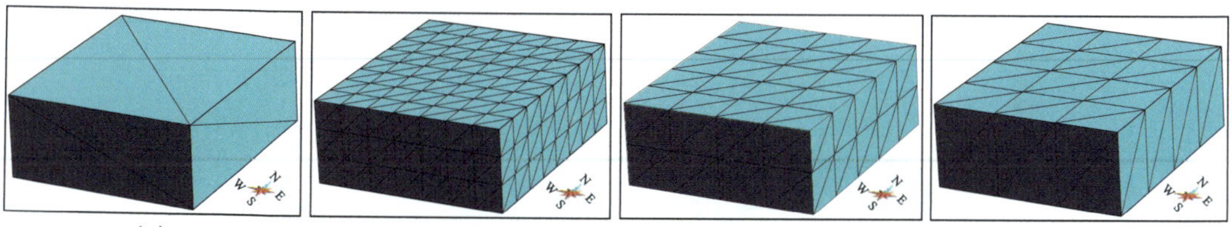

（a）　（b）　（c）　（d）

图 9.29　不同 Sampling 值时根据 Voxet 模型创建的面效果对比图

（a）Sampling 值为 0 时创建的面；（b）Sampling 值为 20 时创建的面；（c）Sampling 值为 30 时创建的面；（d）Sampling 值为 40 时创建的面

【New】→【From Grid】→【Voxet Section】功能：根据 Voxet 模型的切片创建面。

执行该命令，弹出“Create Surface From Voxet Section”（根据体元模型的切片创建面）对话框（图 9.30）。在“Name”栏中输入新创建面的名称，“Voxet Voxet”栏中选择 Voxet 文件。在“Axis”栏下拉选择项中选择切片方向，有“U”“V”“W”三个选项，并分别对应垂直于 X、Y、Z 方向的切片（图 9.31）。“section index”栏输入切片编号。“Copy properties”复选框默认为勾选，未勾选该复选框时，“Property”下拉选项不可编辑，则体元模型的属性信息不能赋予创建的面；勾选“Copy properties”复选框时，“Property”下拉选项可以选择体元模型的属性信息，选中的属性信息可以赋予创建的面。最后，单击“OK”或“Apply”按钮执行该功能。

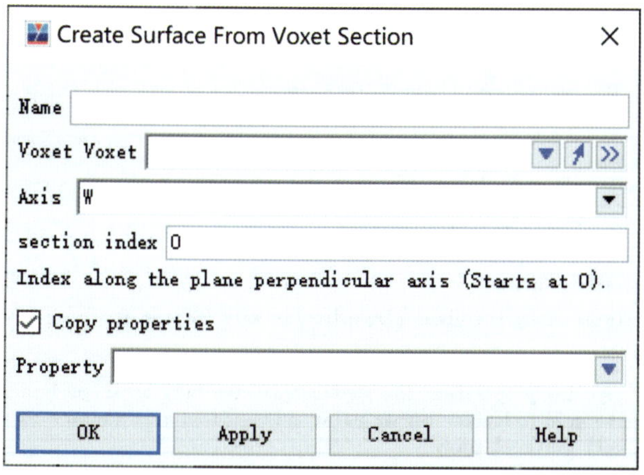

图 9.30　根据体元模型的切片创建面对话框

9. 根据 SGrid 创建面

在视窗下拉菜单中，提供了【SGrid Section】【Grid Iso-Property】和【SGrid Fault】三种根据 SGrid 创建面的方法。

【New】→【From Grid】→【SGrid Section】功能：根据 SGrid 模型的切片创建面。

执行该命令，弹出“Create Surface From SGrid Section”（根据体元模型的切片创建面）对话框（图 9.32）。在“Name”栏中输入新创建面的名称，“Stratigraphic grid Sgrid”栏中选择 SGrid 模型。在“Axis”栏下拉选项中选择切片方向，有“U”“V”“W”三个选项。“section index”栏输入切片编号。“Copy properties”复选框默认为勾选，未勾选该复选框时，“Property”下拉选项不可编辑，“Use cell centers”复选框为可选状态，此时

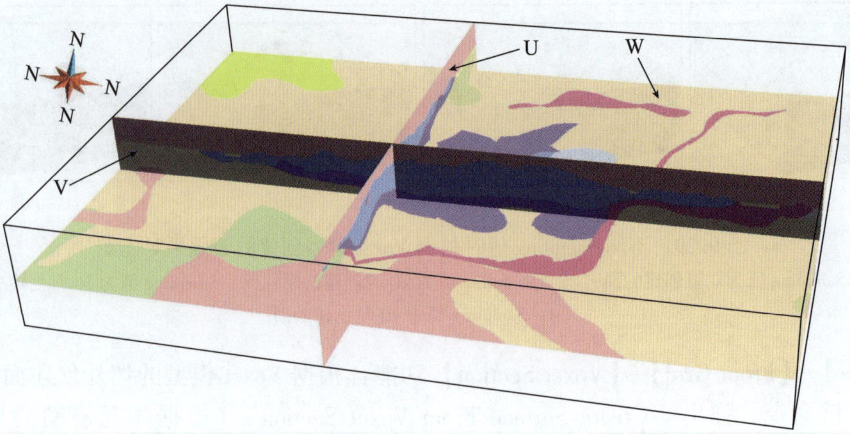

图 9.31　体元模型“U”“V”“W”切片显示图

SGrid 模型的属性信息不能赋予创建的面；勾选“Copy properties”复选框时，“Property”下拉选项可以选择 SGrid 模型的属性信息，选中的属性信息可以赋予创建的面。“Use cell centers”复选框的设置与【New】→【From 2D-Grid】→【Entire 2D-Grid with Property】功能中的“Use centers”复选框的设置相同。当“Use cell centers”复选框未勾选时，创建的面以 SGrid 切片中的节点为节点构建三角网，即将切片中的每个矩形网格拆分成两个三角网，勾选该复选框，创建面时以矩形网格的中心点作为面的节点构建三角网。最后，单击“OK”或“Apply”按钮执行该功能。

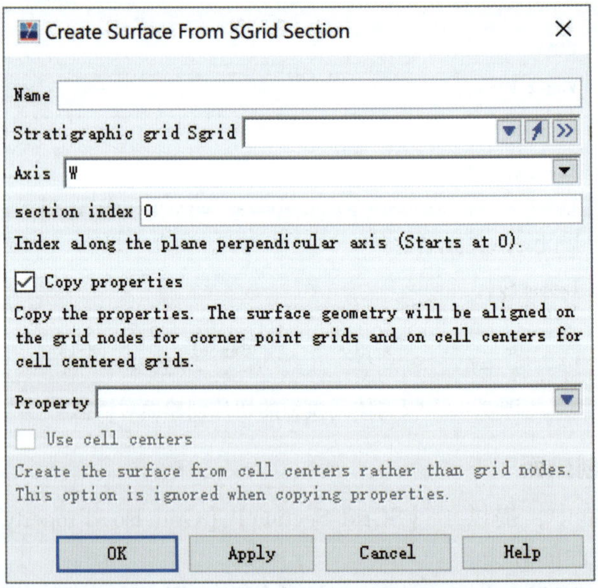

图 9.32　根据体元模型的切片创建面对话框

【New】→【From Grid】→【GridIso-Property】功能：根据 SGrid 模型属性值创建面。

执行该命令，弹出“Create Surface From Isovalue”（根据 SGrid 模型中相同属性创建封闭面）对话框（图 9.33）。在“Name”栏中输入新创建面的名称，“GridObj Grid”栏中选择 SGrid 模型，“Property”下拉选项中选择属性名称。在“Iso value”栏输入属性值，该值在属性值范围内。“Close shells surrounding”下拉选项有“none”“highs”“lows”三种，用于选择当所选属性值位于 SGrid 模型边界处时面的封闭处理方式。选择“none”选项时，未能封闭的面保持敞开；选择“highs”选项时，大于“Iso value”值的属性分布范围进行面封闭；选择“lows”选项时，小于“Iso value”值的属性分布范围进行面封闭(图 9.34)。“Snap to centers”复选框默认为未勾选，未勾选该复选框时，若 iso value 值介于 SGrid 模型相邻网格属性值之间，此时通过数据插值计算获得面所通过的位置；勾选“Snap to centers”复选框时，则生成的面在两网格中间通过（图 9.35）。“Check normals”复选框默认为未勾选，该功能是判断在面的创建过程中是否需要检查三角网的法向量，当属性值平滑合理时，可以不选择该复选框。“Beautify triangles”复选框默认为未勾选，该功能是判断在面的创建过程中是否需要优化面中的三角网，面的三角网优化处理将在面的编辑部分进行介绍。“Print statistics”复选框默认为勾选，该功能是判断是否提供数据统计信息。最后，单击“OK”或“Apply”按钮执行该功能。

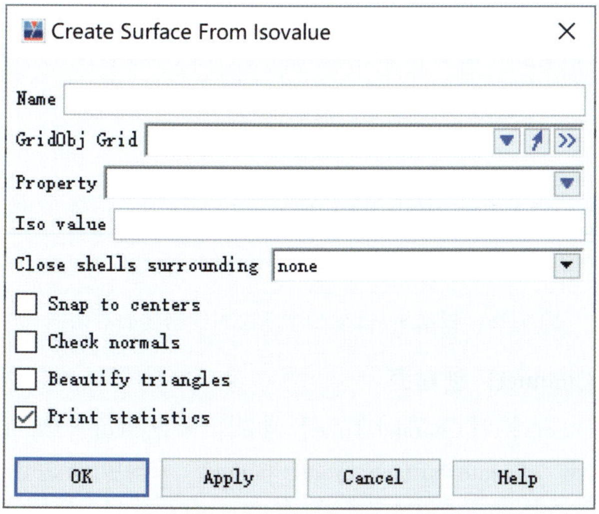

图 9.33　根据 SGrid 模型中相同属性创建封闭面对话框

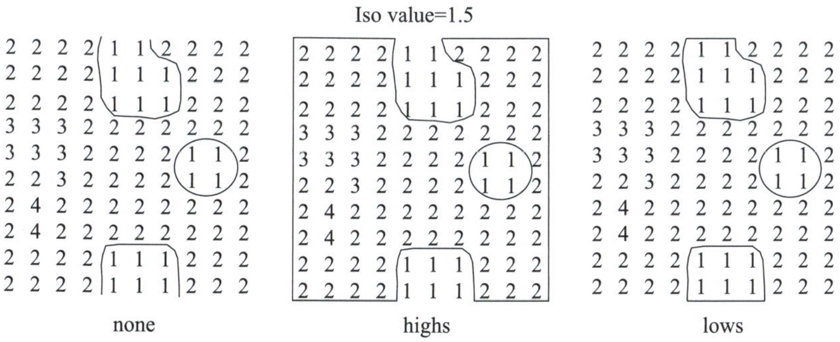

图 9.34　三种不同面封闭处理方式示意图

（引自 GOCAD 帮助手册）

【New】→【From Grid】→【SGrid Fault】功能：根据 SGrid 模型中断层属性创建面。

执行该命令，弹出“Create Surface from SGrid Fault”（根据 SGrid 模型中断层属性创建面）对话框（图 9.36）。在“Name”栏中输入新创建面的名称。“minus side of fault”

复选框默认为未勾选，该功能是判断在网格的哪一侧创建面。最后，单击“OK”或“Apply”按钮执行该功能。

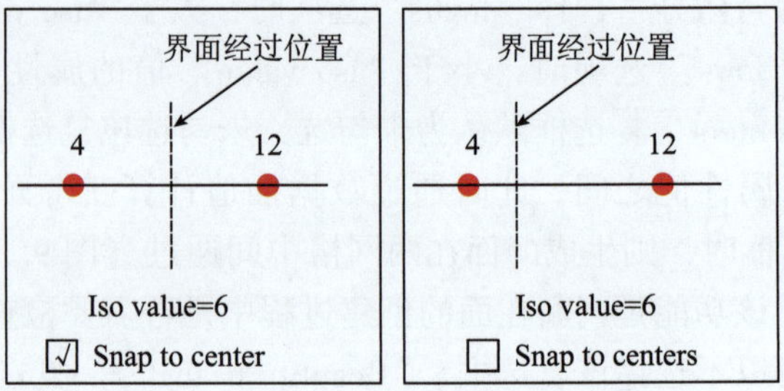

图 9.35 “Snap to centers”功能示意图
（引自 GOCAD 帮助手册）

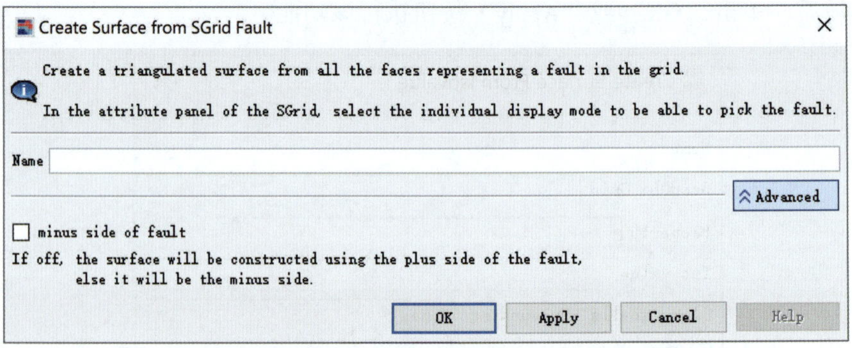

图 9.36 根据 SGrid 模型中断层属性创建面对话框

10. 根据通道（Channel）创建面

【New】→【From Others】→【Channel Tube】功能：根据通道（Channel）创建面。

执行该命令，弹出“Create Surface From Channel”（根据通道创建面）对话框（图 9.37）。在“Name”栏中输入新创建面的名称，“Channel channel”栏中选择通道。“Opened”复选框默认为未勾选，勾选该复选框时，生成的面与通道一样两端未封闭；未勾选该复选框时，生成的面两端封闭（图 9.38）。最后，单击“OK”或“Apply”按钮执行该功能。

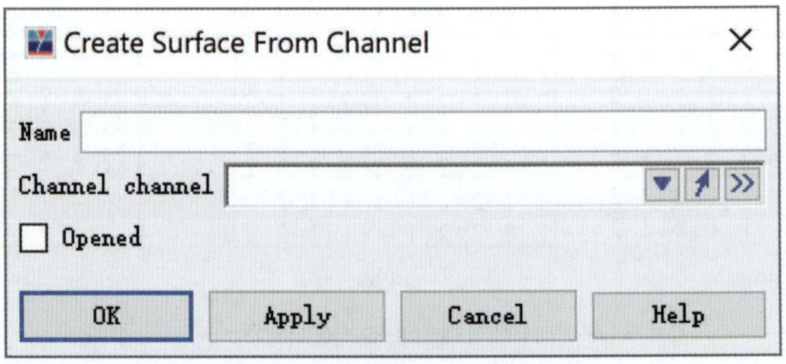

图 9.37 根据通道创建面对话框

11. 根据 Model3d 的区域（Region）创建面

【New】→【From Others】→【Model Region】功能：根据 Model3d 的区域（Region）创建面。

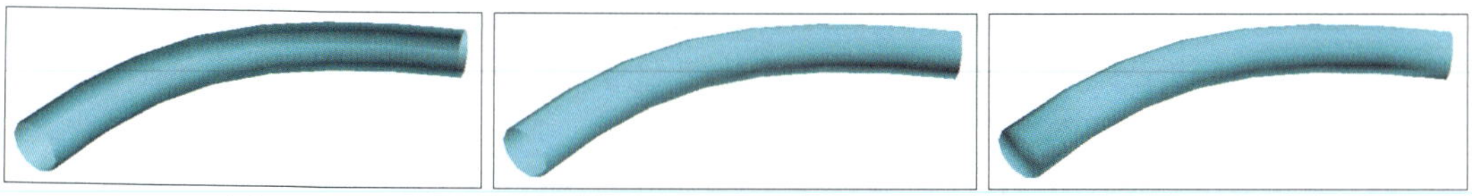

(a)　　(b)　　(c)

图 9.38　根据通道创建面示意图

(a) 通道；(b) 根据通道创建的两端开口的面；(c) 根据通道创建的两端闭合的面

执行该命令，弹出“Create Surface From Model Region Borders”（根据 Model3d 创建面）对话框（图 9.39）。在“Surface name”栏中输入新创建面的名称，“Model3d Model3d”栏中选择 Model3d 文件，“Region name”栏中选择区域（Region）名称。“Dissociate vertices”“Merge”“Precise”复选框的设置与前述提到的相关设置相同。最后，单击“OK”或“Apply”按钮执行该功能。

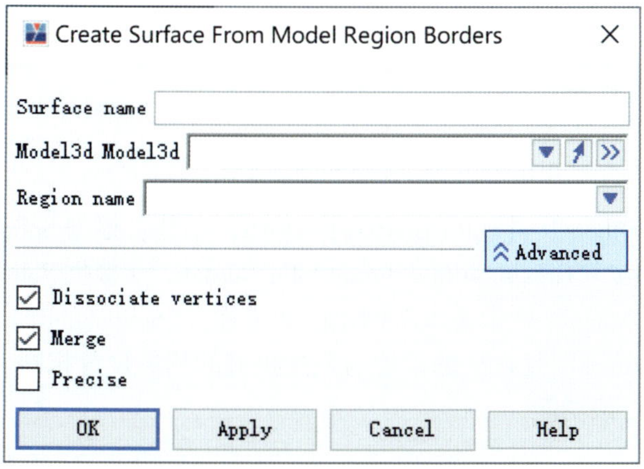

图 9.39　根据 Model3d 创建面对话框

12. 根据钻孔分层数据创建面

【New】→【From Others】→【Well Markers】功能：根据钻孔分层数据创建面。

执行该命令，弹出“Create Surface From Well Markers”（根据钻孔分层数据创建面）对话框（图 9.40）。在“Name”栏中输入新创建面的名称，“Marker name”栏中选择钻孔的分层名称。“In cage”复选框默认为未勾选，未勾选该复选框时，“Voxet Voxet cage”栏为不可编辑状态，面的创建以钻孔分层数据进行构建；勾选“In cage”复选框时，

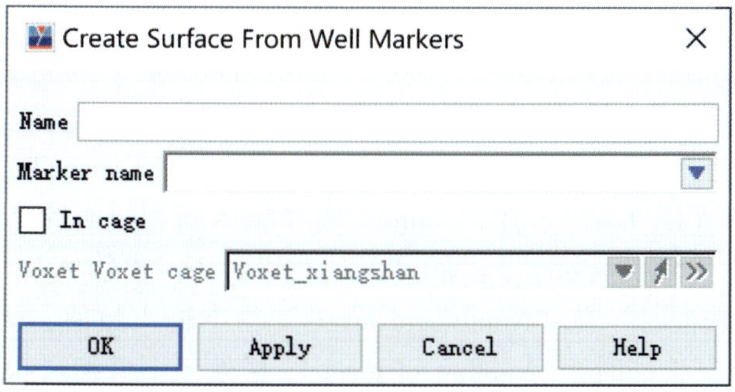

图 9.40　根据钻孔分层数据创建面对话框

“Voxet Voxet cage”栏应选择 Voxet 模型名称，此时根据钻孔分层数据创建的面受 Voxet 模型的外围立方体边界约束，同时创建的面延伸至 Voxet 模型的外围边界。最后，单击“OK”或“Apply”按钮执行该功能。

13. 根据 Solid 模型创建面

【New】→【From Others】→【Solid Borders】→【One】功能：根据 Solid 模型创建单个面。

执行该命令，弹出“Create Surface From Solid Border”（根据 Solid 模型创建单个面）对话框（图 9.41）。在“Name”栏中输入新创建面的名称。“Dissociate vertices”复选框的设置与前述提到的相关设置相同。单击“OK”或“Apply”按钮后，在 3D 视图内单击鼠标左键选择 Solid 模型的一部分进行面的创建。

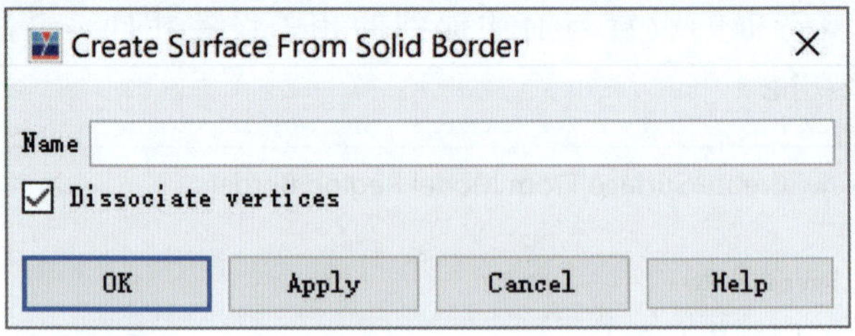

图 9.41　根据 Solid 模型创建单个面对话框

【New】→【From Others】→【Solid Borders】→【All】功能：根据 Solid 模型创建面。

执行该命令，弹出“Create Surface From Solid Borders”（根据 Solid 模型创建面）对话框（图 9.42）。在“Name”栏中输入新创建面的名称，“Solid Solid”栏中选择 Solid 模型文件。“Dissociate vertices”复选框的设置与前述提到的相关设置相同。最后，单击“OK”或“Apply”按钮执行该功能。

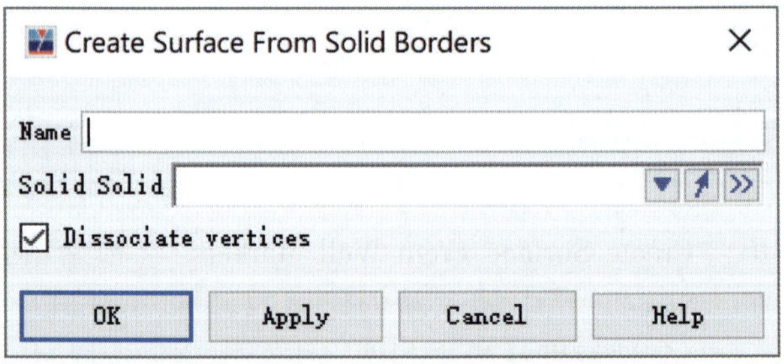

图 9.42　根据 Solid 模型创建面对话框

14. 根据线和向量创建面

【New】→【Built In Forms】→【Tube（Curves and Expansion Vector）】功能：根据线和向量创建面。

执行该命令，弹出“Create Tube Surface From Curve and Expansion Vector”（根据线和向量创建面）对话框（图 9.43）。在“Name”栏中输入新创建面的名称，“Curve Curves”栏中选择线文件。在“Expansion:”栏的“X”“Y”“Z”中输入向量值。勾选“Select number of levels”复选框时，在“Number of levels”栏中输入数值，该值为生成的面中三角网层数；未勾选该复选框时，“Number of levels”栏处于不可编辑状态。“Seal ends”复选框只在封闭线生成面时才可用，勾选该复选框时，生成的面两端自动闭合（图 9.44）；

勾选“Two ways”复选框时，创建的面穿过线向两侧延伸，不勾选该复选框时，创建的面只在线的一侧（图 9.44）。“Dissociate vertices”复选框的设置与前述提到的相关设置相同。最后，单击“OK”或“Apply”按钮执行该功能。

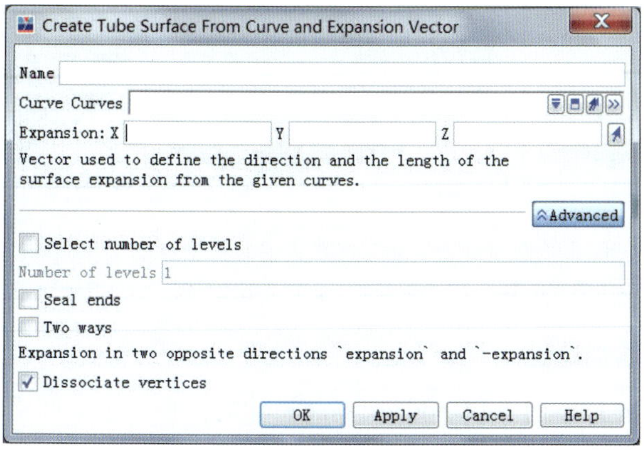

图 9.43　根据线和向量创建面对话框

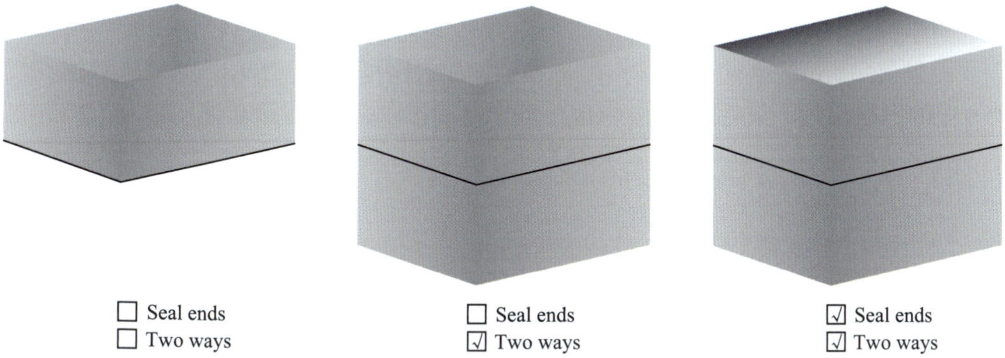

图 9.44　不同设置情况下线和向量创建的面效果对比图

15. 根据点集创建椭球体面

【New】→【Built In Forms】→【Ellipsoid】功能：根据点集创建椭球体面。

执行该命令，弹出“Create Ellipsoid Surface From PointsSet”（根据点集创建椭球体面）对话框（图 9.45）。在“Name”栏中输入新创建面的名称，“PointsSet points”栏选择点集文件。在“Number of split”栏中输入数值，该值越小，椭球体面中三角网越大，

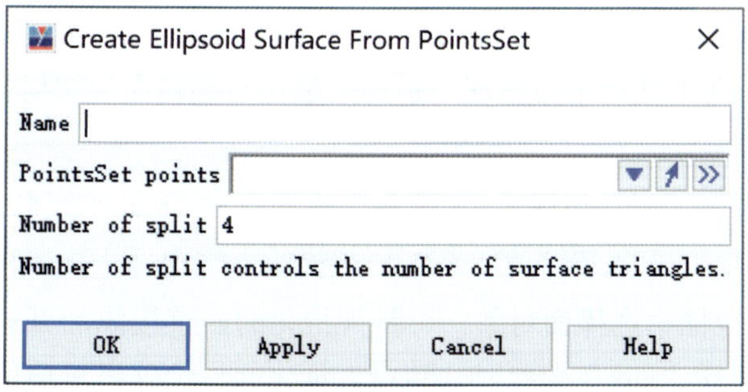

图 9.45　根据点集创建椭球体面对话框

三角网数量越少，反之，该值越大，椭球体面中三角网越小，三角网数量越多（图9.46）。最后，单击“OK”或“Apply”按钮执行该功能。

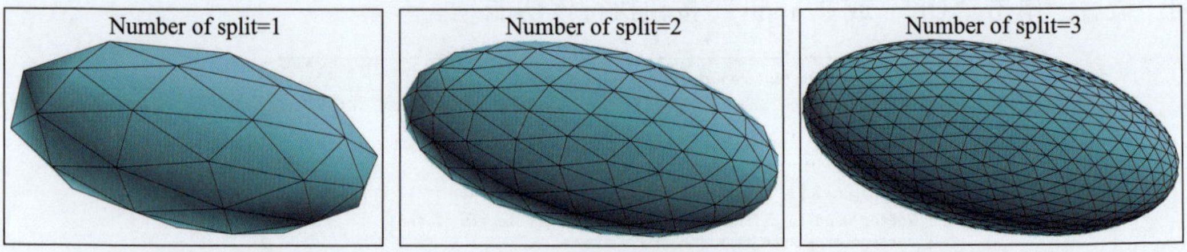

（a）　　（b）　　（c）

图 9.46　不同“Number of split”参数设置时根据点集创建椭球体效果图

（a）Number of split=1 的效果图；（b）Number of split=2 的效果图；（c）Number of split=3 的效果图

16. 根据平面网格创建面

【New】→【Built In Forms】→【Gridded Plane】功能：根据平面网格创建面。

执行该命令，弹出“Create Surface From Gridded Plane”（根据平面网格创建面）对话框（图9.47）。在“Name”栏中输入新创建面的名称。“P0:”栏的“X”“Y”“Z”中输入起点坐标，“U:”栏的“X”“Y”“Z”中输入向量值，“V:”栏的“X”“Y”“Z”中输入向量值。“Nu”栏输入数值，代表 *U* 轴方向的网格层数，“Nv”栏输入数值，代表 *V* 轴方向的网格层数。最后，单击“OK”或“Apply”按钮执行该功能。

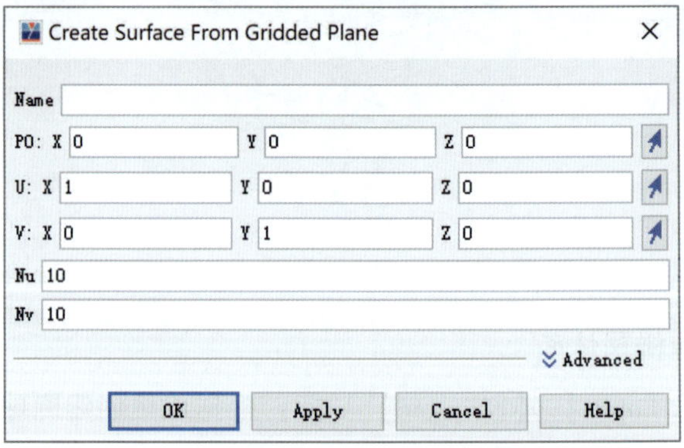

图 9.47　根据平面网格创建面对话框

（二）矢量化创建面

在“Digitization/Editing toolbar”工具条中的“Digitize/Edit Object Type”下拉框中选择“Surface”选项，在工具条中会出现一系列矢量化与编辑面的快捷按钮（图9.48）。

图 9.48　矢量化与编辑面工具条

在“Object”下拉框中选择面对象，可将矢量化的面直接添加到选择的面文件中。当“Object”下拉框中选择“any”选项时，结束矢量化面后会弹出对话框，可对矢量化的面进行命名，并新建一个面文件。不同矢量化面按钮功能如下：

按钮：矢量化面。使用鼠标左键点击该按钮，在3D视图中移动鼠标并单击左键画出面的边界轮廓线，单击一次鼠标左键矢量化一个边界节点，单击鼠标右键结束面的矢量化，并弹出“Create from（Digitized）Close Polyline”（矢量化面）对话框（图9.49）。可以通过修改对话框中“Points”栏的节点坐标来调整面的边界节点位置。在任务面板中，选择“Objects”选项，右击“Surface”，选择“From Digitized Polygon”的矢量化面功能，与按钮的功能相同。

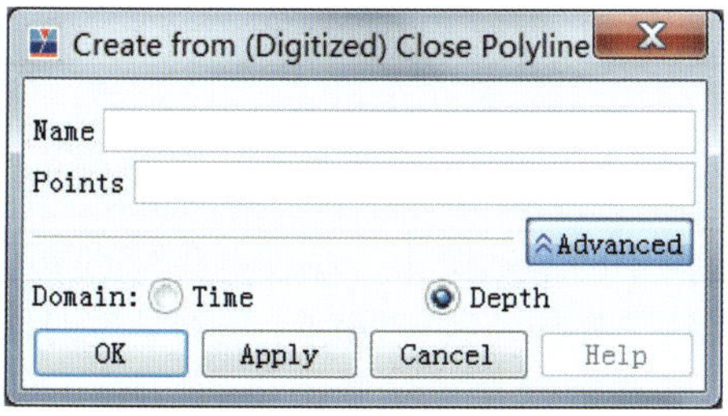

图9.49　矢量化面对话框

按钮：矢量化矩形范围的面。使用鼠标左键点击该按钮，在3D视图中按住鼠标左键并移动鼠标画出矩形框的对角线，则自动生成对应的矩形范围的面。

按钮：矢量化矩形范围的面。按钮只能矢量化平放的矩形面，但按钮可以矢量化任意放置的矩形范围的面。使用鼠标左键点击按钮，在3D视图中单击鼠标左键两次确定矩形线的一条边，通过移动鼠标确定垂直边的范围。点击鼠标右键，结束线的矢量化，并弹出矢量化对话框。单击“OK”或“Apply”按钮，生成以矩形框为边界的面。

实验十 面的编辑

一、实验目的和要求

（一）实验目的

面的编辑是三维地质建模中的基础操作。通过本实验的学习，让学生进一步理解面的组成，学习面的各种编辑方法与操作流程；同时，培养学生对面的编辑处理能力和动手能力、解决实际问题的能力，并理解面在三维建模中的应用，为后续三维建模打下坚实的基础。

（二）实验要求

了解改变面的法向量符号、平移面中心位置节点、平移 2D-Grid 上的对象到另一个 2D-Grid 上、断开对象之间的节点链接、设置地质信息等操作。

熟悉调整面的三维形态与对象保持一致、将一个面调整为平行另一个面等操作。

掌握面的移动、旋转、裁剪等操作；掌握面三角网抽稀、加密、优化、美化等操作；掌握面的部分（Part）、区域（Region）的编辑操作；掌握面节点（Node）、三角网（Triangle）、端点（Extremity）、边界等编辑操作；掌握运用快捷按钮对面节点新增、删除、移动等操作；掌握运用快捷按钮对面三角网新增、删除、转换等操作；掌握运用快捷按钮对面端点新增、删除、移动等操作；掌握运用快捷按钮对面裁剪操作。

（三）软件

GOCAD 软件。

二、实验内容

（一）下拉菜单编辑功能

在 GOCAD 软件的视窗下拉菜单中提供了大量面的编辑功能，这些功能的详细介绍具体如下。

1. 移动、旋转面

【Tools】→【Move】功能：移动和旋转面。与点集编辑中的【Tools】→【Move】功能和使用方法相同。

2. 面的裁剪

在【Tools】下拉菜单中提供了【Tools】→【Cut】→【By Surfaces】、【Tools】→【Cut】→【Mutual Cut Among Surfaces】、【Tools】→【Cut】→【By Curves】、【Tools】→【Cut】→【With

Constraints】四种裁剪方式。

【Tools】→【Cut】→【By Surfaces】功能：用面裁剪与之相交的面。

执行该命令，弹出“Cut Surface by Surfaces”（用一个面裁剪与之相交的另一个面）对话框（图 10.1）。在“Surface”栏中选择被裁剪的面文件，“Surface By”栏中选择用于裁剪的面文件。“Build constraints”复选框默认为勾选，勾选该复选框时，被裁剪面中新生成的边界线将创建“Border on Surface（BOS）”“Border Extremity on Border”“Fault Vectorial Link”约束；未勾选该复选框时，被裁剪面中新生成的边界线不创建约束（图 10.2）。“Beautify intersection”复选框，默认为未勾选，当未勾选该复选框时，被裁剪面中新生成的边界线上的三角网不进行优化处理；勾选该复选框时，将优化被裁剪面中新生成边界线旁的三角网（图 10.2）。最后，单击“OK”或“Apply”按钮。

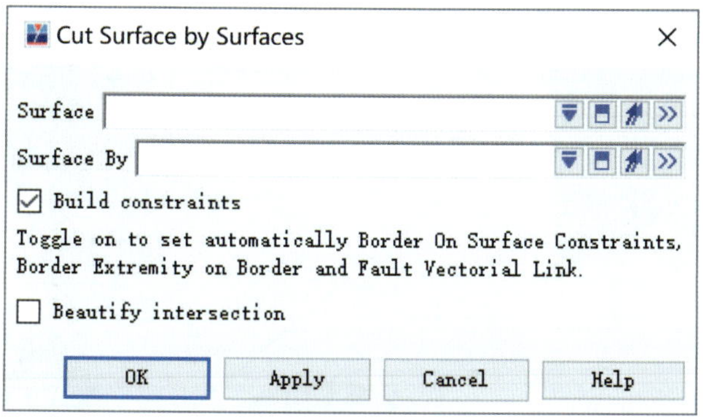

图 10.1　用一个面裁剪与之相交的另一个面对话框

【Tools】→【Cut】→【Mutual Cut Among Surfaces】功能：面之间相互裁剪。

执行该命令，弹出“Mutual Cut Among Surfaces”（面之间相互裁剪）对话框（图 10.3）。在“Surface List”栏中选择面文件。“Build constraints”复选框的设置与前述提到的相关设置相同。最后，单击“OK”或“Apply”按钮。

【Tools】→【Cut】→【By Curves】功能：用线裁剪面。该功能先根据线和向量值创建一个虚拟面，再用虚拟面对面进行裁剪处理。

执行该命令，弹出“Cut Surface by Curves”（线裁剪面）对话框（图 10.4）。在“Surface”栏中选择需要裁剪的面文件，“Curve Curves”栏中选择用于裁剪面的线文件。在“Expansion:”栏“X”“Y”“Z”中输入向量值。“Expansion”向量和“Two ways”复选框的设置与面创建【New】→【Built In Forms】→【Tube（Curves and Expansion Vector）】功能中的设置相同。“Set border extremities”复选框默认为未勾选，未勾选该复选框时，面裁剪的部位不生成端点；勾选该复选框时，面中的裁剪边界线中生成端点，端点与线中的节点保持对应关系（图 10.5）。最后，单击“OK”或“Apply”按钮。

【Tools】→【Cut】→【With Constraints】功能：面之间相互裁剪。该功能与【Tools】→【Cut】→【Mutual Cut Among Surfaces】功能相同，操作也基本一致，【Tools】→【Cut】→【With Constraints】裁剪面之后，不创建约束关系。

3. 调整面的三维形态与对象保持一致

调整面的三维形态与对象保持一致，该对象包括点集、钻孔分层、2D-Grid 等。具体

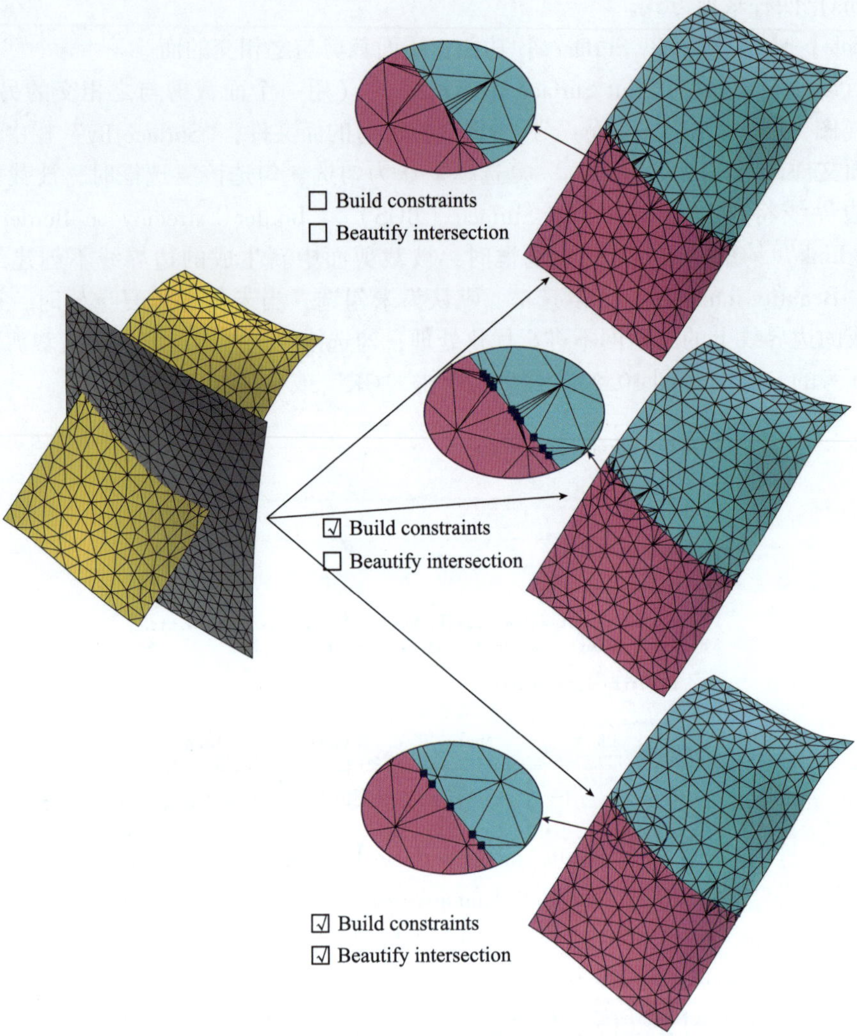

图 10.2　不同设置情况下面的裁剪效果对比图

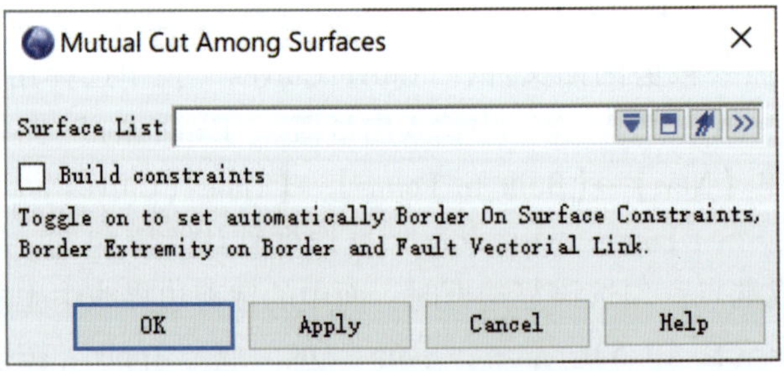

图 10.3　面之间相互裁剪对话框

方法有【Tools】→【Fit】→【To PointsSet】、【Tools】→【Fit】→【To Well Marker】、【Tools】→【Fit】→【To 2D Grid】和【Tools】→【Fit】→【Fit To Well Marker Using Kriging】。

【Tools】→【Fit】→【To PointsSet】功能：调整面的三维形态与点集保持一致。主要是通过整体移动面和改变面的几何形态的方式，使面与点集的节点空间位置保持一致。

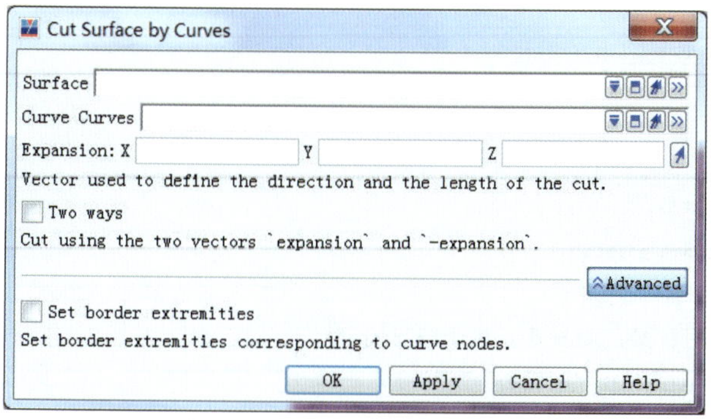

图 10.4　线裁剪面对话框

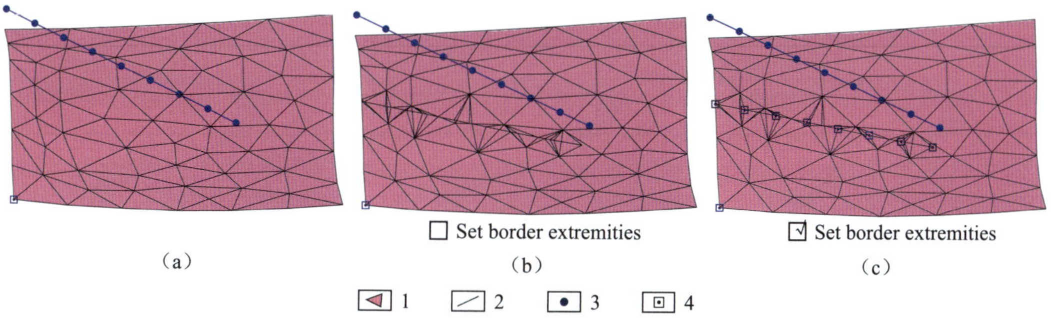

图 10.5　线裁剪面效果图

（a）原始图；（b）线裁剪面（不生成端点）；（c）线裁剪面（生成端点）。

1—三角网；2—线；3—线的节点；4—端点

执行该命令，弹出“Fit surface to points”（调整面的空间位置与点集保持一致）对话框（图 10.6）。在“Surface”栏中选择面文件，“PointsSet points”栏中选择点集文件，“Normal property”栏中选择面法向量属性。“Constant direction”复选框默认为勾选，勾选该复选框时，可在“Direction:”栏的“X”“Y”“Z”中输入向量值，执行该功能时面将沿该向量方向进行调整靠近点集；未勾选该复选框时，“Direction:”栏为不可编辑状态，“Direction property”栏为可编辑状态，在该处可下拉选择法向量属性，在调整面的过程中，面中节点将以对应属性中的向量值进行调整。在“number of iterations”栏中输入数值，该值为面进行 DSI 处理时的迭代次数，数值越大，迭代的次数越多，面的空间形态变化越大；数值越小，迭代的次数越少，面的空间形态变化越小。“Insert points”复选框默认为未勾选，未勾选该复选框时，处理后的面中三角网通过点集，面中的节点数量在处理前后不发生改变；勾选该复选框时，在通过点集的面三角网中自动创建节点，并对相应的三角网进行剖分，面中的节点数量经处理后有所增加。“set control nodes”复选框默认为不勾选，未勾选该复选框时，处理后的面中的节点不设置成为控制节点；勾选该复选框，但未勾选“Insert points”复选框时，点集节点对应的面三角网节点设置成为控制节点；同时勾选“set control nodes”和“Insert points”复选框时，面中新增节点设置成为控制节点。“Keep mismatch”复选框默认为未勾选，未勾选该复选框时，“Error property name”栏为不可编辑状态；勾选该复选框时，“Error property name”栏则为可编辑状态，执行该功能后，面中会新增名为“ErrorFitPoints”的属性信息，该属性信息记录了面中各节点的移动量。最后，单击“OK”或“Apply”按钮。

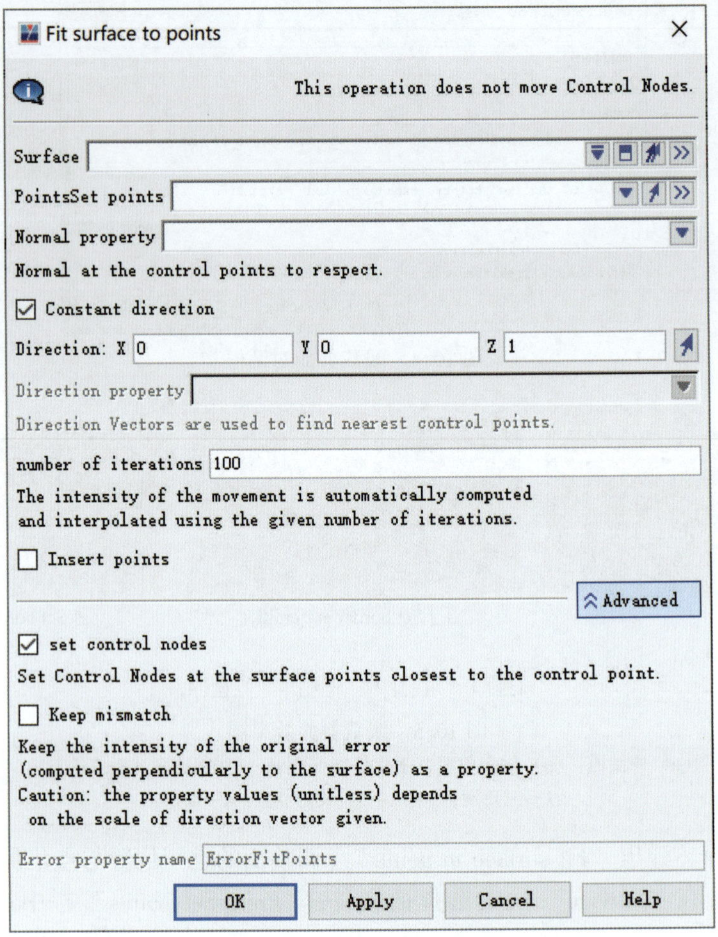

图 10.6　调整面的空间位置与点集保持一致对话框

约束-插值处理也可以调整面的三维形态与对象保持空间位置一致，【Tools】→【Fit】→【To PointsSet】方法与约束-插值处理方法实现效果不同。【Tools】→【Fit】→【To PointsSet】处理是同时移动平面和调整面中三角网使其与点集相吻合，而约束-插值处理主要是通过调整面中三角网空间形态使面与点集相吻合（图 10.7）。

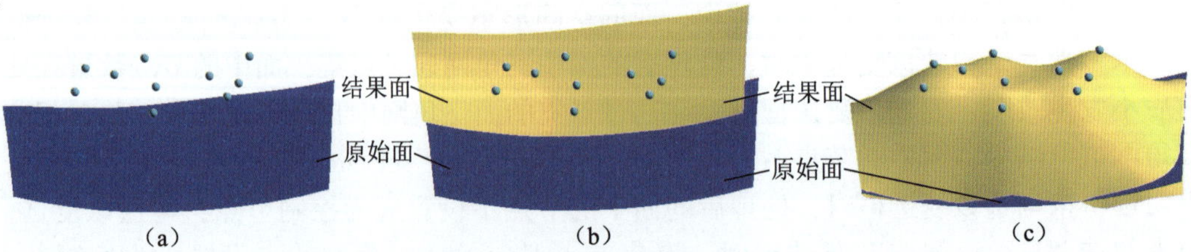

图 10.7　调整面与点集空间位置保持一致效果图

(a) 原始图；(b) 调整面与点集空间位置保持一致效果图；(c) 约束-插值技术调整面与点集空间位置保持一致效果图

【Tools】→【Fit】→【To Well Marker】功能：调整面的三维形态与钻孔分层保持一致。

执行该命令，弹出“Fit surface to Well Marker”（调整面的空间位置与钻孔分层保持一致）对话框（图 10.8）。在“Surface”栏中选择面文件，“Marker name”栏中选择钻孔分层名称。“Constant direction”“number of iterations”栏的设置与前述提到的相关设置相同。“Insert points”“Set control nodes”“Keep mismatch”复选框的设置与前述提到的相关设置相同。“Block control nodes displacement first”复选框默认为不勾选，不勾选该复选框时，面在进行空间调整时受节点约束控制，此时面中的控制节点不能移动；勾选该复选框时，面在进行空间调整时，面中的控制节点约束不起作用，调整后的面中控制节点也将被去除（图 10.9）。最后，单击“OK”或“Apply”按钮。

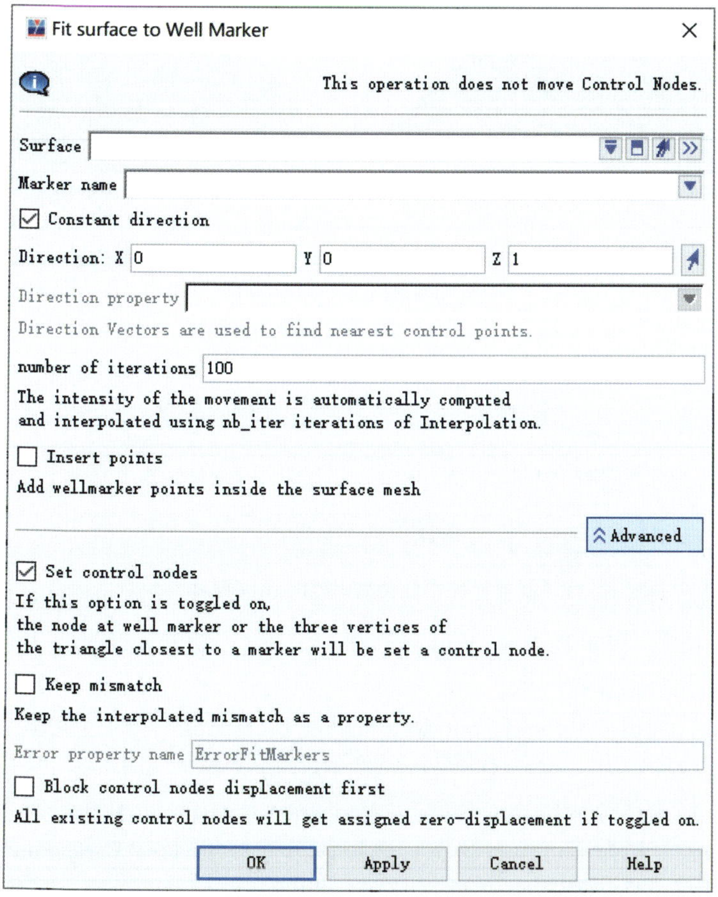

图 10.8　调整面的空间位置与钻孔分层保持一致对话框

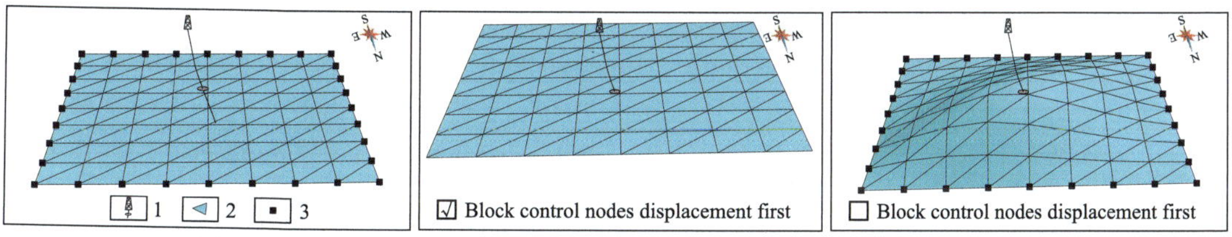

（a）　（b）　（c）

图 10.9　调整面的空间位置与钻孔分层保持一致效果图

（a）原始图；（b）勾选“Block control nodes displacement first”复选框效果图；（c）未勾选“Block control nodes displacement first”复选框效果图。1—钻孔；2—三角网；3—控制节点

【Tools】→【Fit】→【To 2D Grid】功能：在垂向上，调整面的三维形态与 2D-Grid 保持一致（图 10.10）。

执行该命令，弹出“Project the object vertically on the 2D-Grid”（调整面的空间位置与 2D-Grid 保持一致）对话框（图 10.11）。在“AtomsSet”栏中选择面文件，“2D-Grid Grid”栏中选择 2D-Grid 文件。最后，单击“OK”或“Apply”按钮。

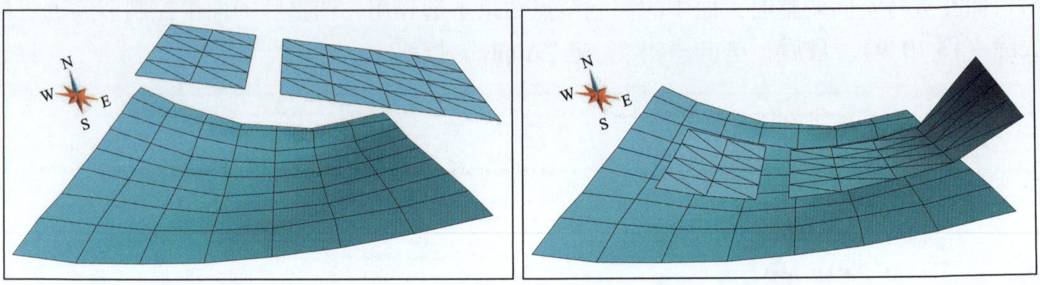

（a）　　　　（b）

图 10.10　调整面的空间位置与 2D-Grid 保持一致效果图

（a）原始图；（b）处理效果图

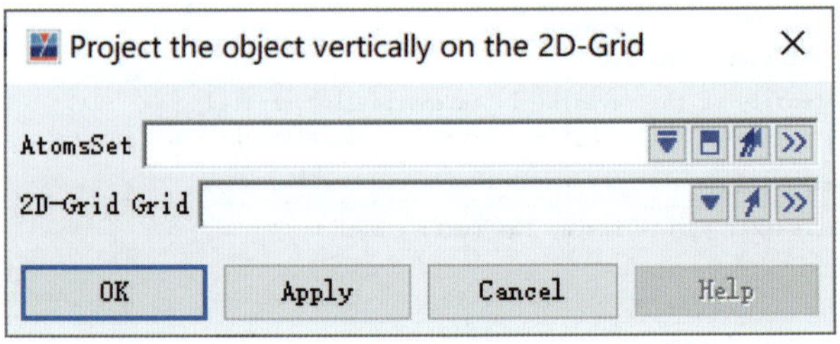

图 10.11　调整面的空间位置与 2D-Grid 保持一致对话框

【Tools】→【Fit】→【Fit To Well Marker Using Kriging】功能：通过克里金插值法调整面的三维形态与钻孔分层保持一致。

执行该命令，弹出“Tie surface to well marker by kriging”（通过克里金法调整面的空间位置与钻孔分层保持一致）对话框（图 10.12）。在“Surface”栏中选择面文件，“Marker name”栏中选择钻孔分层名称。“Variogram from file”单选按钮默认为未选，此时“Variogram file”栏为不可编辑状态；选择该单选按钮时，“Variogram file”栏处于可编辑状态，可选择变异函数所处文件夹路径，此时“Variogram range”栏为不可编辑状态。“Isotropic variogram range”单选按钮，默认为勾选，此时“Variogram range”栏为可编辑状态，该栏可输入变异函数的范围。“Correction method”栏可选择校正方法，有“Kriging Residuals”“Tapered Correction”“Tapered Well Marker Z's”三个选项供选择，这三个选项处理差异如图 10.13 所示。“Unset cn first”复选框默认为不勾选，不勾选该复选框时，面在进行空间调整时受节点约束控制，此时面中的控制节点不能移动；勾选该复选框时，面在进行空间调整时，面中的节点约束不起作用，调整后的面中控制节点也将被去除。“Set cn at impacts”复选框默认为勾选，勾选该复选框时，结果面中通过钻孔分层截点的三角网节点（三个节点）设置成为控制节点；不勾选该复选框时，结果面中通过钻孔分层截点的三角网节点不设置成为控制节点。“Keep mismatch”复选框的设置与前述提到的相关设置相同。最后，单击“OK”或“Apply”按钮。

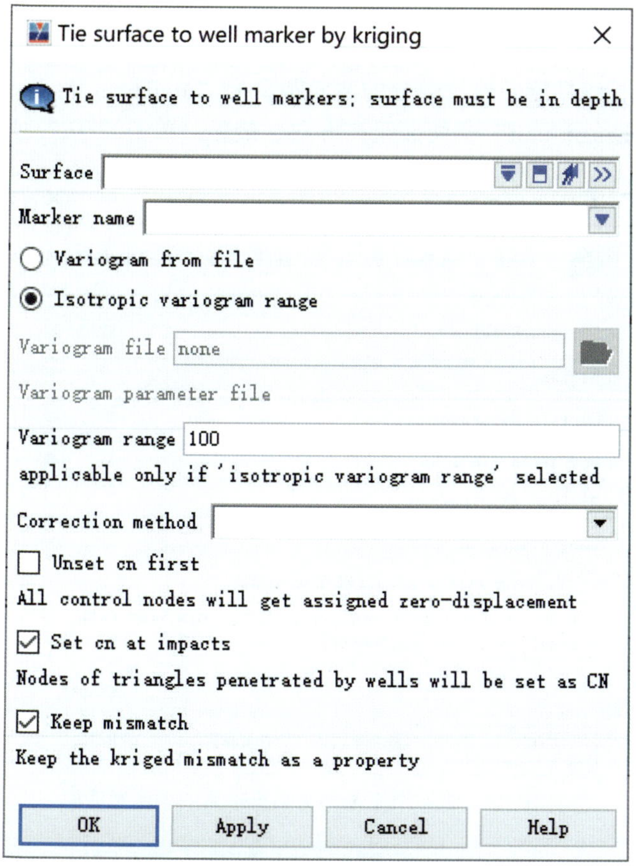

图 10.12　通过克里金法调整面的空间位置与钻孔分层保持一致对话框

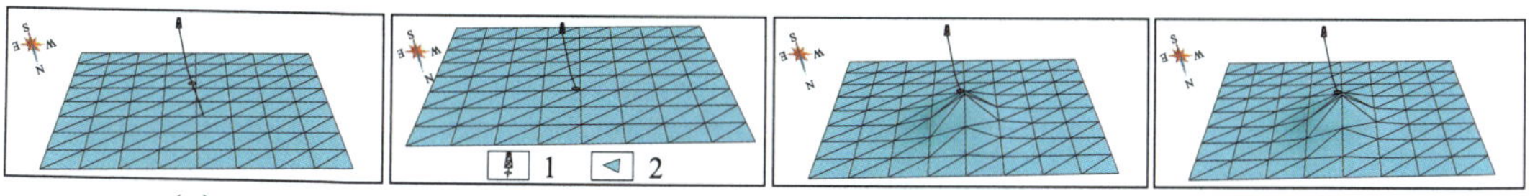

（a）　（b）　（c）　（d）

图 10.13　3 种不同插值方法处理对比效果图

（a）原始图；（b）“Kriging Residuals”选项效果图；（c）“Tapered Correction”选项效果图；（d）“Tapered Well Marker Z's”选项效果图。1—钻孔；2—三角网

4. 将一个面调整为平行另一个面

【Tools】→【Remove Cross-overs】功能：将一个面调整为平行另一个面。

执行该命令，弹出“Edit Remove Crossings”（将一个面调整为平行于另一个面）对话框（图 10.14）。在“Surface Problem”栏中选择需要调整的面文件。“Region”栏中选择区域（Region）名称，如果对整个面进行调整，则选择“everywhere”，对某个区域（Region）进行调整则选择对应的区域（Region）名称。“Surface Reference”栏选择参考面。“Operation”栏中存在“Pull Up”和“Push Down”两个选项。选择“Pull Up”时，修改后的面抬升至参考面上方，且平行于参考面；选择“Push Down”时，修改后的面降低至参考面下方，且平行于参考面。在“Minimum thickness”栏中输入数值，当该数值小于两面间的最小距离时，则不能执行该功能；当该数值大于两面间的最大距离时将整个面调整为平行于另一个面；当该数值介于两面的最小距离和最大距离数值之间时，两面距离小于该值的范围执行该功能，修改部分的两面距离为“Minimum thickness”栏中输入的数值（图 10.15）。“Length unit”指两面距离方向。最后，单击“OK”或“Apply”按钮。

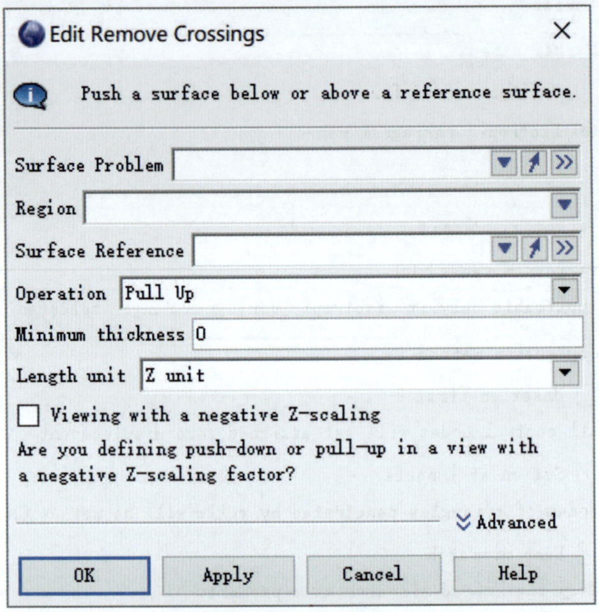

图 10.14　将一个面调整为平行于另一个面对话框

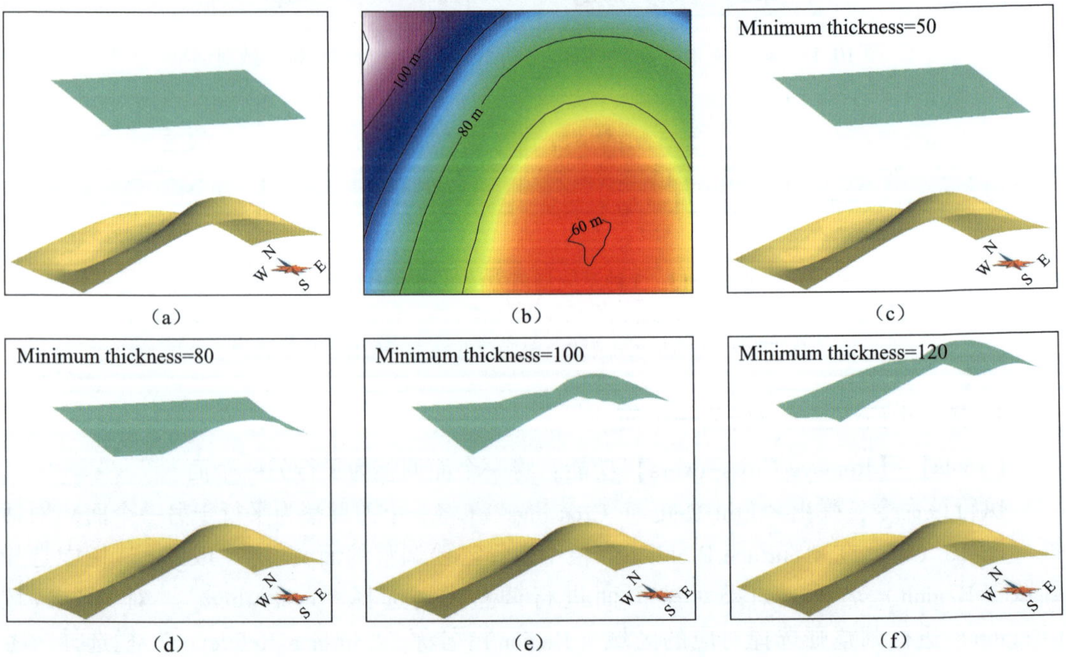

图 10.15　将一个面调整为平行于另一个面效果图

（a）原始图；（b）两个面距离等值线图；（c）Minimum thickness = 50 时效果图；（d）Minimum thickness = 80 时效果图；（e）Minimum thickness = 100 时效果图；（f）Minimum thickness = 120 时效果图

5. 抽稀面中三角网

【Tools】→【Decimate】功能：抽稀面中三角网。

执行该命令，弹出“Decimate a Surface Mesh”（抽稀面中三角网）对话框（图10.16）。在“Surface”栏中选择面文件。在“Tolerance”栏中输入数值，该数值大于或等于0，当该数值小于三角网边长时，网格不再抽稀。“Length unit”栏的设置与前述提到的相关设置相同。在“Convergence”栏中输入数值，该数值介于0到1之间，该数值越小，网格抽稀越多，该数值越大，则网格抽稀越少（图10.17）。“Keep borders”复选框默认为未勾选，未勾选该复选框时，面边界的节点也进行抽稀；勾选该复选框时，面边界的节点保持不变，不进行抽稀（图10.17）。最后，单击“OK”或“Apply”按钮。

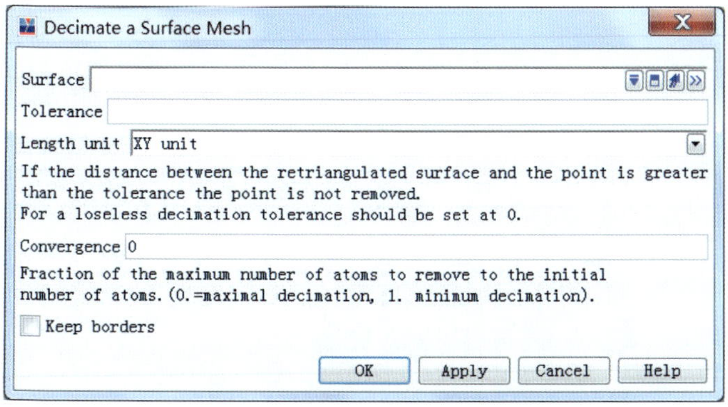

图 10.16　抽稀面中三角网对话框

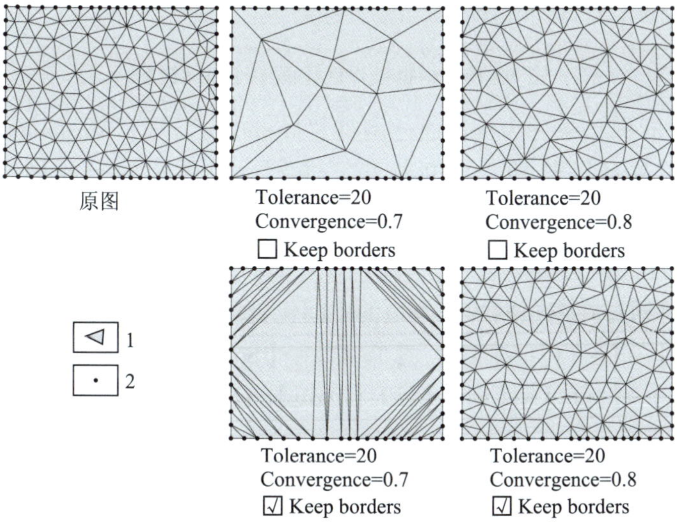

图 10.17　抽稀面中三角网效果图

1—三角网；2—原图中的面边界节点

6. 根据条件优化面中三角网

【Tools】→【Optimize】功能：根据条件优化面中三角网。

执行该命令，弹出“Optimize Mesh Dialog”（根据条件优化面中三角网）视窗（图10.18）。在“Object”栏中选择面文件。在“Criteria”下拉选项中选择用于优化面的条件，有“Control points using average error”“Control points using maximum”“Area”“Roughness”四种选项。选择优化面的条件后，空白栏处出现累积分布函数图和直方图（图 10.18）。

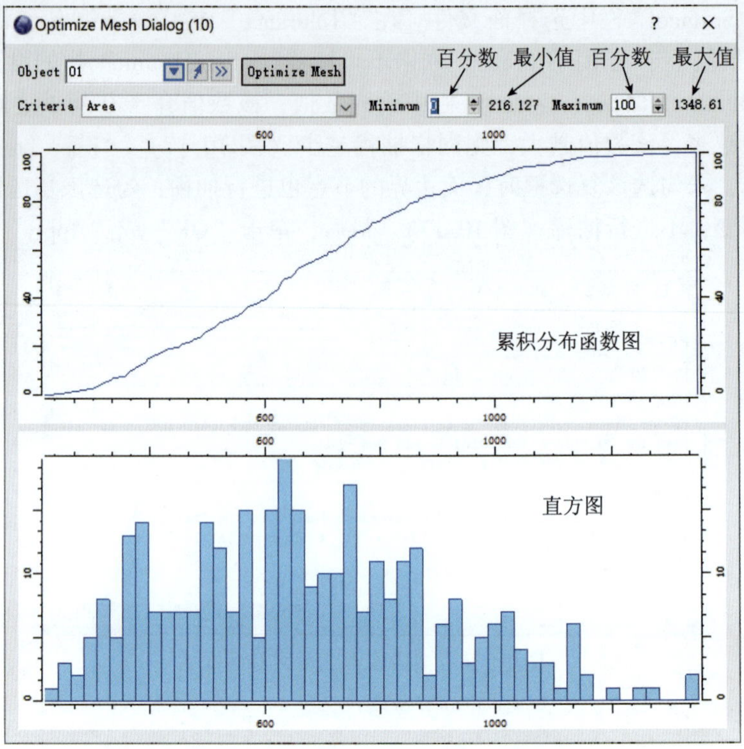

图 10.18　根据条件优化面中三角网视窗

以“Area”（面积）条件为例，通过调整“Minimum”和“Maximum”百分数值，多次单击“Optimize Mesh”按钮，不断优化三角网，使面中的三角网大小尽可能处于“Minimum”和“Maximum”百分数值对应的面积范围内。

7. 加密三角网

加密三角网是通过在三角网的三条边的中间位置增加节点的方式进行三角网剖分。软件提供了【Tools】→【Split】→【All】、【Tools】→【Split】→【Part】、【Tools】→【Split】→【Region】、【Tools】→【Split】→【Ring】和【Tools】→【Split】→【Border】5 种三角网加密方法。

【Tools】→【Split】→【All】功能：对整个面文件中的面进行三角网加密。

执行该命令，弹出“Split Entire Surface Mesh”（加密文件中的面三角网）对话框（图 10.19）。在“Surface”栏中选择面文件。单击“OK”或“Apply”按钮。处理前后的效果图如图 10.20（b）所示。

【Tools】→【Split】→【Part】功能：对选中的面进行三角网加密。

执行该命令，在 3D 视图内使用鼠标左键单击选择需要加密三角网的面，也可以通过长按 Ctrl 键和单击鼠标左键同时选择多个面。

【Tools】→【Split】→【Region】功能：加密面中区域（Region）部分三角网。

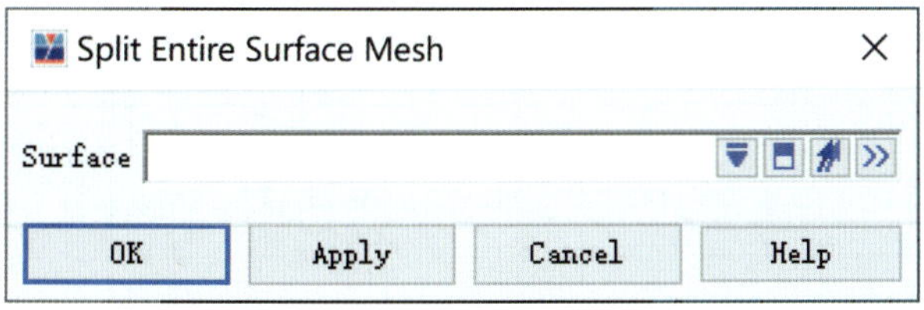

图 10.19　加密文件中的面三角网对话框

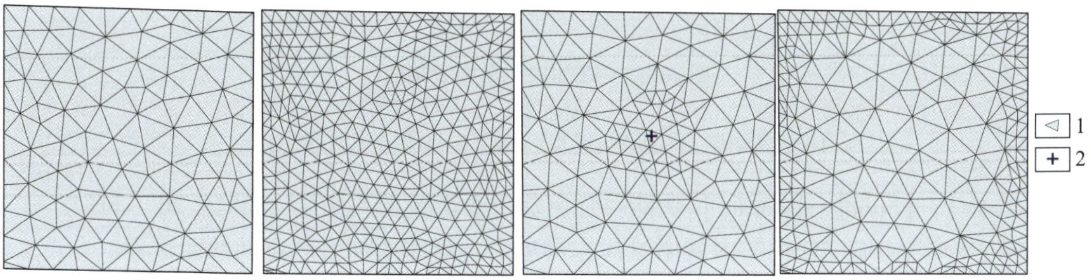

(a)　(b)　(c)　(d)

图 10.20　加密三角网效果图

(a) 原始图；(b) 全部加密效果图；(c) 环加密 (ring=3) 效果图；(d) 边界加密效果图。
1—三角网；2—鼠标左键单击位置

执行该命令，弹出“Split Surface Mesh in Region”［加密面中区域（Region）部分三角网］对话框（图 10.21）。在“Surface”栏中选择面文件，“Region”栏中选择区域（Region）名称。最后，单击“OK”或“Apply”按钮。

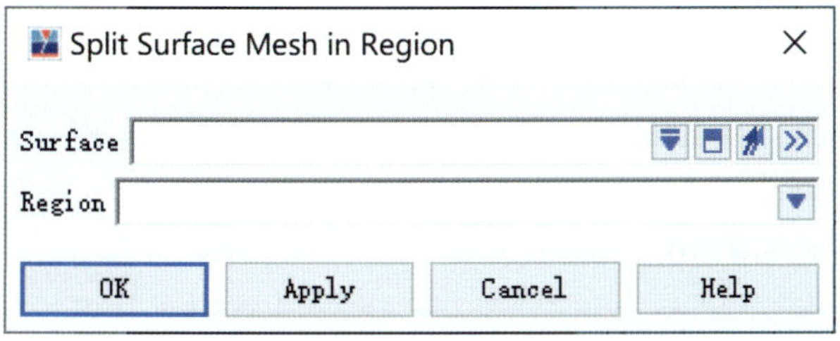

图 10.21　加密面中区域（Region）部分三角网对话框

【Tools】→【Split】→【Ring】功能：以面中某一三角网为中心，加密一定环数范围内的三角网［图 10.20（c）］。

执行该命令，弹出“Split Rings”对话框（图 10.22）。在“number of rings”栏中输入加密三角网的环数。单击“OK”或“Apply”按钮，在 3D 视图内使用鼠标左键单击面中某一三角网，则以这个三角网为中心对“number of rings”栏输入的环数内的三角网进行加密（图 10.23）。

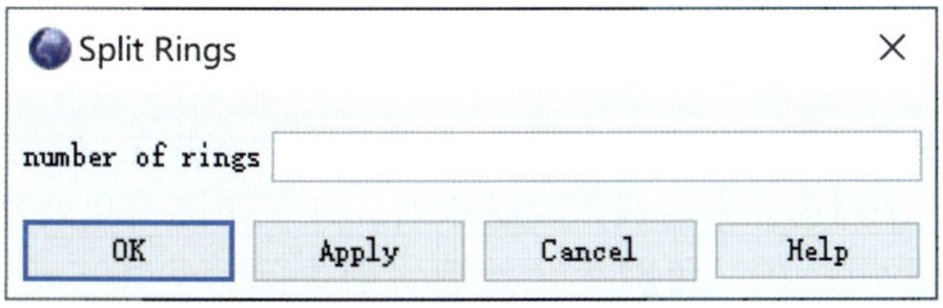

图 10.22　环加密三角网对话框

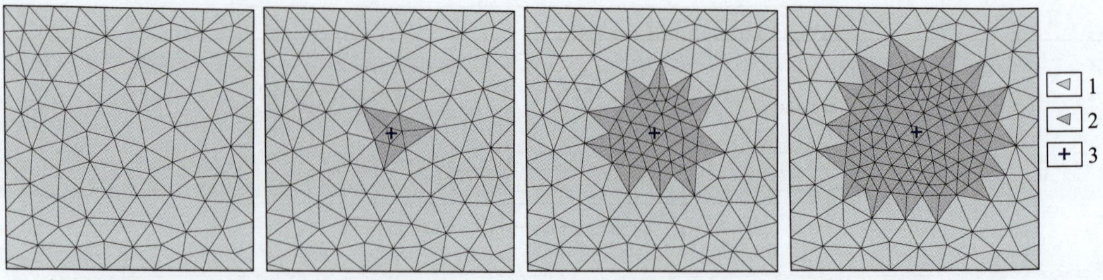

图 10.23　环加密三角网效果图

(a) 原始图；(b) 环加密 (ring=2) 效果图；(c) 环加密 (ring=3) 效果图；(d) 环加密 (ring=4) 效果图。
1—原三角网；2—加密处理的三角网；3—鼠标左键单击位置

【Tools】→【Split】→【Border】 功能：加密面边界部位的三角网［图 10.20 (d)］。

执行该命令，在 3D 视图内使用鼠标左键单击选择需要加密三角网的面边界。

8. 美化三角网

软件提供了【Tools】→【Beautify】→【Beautify Triangles】、【Tools】→【Beautify】→【Beautify Triangles for Equilaterality】、【Tools】→【Beautify】→【Switch Triangles】、【Tools】→【Beautify】→【Switch Triangles for Total Curvature】、【Tools】→【Beautify】→【Remove Bad Triangles】→【Flat Triangles】、【Tools】→【Beautify】→【Remove Bad Triangles】→【Mercedes Triangles】、【Tools】→【Beautify】→【Remove Bad Triangles】→【Ugly Triangles】、【Tools】→【Beautify】→【Simplify One Border】 和 【Tools】→【Beautify】→【Simplify All Border of Surface】 共 9 种美化三角网的方法。

【Tools】→【Beautify】→【Beautify Triangles】 功能：美化面中三角网。

执行该命令，弹出 "Beautify Surface Mesh" (美化面中三角网) 对话框 (图 10.24)。在 "Surface" 栏中选择需要处理的面。然后单击 "OK" 或 "Apply" 按钮。使用该功能处理前后的面对比效果如图 10.25 所示。

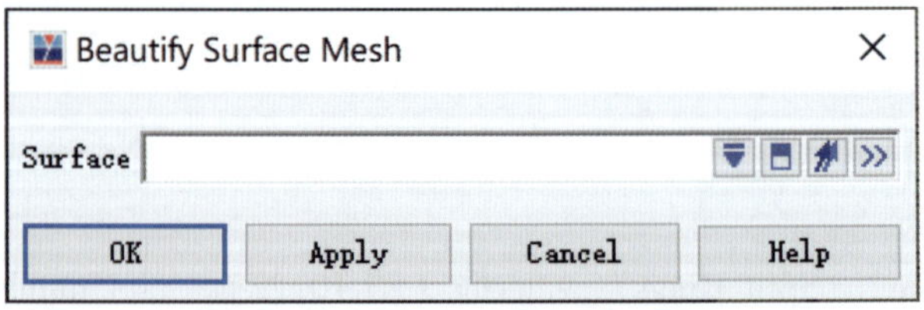

图 10.24　美化面中三角网对话框

【Tools】→【Beautify】→【Beautify Triangles for Equilaterality】 功能：美化面中三角网，使面中三角网尽可能为等边三角网。

执行该命令，弹出 "Beautify Surface Mesh for Equilaterality" (美化面中三角网为等边三角形) 对话框 (图 10.26)。在 "Surface" 栏中选择需要处理的面文件。在 "Number iterations" 栏中输入数值，该值为迭代次数，与前述提到的相关设置相同。"Preprocessing phase" 复选框默认为未勾选，未勾选该复选框时，在三角网美化处理之前不去除一些坏三角网；勾选该复选框时，在三角网美化处理之前去除一些坏三角网。单击 "OK" 或 "Apply" 按钮，处理效果如图 10.27 所示。

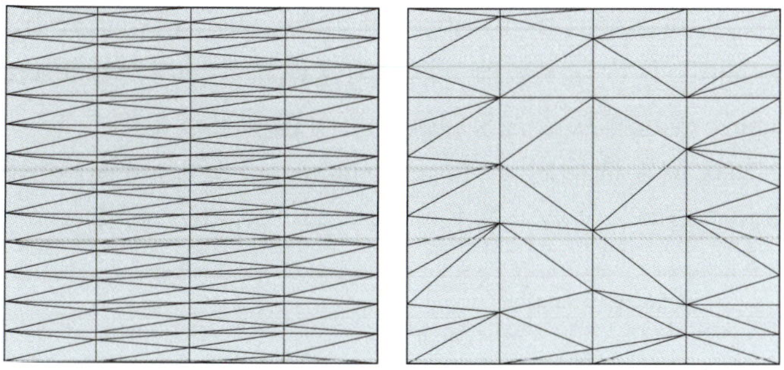

（a） （b）

图 10.25 美化面中三角网处理效果图

（a）原始图；（b）处理效果图

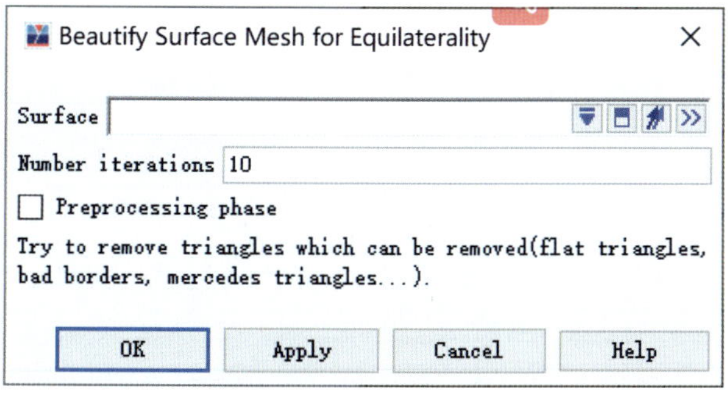

图 10.26 美化面中三角网为等边三角形对话框

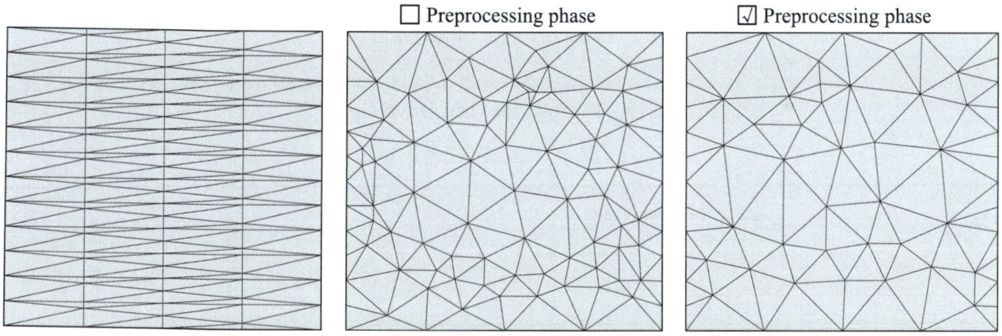

（a） （b） （c）

图 10.27 美化面中三角网为等边三角形处理效果图

（a）原始图；（b）未勾选“Preprocessing phase”复选框时处理效果图；

（c）勾选“Preprocessing phase”复选框时处理效果图

【Tools】→【Beautify】→【Switch Triangles】功能：转换相邻三角网组合方式。

执行该命令，弹出“Switch Triangles”（转换相邻三角网组合方式）对话框（图 10.28）。在“Surface”栏中选择需要处理的面文件。单击“OK”或“Apply”按钮，处理前后的面的对比效果如图 10.29 所示。

【Tools】→【Beautify】→【Switch Triangles for Total Curvature】功能：根据条件转换相邻三角网组合方式。

执行该命令，弹出“Switch Surface Triangles for Total Curvature”（根据条件判断转换

相邻三角网组合方式）对话框（图 10.30）。在“Surface”栏中选择需要处理的面文件。在“number of iterations”栏中输入数值，该值为迭代次数，与前述提到的相关设置相同。“Use beauty minimum”复选框默认为未勾选，未勾选该复选框时，“Beauty minimum”栏为不可编辑状态；勾选该复选框时，“Beauty minimum”栏为可编辑状态，可输入数值，用于判断需要转换的三角网。最后，单击“OK”或“Apply”按钮。

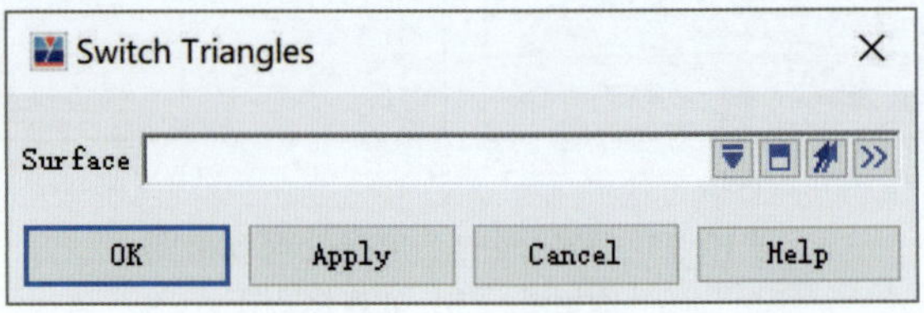

图 10.28　转换相邻三角网组合方式对话框

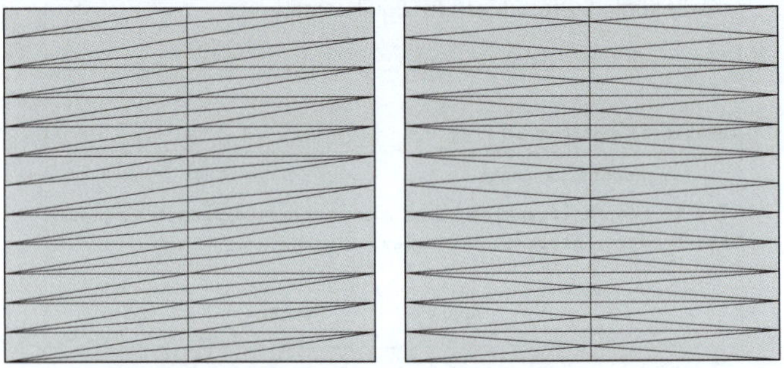

（a）　　（b）

图 10.29　转换相邻三角网组合方式处理效果图

（a）原始图；（b）处理效果图

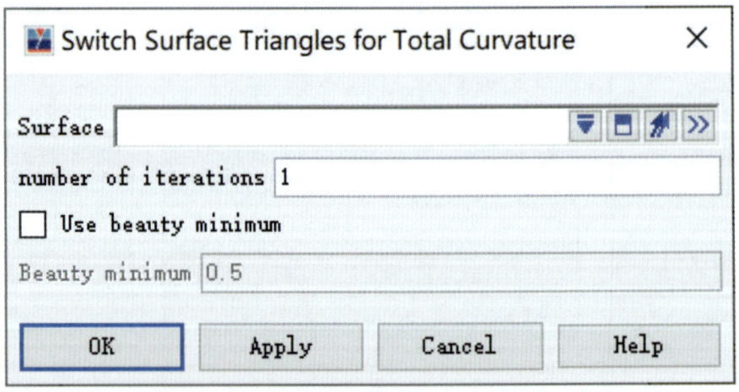

图 10.30　根据条件判断转换相邻三角网组合方式对话框

【Tools】→【Beautify】→【Remove Bad Triangles】→【Flat Triangles】功能：消除面中小角度的三角网。

执行该命令，弹出“Remove Flat Triangles”（消除面中小角度三角网）对话框（图 10.31）。在“Surface”栏中选择需要处理的面文件。在“Angle”栏中输入角度值，当面中存在夹角小于该值的三角网时，则该三角网被去除，且重新构建面三角网。单击“OK”或“Apply”按钮，处理前后的面的对比效果如图 10.32 所示。

【Tools】→【Beautify】→【Remove Bad Triangles】→【Mercedes Triangles】功能：消除梅赛德斯三角网。在一个三角网的中间添加一个节点，将该三角网细分成三个三角网，这样的三角网称为梅赛德斯三角网。

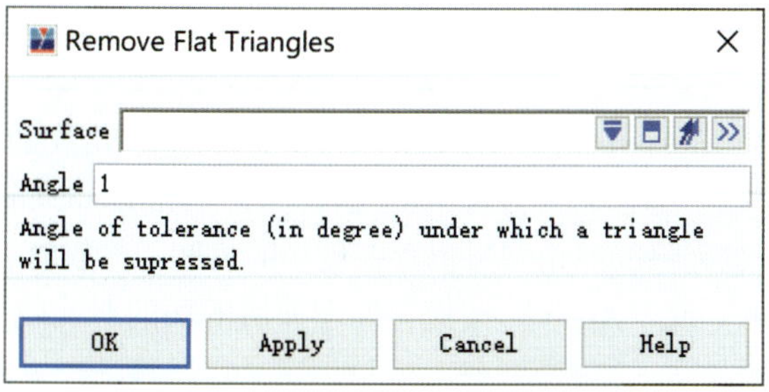

图 10.31　消除面中小角度三角网对话框

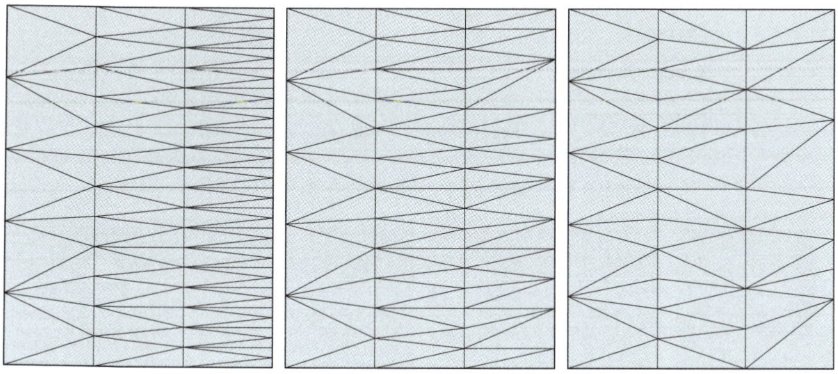

（a）　（b）　（c）

图 10.32　消除面中小角度三角网效果图

（a）原始图；（b）Angle = 10 时处理效果图；（c）Angle = 15 时处理效果图

执行该命令，弹出“Remove Mercedes Triangles”（消除梅赛德斯三角网）对话框（图 10.33）。在“Surface”栏中选择需要处理的面文件。单击“OK”或“Apply”按钮，处理前后的面的对比效果如图 10.34 所示。

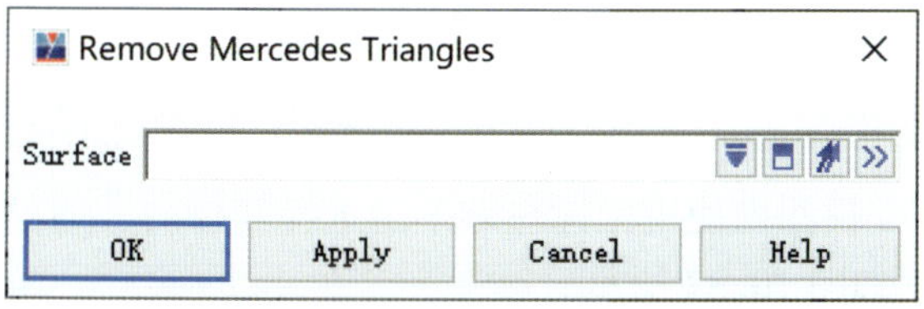

图 10.33　消除梅赛德斯三角网对话框

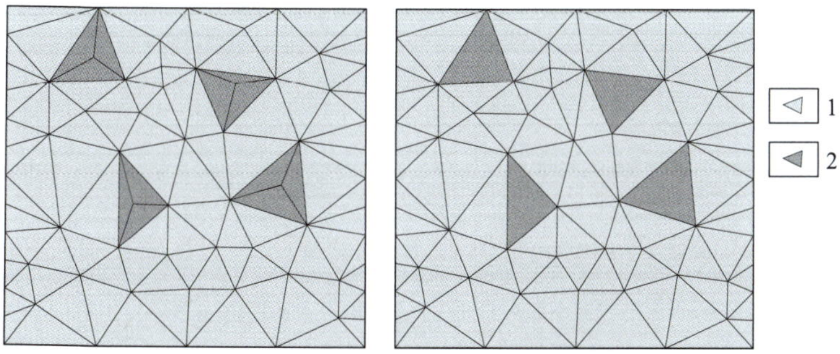

（a）　（b）

图 10.34　消除梅塞德斯三角网效果图

（a）原始图；（b）处理效果图。1—三角网；2—处理的三角网

【Tools】→【Beautify】→【Remove Bad Triangles】→【Ugly Triangles】功能：删除面中小角度的三角网。

执行该命令，弹出“Remove Ugly Triangles”（删除面中小角度的三角网）对话框（图10.35）。在“Surface”栏中选择需要处理的面文件。在“Minimum beauty”栏中输入0至1的数值，该数值越小，被删除的三角网要求存在更小的角度，该数值越大，更大角度的三角网也被删除。单击“OK”或“Apply”按钮，处理前后的面的对比效果如图10.36所示。

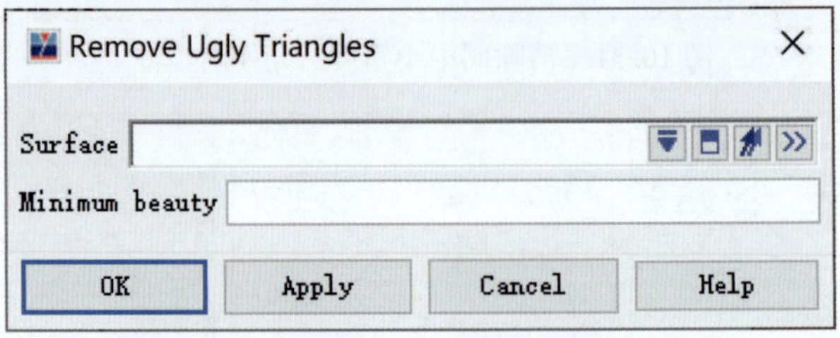

图10.35　删除面中小角度的三角网对话框

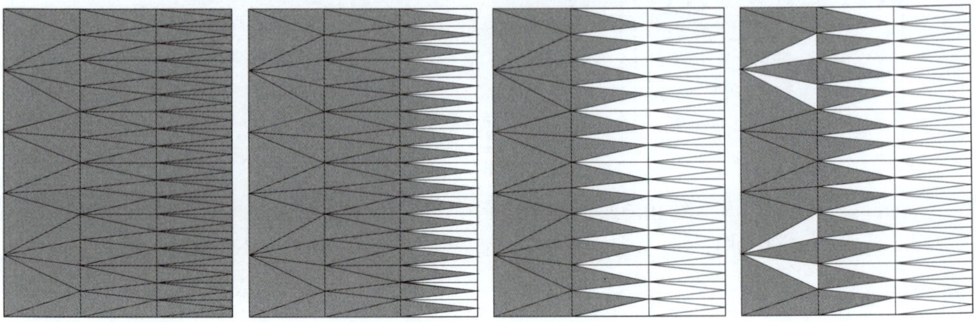

（a）　（b）　（c）　（d）

图10.36　删除面中小角度的三角网效果图

（a）原始图；（b）Minimum beauty=0.3时处理效果图；（c）Minimum beauty=0.4时处理效果图；（d）Minimum beauty=0.5时处理效果图

【Tools】→【Beautify】→【Simplify One Border】功能：简化面中单条边界线上的三角网。

执行该命令，在3D视图内使用鼠标左键单击选择需要处理的面边界。使用该功能处理前后的面的对比效果如图10.37所示。

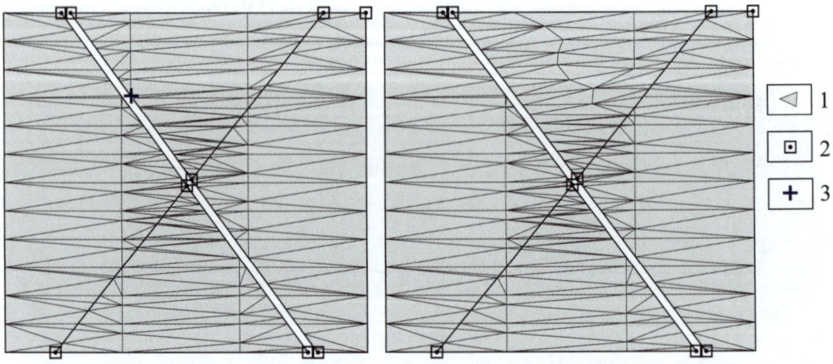

（a）　（b）

图10.37　简化面中单条边界线上的三角网效果图

（a）原始图；（b）处理效果图。1—三角网；2—端点；3—鼠标左键单击位置

【Tools】→【Beautify】→【Simplify All Border of Surface】功能：简化面中所有边界三角网。

执行该命令，弹出“Simplify contiguous Borders of Surfaces”（简化面中所有边界三角网）对话框（图 10.38）。在“Surface List”栏中选择需要处理的面文件。“Orphan border”复选框默认为未勾选，未勾选该复选框时，只对相邻面部分（Part）共用的边界进行三角网简化处理；勾选该复选框时，对面中所有边界的三角网进行简化处理（图 10.39）。最后，单击“OK”或“Apply”按钮。

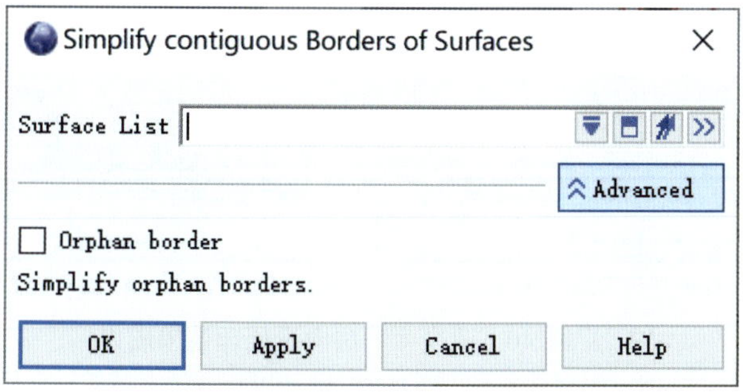

图 10.38　简化面中所有边界三角网对话框

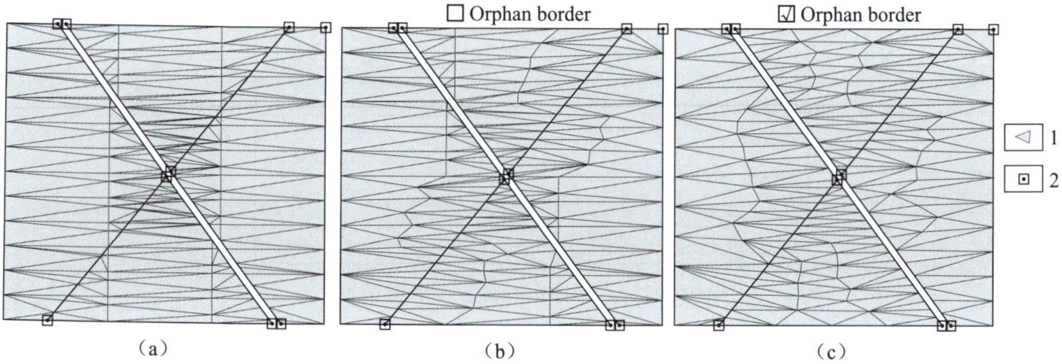

图 10.39　简化面中所有边界三角网效果图

（a）原始图；（b）未勾选“Orphan border”复选框时处理效果图；（c）勾选“Orphan border”复选框时处理效果图。1—三角网；2—端点

9. 改变面的法向量符号

【Tools】→【Others】→【Flip Normal】功能：改变面的法向量符号。

执行该命令，在 3D 视图单击鼠标左键选择需要处理的面。图 10.40 为处理前后的面的对比效果图。

10. 平移面中心位置节点

【Tools】→【Others】→【Domify】功能：平移面中心位置节点。

执行该命令，弹出“Domify Surface”（平移面中心位置节点）对话框（图 10.41）。在“Surface”栏中选择需要处理的面文件。在“Height”栏中输入数值，为面中心节点移动的距离，可以为正值或负值。在“Radius”栏中输入数值，该值为半径（图 10.42）。以面中心节点为原点，以“Radius”值为半径画圆，位于圆内的节点可以移动，位于圆外的节点不可以移动（图 10.42）。在“Length unit”下拉选项中选择距离类型，设置方法与前述提到的相关设置相同。最后，单击“OK”或“Apply”按钮。

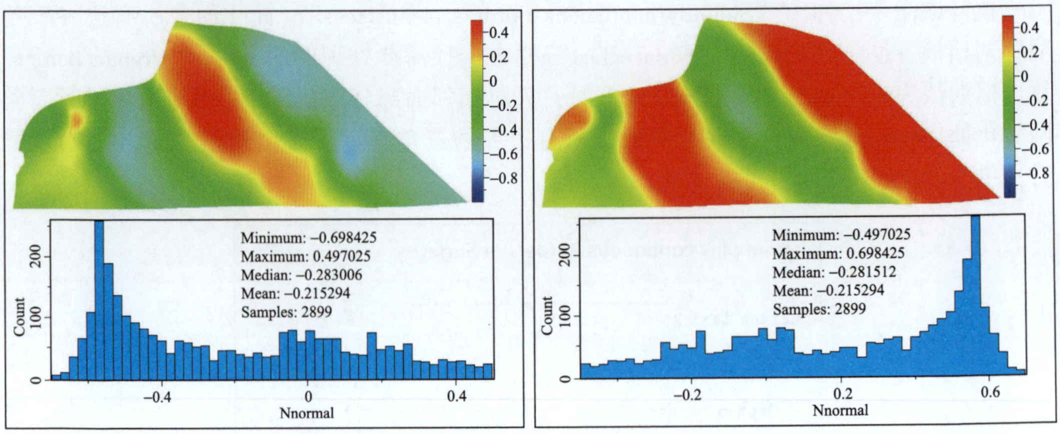

（a）　　（b）

图 10.40　改变面的法向量处理效果图

（a）Normal 属性显示原图；（b）Normal 属性显示处理结果图

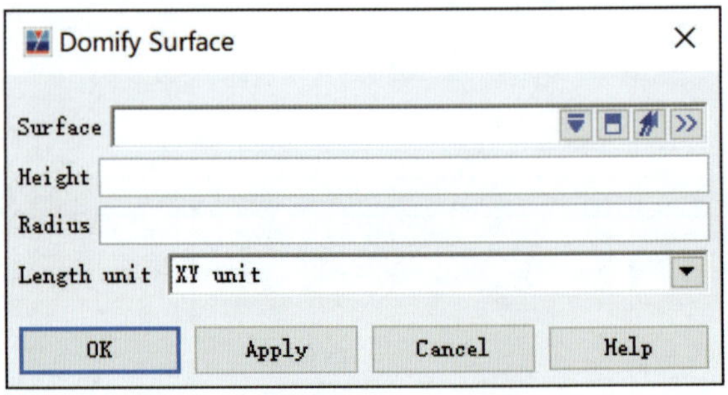

图 10.41　平移面中心位置节点对话框

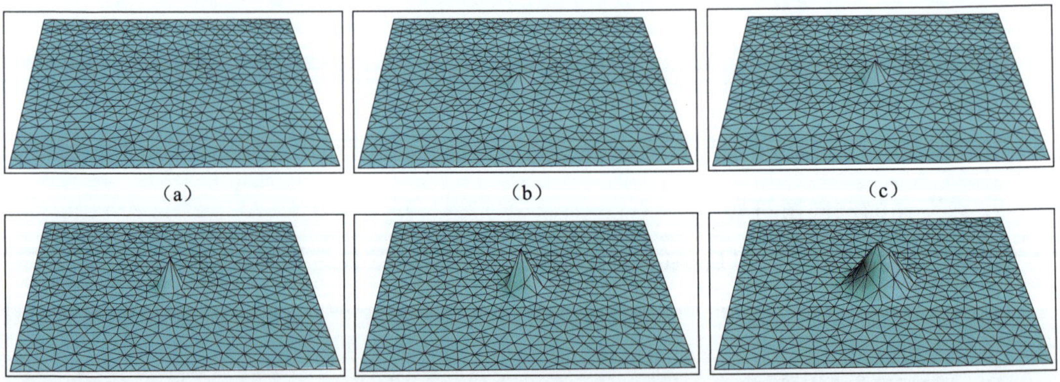

（a）　（b）　（c）

（d）　（e）　（f）

图 10.42　平移面中心位置节点效果图

（a）原始图；（b）height = 100，radius = 50 时处理效果图；（c）height = 200，radius = 50 时处理效果图；（d）height = 300，radius = 50 时处理效果图；（e）height = 300，radius = 100 时处理效果图；（f）height = 300，radius = 200 时处理效果图

11. 平移 2D-Grid 上的对象到另一个 2D-Grid 上

【Tools】→【Others】→【Teleport】功能：平移 2D-Grid 上的对象（面、线、点集等）

到另一个 2D-Grid 上。

执行该命令，弹出“Transform Node with Grid”（平移 2D-Grid 上的对象到另一个 2D-Grid 上）对话框（图 10.43）。在“AtomsSet”栏中选择需要平移的对象（面、线、点集等）文件，“GridObj Grid from”栏中选择对象所在的 2D-Grid，“GridObj Grid to”栏中选择对象需要移至的 2D-Grid。单击“OK”或“Apply”按钮，图 10.44 为处理前后的对比效果图。

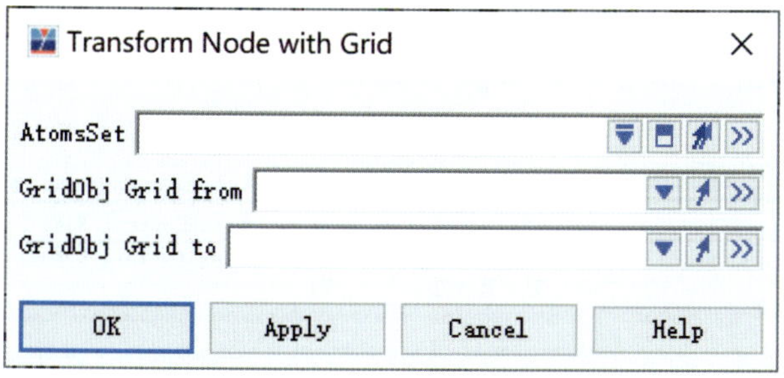

图 10.43　平移 2D-Grid 上的对象到另一个 2D-Grid 上对话框

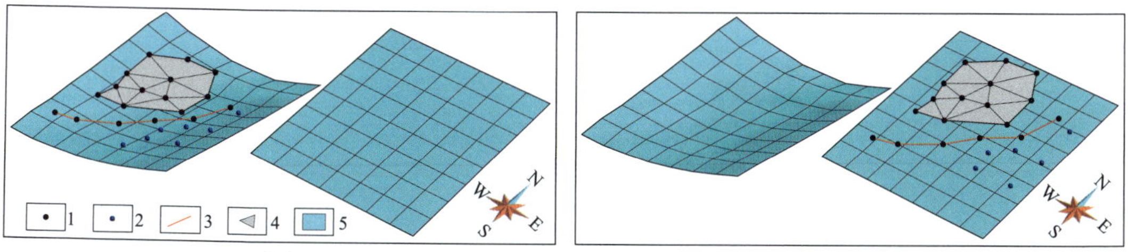

（a）　　（b）

图 10.44　平移 2D-Grid 上的对象到另一个 2D-Grid 上处理效果图

（a）原始图；（b）处理效果图。1—线、面节点；2—点集；3—线段；4—三角网；5—2D-Grid 网格

12. 按向量移动面

【Tools】→【Others】→【Divide Surface with Vectors】功能：按向量移动面。该功能不同于【Tools】→【Move】功能，【Tools】→【Others】→【Divide Surface with Vectors】功能是针对面中的每一个节点按（同一或不同）向量进行移动，而【Tools】→【Move】是将面作为一个整体按某一向量进行移动。

该功能三维空间移动计算方程为：

$$M' = M + I \times V / |V|$$

其中：M'为移动后的坐标；M 为原始坐标；I 为移动强度值，可以是面中所有节点为一个固定值（如图 10.45 中的“Intensity”值），也可以是不同节点不同移动强度值，将每个节点的移动强度值作为一个面的属性信息（如图 10.45 中的“Intensity property”值）；V 为向量值，可以是面中所有节点为一个固定向量值（如图 10.45 中的“Direction:”栏的“X”“Y”“Z”值），也可以是不同节点不同向量值，将每个节点的向量值作为一个面的属性信息（如图 10.45 中的“Direction property”值）；$|V|$ 为向量值的绝对值。

执行该命令，弹出“3D move”（按向量移动面）对话框（图 10.45）。在“Surface”栏中选择需要移动的面文件。“Constant direction”复选框默认为勾选，未勾选该复选框时，“Direction:”栏为不可编辑状态，“Direction property”栏处于可编辑状态，在该栏中选择向量所在的属性名称；勾选该复选框时，在“Direction：”栏的“X”“Y”“Z”中输入向量值。“Constant intensity”复选框默认为勾选，未勾选该复选框时，“Intensity”栏为不可编辑状态，“Intensity property”栏处于可编辑状态，在该栏中选择移动强度值所在的属性名称；勾选该复选框时，在“Intensity”栏中输入移动强度值。“Check intersections”复选框用于判断是否检查面自交叉，勾选该复选框时，检查面是否自交叉；不勾选该复选框时，则不检查面是否自交叉。“Beautify”复选框用于判断结果面是否进行三角网美化处理，勾选该复选框时，对面进行三角网美化处理；不勾选该复选框时，不对面进行三角网美化处理。最后，单击“OK”或“Apply”按钮。

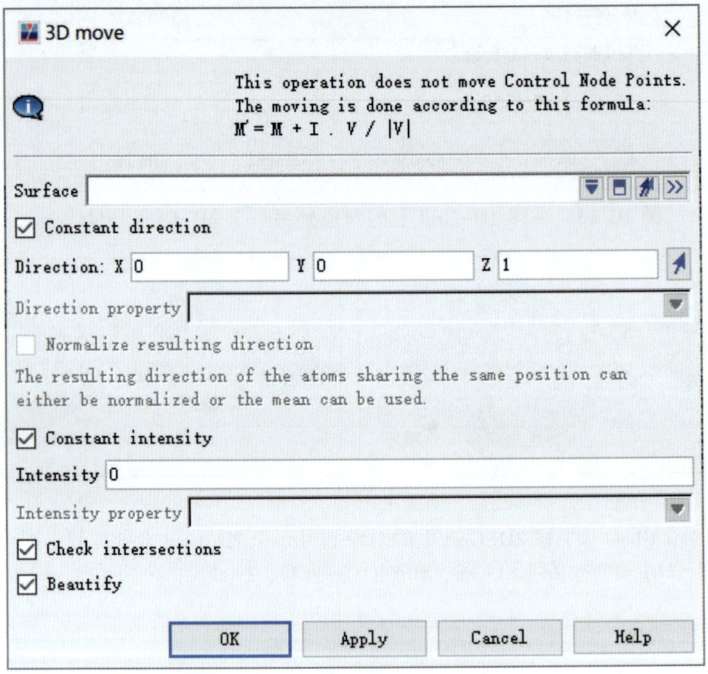

图 10.45　按向量移动面对话框

13. 面的部分（Part）操作

在视窗下拉菜单中，提供了一些面部分（Part）编辑操作，主要有【Tools】→【Part】→【Merge All】、【Tools】→【Part】→【Merge Selection】、【Tools】→【Part】→【Keep Selection】、【Tools】→【Part】→【Delete Selection】、【Tools】→【Part】→【Translate】、【Tools】→【Part】→【Filter Small Parts】、【Tools】→【Part】→【Fill Hloes】、【Tools】→【Part】→【Sew All Borders Using FVL Constraints】和【Tools】→【Part】→【Sew Borders Using FVL Constraints】共 9 种。

【Tools】→【Part】→【Merge All】功能：将同一个面文件中的相邻部分（Part）的面合并成一个面。

执行该命令，弹出“Merge All Surface Parts”（面的合并）对话框（图 10.46）。在“Surface”栏中选择要处理的面文件。“Exactly”复选框默认为勾选，勾选该复选框时，只有当两个面边界具有相同空间坐标的节点才能进行面的合并；未勾选该复选框时，两个面边界无须具有相同空间坐标的节点，只需节点距离在一定容许的范围内就可以进行合并。最后，单击“OK”或“Apply”按钮。

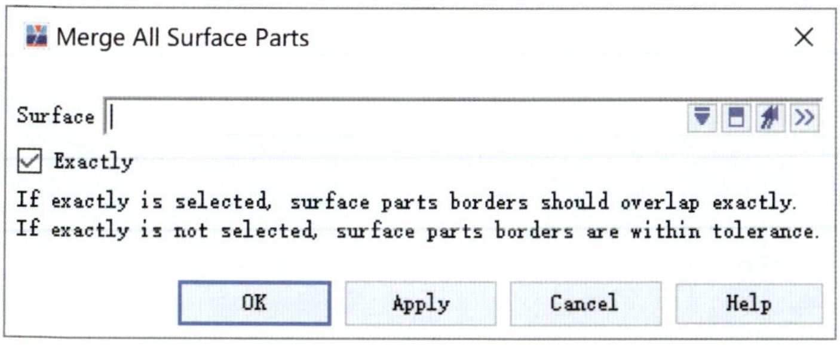

图 10.46　面的合并对话框

【Tools】→【Part】→【Merge Selection】功能：用鼠标选择将多个面部分（Part）进行合并。

执行该命令，弹出“Merge Surface Parts”［鼠标选择面部分（Part）进行合并］对话框（图 10.47）。“Exactly”复选框的设置与前述提到的相关设置相同。单击“OK”或“Apply”按钮，长按 Ctrl 键，在 3D 视图中单击鼠标左键选择需要合并的面，松开 Ctrl 键后执行面部分（Part）的合并。

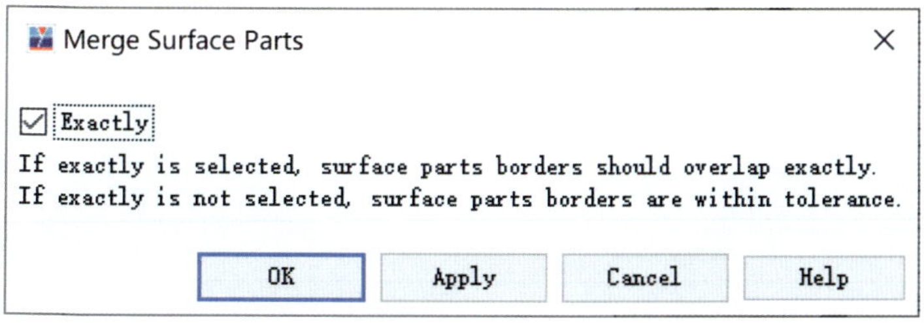

图 10.47　鼠标选择面部分（Part）进行合并对话框

【Tools】→【Part】→【Keep Selection】功能：保留鼠标选中的面部分（Part），删除该文件中的其他面部分（Part）（图 10.48）。

执行该命令，在 3D 视图中单击鼠标左键选择需要保留的一个面部分（Part），或长按 Ctrl 键和单击鼠标左键选择多个需要保留的面部分（Part）。

【Tools】→【Part】→【Delete Selection】功能：删除鼠标选中的面部分（Part），保留该面文件中的其他面部分（Part）（图 10.48）。

执行该命令，在 3D 视图中单击鼠标左键选择需要删除的一个面部分（Part），或长按 Ctrl 键和单击鼠标左键选择多个需要删除的面部分（Part）。

【Tools】→【Part】→【Translate】功能：按向量移动选中的面部分（Part）。该功能的使用方法与线的【Tools】→【Part】→【Translate】功能相同。

【Tools】→【Part】→【Filter Small Parts】功能：删除三角网数量或面积小于一定数值的面部分（Part）。

执行该命令，弹出“Remove Small Surfaces Parts”（过滤掉较小的面）对话框（图 10.49）。在“Surface”栏中选择面文件。当选择“Use nb trgls”单选按钮时，在“Minimum nb of trgls”栏中输入最少三角网数，当面部分（Part）中的三角网数少于该值时则被删除；当选中“Use area”单选按钮时，在“Minimum area”栏中输入面部分（Part）最小面积，当面部分（Part）面积小于该值时则被删除。“Length unit”栏的设置与前述提到的相关设置相同。最后，单击“OK”或“Apply”按钮。

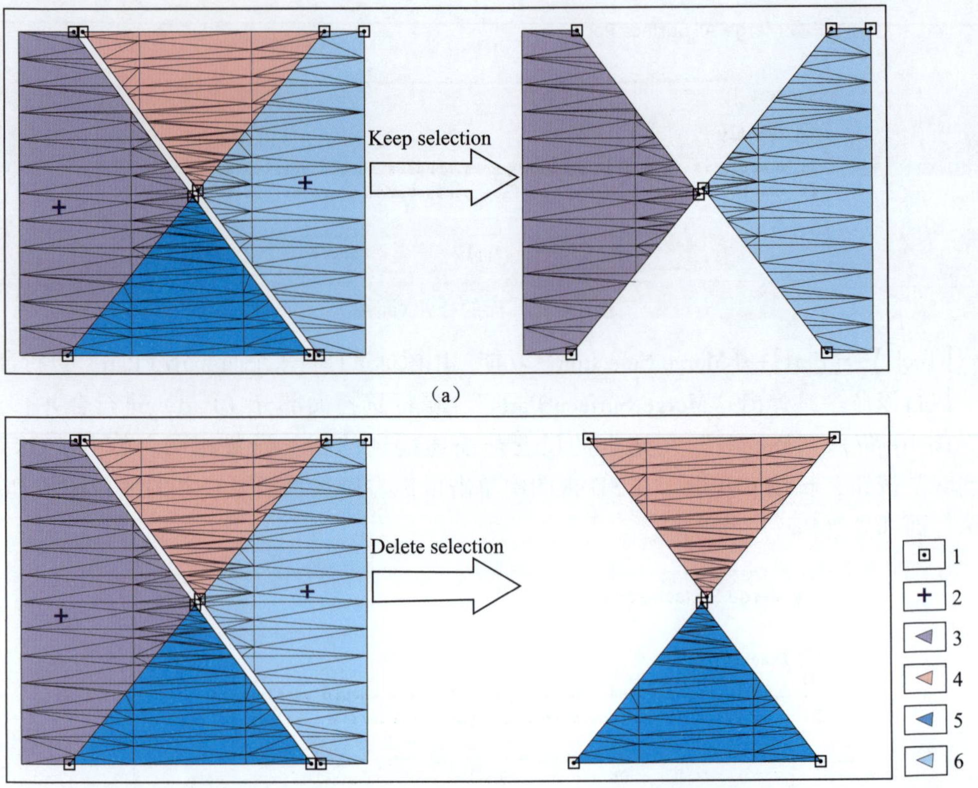

图 10.48　保留或删除鼠标选中的面部分（Part）效果图

（a）保留鼠标选中的面部分（Part）效果图；（b）删除鼠标选中的面部分（Part）效果图。

1—端点；2—鼠标左键单击位置；3~6—面三角网

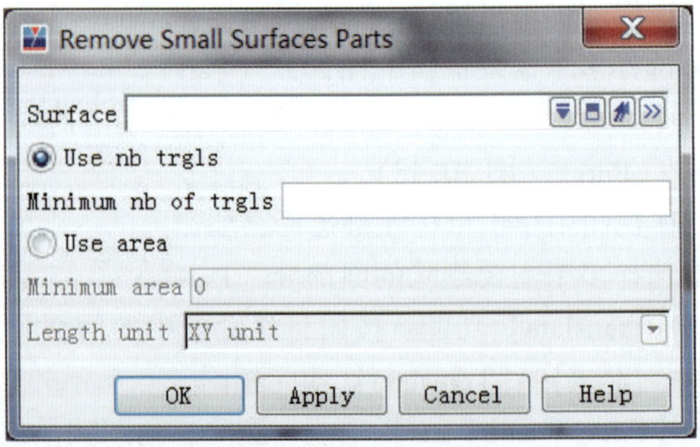

图 10.49　过滤掉较小的面对话框

【Tools】→【Part】→【Fill Holes】功能：填补面部分（Part）中的三角网空洞。

执行该命令，弹出“Fill Holes Parts”［填补面部分（Part）中的三角网空洞］对话框（图 10.50）。“Fill all”复选框默认为未勾选，未勾选该复选框时，在“maximum number of segments”栏中输入数值，该值为空洞的最大边的条数，当空洞三角网边的数量不超过该值时，该空洞被填补（图 10.51）。当“maximum number of segments”栏中输入数值为“0”时，所有空洞将全部被填充，输入“1”或“2”时，任意空洞都不能被填充，只有当输入数值大于2之后判断才起作用（图10.51）。“Beautify borders first”复选框默认为勾选，其作用是判断是否对所有面边界三角网进行美化处理。勾选该复选框时，对面的边界三角网进行美化处理；未勾选该复选框时，则不对面的边界三角网进行美化处理。单击“OK”或“Apply”按钮，在3D视图中单击鼠标左键选择需要处理的一个面部分（Part），或长按Ctrl键和单击鼠标左键选择多个需要处理的面部分（Part）。

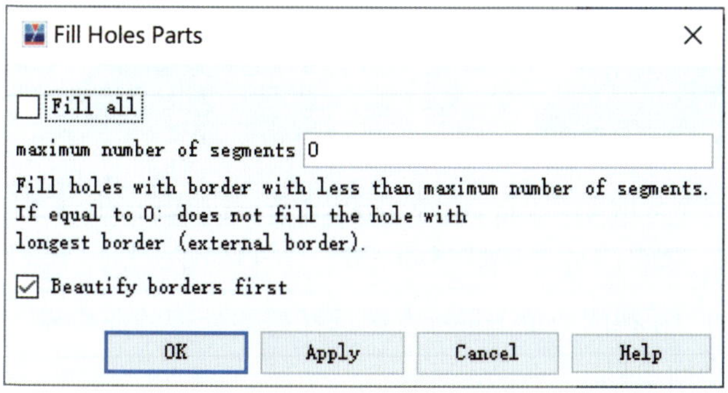

图10.50　填补面部分（Part）中的三角网空洞对话框

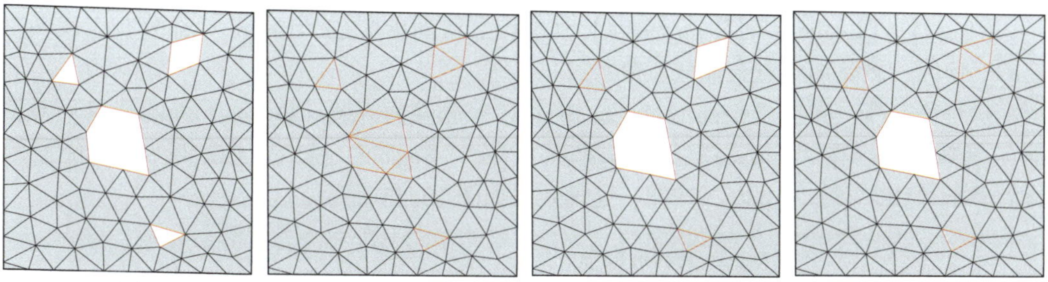

（a）　（b）　（c）　（d）

图10.51　填补面部分（Part）中的三角网空洞效果图

（a）原始图；（b）maximum number of segments = 0 处理效果图；（c）maximum number of segments = 3 处理效果图；（d）maximum number of segments = 4 处理效果图

【Tools】→【Part】→【Sew All Borders Using FVL Constraints】功能：运用FVL约束缝合面部分（Part）。

执行该命令，弹出“Sew All Borders”［运用FVL约束缝合面部分（Part）］对话框（图10.52）。在“Surface”栏中选择面文件。然后单击“OK”或“Apply”按钮。两个面部分（Part）的边界节点沿约束方向靠在一起（图10.53）。

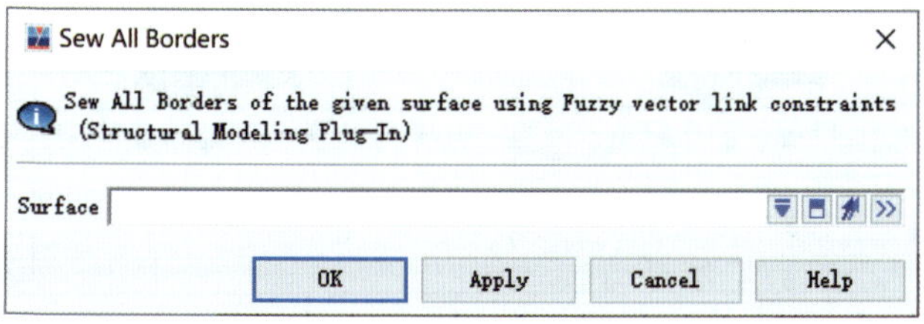

图10.52　运用FVL约束缝合面部分（Part）对话框

【Tools】→【Part】→【Sew Borders Using FVL Constraints】功能：运用FVL约束缝合面部分（Part）。

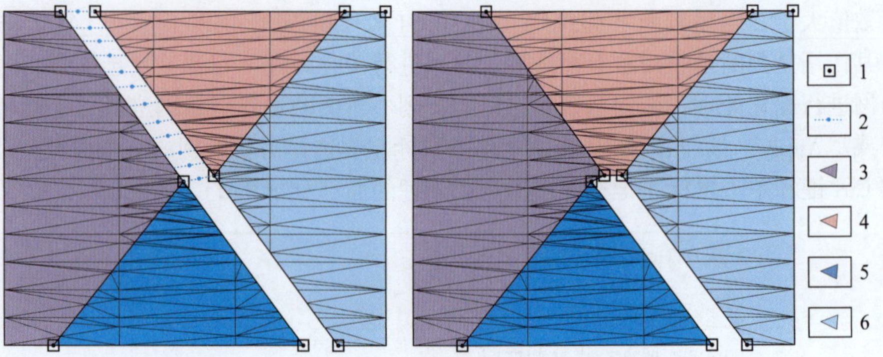

（a）　　　　　　　　　　　　（b）

图 10.53　运用 FVL 约束缝合面部分（Part）效果图

（a）原始图；（b）处理效果图。1—端点；2—FVL 约束；3~6—面三角网

执行该命令，在 3D 视图中单击鼠标左键选择需要处理的面边界，或长按 Ctrl 键和单击鼠标左键选择多个面边界。

14. 面的区域（Region）操作

【Tools】→【Region】→【Keep Nodes】功能：保留面中区域（Region）部分节点及其相连的三角网，删除面中剩余部分三角网。

执行该命令，弹出“Keep Nodes in Region”［删除面区域（Region）外的节点］对话框（图 10.54）。在“Surface”栏中选择面文件，“Region”栏中选择区域（Region）名称。单击“OK”或“Apply”按钮，处理效果如图 10.55 所示。

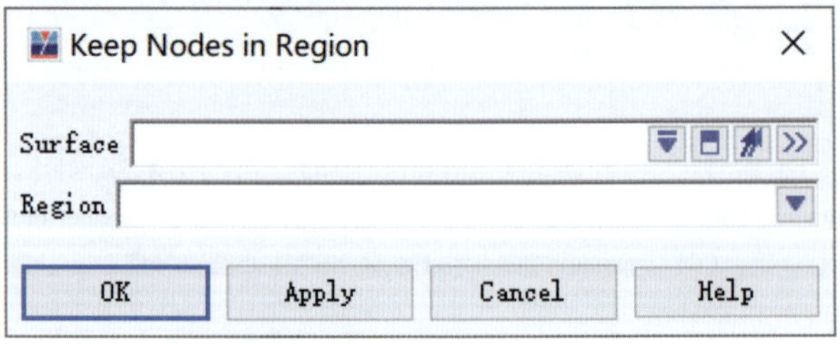

图 10.54　删除面区域（Region）外的节点对话框

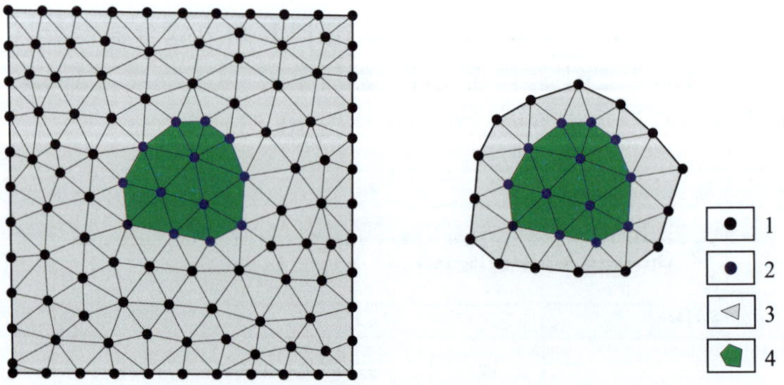

（a）　　　　　　　　　　　　（b）

图 10.55　删除面区域（Region）外的节点处理效果图

（a）原始图；（b）处理效果图。1—非区域（Region）范围的节点；2—区域（Region）范围的节点；3—三角网；4—区域（Region）范围

【Tools】→【Region】→【Delete Nodes】功能：删除面中区域（Region）部分节点及相连的三角网，保留面中剩余部分节点及三角网。

执行该命令，弹出“Remove Nodes in Region”［删除面区域（Region）内的节点及三角网］对话框（图 10. 56）。在“Surface”栏中选择面文件，“Region”栏中选择区域（Region）名称。单击“OK”或“Apply”按钮，处理效果如图 10. 57 所示。

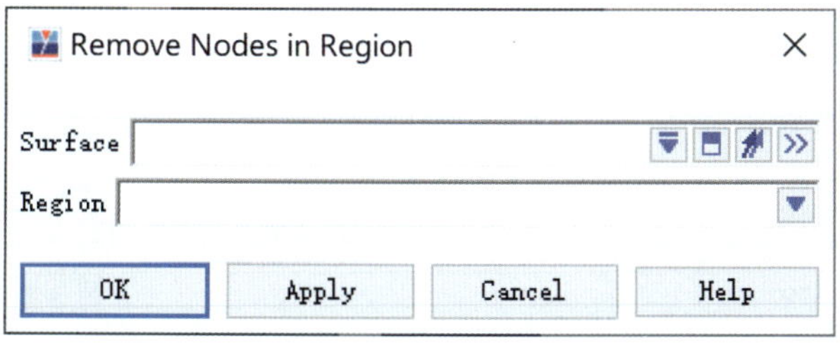

图 10. 56　删除面区域（Region）内的节点及三角网对话框

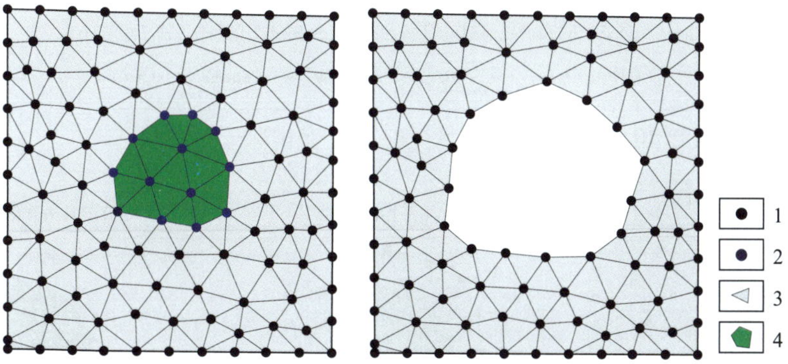

（a）　　（b）

图 10. 57　删除面区域（Region）内的节点及三角网处理效果图

（a）原始图；（b）处理效果图。1—非区域（Region）范围的节点；2—区域（Region）范围的节点；3—三角网；4—区域（Region）范围

【Tools】→【Region】→【Move Nodes】功能：移动面中区域（Region）部分节点，与节点相连接的线段也会发生移动。

执行该命令，弹出“Move Nodes in Region”［移动面区域（Region）内的节点］对话框（图 10. 58）。在“AtomsSet”栏中选择面文件，“Region”栏中选择区域（Region）名称，“Vector:”栏的“X”“Y”“Z”中输入向量值。最后，单击“OK”或“Apply”按钮。

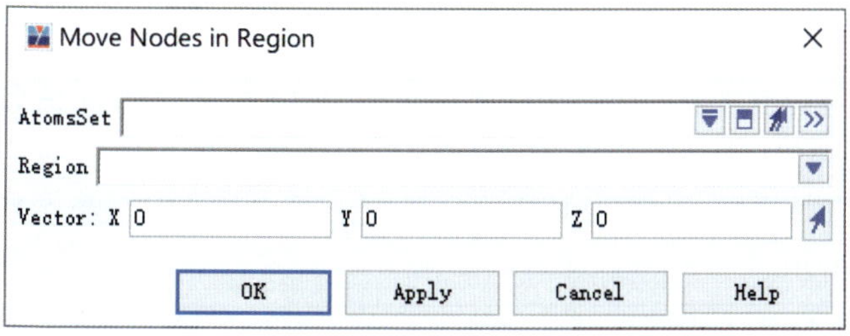

图 10. 58　移动面区域（Region）内的节点对话框

【Tools】→【Region】→【Keep Triangles】功能：保留面中区域（Region）部分三角网，删除面中剩余部分三角网。

执行该命令，弹出“Keep Triangles in Region”［保留面中区域（Region）范围的三角网］对话框（图 10.59）。在“Surface”栏中选择面文件，“Region”栏中选择区域（Region）名称。“only full triangles”复选框默认为勾选，未勾选该复选框时，功能与【Tools】→【Region】→【Keep Nodes】功能相同（图 10.60）；勾选该复选框时，只保留区域（Region）范围内节点组成的三角网，删除面中其他三角网（图 10.60）。最后，单击“OK”或“Apply”按钮。

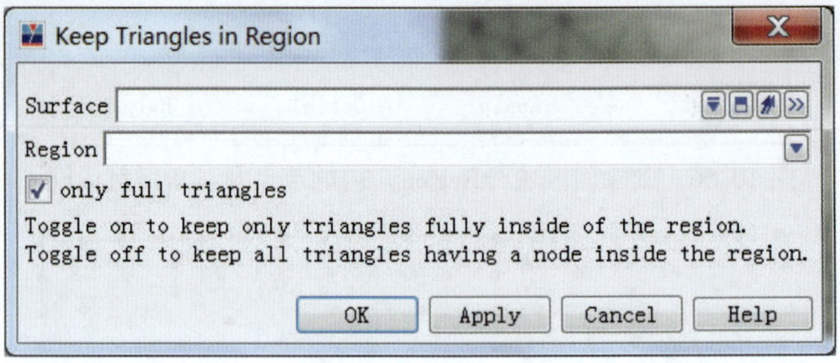

图 10.59　保留面中区域（Region）范围的三角网对话框

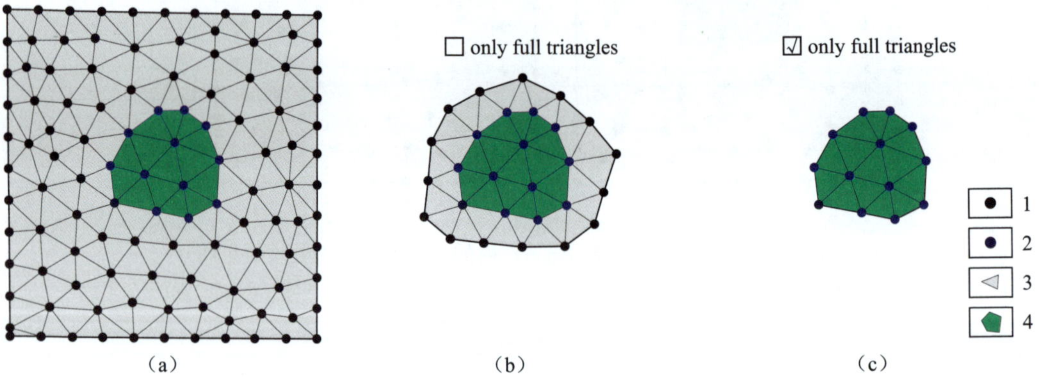

图 10.60　保留面中区域（Region）范围的三角网处理效果图

（a）原始图；（b）未勾选“only full triangles”复选框时处理效果图；（c）勾选“only full triangles”复选框时处理效果图。1—非区域（Region）范围的节点；2—区域（Region）范围的节点；3—三角网；4—区域（Region）范围

【Tools】→【Region】→【Delete Triangles】功能：删除面中区域（Region）部分三角网，保留剩余部分三角网。

执行该命令，弹出“Remove Triangles in Region”［删除面中区域（Region）范围的三角网］对话框（图 10.61）。在“Surface”栏中选择面文件，“Region”栏中选择区域（Region）名称。“only full triangles”复选框默认为勾选，未勾选该复选框时，功能与【Tools】→【Region】→【Delete Nodes】功能相同；勾选该复选框时，只删除区域（Region）范围内节点组成的三角网，保留面中其他三角网。单击“OK”或“Apply”按钮。处理效果图如图 10.62 所示。

15. 面的节点（Node）编辑

【Tools】→【Node】→【Delete】功能：删除面中的节点，同时删除由该节点组成的三角网，面中形成空洞。该功能与按钮相同。

执行该命令，在 3D 视图中使用鼠标左键单击需要删除的面节点，或长按 Ctrl 键，单击鼠标左键选中多个节点同时删除。处理效果如图 10.63 所示。

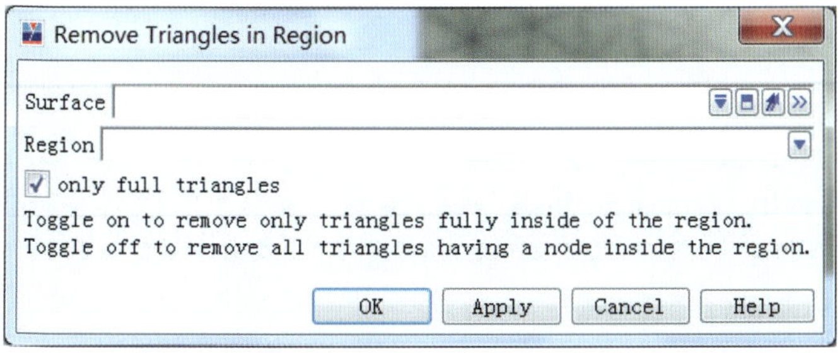

图 10.61　删除面中区域（Region）范围的三角网对话框

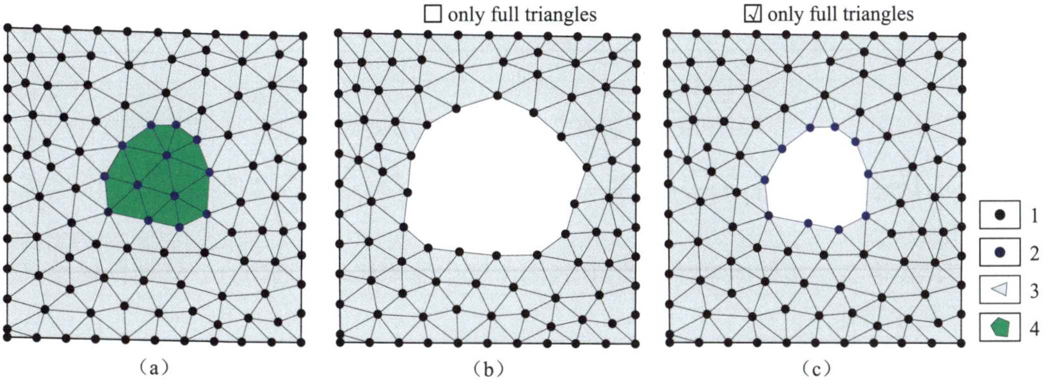

图 10.62　删除面中区域（Region）范围的三角网处理效果图

（a）原始图；（b）未勾选“only full triangles”复选框时处理效果图；（c）勾选“only full triangles”复选框时处理效果图。1—非区域（Region）范围的节点；2—区域（Region）范围的节点；3—三角网；4—区域（Region）范围

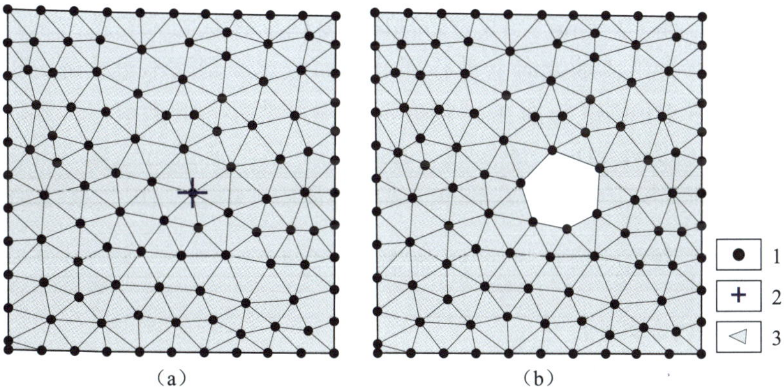

图 10.63　删除面中节点处理效果图

（a）原始图；（b）处理效果图。1—面节点；2—鼠标左键单击位置；3—三角网

【Tools】→【Node】→【Move To】功能：将面中的节点移至某一具体坐标位置。

执行该命令，弹出“Move Node”（将面节点移至某一具体位置）对话框（图 10.64）。在“Point:”栏的“X”“Y”“Z”中输入坐标值。单击“OK”或“Apply”按钮，在 3D 视图内单击鼠标左键选择需要移动的节点。

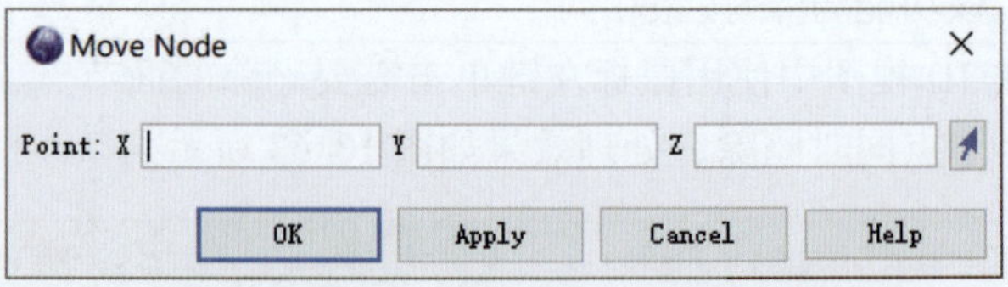

图 10.64　将面节点移至某一具体位置对话框

【Tools】→【Node】→【Translate】功能：将面中的节点按某一给定向量移动。

执行该命令，弹出“Translate Node”（将面节点按向量值移动）对话框（图 10.65）。在“Vector:”栏的“X”“Y”“Z”中输入向量值。单击“OK”或“Apply”按钮，在 3D 视图内单击鼠标左键选择需要移动的节点。

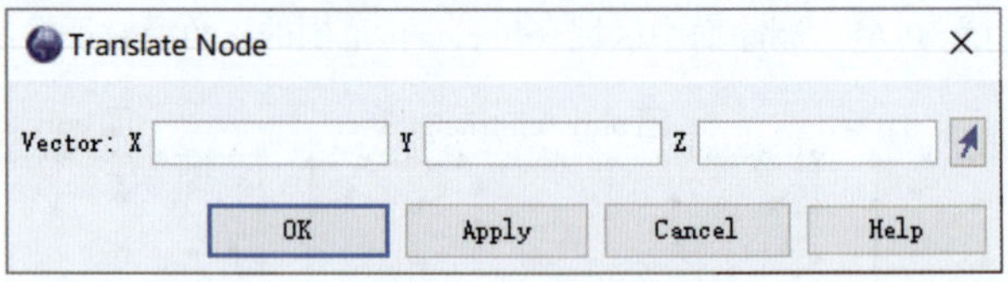

图 10.65　将面节点按向量值移动对话框

【Tools】→【Node】→【Drag with Mouse】功能：用鼠标拖曳移动面中节点。该功能与按钮相同。

执行该命令，长按鼠标左键，在 3D 视图中选中需要移动的面节点，移动鼠标至目标位置松开鼠标即可。

【Tools】→【Node】→【Crop by Grid】功能：根据 2D-Grid 与面在 Z 轴方向上的交集关系对面进行裁剪。

执行该命令，弹出“Remove Points Inside or Outside Grid”（根据 2D-Grid 与面在 Z 轴方向上的交集关系对面进行裁剪）对话框（图 10.66）。“AtomsSet”栏选择面文件，“GridObj Grid”栏选择 2D-Grid 文件。“Inside”复选框默认为未勾选，未勾选该复选框时，保留 2D-Grid 与面在 Z 轴方向上重叠部分的面节点，删除不重叠部分的面节点；勾选该复选框时，保留 2D-Grid 与面在 Z 轴方向上不重叠部分的面节点，删除重叠部分的面节点。“Region”栏选择 2D-Grid 区域（Region），该功能进行区域（Region）范围的 2D-Grid 与面在 Z 轴方向上的交集关系进行裁剪。最后，单击“OK”或“Apply”按钮。

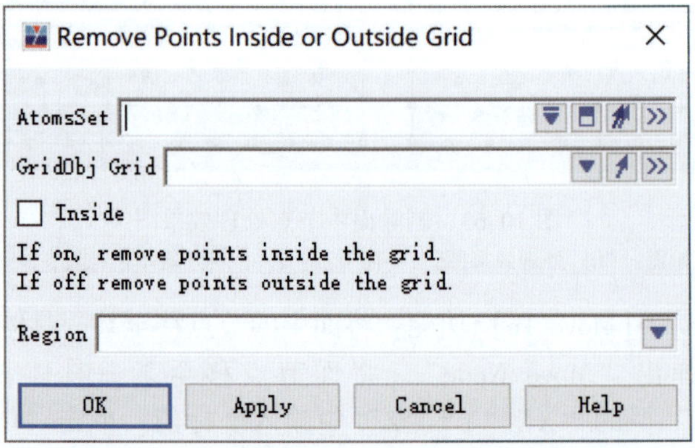

图 10.66　根据 2D-Grid 与面在 Z 轴方向上的交集关系对面进行裁剪对话框

【Tools】→【Node】→【Bridge】功能：创建三角网。该功能常用于面中空洞的修补。功能与按钮相同。

执行该命令，在3D视图中单击鼠标左键依次选中三个用于创建三角网的节点，根据选择的三个节点自动创建一个三角网（图10.67）。

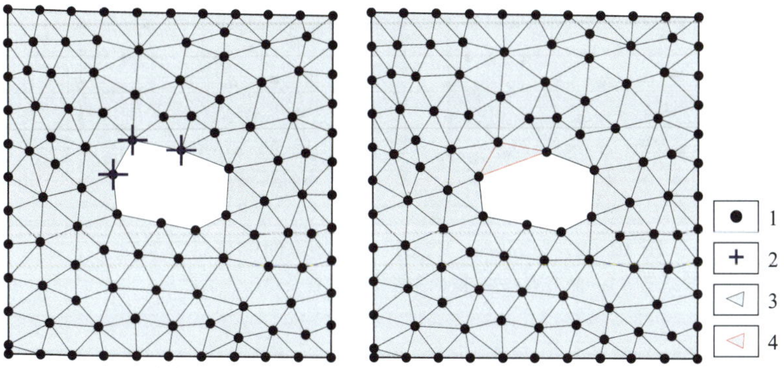

（a）　　（b）

图10.67　创建三角网效果图

（a）原始图；（b）处理效果图。1—面节点；2—鼠标左键单击位置；3—三角网；4—新创建的三角网

【Tools】→【Node】→【Collapse】功能：删除面中节点。该功能与按钮相同。

执行该命令，在3D视图中单击鼠标左键选中需要删除的节点。删除该节点之后，该节点四周相邻的节点重新进行拓扑生成新的三角网（图10.68）。

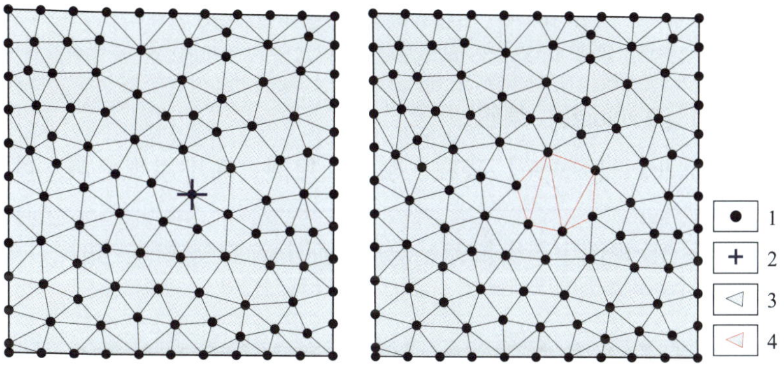

（a）　　（b）

图10.68　【Collapse】功能删除面中节点效果图

（a）原始图；（b）处理效果图。1—面节点；2—鼠标左键单击位置；3—三角网；4—修改的三角网

【Tools】→【Node】→【Collapse Edge】功能：删除面中节点。

执行该命令，在3D视图中单击鼠标左键先后选中相邻两个节点，先选中的节点被删除，后选中的节点与被删除节点周围的节点重新拓扑生成三角网（图10.69）。

【Tools】→【Node】→【Extend】功能：面的边界上延伸出一个新三角网。

执行该命令，在3D视图中单击鼠标左键选中面边界相邻两个节点，边界上会延伸出一个新的三角网。鼠标选中两节点组成的边的对角节点与该边中点的连线延长一倍所在位置新生成一个节点，鼠标选中的两个节点与新生成的节点组成的三角网为新生成的三角网（图10.70）。

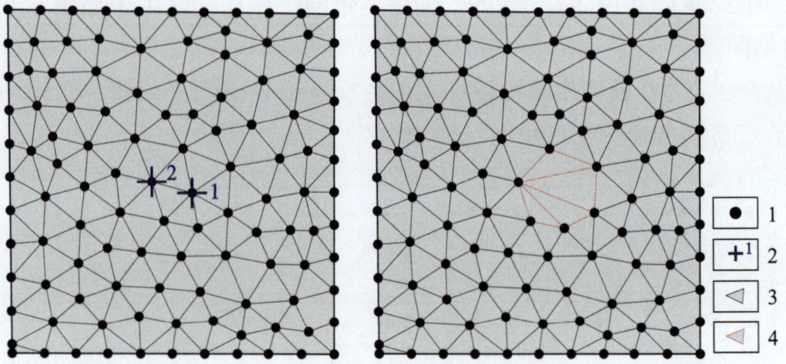

（a）　　　　　　　　　　　　（b）

图 10.69 【Collapse Edge】功能删除面中节点效果图

（a）原始图；（b）处理效果图。1—面节点；2—鼠标左键单击位置及单击先后顺序；3—三角网；4—修改的三角网

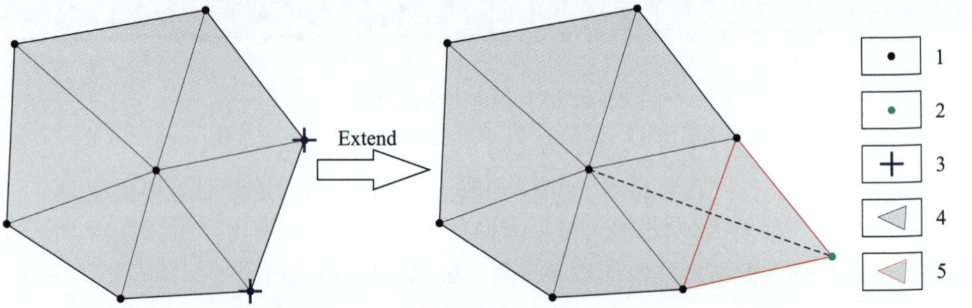

图 10.70 面边界处延伸三角网效果图

1—面节点；2—新生成的面节点；3—鼠标左键单击位置；4—三角网；5—新生成的三角网

16. 面中三角网（Triangle）编辑

【Tools】→【Triangle】→【Delete】功能：删除三角网，面中出现空洞。该功能与按钮相同。

执行该命令，在 3D 视图中单击鼠标左键选中面中需要删除的三角网。处理效果如图 10.71 所示。

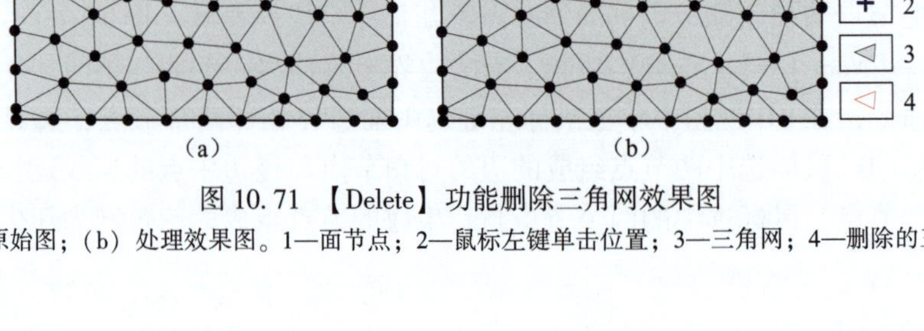

（a）　　　　　　　　　　　　（b）

图 10.71 【Delete】功能删除三角网效果图

（a）原始图；（b）处理效果图。1—面节点；2—鼠标左键单击位置；3—三角网；4—删除的三角网

【Tools】→【Triangle】→【Break】功能：剖分三角网。在三角网内部增加节点，将该三角网剖分成多个三角网。

执行该命令，弹出“Break Triangle”（分割三角网）对话框（图 10.72）。在“Pt:”栏的“X”“Y”“Z”中输入需要新增节点的坐标，也可以通过箭头在 3D 视图中选取三维坐标。单击“OK”或“Apply”按钮，单击鼠标左键在 3D 视图中选择需要剖分的三角网，该三角网的三个节点与新增节点进行三角网重建（图 10.73）。

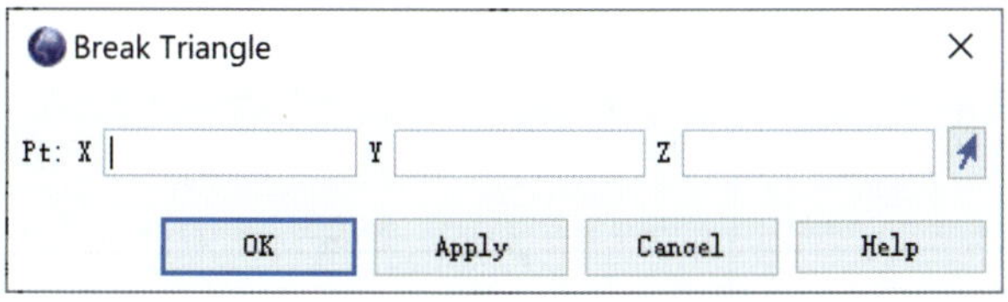

图 10.72　分割三角网对话框

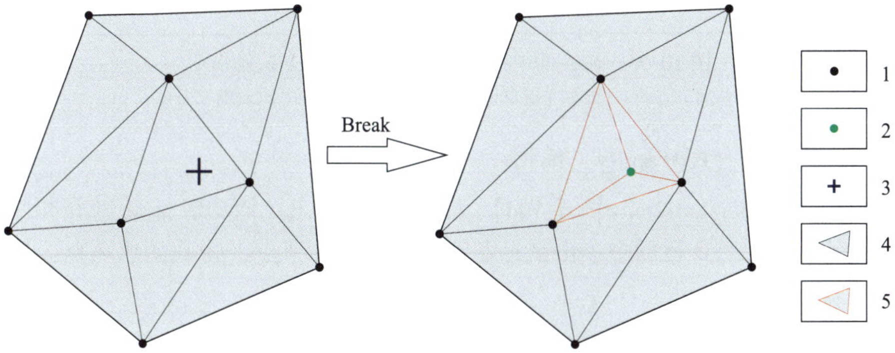

图 10.73　分割三角网处理效果图

1—节点；2—新增节点；3—鼠标左键单击位置；4—三角网；5—分割的三角网

【Tools】→【Triangle】→【Collapse】功能：删除面中的三角网。该功能与按钮相同。该功能删除面中的三角网是将选中的三角网的三个节点删除，然后该三角网四周的节点重新拓扑生成新的三角网，面中不产生空洞。

执行该命令，在 3D 视图中单击鼠标左键选中面中需要删除的三角网。处理效果如图 10.74 所示。

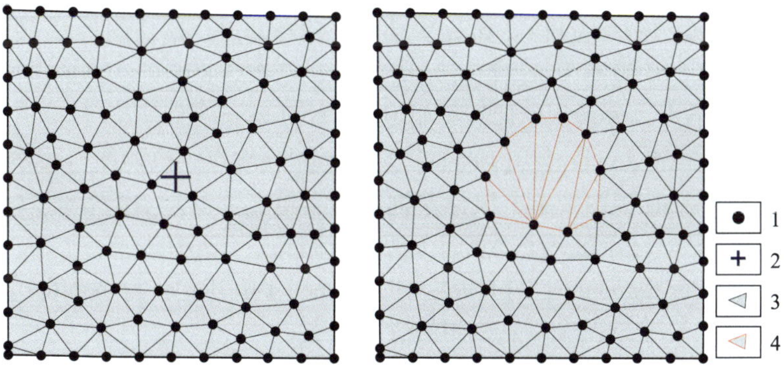

（a）　　　　　　　　（b）

图 10.74　【Collapse】功能删除三角网效果图

（a）原始图；（b）处理效果图。1—面节点；2—鼠标左键单击位置；3—三角网；4—改变的三角网

【Tools】→【Triangle】→【Switch Two Triangles】功能：相邻两个三角网组合方式转换。功能与按钮相同。相邻的两个三角网，共有四个节点，这四个节点有两种三角网组合方式。

执行该命令，在3D视图中单击鼠标左键依次选中同一面部分（Part）中相邻两个三角网。处理效果如图10.75所示。

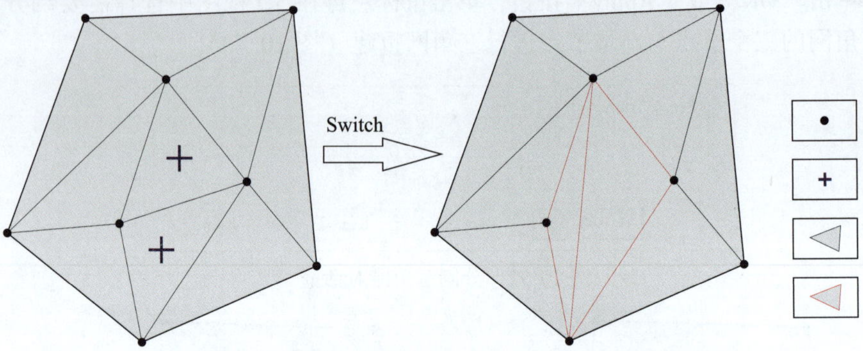

图10.75　转换面中相邻两个三角网组合方式效果图

1—面节点；2—鼠标左键单击位置；3—三角网；4—改变的三角网

17. 面边界端点（Extremity）编辑

【Tools】→【Border Extremity】→【Add】功能：新增端点。该功能与按钮相同。

执行该命令，在3D视图中单击鼠标左键选中面边界节点，将其变成端点。处理效果如图10.76所示。

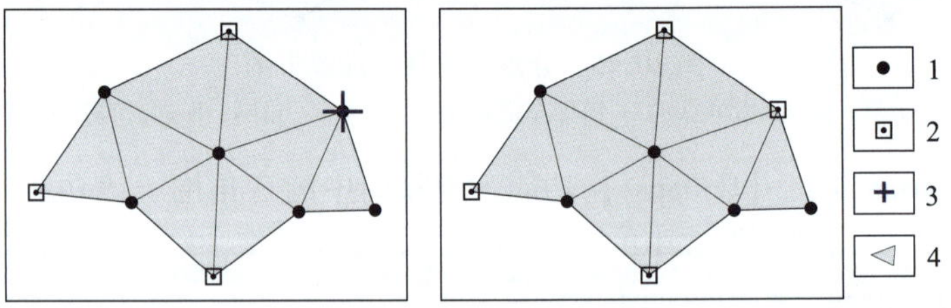

（a）　　　　　　　　（b）

图10.76　增加面端点效果图

（a）原始图；（b）处理效果图。1—节点；2—端点；3—鼠标左键单击位置；4—三角网

【Tools】→【Border Extremity】→【Move】功能：移动端点。该功能与按钮相同。

执行该命令，在3D视图中单击鼠标左键选择需要移动的端点，再单击鼠标左键选择需要移至的面边界节点。该功能处理效果如图10.77所示。

【Tools】→【Border Extremity】→【Delete】功能：删除端点。该功能与按钮相同。

执行该命令，在3D视图中单击鼠标左键选择需要删除的端点。处理效果如图10.78所示。当一条面边界中只存在一个端点时无法进行删除。

【Tools】→【Border Extremity】→【Delete All Between Two Border Extremities】功能：删除同一个面部分（Part）中的两个端点之间的所有端点。

执行该命令，在3D视图中单击鼠标左键在同一个面部分（Part）中依次选择三个端点，第一个和第三个端点为起始端点，第二个端点为第一个端点和第三个端点之间要删除的任意一个端点（图10.79）。

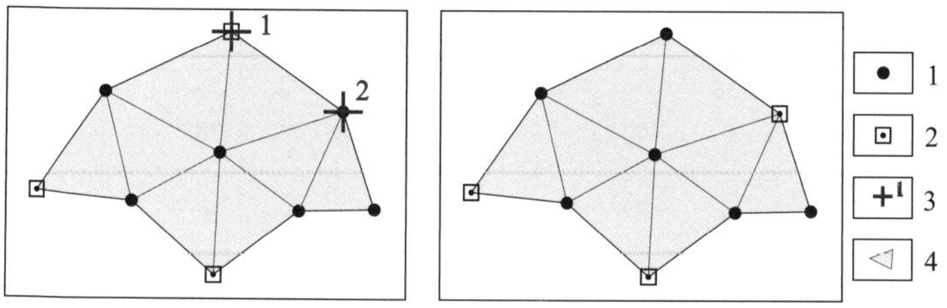

（a）　　　　　　　　　　（b）

图 10.77　移动面端点效果图

（a）原始图；（b）处理效果图。1—节点；2—端点；3—鼠标左键单击位置及单击先后顺序；4—三角网

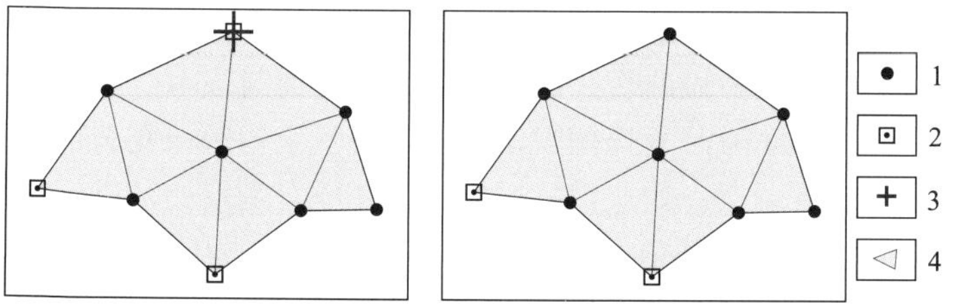

（a）　　　　　　　　　　（b）

图 10.78　删除面端点效果图

（a）原始图；（b）处理效果图。1—节点；2—端点；3—鼠标左键单击位置；4—三角网

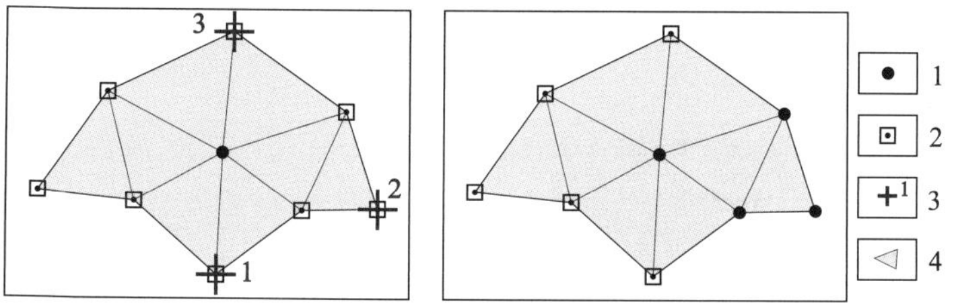

（a）　　　　　　　　　　（b）

图 10.79　删除面中两端点之间所有端点效果图

（a）原始图；（b）处理效果图。1—节点；2—端点；3—鼠标左键单击位置及单击先后顺序；4—三角网

【Tools】→【Border Extremity】→【Delete All on Connected Borders】功能：一条面边界中只保留一个端点，删除其他所有端点。

执行该命令，在 3D 视图中单击鼠标左键选中面的边界，保留鼠标选中位置最近的端点，删除该条面边界中其他所有端点。

【Tools】→【Border Extremity】→【Delete All on Part】功能：一个面部分（Part）中每条面边界只保留一个端点，删除其他多余的端点。

执行该命令，在 3D 视图中单击鼠标左键选中面部分（Part）。鼠标选中的面部分（Part）中每条面边界只保留一个端点，多余的端点则被删除（图 10.80）。

【Tools】→【Border Extremity】→【Delete All on Object】功能：删除面文件中的面端点，面文件中每个面部分（Part）保留一个端点，删除其余端点。

【Tools】→【Border Extremity】→【Set on Corners】功能：根据条件设置面边界端点。

执行该命令，弹出“Set Borders Extremities on Corners”（根据条件设置面边界端点）对话框（图 10.81）。在“Surface”栏中选择需要处理的面文件。在“Angle”栏中输入数

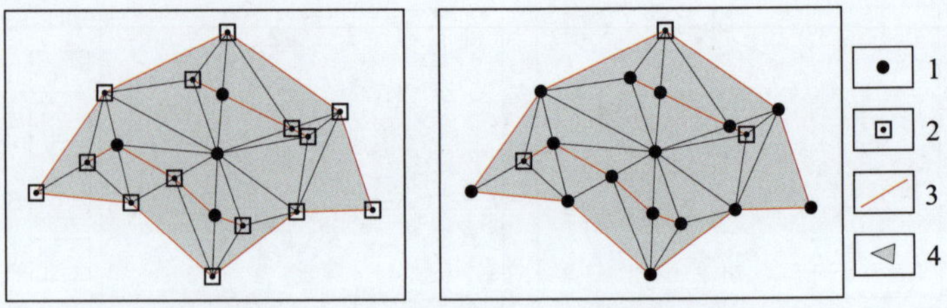

（a）　　　　　　　　　　　　　　（b）

图 10.80　删除面中边界多余端点效果图

（a）原始图；（b）处理效果图。1—节点；2—端点；3—面边界；4—三角网

值，该值为角度值。当面边界节点角度小于该值时，该节点被设置成为端点，当没有节点符合该条件时，面中的端点不做改变。面边界节点角度为与该节点连接的面边界在面的一侧形成的角度。“Keep existing”复选框默认为未勾选，未勾选该复选框时，在根据判断条件增加端点时先删除原有端点；勾选该复选框时，在原有端点的基础上根据判断条件增加端点。在“Epsilon”栏中输入数值。当与节点相连的两条边界线段中至少有一条线段长度大于“Epsilon”值与该节点相连的三角网线段平均长度的乘积时，同时该节点角度小于“Angle”栏输入数值才起作用。最后，单击“OK”或“Apply”按钮。

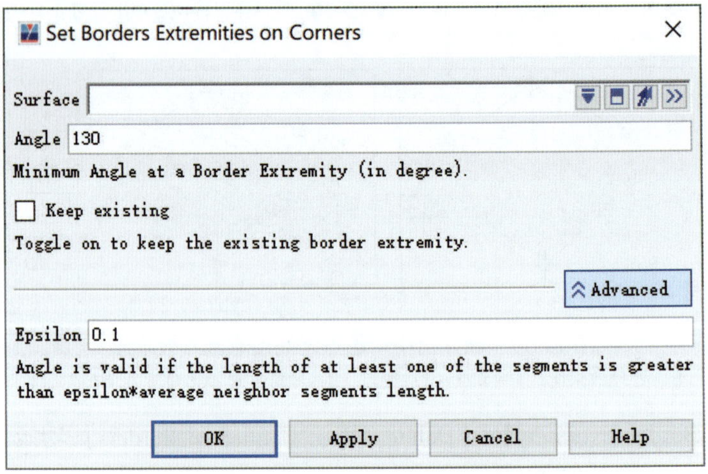

图 10.81　根据条件设置面边界端点对话框

18. 面边界编辑

【Tools】→【Border】→【Extend】→【One】功能：延伸面中一条边界范围。

执行该命令，弹出“Extend Surface Border”（延伸面中一条边界范围）对话框（图 10.82）。在“Extension length”栏中输入延伸的长度。“Merge”复选框默认为未勾选，未勾选该复选框时，新延伸出的面为一个面部分（Part），原来的面为一个面部分（Part）；勾选该复选框时，新延伸出的面和原来的面合并为一个面部分（Part）。“Length unit”栏的设置与前述提到的相关设置相同。单击“OK”或“Apply”按钮，在 3D 视图中单击鼠标左键选择需要延伸的面边界。该功能处理效果如图 10.83 所示。

【Tools】→【Border】→【Extend】→【All】功能：延伸面中所有边界范围。

执行该命令，弹出“Extend All Surface Borders”（延伸面中所有边界范围）对话框

（图 10. 84）。在“Surface”栏中选择需要处理的面文件，“Extension length”栏中输入延伸的长度。“Merge”复选框和“Length unit”栏的设置与前述提到的相关设置相同。单击“OK”或“Apply”按钮，处理效果如图 10. 85 所示。

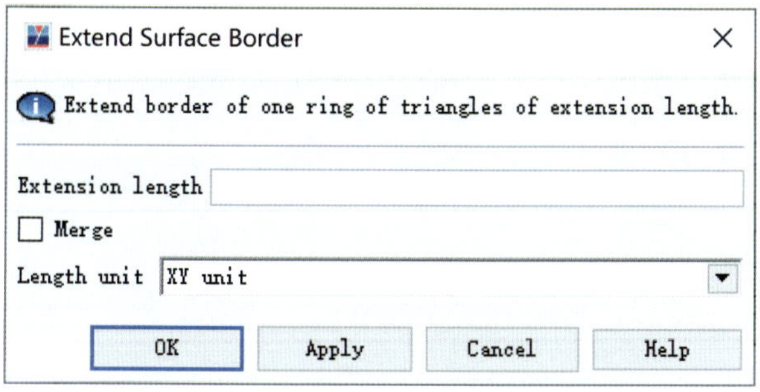

图 10. 82　延伸面中一条边界范围对话框

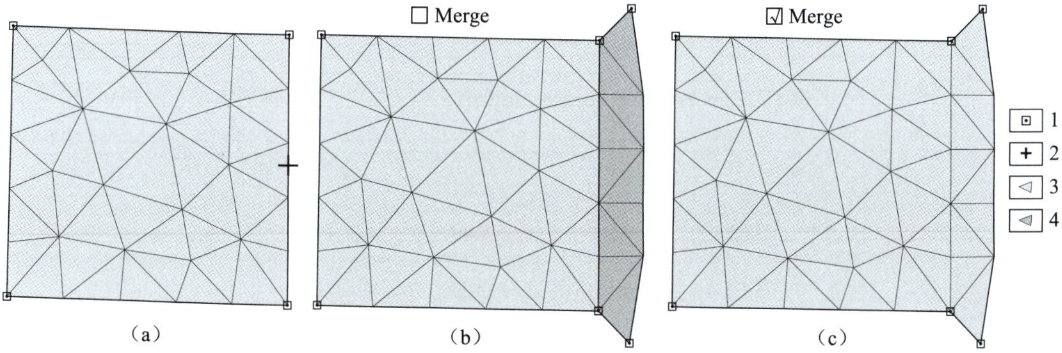

图 10. 83　延伸面中一条边界范围处理效果图

（a）原始图；（b）未勾选“Merge”复选框时处理效果图；（c）勾选“Merge”复选框时处理效果图。
1—端点；2—鼠标左键单击位置；3，4—三角网

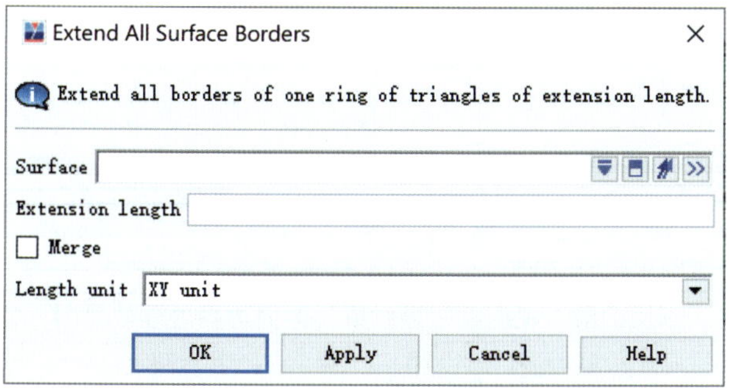

图 10. 84　延伸面中所有边界范围对话框

【Tools】→【Border】→【Extend】→【At on Surface Constraint】功能：根据 BOS（Border on Surface）约束对面的边界进行延伸。该功能处理的结果与面边界 BOS 约束进行插值处理的结果相同。

执行该命令，弹出“Fill Gaps between Border and Surface”（根据 BOS 约束对面的边界延伸）对话框（图 10. 86）。在“Surface”栏中选择需要处理的面文件。单击“OK”或“Apply”按钮，处理效果如图 10. 87 所示。

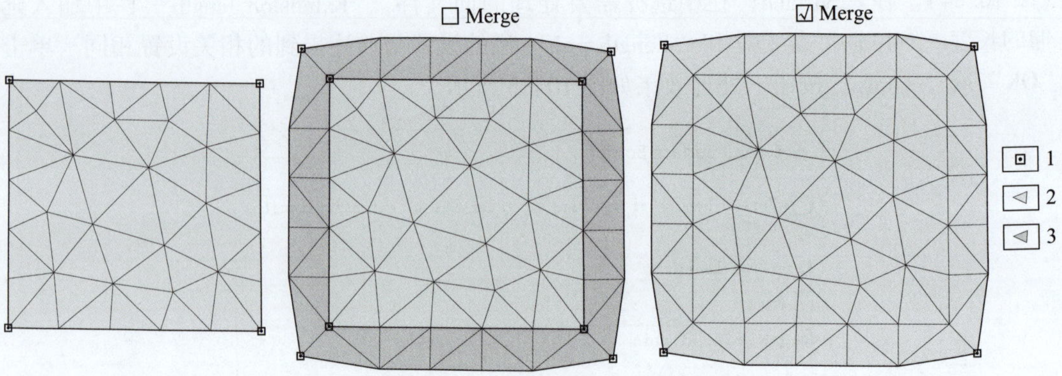

（a）　　（b）　　（c）

图 10.85　延伸面中所有边界范围处理效果图

（a）原始图；（b）未勾选“Merge”复选框时处理效果图；（c）勾选“Merge”复选框时处理效果图。1—端点；2，3—三角网

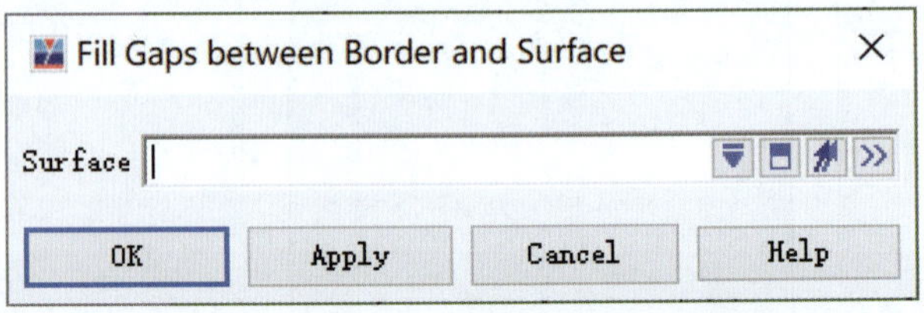

图 10.86　根据 BOS 约束对面的边界延伸对话框

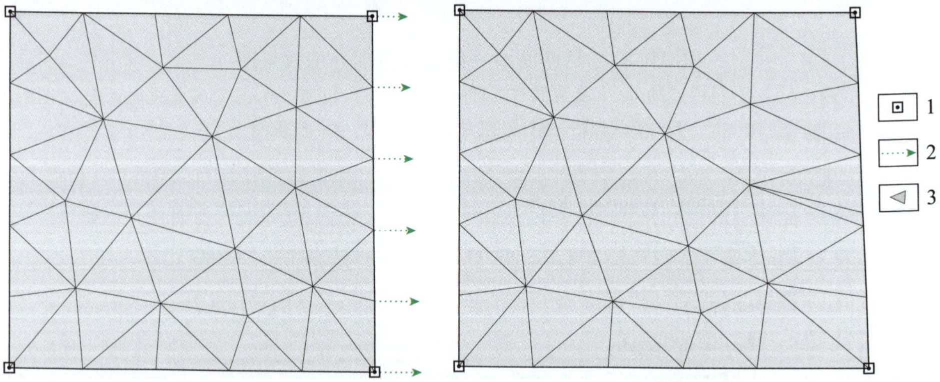

（a）　　（b）

图 10.87　根据面边界约束延伸面边界处理效果图

（a）原始图；（b）处理效果图。1—端点；2—BOS 约束；3—三角网

【Tools】→【Border】→【Uncut】→【One】功能：取消面中一条裁剪线。

执行该命令，在 3D 视图中单击鼠标左键选择要取消的裁剪线。该功能处理效果如图 10.88 所示。

【Tools】→【Border】→【Uncut】→【All】功能：取消面中所有裁剪线。

执行该命令，弹出“Uncut All Surface Borders”（取消面中所有裁剪线）对话框（图 10.89）。在“Surface”栏中选择需要处理的面文件。单击“OK”或“Apply”按钮，处理效果如图 10.90 所示。

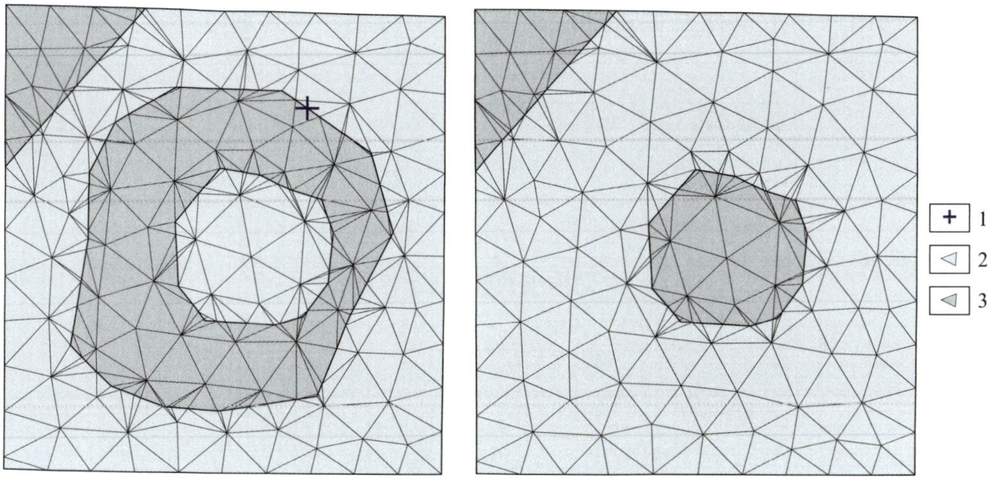

（a） （b）

图 10.88　取消面中一条裁剪线处理效果图

（a）原始图；（b）处理效果图。1—鼠标左键单击位置；2，3—三角网

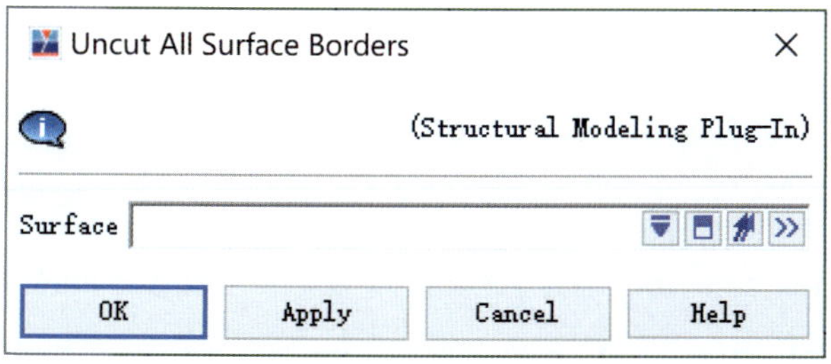

图 10.89　取消面中所有裁剪线对话框

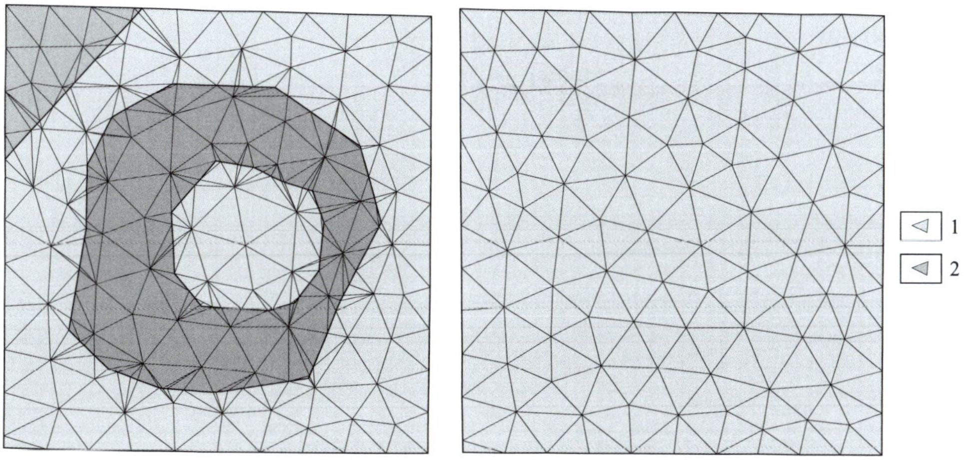

（a） （b）

图 10.90　取消面中所有裁剪线处理效果图

（a）原始图；（b）处理效果图。1，2—三角网

【Tools】→【Border】→【Translate】功能：按向量移动选中的面边界。

执行该命令，弹出“Translate Surface Border”（按向量值移动面边界）对话框（图 10.91）。在“Vector:”栏的“X”“Y”“Z”中输入向量值。单击“OK”或“Apply”按

钮，在 3D 视图内单击鼠标左键选择需要移动的面边界。该功能处理效果如图 10.92 所示。

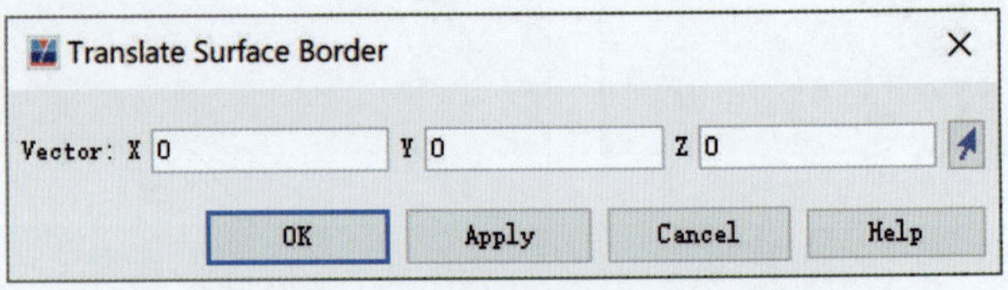

图 10.91　按向量值移动面边界对话框

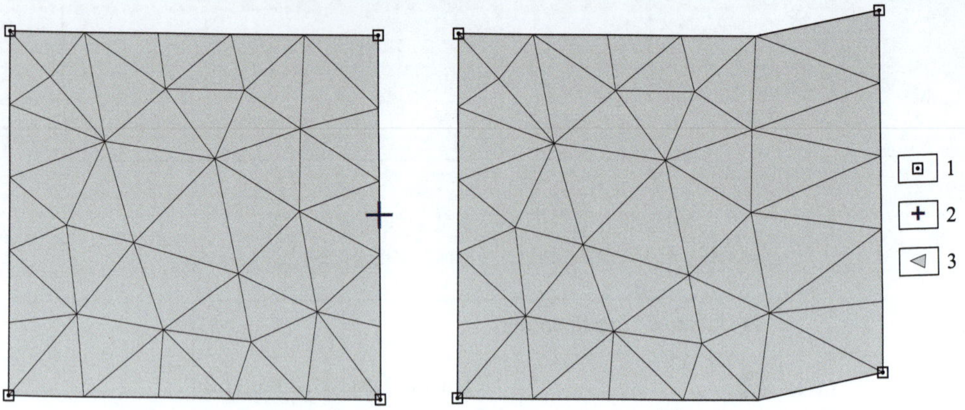

（a）　　（b）

图 10.92　按向量值移动面边界处理效果图

（a）原始图；（b）（2，1，0）向量处理效果图。1—端点；2—鼠标左键单击位置；3—三角网

【Tools】→【Border】→【Retract】 功能：退缩面边界。

执行该命令，单击鼠标左键在 3D 视图内选中需要处理的面边界。该功能处理效果如图 10.93 所示。

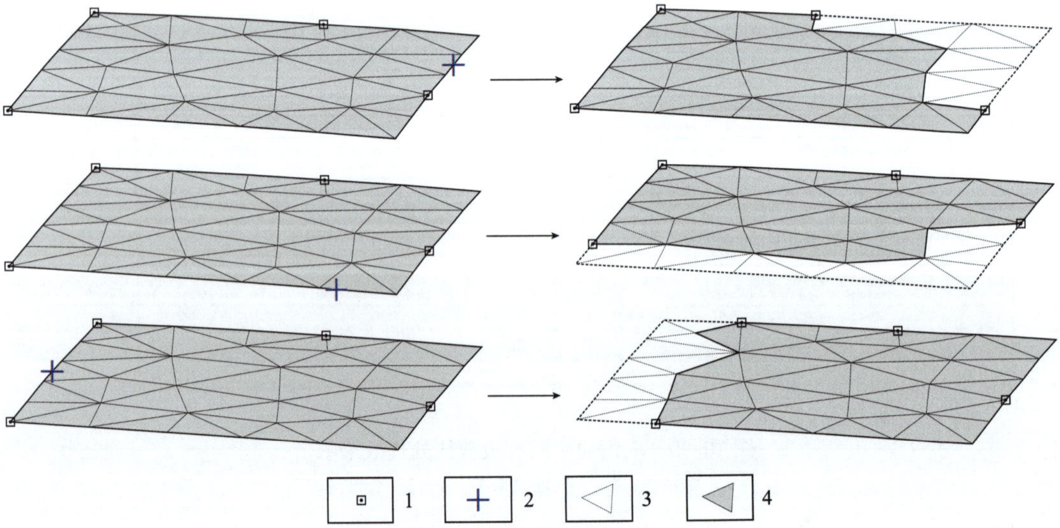

图 10.93　退缩面边界处理效果图

1—端点；2—鼠标左键单击位置；3—删除的三角网；4—三角网

【Tools】→【Border】→【Simplify One Border】功能：简化一条面边界的三角网。

执行该命令，单击鼠标左键在 3D 视图内选中需要处理的面边界。

【Tools】→【Border】→【Simplify All Border of Surfaces】功能：简化面中所有边界的三角网。

执行该命令，弹出“Simplify contiguous Borders of Surfaces”（简化面中边界的三角网）对话框（图 10.94）。在“Surface List”栏中选择需要处理的面。“Orphan border”复选框的设置与前述提到的相关设置相同。单击“OK”或“Apply”按钮，处理效果如图 10.95 所示。

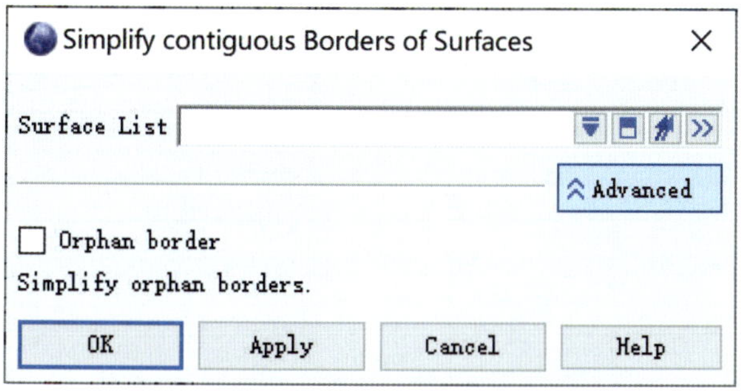

图 10.94　简化面中边界的三角网对话框

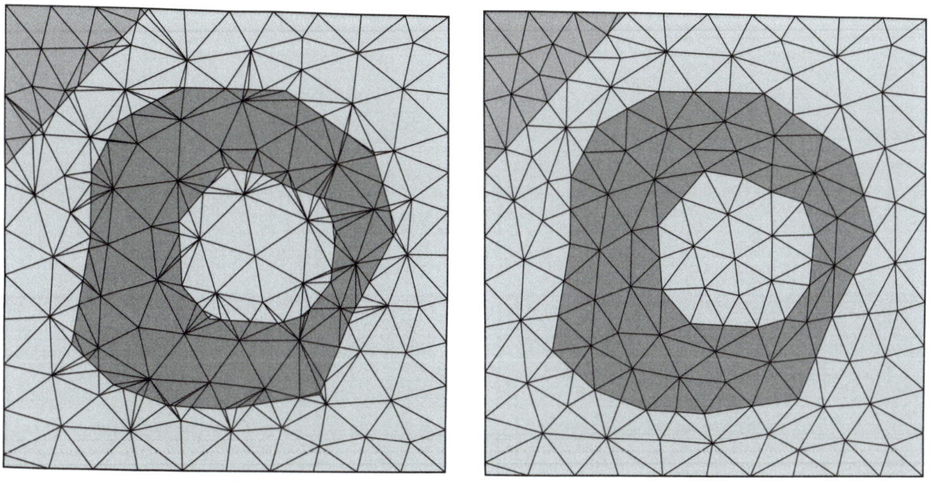

（a）　（b）

图 10.95　简化面边界三角网效果图

（a）原始图；（b）处理效果图

【Tools】→【Border】→【Smooth】功能：平滑面边界线。

执行该命令，单击鼠标左键在 3D 视图中选择需处理的面边界。该功能可以使面的边界变得更平滑，处理效果如图 10.96 所示。

19. 面节点链接

【Tools】→【Link】→【Node Link】→【Add】功能：增加面节点链接。

执行该命令，单击鼠标左键在 3D 视图中分别在两个面部分（Part）中选择需要链接的节点。该功能处理效果如图 10.97 所示。

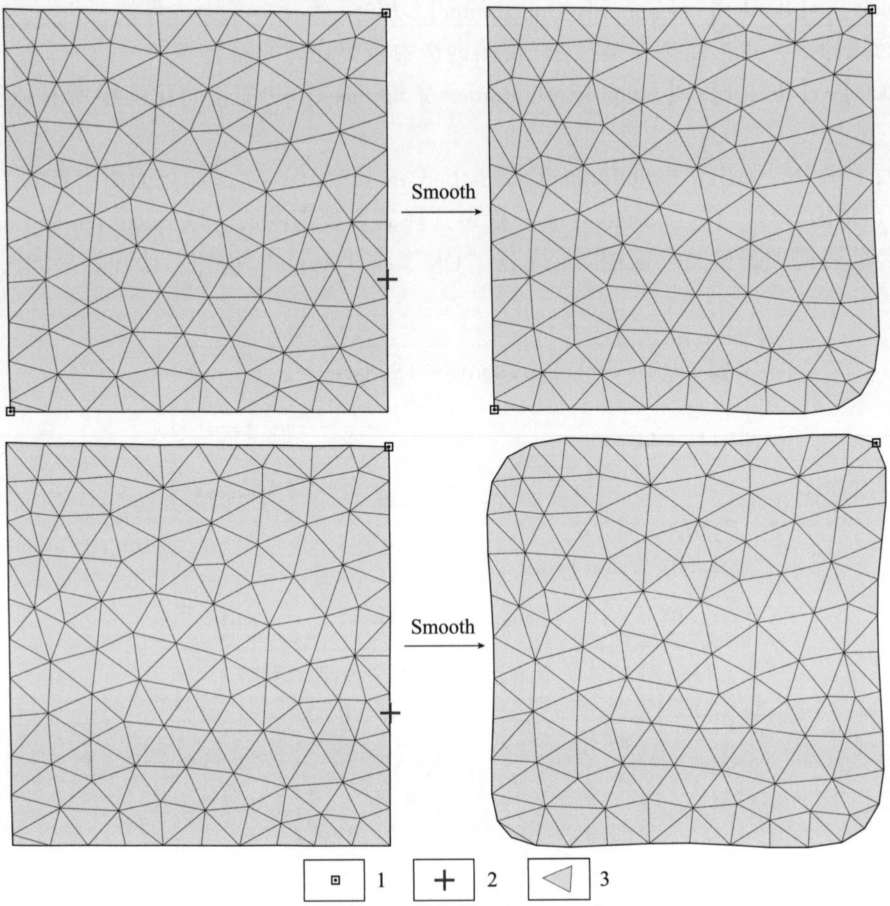

图 10.96　平滑面边界线效果图

1—端点；2—鼠标左键单击位置；3—三角网

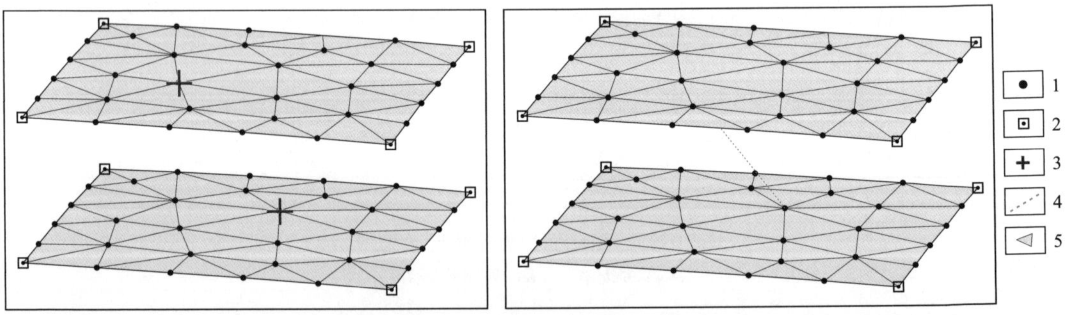

（a）　　　　　　　　　　　（b）

图 10.97　新增面节点链接处理效果图

（a）原始图；（b）处理效果图。1—面节点；2—端点；3—鼠标左键单击位置；4—节点链接约束；5—三角网

【Tools】→【Link】→【Node Link】→【Delete】功能：删除面节点链接。

执行该命令，在面节点链接上单击鼠标左键，该链接即可删除。

20. 面边界链接

【Tools】→【Link】→【Border Link】→【Add】功能：增加面边界链接。

执行该命令，单击鼠标左键在 3D 视图中分别在两个面部分（Part）中选择需要链接的边界。该功能处理效果如图 10.98 所示。

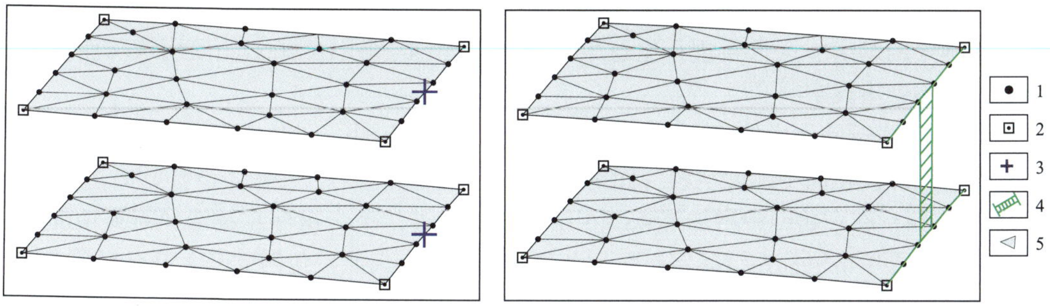

（a）　　　　　　　　　　　　　　（b）

图 10.98　新增面边界链接处理效果图

（a）原始图；（b）处理效果图。1—面节点；2—端点；3—鼠标左键单击位置；4—边界链接约束；5—三角网

【Tools】→【Link】→【Border Link】→【Delete】功能：删除面边界链接。

执行该命令，在面边界链接上单击鼠标左键，该链接即可删除。

21. 断开对象之间的节点链接

【Tools】→【Dissociate Vertices】功能：断开对象之间的节点链接。该功能已在“点集的编辑”中进行了介绍。

22. 设置面地质信息

【Tools】→【Assign Geologic Feature】功能：设置面地质信息。该功能已在“线的编辑”中进行了介绍。

【Tools】→【Unassign Geologic Feature】功能：取消面地质信息。该功能已在“线的编辑”中进行了介绍。

（二）工具条快捷按钮编辑功能

在“Digitization/Editing toolbar”工具条中的“Digitize/Edit Object Type”下拉框中选择“Surface”选项，在工具条中会出现一系列矢量化与编辑面的快捷按钮（图 10.99）。

图 10.99　矢量化与编辑面工具条

主要面编辑按钮及功能如下：

按钮：使用鼠标移动面中节点。该按钮的功能、使用方法与点编辑中的按钮相同。

按钮：删除面中的三角网。运用该功能删除面中的三角网只是将选中的三角网中的三个节点删除而使该三角网不存在，该三角网四周的节点重新组合生成新的三角网。该功能在删除三角网之后面中不会出现空洞（图 10.100）。

按钮：删除三角网。使用该功能删除三角网与按钮删除三角网不同，选中的三角网将被删除，且在面中出现空洞（图 10.100）。

按钮：新增三角网，该功能主要用于面中空洞的修补。单击鼠标左键依次选中用于新建三角网的节点，根据选择的三个节点自动创建一个三角网（图 10.100）。

按钮：删除面中的节点。删除面中的节点后破坏了由该节点组成的三角网，涉及的三角网中的剩余节点重新进行组合生成新的三角网（图 10.100）。使用该功能删除节点，面中不会出现空洞。

按钮：删除面中的节点。在删除面中选中的节点时，同时也会将涉及该节点的所有三角网删除，在面中出现空洞（图 10.100）。

按钮：在三角网中增加节点。在执行该功能时，单击鼠标左键选择需要增加节点的三角网，再单击鼠标左键确定新增加节点的所在位置，原三角网的三个节点与新增加的节点组合生成三个新的三角网替换原来的三角网（图 10.100）。

按钮：相邻两个三角网组合方式转换。相邻的两个三角网，共有四个节点，这四个节点有两种三角网组合方式。该按钮功能是对这两种三角网组合方式进行转换（图 10.100）。

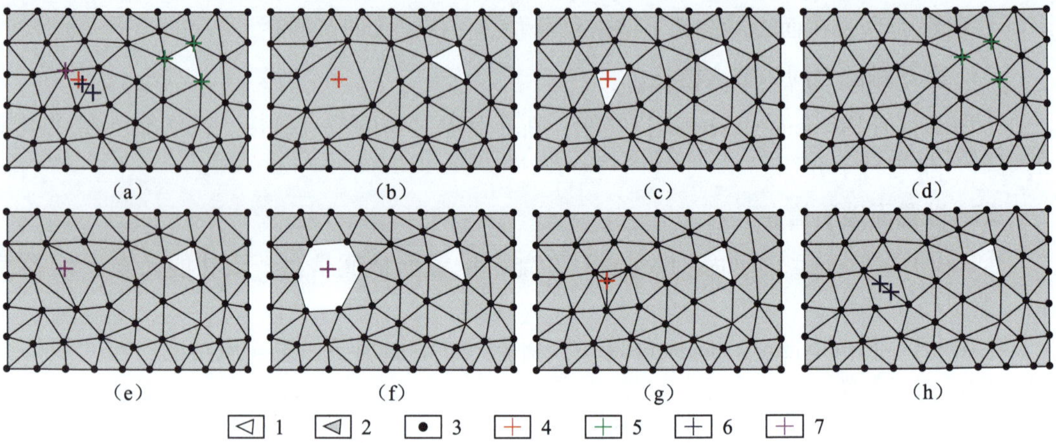

图 10.100 不同面编辑按钮功能效果图

（a）原始图；（b）按钮功能效果图；（c）按钮功能效果图；（d）按钮功能效果图；（e）按钮功能效果图；（f）按钮功能效果图；（g）按钮功能效果图；（h）按钮功能效果图。1—面三角网空洞；2—面三角网；3—节点；4—图（b）（c）（g）中鼠标左键单击位置；5—图（d）中鼠标左键单击位置；6—图（h）中鼠标左键单击位置；7—图（e）（f）中鼠标左键单击位置

按钮：新增端点。执行该功能时，在面的边界部位单击鼠标左键即可增加端点。

按钮：删除端点。执行该功能时，单击鼠标左键选择端点即可删除。面的边界中至少需要存在一个端点，当只有一个端点时，无法将该端点删除。

按钮：移动端点。执行该功能时，单击鼠标左键选中需要移动的端点，在同一条边界上单击鼠标左键确定移动的目标位置，端点则会自动移动到该位置。

按钮：裁剪面。鼠标左键点击该按钮，在 3D 视图中移动鼠标并单击左键画出一条闭合裁剪线的轨迹，单击一次鼠标左键则矢量化一个线的节点，单击鼠标右键则结束线的矢量化，并弹出对话框（图 10.101）。可以修改对话框中“Front points”栏和“Back points”栏中节点坐标值来调整裁剪线节点的位置。勾选“Closed”复选框时，裁剪线为闭合线。单击“OK”或“Apply”按钮后执行面的裁剪。

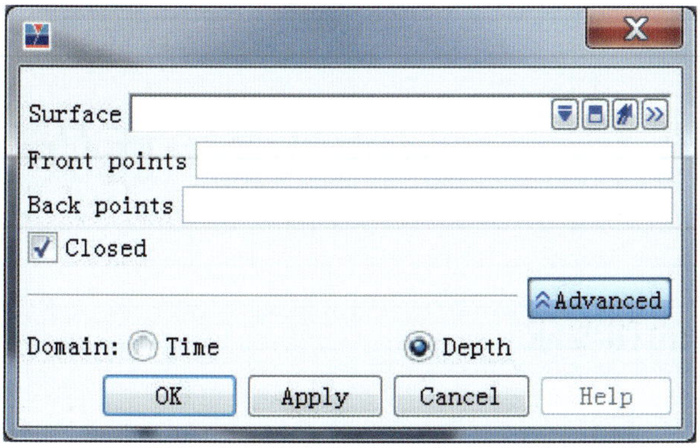

图 10.101　裁剪面对话框

按钮：裁剪面。该按钮的用法、功能与按钮基本相同，不同之处是在弹出的对话框（图 10.101）中“Closed”复选框默认为不勾选，而按钮功能中该复选框默认为勾选。

按钮：用 B 样条函数调整面的边界。使用鼠标左键点击该按钮，在 3D 视图中再单击鼠标左键选中需要调整的面，3D 视图中会生成一条根据 B 样条函数和面边界线的虚拟曲线，可以通过调整虚拟曲线中的节点快速调整选中面的边界和面的空间形态。单击鼠标右键停止执行该功能。

实验十一　面的约束-插值处理

一、实验目的和要求

（一）实验目的

学习各种面的约束-插值方法与操作流程，提高三维建模效率与精度。培养学生实践动手能力、解决实际问题能力和运用新方法、新技术创新性开展工作的能力，激发学生对本课程的兴趣与热情。

（二）实验要求

了解属性控制节点、点对面属性约束设置。

熟悉线与面的距离约束等设置；熟悉面属性插值处理。

掌握几何控制节点约束、点对面的几何形状约束、面边界约束、面的边界对面的端点约束等设置操作；掌握约束的删除、激活、冻结、方向修改等操作；掌握面几何形状插值处理。

（三）软件

GOCAD 软件。

二、实验内容

（一）约束处理

1. 创建约束

（1）几何形状控制节点

【Constraints】→【Control Nodes】→【Set One】功能：将面中的一个节点设置成为几何形状控制节点。

执行该命令，在 3D 视图中单击鼠标左键选中需要设置的面节点即可。执行该功能后，只能将一个节点设置成为几何形状控制节点（图 11.1），但可以单击空格键重复执行该命令。

【Constraints】→【Control Nodes】→【Set Everywhere】功能：将面文件中所有节点设置成为几何形状控制节点。

执行该命令，弹出“Set Control Nodes Everywhere”（将面中所有节点设置成为几何形状控制节点）对话框（图 11.2），在“AtomsSet”栏中选择面文件。单击“OK”或“Apply”按钮，面中所有节点变成几何形状控制节点（图 11.3）。

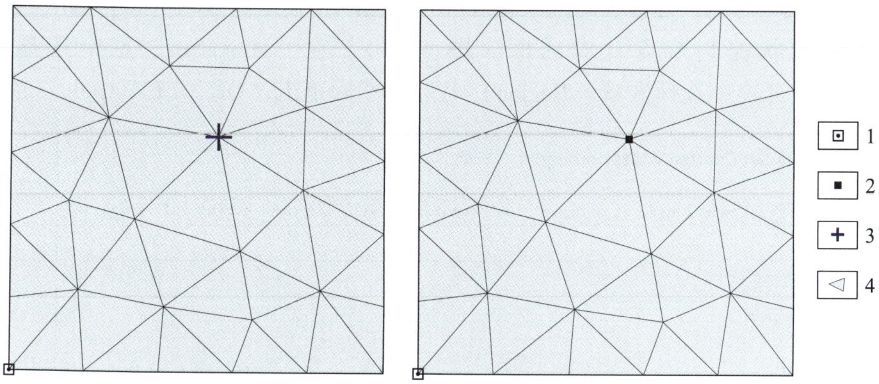

（a）　　　　　　　　　　　　　　（b）

图 11.1　将面中单个节点设置成为几何形状控制节点效果图

（a）原始图；（b）处理效果图。1—端点；2—几何形状控制节点；3—鼠标左键单击位置；4—三角网

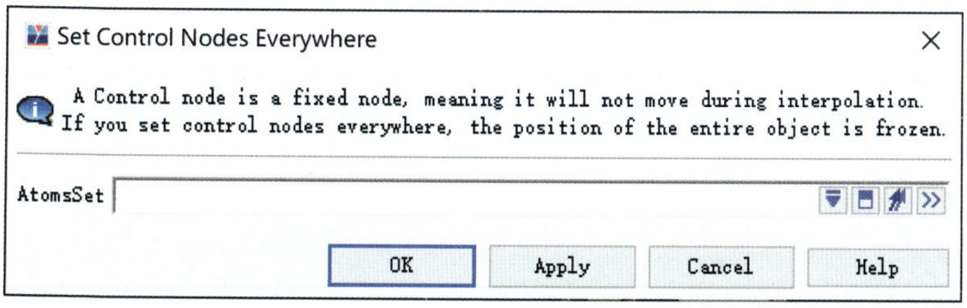

图 11.2　将面中所有节点设置成为几何形状控制节点对话框

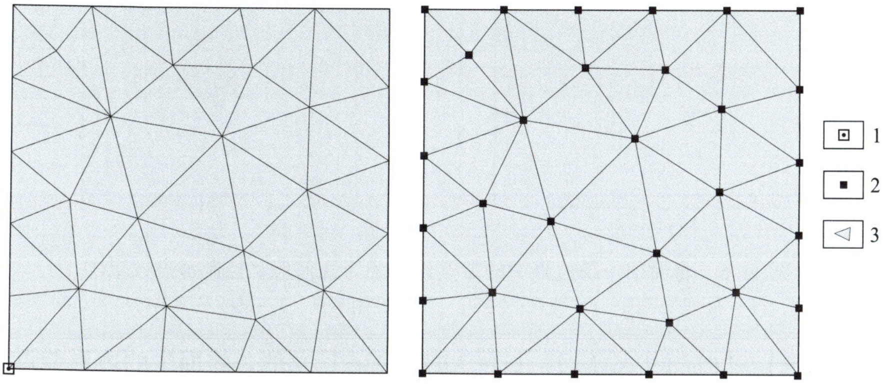

（a）　　　　　　　　　　　　　　（b）

图 11.3　将面中所有节点设置成为几何形状控制节点效果图

（a）原始图；（b）处理效果图。1—端点；2—几何形状控制节点；3—三角网

【Constraints】→【Control Nodes】→【Set On One Part】功能：将整个面部分（Part）中的节点设置成为几何形状控制节点。

执行该命令，在 3D 视图中单击鼠标左键选择面部分（Part），选中的面部分（Part）中的三角网节点都设置成为几何形状控制节点。也可以长按 Ctrl 键，单击鼠标左键选择多个面部分（Part），将选中的面部分（Part）中的节点设置成为几何形状控制节点。

【Constraints】→【Control Nodes】→【Set In Region】功能：将一个面区域（Region）内的节点设置成为几何形状控制节点。

执行该命令，弹出“Set Control Nodes on Region”［根据面区域（Region）范围设置面节点为几何形状控制节点］对话框（图 11.4）。在“AtomsSet”栏中选择面文件，“Region”下拉选项中选择区域（Region）名称。然后单击“OK”或“Apply”按钮。

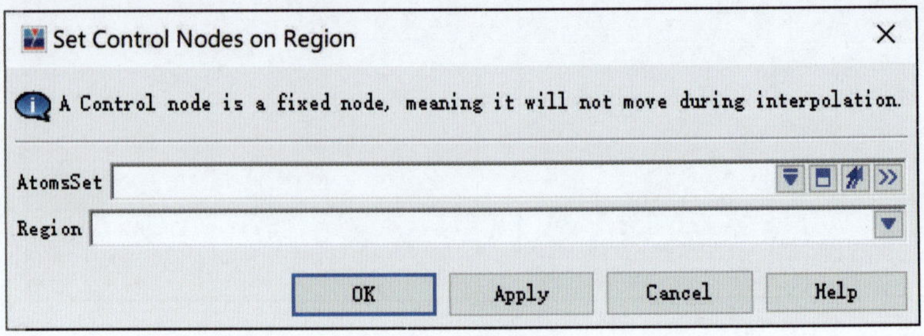

图 11.4　根据面区域（Region）范围设置面节点为几何形状控制节点对话框

【Constraints】→【Control Nodes】→【On One Border】功能：将面中一条边界中的节点设置成为几何形状控制节点。

执行该命令，在 3D 视图中单击鼠标左键选择面边界，选中的面边界上的节点全部设置成为几何形状控制节点（图 11.5）。

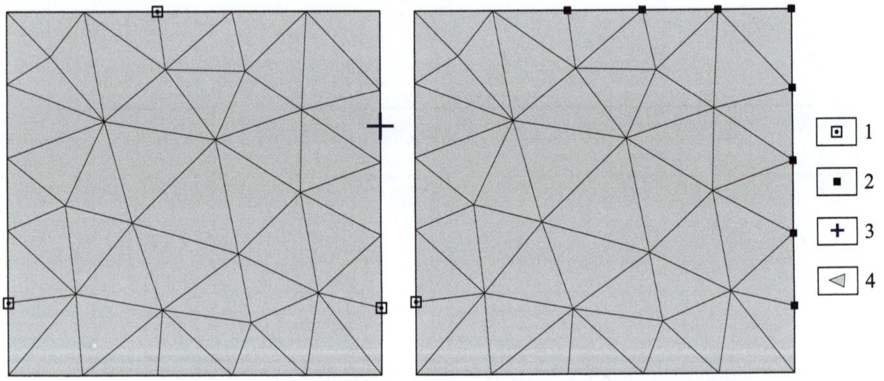

（a）　　　　　　　　　　（b）

图 11.5　将面中一条边界中的节点设置成为几何形状控制节点效果图

（a）原始图；（b）处理效果图。1—端点；2—几何形状控制节点；3—鼠标左键单击位置；4—三角网

【Constraints】→【Control Nodes】→【On All Borders】功能：将面中的边界节点设置成为几何形状控制节点。

执行该命令，弹出“Set Control Node on All Borders”（将面中的边界节点设置成为几何形状控制节点）对话框（图 11.6）。在“Surface”栏中选择面文件，单击“OK”或“Apply”按钮，面中所有边界的节点都设置成为几何形状控制节点（图 11.7）。

【Constraints】→【Control Nodes】→【From Control Points】功能：根据控制点设置几何形状控制节点约束。在执行该功能之前，需要设置点对面约束。

执行该命令，弹出“Set Control Node from Control Points Constraints”（根据控制点设置几何形状控制节点约束）对话框（图 11.8）。在“Surface”栏中选择面文件。“Tol”栏输入数值，当该值大于控制点沿约束方向到三角网的距离时，执行该功能不起作用；当该值小于或等于控制点沿约束方向到三角网的距离时，在对应的三角网中会新生成一个节点

(图 11.9)。自动移动生成的节点靠近控制点，并将移动后的节点设置成几何形状控制节点（图 11.9)。单击“OK”或“Apply”按钮，再单击鼠标左键，在 3D 视图中选择控制点。

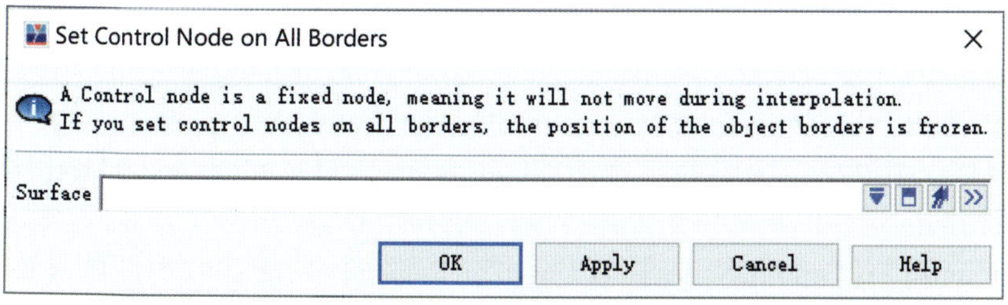

图 11.6　将面中的边界节点设置成为几何形状控制节点对话框

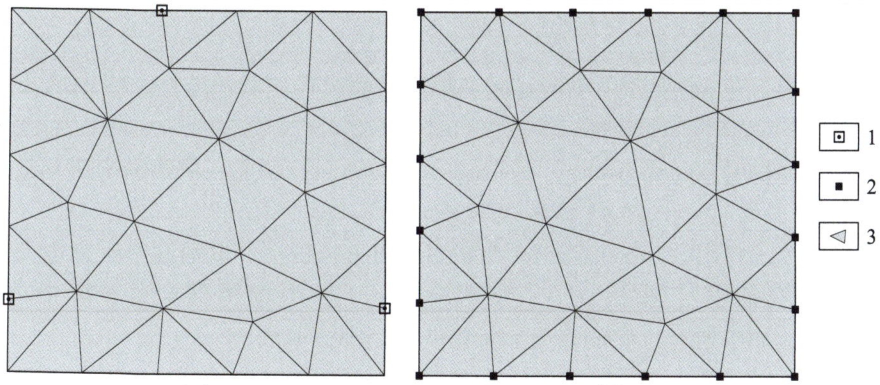

（a）　（b）

图 11.7　将面中的边界节点设置成为几何形状控制节点效果图

（a）原始图；（b）处理效果图。1—端点；2—几何形状控制节点；3—三角网

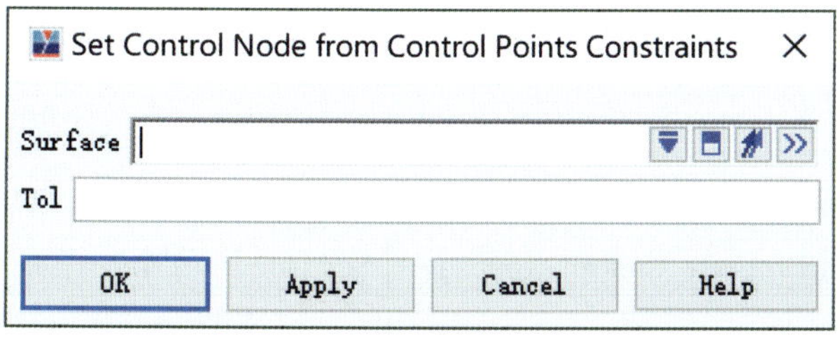

图 11.8　根据控制点设置几何形状控制节点约束对话框

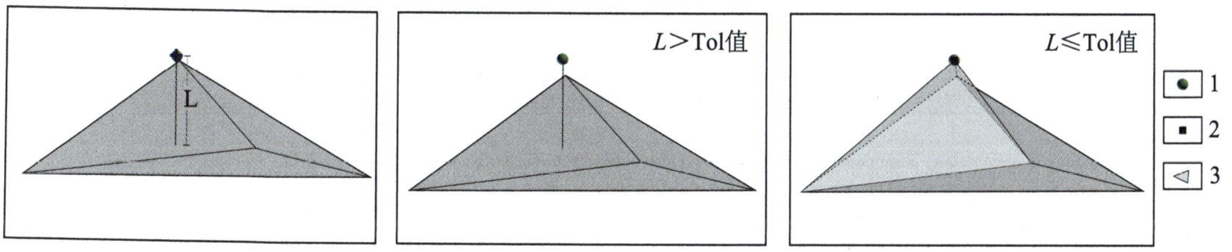

（a）　（b）　（c）

图 11.9　根据控制点设置几何形状控制节点约束效果图

（a）原始图；（b）L>Tol 值时效果图；（c）L≤Tol 值时效果图。

1—点集；2—几何形状控制节点；3—三角网

【Constraints】→【Control Nodes】→【Unset One】功能：取消面中的一个几何形状控制节点。使用方法与线【Constraints】→【Control Nodes】→【Unset One】功能相同。

【Constraints】→【Control Nodes】→【Unset Everywhere】功能：将面文件中的所有几何形状控制节点取消。使用方法与线【Constraints】→【Control Nodes】→【Unset Everywhere】功能相同。

【Constraints】→【Control Nodes】→【Unset On One Part】功能：取消一个面部分（Part）中的几何形状控制节点。使用方法与线【Constraints】→【Control Nodes】→【Unset On One Part】功能相同。

【Constraints】→【Control Nodes】→【Unset In Region】功能：取消区域（Region）内的面的几何形状控制节点。

【Constraints】→【Control Nodes】→【Unset One Border】功能：取消面中一条边上的几何形状控制节点。

执行该命令，在3D视图中单击鼠标左键选择面边界，取消选中边界中的几何形状控制节点。

【Constraints】→【Control Nodes】→【Unset All Borders】功能：取消面中所有边上的几何形状控制节点。

执行该命令，弹出“UnSet Control Node on All Borders”（取消面中所有边上的几何形状控制节点）对话框（图11.10）。在“Surface”栏中选择面文件，单击“OK”或“Apply”按钮，面中所有边界的几何形状控制节点都被取消。

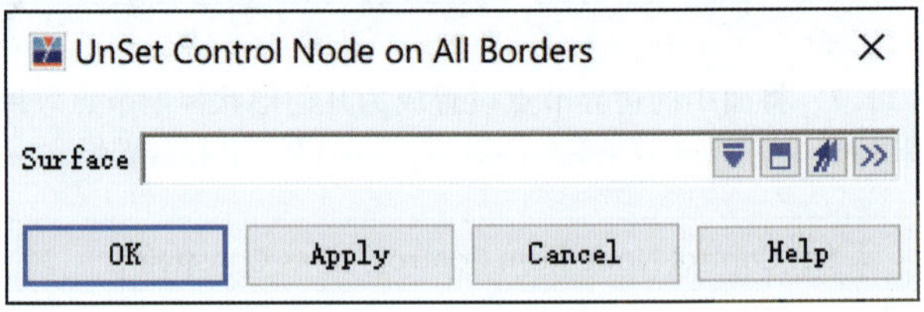

图11.10　取消面中所有边上的几何形状控制节点对话框

（2）属性控制节点

【Constraints】→【Property Control Nodes】→【Set One】功能：将面中的一个节点设置成为属性控制节点。

执行该命令，弹出“Set Property Control Node”（设置面中的节点为属性控制节点）对话框（图11.11）。在“AtomsSet Atomicg”栏中选择面文件，“Property”栏中选择对应

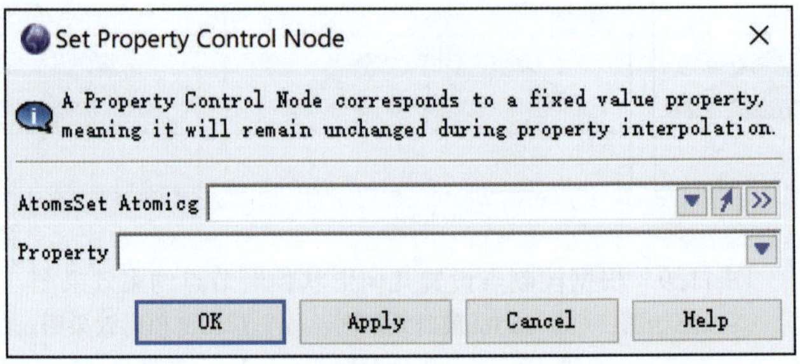

图11.11　设置面中的节点为属性控制节点对话框

的属性。单击“OK”或“Apply”按钮，在3D视图中单击鼠标左键选择面中对应的节点设置成为属性控制节点。

【Constraints】→【Property Control Nodes】→【Set Everywhere】功能：将面文件中所有节点设置成为属性控制节点。

执行该命令，弹出“Set Property Control Nodes everywhere”（将面中所有节点设置成为属性控制节点）对话框（图11.12）。在“AtomsSet”栏中选择面文件，“Property”栏中选择属性名称。单击“OK”或“Apply”按钮，面文件中的所有节点变成属性控制节点。

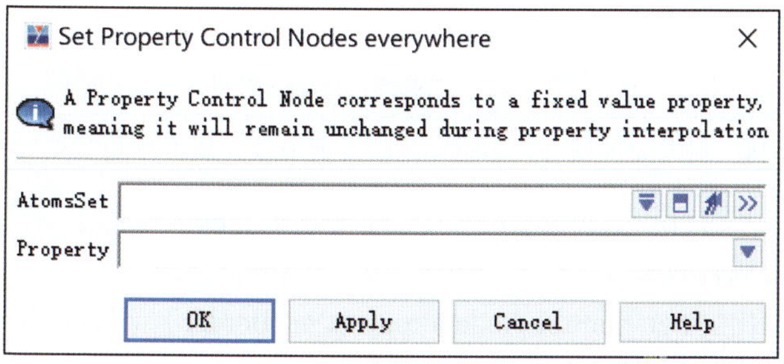

图11.12　将面中所有节点设置成为属性控制节点对话框

【Constraints】→【Property Control Nodes】→【Set On One Part】功能：将整个面部分（Part）中的节点设置成为属性控制节点。

执行该命令，弹出“Set Property Control Nodes on Entire Part”［将面部分（Part）中的节点设置成为属性控制节点］对话框（图11.13）。在“AtomsSet Atgp”栏中选择面文件，“Property”栏中选择属性名称。单击“OK”或“Apply”按钮，在3D视图中单击鼠标左键选择面部分（Part）的方式实现面中所有节点设置成为属性控制节点的功能。也可以通过长按Ctrl键，单击鼠标左键选择多个面部分（Part），将选中的面部分（Part）中的节点设置成为属性控制节点。

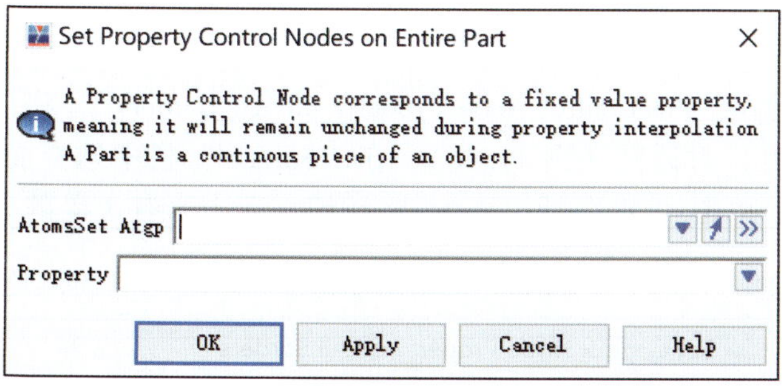

图11.13　将面部分（Part）中的节点设置成为属性控制节点对话框

【Constraints】→【Property Control Nodes】→【Set In Region】功能：将一个面区域（Region）内的节点设置成为属性控制节点。

执行该命令，弹出“Set Property Control Nodes on Region”［根据面区域（Region）范围设置节点为属性控制节点］对话框（图11.14）。在“AtomsSet”栏中选择面文件，“Property”栏中选择属性名称，“Region”栏中选择区域（Region）名称。最后，单击“OK”或“Apply”按钮。

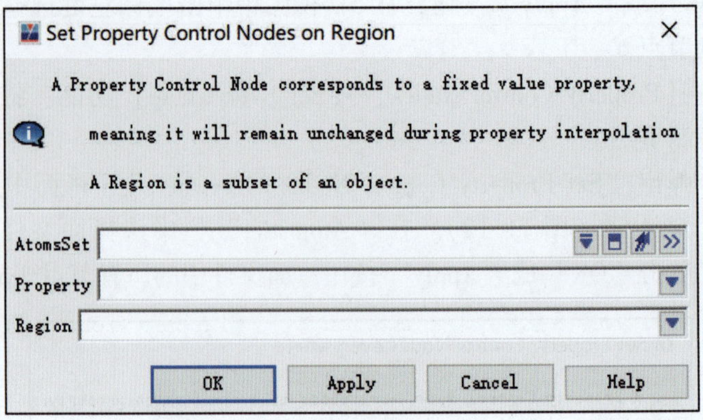

图 11.14　根据面区域（Region）范围设置节点为属性控制节点对话框

【Constraints】→【Property Control Nodes】→【Set On One Border】功能：将面中一条边界中的节点设置成为属性控制节点。

执行该命令，弹出“Set Control Node Property on Border”（将面边界中的节点设置成为属性控制节点）对话框（图 11.15）。在“Surface”栏中选择面文件，“Property”栏中选择属性名称。单击“OK”或“Apply”按钮，在 3D 视图中单击鼠标左键选择面边界。

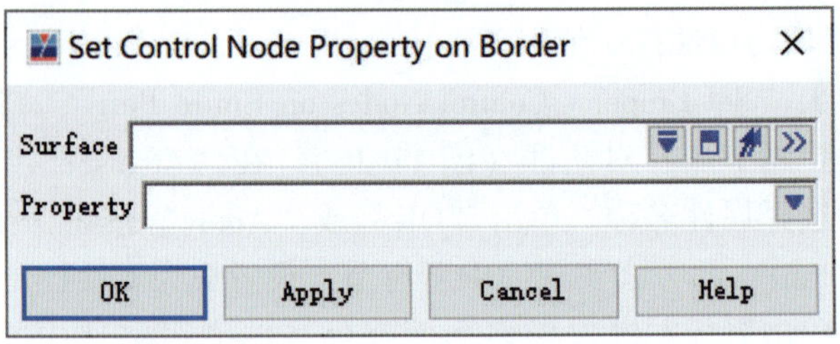

图 11.15　将面边界中的节点设置成为属性控制节点对话框

【Constraints】→【Property Control Nodes】→【Set On All Borders】功能：将面中的边界节点设置成为属性控制节点。

执行该命令，弹出“Set Control Node Property on All Borders”（将面中的边界节点设置成为属性控制节点）对话框（图 11.16）。在“Surface”栏中选择面文件，“Property”栏中选择属性名称。单击“OK”或“Apply”按钮，面中所有边界的节点都设置成为属性控制节点。

图 11.16　将面中的边界节点设置成为属性控制节点对话框

【Constraints】→【Property Control Nodes】→【Unset One】功能：取消面中的一个属性控制节点。使用方法与线【Constraints】→【Property Control Nodes】→【Unset One】功能相同。

【Constraints】→【Property Control Nodes】→【Unset Everywhere】功能：将面文件中的所有属性控制节点取消。使用方法与线【Constraints】→【Property Control Nodes】→【Unset Everywhere】功能相同。

【Constraints】→【Property Control Nodes】→【Unset On One Part】功能：取消一个面部分（Part）中的所有属性控制节点。使用方法与线【Constraints】→【Property Control Nodes】→【Unset On One Part】功能相同。

【Constraints】→【Property Control Nodes】→【Unset In Region】功能：取消区域（Region）内的面属性控制节点。使用方法与线【Constraints】→【Property Control Nodes】→【Unset In Region】功能相同。

【Constraints】→【Property Control Nodes】→【Unset On One Border】功能：取消面中一条边上的属性控制节点。

【Constraints】→【Property Control Nodes】→【Unset On All Borders】功能：取消面中所有边上的属性控制节点。

（3）点集对面几何形状约束

【Constraints】→【Control Points】→【Set Control Points】功能：设置点集对面的几何形状约束。

执行该命令，弹出“Set Control Points”（设置点集对面的几何形状约束）对话框（图 11.17）。在“Surface”栏中选择面文件，“AtomsSet Control points”栏中选择点集文件。勾选“Optimize shooting direction”复选框时，约束向量为点集与面三角网最短距离的连线；未勾选该复选框时，可对“Dir _ shoot:”栏的“X”“Y”“Z”值进行修改，确定点集到面的约束向量。单击“OK”或“Apply”按钮，点集与面之间出现约束线，只有执行面的插值处理时，面的几何形状才会发生改变（图 11.18）。

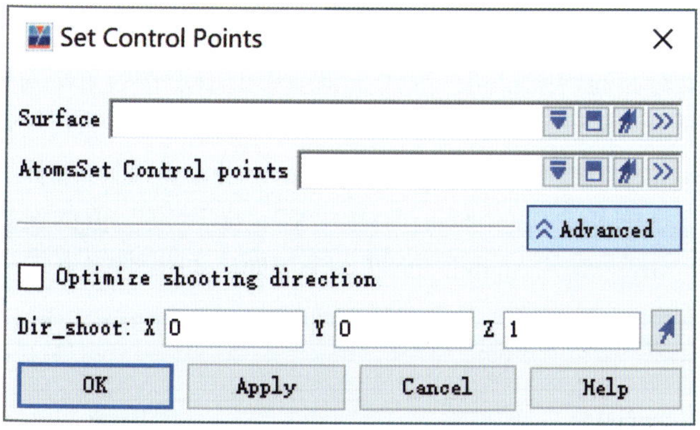

图 11.17　设置点集对面的几何形状约束对话框

【Constraints】→【Control Points】→【Set Control Points and Slopes】功能：设置点集位置和坡度对面的几何形状约束。

执行该命令，弹出“Control Points and Slopes”（设置点集位置和坡度对面几何形状约束）对话框（图 11.19）。在“Surface”栏中选择面文件，“AtomsSet Control points”栏中选择点集文件，“Property name”栏中选择点集中坡度信息所在的属性名。“Optimize shooting direction”复选框和“Dir _ shoot:”栏“X”“Y”“Z”值的设置与前述提到的相关设置相同。单击“OK”或“Apply”按钮，点集与面之间出现约束线，只有执行面的插值处理时，面的几何形状才会发生改变。

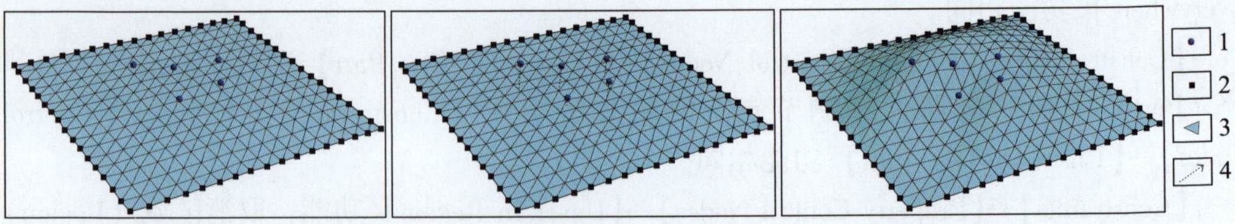

图 11.18　点集对面的几何形状约束效果图

(a) 原始图；(b) 点集对面的几何形状约束效果图，约束向量为 (0，0，1)；(c) 插值结果效果图。
1—点集；2—控制节点；3—面三角网；4—约束向量

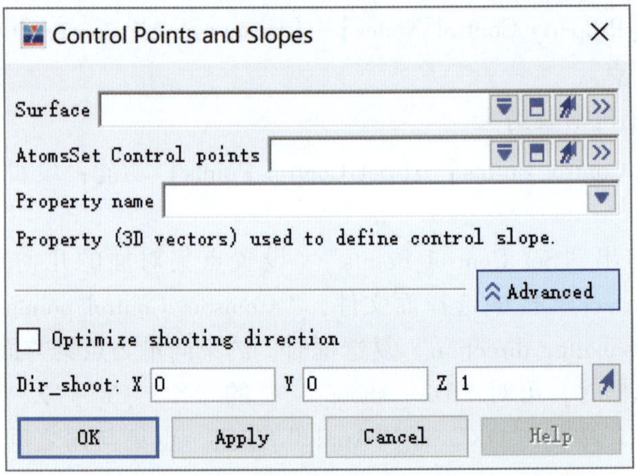

图 11.19　设置点集位置和坡度对面几何形状约束对话框

【Constraints】→【Control Points】→【Set Control Curves】功能：设置线对面的几何形状约束。该功能与点集对面的约束相同，等同于将线中的节点作为点集对面进行约束。

执行该命令，弹出“Set Control Lines (FCL)”（设置线对面的几何形状约束）对话框（图 11.20）。在“Surface”栏中选择面文件，“Curve Curve”栏中选择线文件。“Optimize shooting direction”复选框和“Dir _ shoot:”栏“X”“Y”“Z”值的设置与前述提到的相关设置相同。单击“OK”或“Apply”按钮，线与面之间出现约束线，只有执行面的插

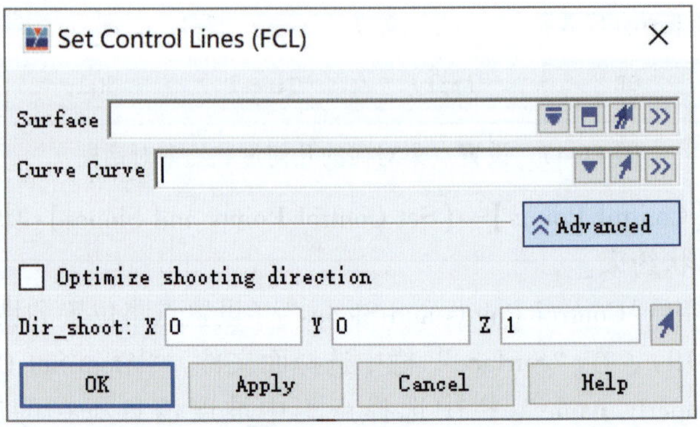

图 11.20　设置线对面的几何形状约束对话框

值处理时，面的几何形状才会发生改变。

(4) 点集对面属性约束

【Constraints】→【Set Property Control Points】功能：设置点集对面的属性约束。

执行该命令，弹出“Set Properties Control Points”（设置点集对面的属性约束）对话框（图 11.21）。在“Surface”栏中选择面文件，“AtomsSet Property control points”栏中选择点集文件。“Optimize shooting direction”复选框和“Dir _ shoot:”栏“X”“Y”“Z”值的设置与前述提到的相关设置相同。单击“OK”或“Apply”按钮，点集与面之间出现约束线，只有执行面的插值处理时，面中的属性信息才会发生改变（图 11.22）。

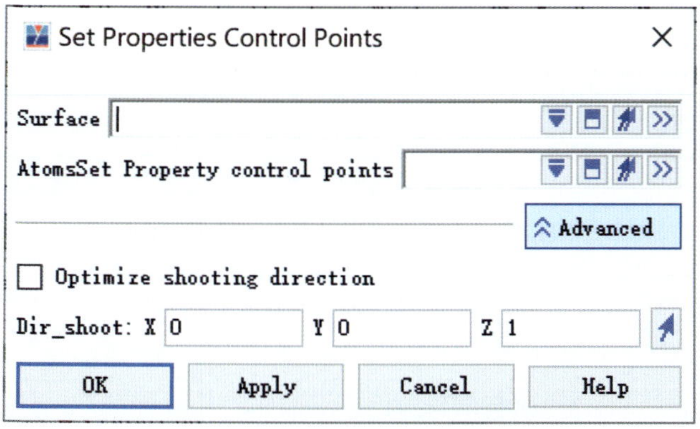

图 11.21　设置点集对面的属性约束对话框

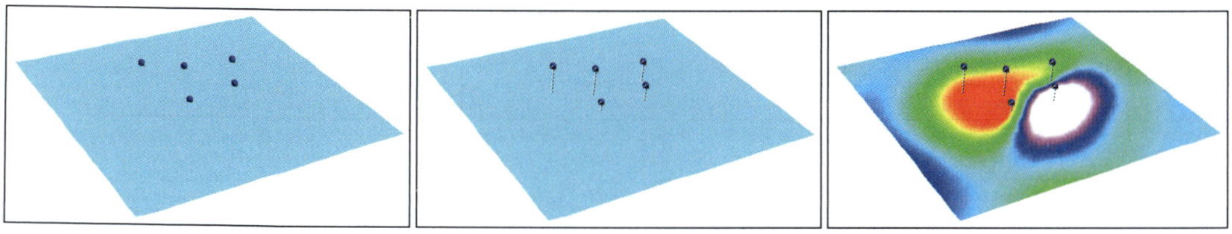

(a)　(b)　(c)

图 11.22　点集对面的属性约束效果图

(a) 原始图；(b) 点集对面的属性约束效果图；(c) 插值结果效果图

(5) 面边界约束

【Constraints】→【Constraints On Border】→【Set On Straight Line】→【One Border】功能：将面中一条边界设置为直线约束。插值时，约束的边界节点沿直线方向移动。

执行该命令，在 3D 视图中选择需要增加约束的面边界。

【Constraints】→【Constraints On Border】→【Set On Straight Line】→【All Borders】功能：对面中边界设置为直线约束。

执行该命令，弹出“Set All Borders on Straight Line”（对面中边界设置直线约束）对话框（图 11.23）。在“Surface”栏中选择面文件。勾选“Optimize shooting direction”复选框时，“Force direction”复选框和“Dir _ shoot:”栏不可编辑，各面边界节点上的约束方向为该节点的法线向量（图 11.24）。当“Optimize shooting direction”复选框和“Force direction”复选框都未勾选时，“Dir _ shoot:”栏不可编辑，面边界节点上的约束方向为该曲面的全局法向量（图 11.24）。不勾选“Optimize shooting direction”复选框、勾选

"Force direction" 复选框时，在 "Dir _ shoot:" 栏的 "X" "Y" "Z" 中输入约束方向的向量值，面边界节点上的约束方向为 "Dir _ shoot:" 栏中输入的向量（图 11.24）。最后，单击 "OK" 或 "Apply" 按钮。

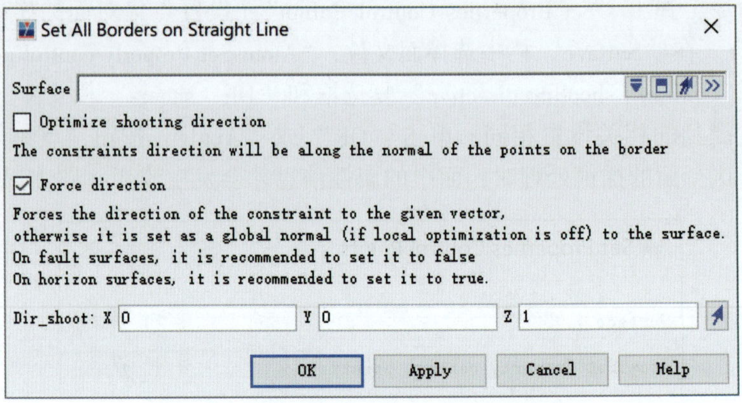

图 11.23　对面中边界设置直线约束对话框

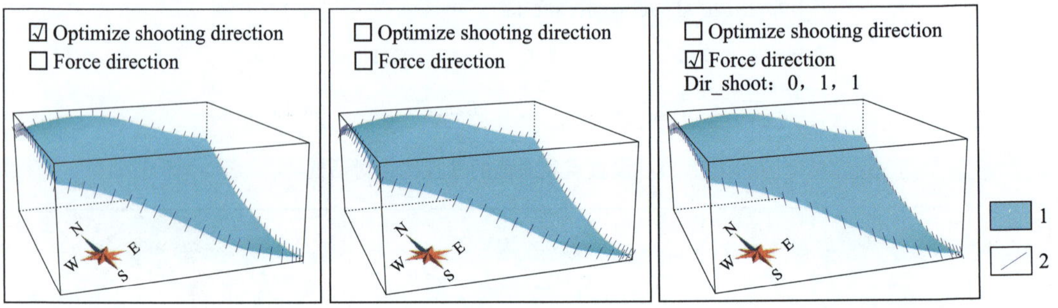

（a）　（b）　（c）

图 11.24　设置面边界直线约束效果图

（a）最佳向量约束；（b）全局法向量约束；（c）（0，1，1）向量约束。1—面；2—约束线

【Constraints】→【Constraints On Border】→【Set On Cylinder】→【One Border】功能：设置面中一条边界约束，该约束作用为控制面边界节点沿圆柱体方向移动。

执行该命令，在 3D 视图中选择需要增加约束的面边界。

【Constraints】→【Constraints On Border】→【Set On Cylinder】→【All Borders】功能：设置面中边界约束，该约束作用为控制面边界节点沿圆柱体方向移动。

执行该命令，弹出 "Set All Borders on Plane"（设置面边界约束）对话框（图 11.25）。在 "Surface" 栏中选择面文件。勾选 "Optimize shooting direction" 复选框时，各面边界节

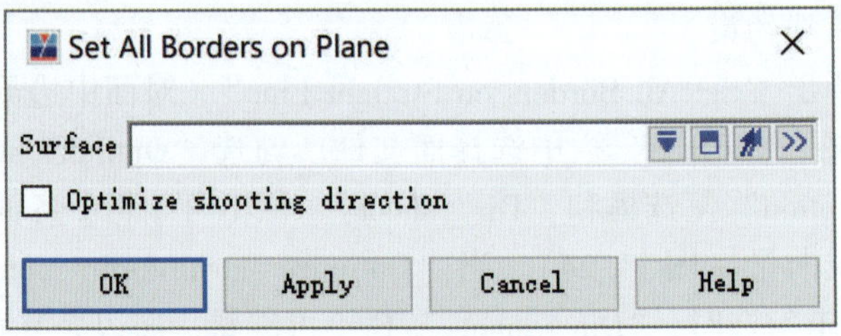

图 11.25　设置面边界约束对话框

点上的约束方向为该节点的法线向量；未勾选“Optimize shooting direction”复选框时，面边界节点上的约束方向为该曲面的全局法向量（图 11.26）。最后，单击“OK”或“Apply”按钮。

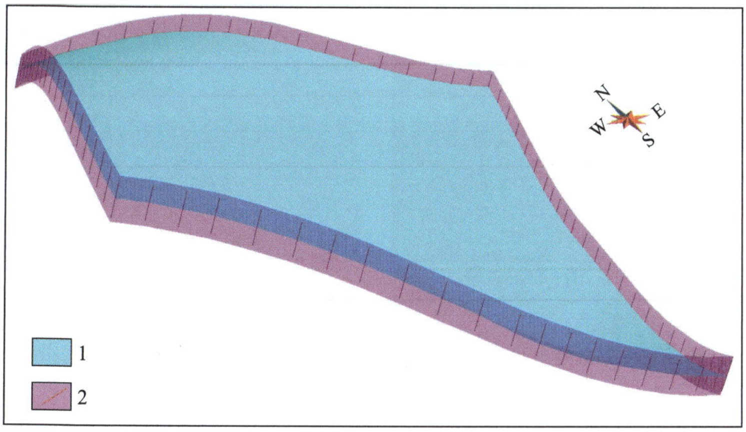

图 11.26　面边界约束效果图

1—面；2—约束

【Constraints】→【Constraints On Border】→【Set On Surface】功能：面对另一个面边界约束。

执行该命令，弹出“Set Border on Surface”（面对另一个面边界约束）对话框（图 11.27）。在“Surface Controller”栏中选择用来约束面边界的面文件。单击“OK”或“Apply”按钮，鼠标选择需要约束的面边界，选中的面边界向控制面延伸出约束线［图 11.28（a）］，执行插值处理后，受约束的边界节点自动靠近到面上［图 11.28（b）］。

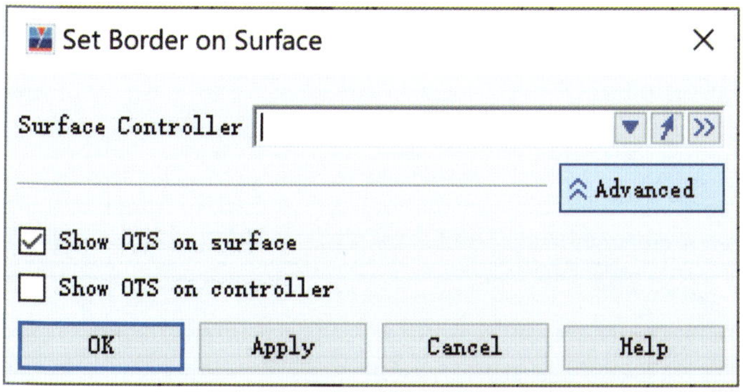

图 11.27　面对另一个面边界约束对话框

【Constraints】→【Constraints On Border】→【Set On Curve】功能：线对面边界约束。

执行该命令，弹出“Set Border on Curve”（线对面边界约束）对话框（图 11.29）。在“Curve Controller”栏中选择线文件。在“Maximum activation distance”栏中输入正值，“Length unit”栏中选择距离类型。单击“OK”或“Apply”按钮，鼠标选择需要约束的面边界。当所选面边界上的节点到距离线节点小于“Maximum activation distance”值时，选中的面边界节点向线节点延伸出约束线［图 11.30（a）］，执行插值处理后，受约束的边界节点自动靠近到线的边界上［图 11.30（b）］。

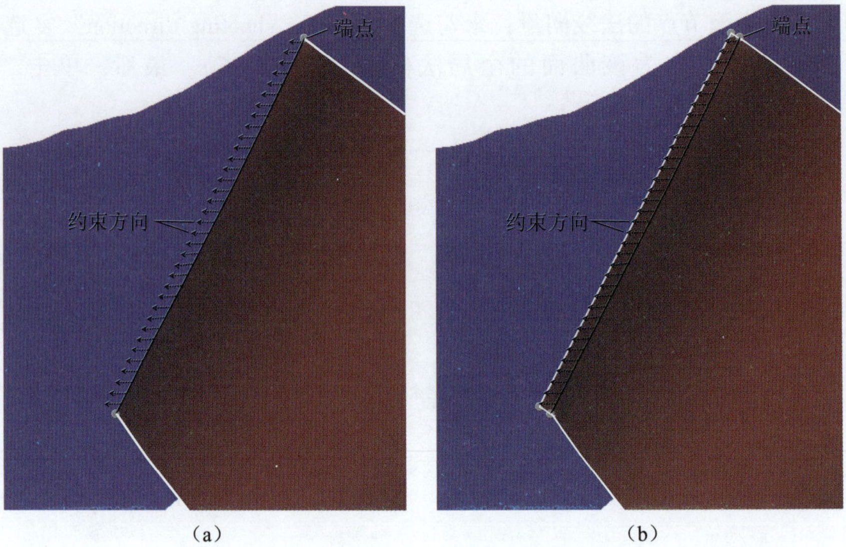

图 11.28　面对另一个面边界约束处理效果图

（a）约束效果图；（b）插值处理后效果图

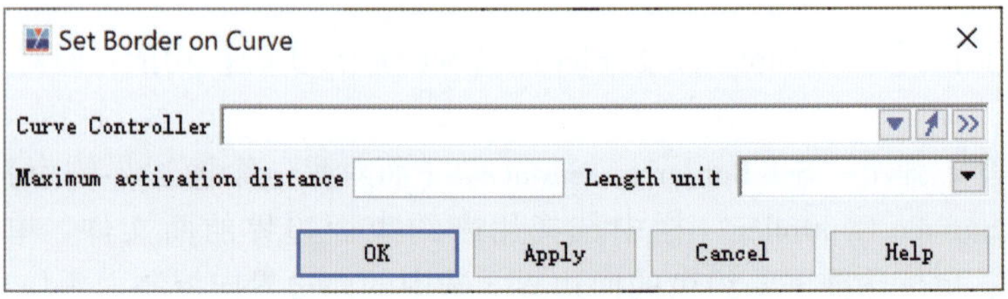

图 11.29　线对面边界约束对话框

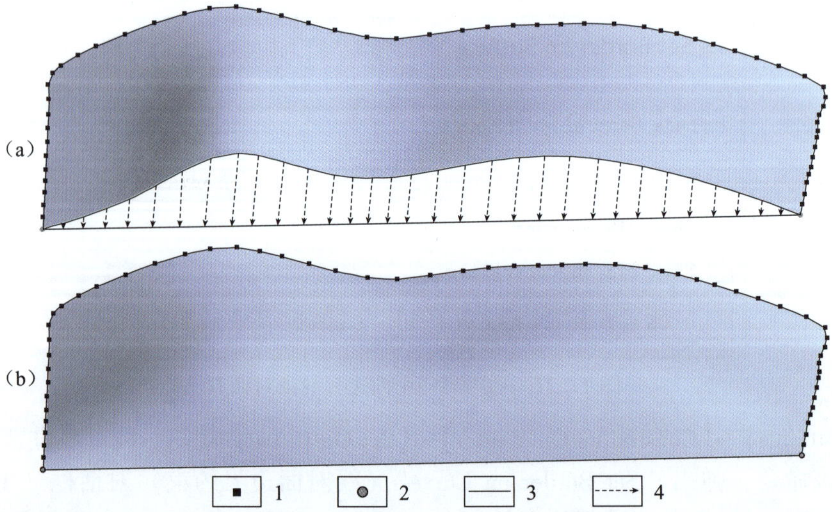

图 11.30　线对面边界约束处理效果图

（a）约束效果图；（b）插值处理后效果图。1—控制节点；2—面端点；3—约束线；4—约束方向

（6）面的边界对面的端点约束

【Constraints】→【Set Border Extremity on Border】功能：用面的边界对另一个面的端点

进行约束，其作用是让一个面的边界端点紧靠另一个面的边界，该约束方法主要用于组合面模型之前对不同面之间的微调。

执行该命令，先选择面的端点，后选择另一个面的约束边界（BOB）。BOB 约束后，灰色端点变成红色，在端点和边界之间会出现两条红色小短线［图 11.31（a）］。一条小短线位于边界上，另一条短线为端点与边界上最近节点的连线。执行插值处理后，端点自动靠近到对应面的边界上［图 11.31（b）］。

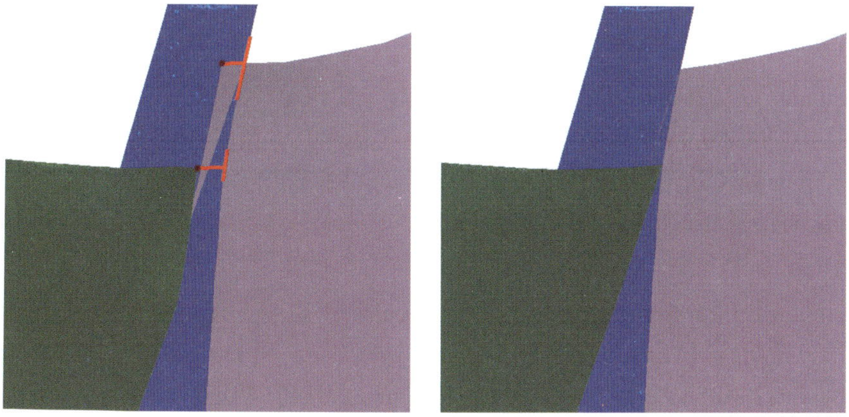

（a）　　　　（b）

图 11.31　面的边界对另一个面的端点约束处理效果图

（a）设置 BOB 约束效果图；（b）BOB 处理后效果图

（7）设置面与面的距离约束

【Constraints】→【Set Thickness Constraint】功能：设置面与面的距离约束。使用方法与线【Constraints】→【Set Thickness Constraint】功能相同。

（8）根据距离条件设置距离约束

【Constraints】→【Set Range Thickness Constraint】功能：根据距离条件设置面与面的距离约束。使用方法与线【Constraints】→【Set Range Thickness Constraint】→【From Surface】功能类似。

2. 编辑约束

（1）删除约束

【Constraints】→【Delete One Constraint】功能：删除一个约束。使用方法与线【Constraints】→【Delete One】功能相同。

【Constraints】→【Delete All or Selected Type】功能：删除所有约束或某一类约束。使用方法与线【Constraints】→【Delete All or Selected Type】功能相同。

【Constraints】→【Delete One of Selected of Type】→【Border Extremity on Border】功能：删除面的边界对面的端点约束。

执行该命令，在 3D 视图中单击鼠标左键选中需要删除的约束。

【Constraints】→【Delete One of Selected of Type】→【on Surface】功能：删除面对另一个面边界的约束。

执行该命令，在 3D 视图中单击鼠标左键选中需要删除的约束。

（2）激活约束

【Constraints】→【Activate】→【One】功能：激活单个约束。使用方法与线【Constraints】→【Activate one】功能相同。

【Constraints】→【Activate】→【All】功能：激活所有约束或某一类约束。使用方法与线【Constraints】→【Activate All】功能相同。

【Constraints】→【Activate】→【Set Activate Distance】功能：按距离激活约束。使用方法与线【Constraints】→【Set Activate Distance】功能相同。

（3）冻结约束

【Constraints】→【Deactivate】→【One】功能：冻结单个约束。使用方法与线【Constraints】→【Deactivate one】功能相同。

【Constraints】→【Deactivate】→【All】功能：冻结所有约束或某一类约束。使用方法与线【Constraints】→【Deactivate All】功能相同。

（4）约束方向设置

【Constraints】→【Shooting Directions】→【Initialize】功能：按给定的向量修改已有约束方向。使用方法与线【Constraints】→【Shooting Direction】→【Initialize】功能相同。

【Constraints】→【Shooting Directions】→【Optimize One】功能：按最短距离方式修改单个约束的方向。

执行该命令，在3D视图中，单击鼠标左键选中需要修改的约束。

【Constraints】→【Shooting Directions】→【Optimize All of Selected Type】功能：按最短距离方式修改所有约束或某一类约束的方向。

执行该命令，弹出图11.32对话框。在“Surface”栏中选择需要处理的面文件，在“Constraints type”栏下拉选项中选择约束的类型，有“All”“Border On Cylinder”“Border On Straight line”“Border On Surface”“Border Stone On Border”“Control Points”“Property Control Points”“Fuzzy Vectorial Link”八种选项。

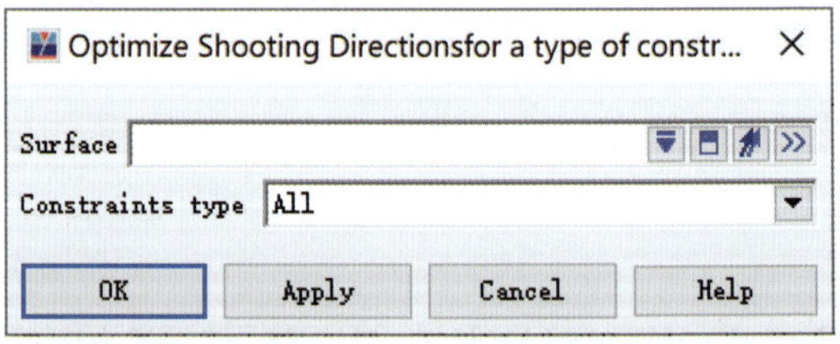

图11.32　按最短距离方式修改所有约束或某一类约束的方向对话框

【Constraints】→【Shooting Directions】→【Smooth】功能：平滑单个约束的方向。

执行该命令，在3D视图中，单击鼠标左键选中需要处理的约束。

【Constraints】→【Shooting Directions】→【Project】功能：消除已有约束向量的某一方向的分向量。使用方法与线【Constraints】→【Shooting Direction】→【Project】功能相同。

（二）插值处理

1. 几何形状插值处理

面的插值处理可以细分为面的几何形状插值处理和线的属性插值处理。在窗口下拉菜单中，面的几何形状插值处理包括以下三个功能。

【Interpolation】→【On Entire Surface】功能：对面文件中的面进行几何形状插值。使用方法与线【Interpolation】→【On Entire Curve】功能相同。

【Interpolation】→【In Part】功能：对一个面或多个面同时进行几何形状插值。使用方法与线【Interpolation】→【In Part】功能相同。

【Interpolation】→【In Region】功能：对面文件中的区域（Region）范围中的面进行几何形状插值。使用方法与线【Interpolation】→【In Region】功能相同。

2. 属性插值处理

在窗口下拉菜单中，面的属性插值处理包括以下三个功能。

【Interpolation】→【Initialize Property】功能：对面属性值进行初始化。使用方法与线【Interpolation】→【Initialize Property】功能相同。

【Interpolation】→【Interpolate Property】→【One】功能：对面某一属性值进行数据插值。使用方法与线【Interpolation】→【Interpolate Property】→【One】功能相同。

【Interpolation】→【Interpolate Property】→【All】功能：对面所有属性进行数据插值。使用方法与线【Interpolation】→【Interpolate Property】→【All】功能相同。

实验十二　区域（Region）的创建与编辑

一、实验目的和要求

（一）实验目的

学习点集、线、面的区域（Region）创建方法与编辑功能，掌握区域（Region）编辑技巧，提升三维建模效率。培养学生实践动手能力、解决实际问题能力和运用新方法、新技术创新性开展工作的能力。

（二）实验要求

了解根据面的边界、三角网确定区域（Region）范围操作。

熟悉点集、线、面根据 *Z* 值、属性值、地质特征、闭合曲线确定区域（Region）范围操作。

掌握点集、线、面的区域（Region）编辑器操作；掌握点集、线、面下拉菜单中区域（Region）的创建、复制、删除、修改等操作；掌握点集、线、面区域（Region）的运算功能。

（三）软件

GOCAD 软件。

二、实验内容

（一）点集区域（Region）的创建与编辑

1. 点集区域（Region）编辑器

在视窗下拉菜单中，选择【Commands】→【PointsSet】。在新的视窗下拉菜单中选择【Region】→【Region Editor】功能，弹出图 12.1 对话框。在“Object”栏中选择需要创建区域（Region）的点集，运用对话框中不同按钮功能圈定区域（Region）范围。不同按钮功能介绍如下：

按钮的功能是创建区域（Region）。单击一次该按钮，新增加一个区域（Region），如 Region _ 1、Region _ 2、Region _ 3 等。选中区域（Region）的名字，单击鼠标右键，可对该区域（Region）进行复制、删除、重命名、清空等处理和不同区域（Region）之间的交、并、减处理。

按钮的功能是删除对话框中鼠标已选中的区域（Region）。

按钮的功能是可连续单击鼠标左键选择点集节点成为区域（Region）。鼠标左键单

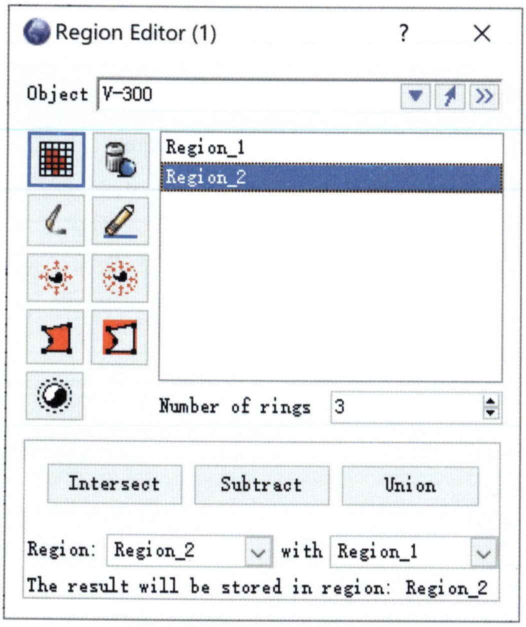

图 12.1 点集区域（Region）编辑器

击该按钮之后，可以在 3D 视图中再单击鼠标左键连续选择点集节点成为区域（Region），直至单击鼠标右键结束节点的选择。

按钮的功能是可连续单击鼠标左键在点集区域（Region）中选择节点，并从区域（Region）中去除这些节点。使用鼠标左键单击该按钮之后，在 3D 视图中连续单击鼠标左键在点集区域（Region）中选择节点，单击鼠标右键结束节点的选择，并从区域（Region）中去除这些选中的节点。

在点集区域（Region）的编辑中，按钮和按钮无法使用。

按钮的功能是添加封闭曲线范围内的节点到区域（Region）中，增大区域（Region）的范围。单击按钮之后，通过点击鼠标左键矢量化出一个闭合曲线用来选中（点集、线、面）对象的节点，点击右键结束节点的选择，并将封闭曲线范围内的节点归入区域（Region）范围中。

按钮的功能是从区域（Region）中去除封闭曲线范围内的节点，使区域（Region）范围变小。单击按钮，通过点击鼠标左键在区域（Region）范围内矢量化一个闭合曲线来选择节点，单击鼠标右键结束节点的选择，去除区域（Region）范围与封闭曲线范围交集部分的区域（Region）。

按钮的功能是区域（Region）范围与非区域（Region）范围转换。单击一次按钮，将区域（Region）范围变成非区域（Region）范围，非区域（Region）范围变成区域（Region）范围。

在图 12.1 中，单击“Intersect”按钮实现的功能是保留 Region _ 2 中与 Region _ 1 重叠的区域（Region），Region _ 2 中的其他区域（Region）去除，Region _ 1 区域（Region）保持不变；单击“Subtract”按钮实现的功能是去除 Region _ 2 中与 Region _ 1 重叠的区域（Region），保留 Region _ 2 中与 Region _ 1 不重叠的区域（Region），Region _ 1 区域

(Region) 保持不变；单击“Union”按钮实现的功能是将 Region _ 1 区域（Region）合并到 Region _ 2 中，并且 Region _ 1 区域（Region）保持不变。

2. 创建区域（Region）

【Region】→【Create】功能：创建点集的区域（Region）。

执行该命令，弹出“Create Region”［创建点集的区域（Region）］对话框（图 12.2）。在“Object”栏中选择点集，“Region”栏中输入创建区域（Region）的名称。勾选“Fill”复选框时，新创建的区域（Region）包含了点集中的所有节点；未勾选“Fill”复选框时，新创建的区域（Region）中未包含任何节点，为空的区域（Region）。

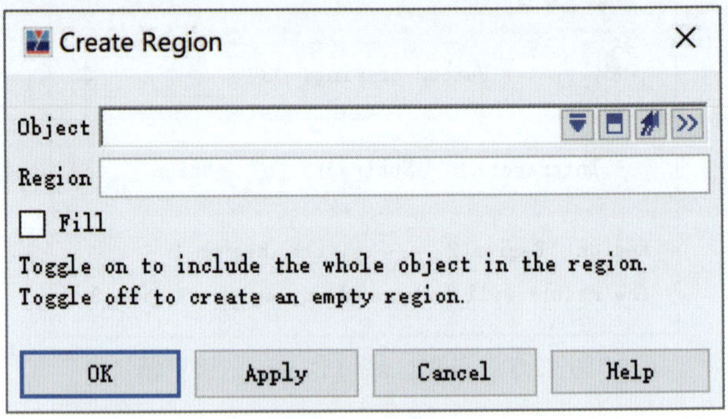

图 12.2 创建点集的区域（Region）对话框

3. 复制区域（Region）

【Region】→【Copy】功能：复制点集的区域（Region）。

执行该命令，弹出“Copy Region”［复制点集的区域（Region）］对话框（图 12.3）。在“Object”栏中选择点集，“From”栏中选择需要复制的属性名称，“To”栏中输入新创建区域（Region）的名称。

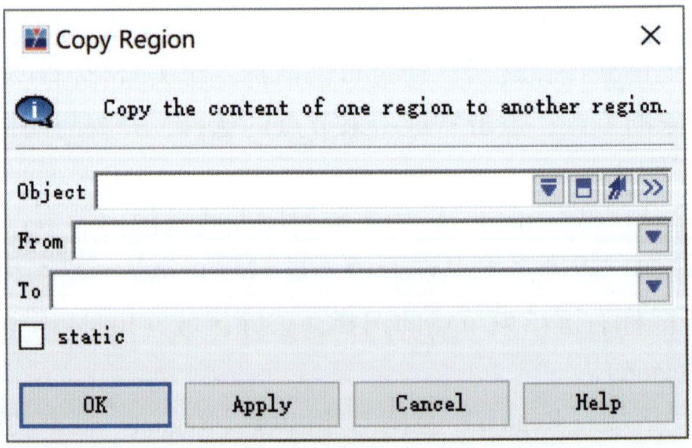

图 12.3 复制点集的区域（Region）对话框

4. 删除区域（Region）

【Region】→【Delete】功能：删除点集的区域（Region）。

执行该命令，弹出“Remove Regions”［删除点集的区域（Region）］对话框（图 12.4）。在“Object”栏中选择点集，“Region”栏中选择需要删除的区域（Region）名称。

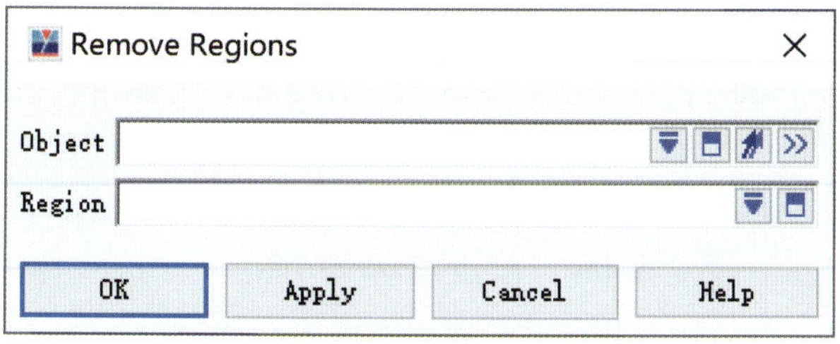

图 12.4　删除点集的区域（Region）对话框

5. 修改区域（Region）名称

【Region】→【Rename】功能：修改点集的区域（Region）名称。

执行该命令，弹出“Rename Region”［修改点集的区域（Region）名称］对话框（图 12.5）。在“Object”栏中选择点集，“Region”栏中选择需要修改名称的区域（Region），“New name”栏中输入修改后的名称。

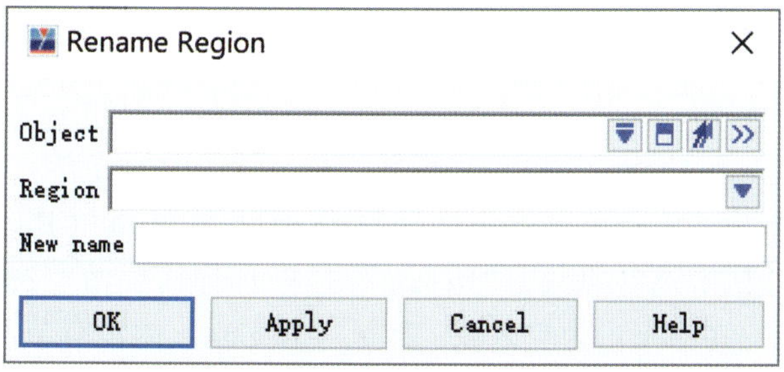

图 12.5　修改点集的区域（Region）名称对话框

6. 设置区域（Region）是否处于激活状态

【Region】→【Set Current】功能：设置区域（Region）是否处于激活状态。

执行该命令，弹出“Set Current Region”［设置点集的区域（Region）是否激活］对话框（图 12.6）。在“Object”栏中选择点集，“Region”栏中选择区域（Region）名称。勾选“Active”复选框时，执行该功能，点集的区域（Region）处于激活状态；未勾选“Active”复选框时，执行该功能，点集的区域（Region）则处于未激活状态。

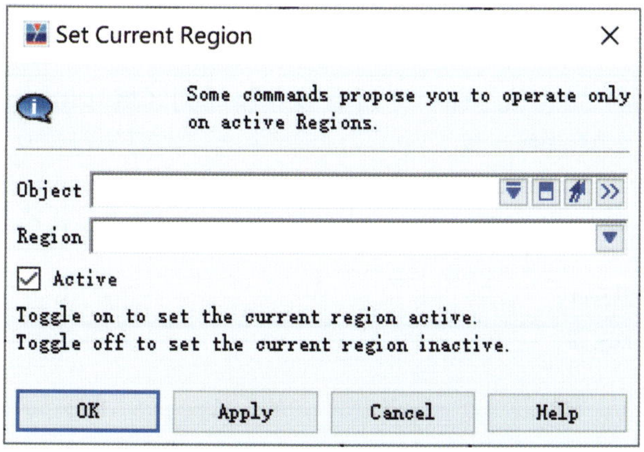

图 12.6　设置点集的区域（Region）是否激活对话框

7. 设置区域（Region）为静止状态

【Region】→【Make Static】功能：设置区域（Region）为静止状态。

执行该命令，弹出“Make region static”［设置点集的区域（Region）为静止状态］对话框（图 12.7）。在“Object”栏中选择点集，“Region filter name”栏中选择区域（Region）名称。单击“OK”或“Apply”按钮完成该功能。

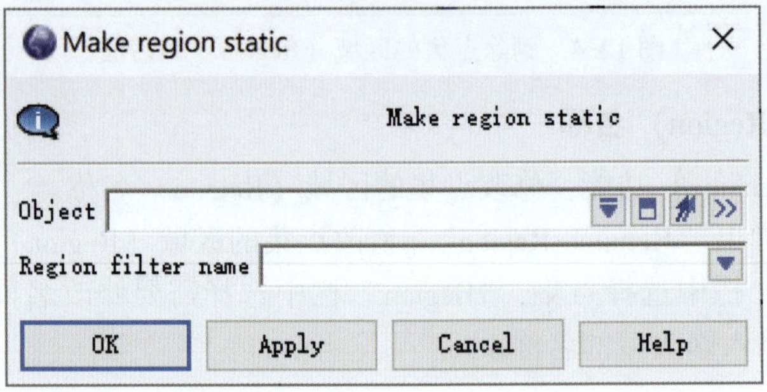

图 12.7　设置点集的区域（Region）为静止状态对话框

8. 清空区域（Region）

【Region】→【Empty】功能：清空点集区域（Region）内的节点。

执行该命令，弹出“Empty Regions”［清空点集的区域（Region）］对话框（图 12.8）。在“Object”栏中选择点集，“Region”栏中选择需要清空的区域（Region）。执行该功能之后，区域（Region）为空区域，区域（Region）内没有节点。

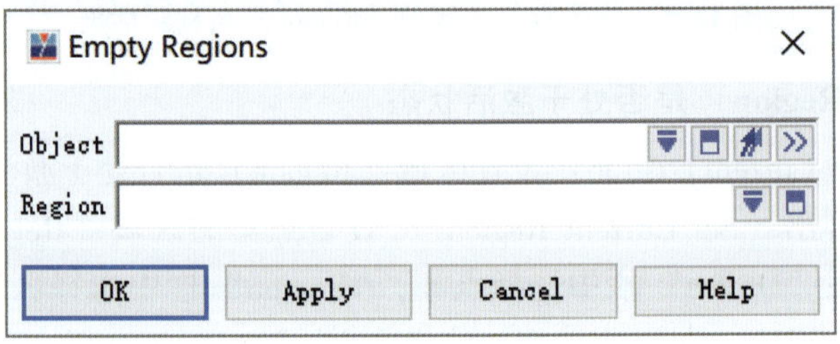

图 12.8　清空点集的区域（Region）对话框

9. 添加文件中所有点集到区域（Region）中

【Region】→【Fill】功能：将点集中的所有节点添加到区域（Region）中。

执行该命令，弹出“Fill Regions”［所有节点添加到区域（Region）中］对话框（图 12.9）。在“Object”栏中选择点集，“Region”栏中选择需要执行该功能的区域（Region）。

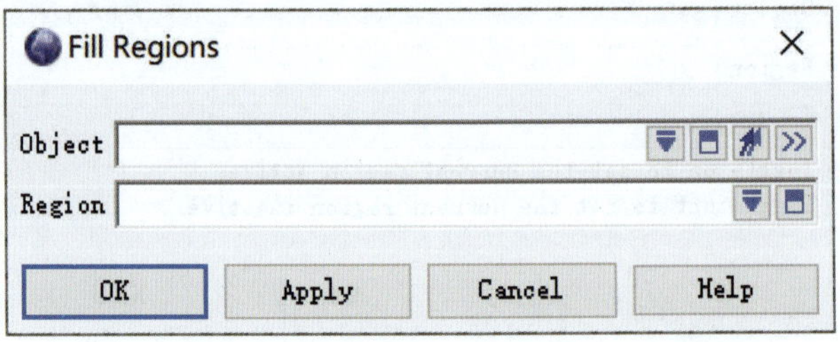

图 12.9　所有节点添加到区域（Region）中对话框

执行该功能之后，将选中的点集中的所有节点添加到区域（Region）中。

10. 区域（Region）与非区域（Region）之间切换

【Region】→【Complement】功能：切换点集中的区域（Region）与非区域（Region）。该功能等同于点集区域（Region）编辑器中的按钮功能。

执行该命令，弹出“Complement Regions”［切换点集中的区域（Region）与非区域（Region）］对话框（图12.10）。在“Object”栏中选择点集，“Region”栏中选择需要执行该功能的区域（Region）。执行一次该功能，将区域（Region）范围变成非区域（Region）范围，非区域（Region）范围变成区域（Region）范围。

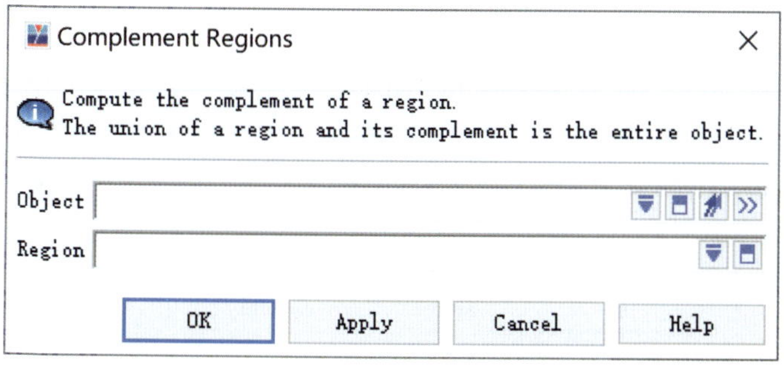

图12.10　切换点集中的区域（Region）与非区域（Region）对话框

11. 区域（Region）集合运算

【Region】→【Intersect】功能与点集区域（Region）编辑器中的“Intersect”按钮功能相同。

【Region】→【Subtract】功能与点集区域（Region）编辑器中的“Subtract”按钮功能相同。

【Region】→【Union】功能与点集区域（Region）编辑器中的“Union”按钮功能相同。

12. 根据 *Z* 值范围确定区域（Region）范围

【Region】→【From Z Range】功能：根据 *Z* 值范围确定区域（Region）范围。

执行该命令，弹出“Z Range Region”［根据Z值范围确定区域（Region）范围］对话框（图12.11）。在“Object”栏中选择点集，“Region”栏中选择相应的区域（Region）名称。勾选“Use min”复选框时，在“Min”栏中输入最小 *Z* 值，*Z* 值大于该值的点集节点为区域（Region）范围。勾选“Use max”复选框时，在“Max”栏中输入最大 *Z* 值，*Z* 值小于该值的点集节点为区域（Region）范围。当“Use min”和“Use max”两个复选框同时勾选时，则 *Z* 值大于最小值，且小于最大值的节点为区域（Region）范围。在“Operation type on selected region”栏中提供了“or”和“and”逻辑运算供选择，是通过 *Z* 值范围确定的区域（Region）与该区域（Region）名中原有区域（Region）进行逻辑运算，以更好地确定所需要的 *Z* 值范围。执行该功能所选择的节点将存放在“Region”栏中选择的区域（Region）内。

13. 根据属性值范围确定区域（Region）范围

【Region】→【From Property Range】功能：根据属性值范围确定区域（Region）范围。

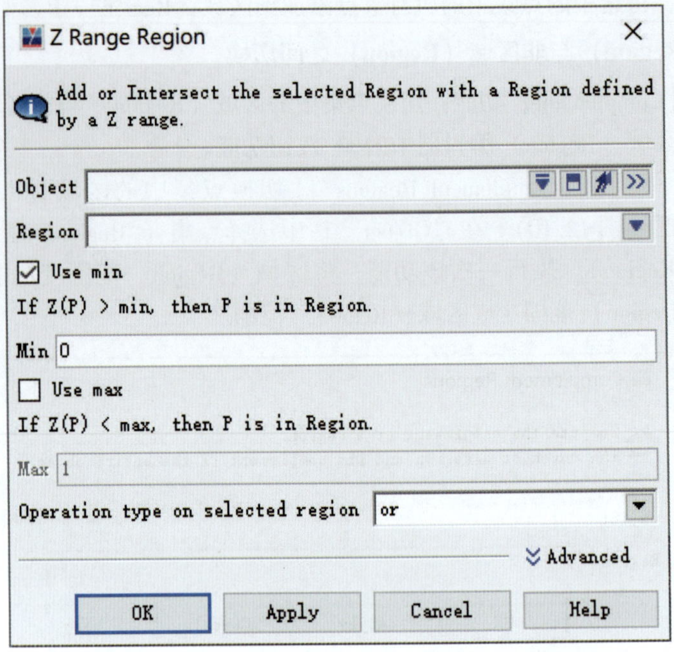

图 12.11 根据 *Z* 值范围确定区域（Region）范围对话框

执行该命令，弹出“Property Range Region”［根据属性值范围确定区域（Region）范围］对话框（图 12.12）。在“Object”栏中选择点集，“Region”栏中选择相应的区域（Region）名称。“Property”栏选择编辑的属性名称。勾选“Use min”复选框时，在“Min”栏中输入最小属性值，属性值大于该值的点集节点为区域（Region）范围。勾选

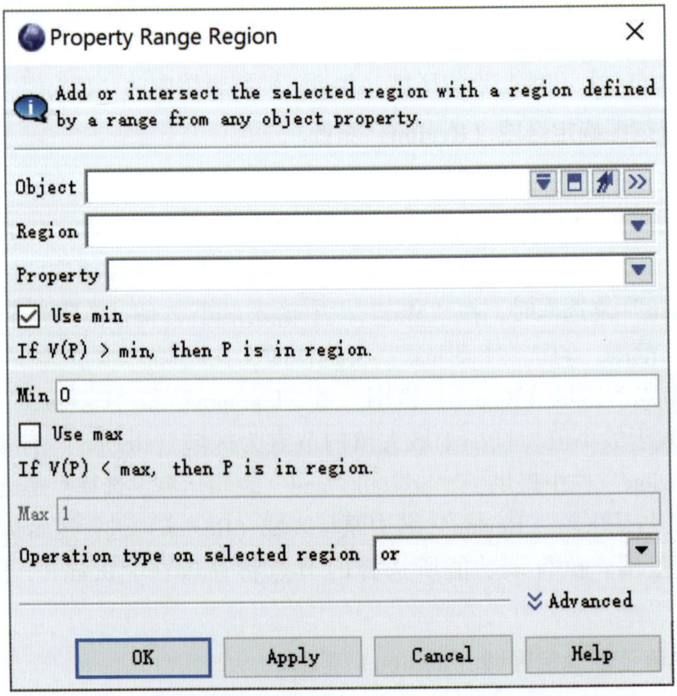

图 12.12 根据属性值范围确定区域（Region）范围对话框

“Use max”复选框时，在“Max”栏中输入最大属性值，属性值小于该值的点集节点为区域（Region）范围。同时勾选“Use min”和“Use max”复选框时，则属性值大于最小值且小于最大值的节点为区域（Region）范围。在“Operation type on selected region”栏中提供了“or”和“and”逻辑运算供选择，是通过该功能确定的区域（Region）范围与该区域（Region）名中原有区域（Region）范围进行逻辑运算。执行该功能所选择的节点将存放在“Region”栏中选择的区域（Region）内。

14. 根据地质特征确定区域（Region）范围

【Region】→【From Geologic Feature（Well Marker or Surfaces）】功能：根据地质特征确定区域（Region）范围。

执行该命令，弹出“Geologic Feature Region”［根据地质特征确定区域（Region）范围］对话框（图 12.13）。在“Object”栏中选择点集，“Region”栏中选择相应的区域（Region）名称。勾选“Use top feature”复选框时，在“Top feature”栏中选择相应的建模单元代号，位于该单元之下的节点为区域（Region）范围。勾选“Use bottom feature”复选框时，在“Bottom feature”栏中选择相应的建模单元代号，位于该单元之上的节点为区域（Region）范围。同时勾选“Use top feature”和“Use bottom feature”复选框时，则介于这两个单元之间的节点为区域（Region）范围。在“Operation type on selected region”栏中提供了“or”和“and”逻辑运算供选择，是通过该功能确定的区域（Region）范围与该区域（Region）名中原有区域（Region）范围进行逻辑运算。执行该功能所选择的节点将存放在“Region”栏中选择的区域（Region）内。

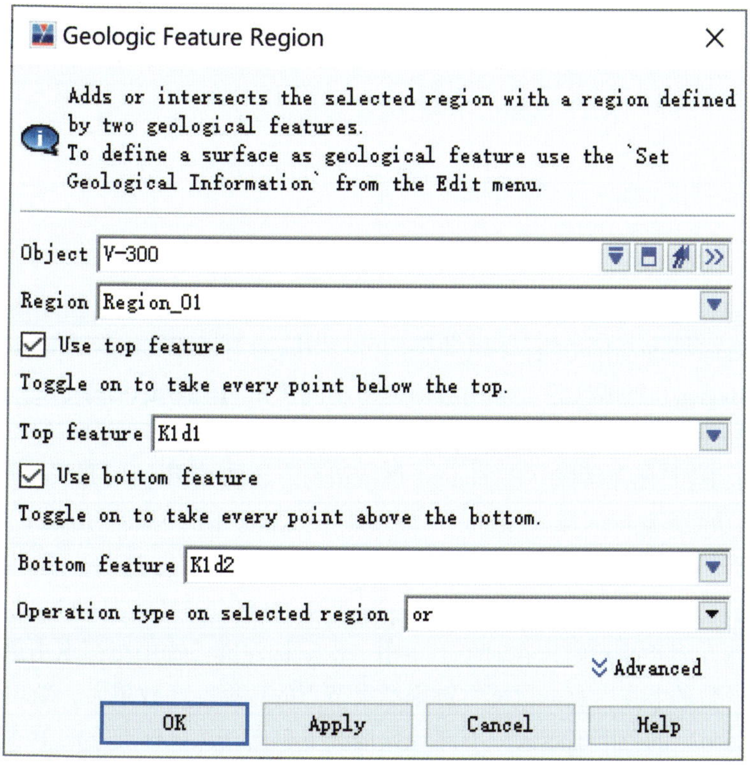

图 12.13　根据地质特征确定区域（Region）范围对话框

15. 根据闭合曲线确定区域（Region）范围

【Region】→【Inside Closed Polygons】功能：根据闭合曲线确定点集的区域（Region）范围。

执行该命令，弹出“Initialize Region from Closed Polygons”［根据闭合曲线确定区域（Region）范围］对话框（图 12.14）。在“Object”栏中选择点集，“Region”栏中选择相应的区域（Region）名称，“Curve Polygon”栏中选择闭合的曲线。在“Operation type on selected region”栏中提供了“or”和“and”逻辑运算供选择，当选择“or”时，在顶视图中，位于闭合曲线范围内的节点与原区域（Region）中的节点一同作为新区域（Region）范围；当选择“and”时，在顶视图中，位于闭合曲线范围内的节点与原区域（Region）中的节点重复部分作为新区域（Region）的范围。

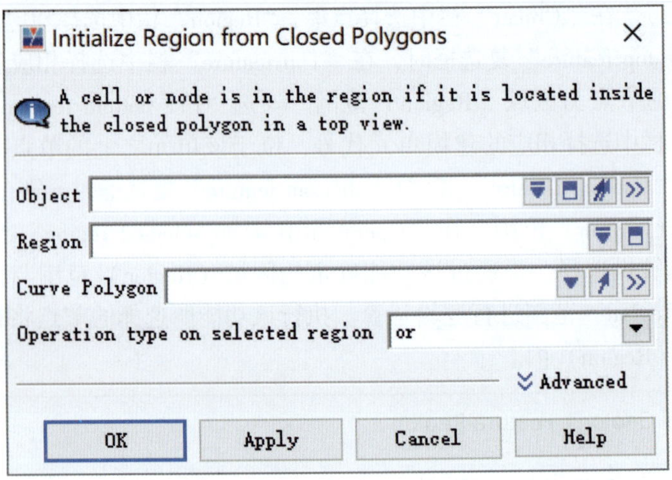

图 12.14　根据闭合曲线确定区域（Region）范围对话框

（二）线区域（Region）的创建与编辑

1. 线区域（Region）编辑器

在视窗下拉菜单中，选择【Commands】→【Curve】。在新的视窗下拉菜单中选择【Region】→【Region Editor】功能，弹出与图 12.1 相同的对话框。在“Object”栏中选择需要创建区域（Region）的线文件，运用对话框中不同按钮功能圈定区域（Region）范围。

不同按钮功能介绍如下：

按钮的功能是创建区域（Region）。该按钮与点集按钮使用方法相同。

按钮的功能是删除区域（Region）编辑器中鼠标选中的区域（Region）。该按钮与点集按钮使用方法相同。

按钮的功能是按环数增加区域（Region）中的节点。环数是通过设置对话框中的“Number of rings”参数来确定。在对象上单击一次鼠标左键，选中鼠标点击最近的节点和围绕该节点一定环数的节点，点击鼠标右键则结束节点的选择。环数越大，新增节点的范围越大，区域（Region）的范围也越大，不同环数情况下单击一次鼠标选择的节点情况效果图如图 12.15 所示。

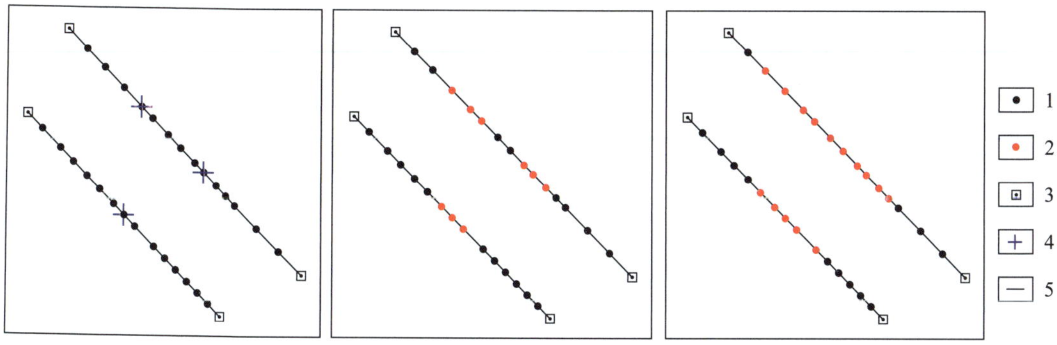

（a）　　（b）　　（c）

图 12.15　不同环数情况下新增区域（Region）范围效果图

（a）原始图；（b）环数为 1 时的区域（Region）范围；（c）环数为 2 时的区域（Region）范围。1—线节点；2—区域（Region）范围节点；3—线端点；4—鼠标选中的节点；5—线

按钮的功能是按环数减少区域（Region）中的节点。按钮选中的节点范围与按钮选中的范围相同，但是按钮的作用是去除该范围内的区域（Region）内的节点。

按钮的功能是按环数增加区域（Region）的范围。单击一次该按钮，区域（Region）范围增加一定环数的节点，环数由“Number of rings”参数来确定。假设“Number of rings”参数为 1，单击一次按钮前后效果如图 12.16 所示。

按钮的功能是按环数减少区域（Region）的范围。单击一次该按钮，区域（Region）范围减少一定环数的节点，环数由“Number of rings”参数来确定。假设“Number of rings”参数为 1，单击一次按钮前后效果如图 12.16 所示。

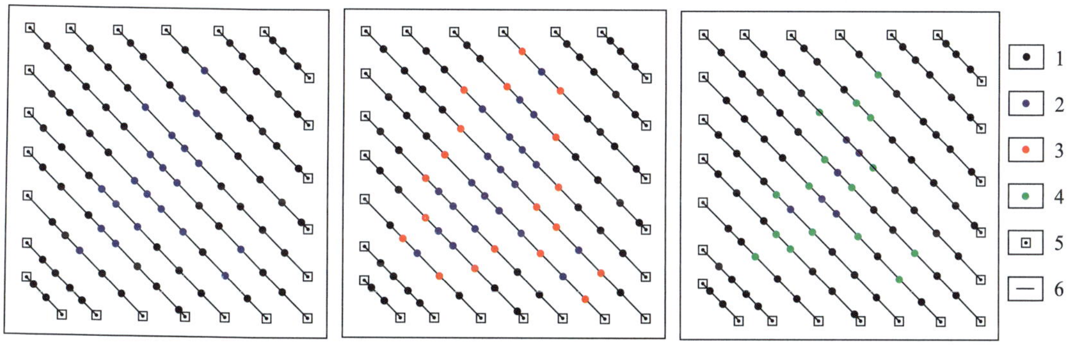

（a）　　（b）　　（c）

图 12.16　线区域（Region）范围按环数增加、减少对比图

（a）原始区域（Region）范围；（b）环数为 1 时，单击一次按钮后的区域（Region）范围；（c）环数为 1 时，单击一次按钮后的区域（Region）范围。1—线节点；2—区域（Region）范围的节点；3—增加区域（Region）范围的节点；4—减小区域（Region）范围的节点；5—线端点；6—线

按钮的功能是添加封闭曲线范围内的节点到区域（Region）中，增大区域（Region）的范围。该按钮与点集按钮使用方法相同。

按钮的功能是从区域（Region）中去除封闭曲线范围内的节点，使区域（Region）范围变小。该按钮与点集按钮使用方法相同。

按钮的功能是区域（Region）范围与非区域（Region）范围转换。该按钮与点集按钮使用方法相同。

“Intersect”“Subtract”“Union”按钮功能与点集的相应功能相同。

2. 创建区域（Region）

【Region】→【Create】功能：创建线的区域（Region）。使用方法与点集【Region】→【Create】功能相同。

3. 复制区域（Region）

【Region】→【Copy】功能：复制线的区域（Region）。使用方法与点集【Region】→【Copy】功能相同。

4. 删除区域（Region）

【Region】→【Delete】功能：删除线的区域（Region）。使用方法与点集【Region】→【Delete】功能相同。

5. 修改区域（Region）名称

【Region】→【Rename】功能：修改线的区域（Region）名称。使用方法与点集【Region】→【Rename】功能相同。

6. 设置区域（Region）是否处于激活状态

【Region】→【Set Current】功能：设置区域（Region）是否处于激活状态。使用方法与点集【Region】→【Set Current】功能相同。

7. 设置区域（Region）为静止状态

【Region】→【Make Static】功能：设置区域（Region）为静止状态。使用方法与点集【Region】→【Make Static】功能相同。

8. 清空区域（Region）

【Region】→【Empty】功能：清空区域（Region）内的所有线节点，即该区域（Region）为空。使用方法与点集【Region】→【Empty】功能相同。

9. 添加文件中所有线到区域（Region）中

【Region】→【Fill】功能：将线文件中的所有线节点添加到区域（Region）中，也就是将该线文件中的所有线添加到该区域（Region）中。使用方法与点集【Region】→【Fill】功能相同。

10. 区域（Region）与非区域（Region）之间切换

【Region】→【Complement】功能：切换区域（Region）与非区域（Region）范围。执行一次该功能，将区域（Region）范围变成非区域（Region）范围，非区域（Region）范围变成区域（Region）范围。使用方法与点集【Region】→【Complement】功能相同。同时，该功能与线区域（Region）编辑器中的按钮功能相同。

11. 区域（Region）集合运算

【Region】→【Intersect】功能与区域（Region）编辑器中的“Intersect”按钮功能相同。

【Region】→【Subtract】功能与区域（Region）编辑器中的“Subtract”按钮功能相同。

【Region】→【Union】功能与区域（Region）编辑器中的“Union”按钮功能相同。

12. 根据 *Z* 值范围确定区域（Region）范围

【Region】→【From Z Range】功能：根据 *Z* 值范围确定区域（Region）范围。使用方法与点集【Region】→【From Z Range】功能相同。

13. 根据属性值范围确定区域（Region）范围

【Region】→【From Property Range】功能：根据属性值范围确定区域（Region）范围。使用方法与点集【Region】→【From Property Range】功能相同。

14. 根据地质特征确定区域（Region）范围

【Region】→【From Geologic Feature（Well Marker or Surfaces）】功能：根据地质特征确定区域（Region）范围。使用方法与点集【Region】→【From Geologic Feature（Well Marker or Surfaces）】功能相同。

15. 根据闭合曲线确定区域（Region）范围

【Region】→【Inside Closed Polygons】功能：根据闭合曲线确定线的区域（Region）范围。使用方法与点集【Region】→【Inside Closed Polygons】功能相同。

（三）面区域（Region）的创建与编辑

1. 面区域（Region）编辑器

在视窗下拉菜单中，选择【Commands】→【Surface】。在新的视窗下拉菜单中选择【Region】→【Region Editor】功能，弹出与图 12.1 相同的对话框。在“Object”栏中选择需要创建区域（Region）的面文件，运用对话框中不同按钮功能圈定区域（Region）范围。

不同按钮功能介绍如下：

按钮的功能是创建区域（Region）。该按钮与点集按钮使用方法相同。

按钮的功能是删除区域（Region）编辑器中鼠标选中的区域（Region）。该按钮与点集按钮使用方法相同。

按钮的功能是按环数增加区域（Region）中的节点。环数是通过设置对话框中的“Number of rings”参数来确定。在对象上单击一次鼠标左键，选中最近的节点和围绕该节点一定环数的节点，点击鼠标右键结束节点的选择。环数越大，新增节点的范围越大，区域（Region）的范围也越大，不同环数情况下单击一次鼠标选择的节点情况如图 12.17 所示。

按钮的功能是按环数减少区域（Region）中的节点。按钮选中的节点范围与按钮选中的范围相同，但按钮的作用是去除该范围内的区域（Region）内的节点。

按钮的功能是按环数增加区域（Region）的范围。单击一次该按钮，区域（Region）范围增加一定环数的节点，环数由“Number of rings”参数来确定。假设“Number of rings”参数为 1，单击一次按钮前后效果对如图 12.18 所示。

按钮的功能是按环数减少区域（Region）的范围。单击一次该按钮，区域（Region）范围减少一定环数的节点，环数由“Number of rings”参数来确定。假设“Number of

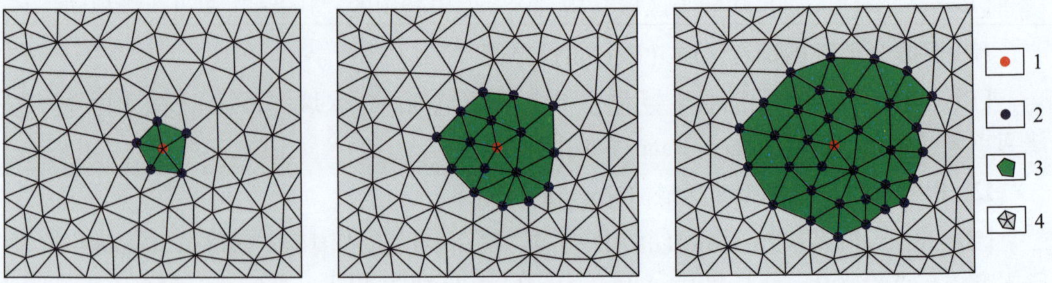

（a）　　　　（b）　　　　（c）

图 12.17　不同环数情况下单击一次鼠标增加的区域（Region）范围效果图

（a）环数为 1；（b）环数为 2；（c）环数为 3。1—鼠标选中的节点；2—环包含的节点；3—区域（Region）范围；4—面及三角网

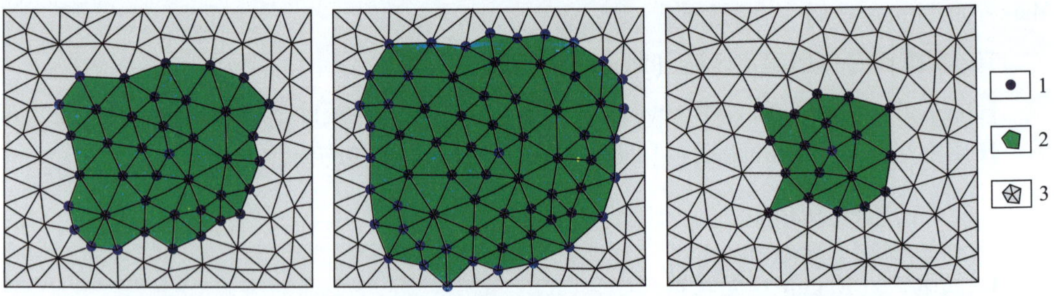

（a）　　　　（b）　　　　（c）

图 12.18　区域（Region）范围按环数增加、减少对比图

（a）原始区域（Region）范围；（b）环数为 1 时，单击一次按钮后的区域（Region）范围；（c）环数为 1 时，单击一次按钮后的区域（Region）范围。1—区域（Region）中的面节点；2—区域（Region）范围；3—面及三角网

rings”参数为 1，单击一次按钮前后效果对比如图 12.18 所示。

按钮的功能是添加封闭曲线范围内的节点到区域（Region）中，增大区域（Region）的范围。单击按钮之后，通过点击鼠标左键矢量化一个闭合曲线来选中（点集、线、面）对象的节点，点击右键结束节点的选择，并将这些节点归入区域（Region）范围中。

按钮的功能是从区域（Region）中去除封闭曲线范围内的节点，使区域（Region）范围变小。单击按钮，通过点击鼠标左键在区域（Region）范围内矢量化一个闭合曲线来选中（点集、线、面）对象的节点，点击右键结束节点的选择，去除区域（Region）范围与封闭曲线范围交集部分的区域（Region）。

按钮的功能是区域（Region）范围与非区域（Region）范围转换。单击一次按钮，将区域（Region）范围变成非区域（Region）范围，非区域（Region）范围变成区域（Region）范围。

2. 创建区域（Region）

【Region】→【Create】功能：创建面的区域（Region）。使用方法与点集【Region】→【Create】功能相同。

3. 复制区域（Region）

【Region】→【Copy】功能：复制面的区域（Region）。使用方法与点集【Region】→

【Copy】功能相同。

4. 删除区域（Region）

【Region】→【Delete】功能：删除面的区域（Region）。使用方法与点集【Region】→【Delete】功能相同。

5. 修改区域（Region）名称

【Region】→【Rename】功能：修改面的区域（Region）名称。使用方法与点集【Region】→【Rename】功能相同。

6. 设置区域（Region）是否处于激活状态

【Region】→【Set Current】功能：设置区域（Region）是否处于激活状态。使用方法与点集【Region】→【Set Current】功能相同。

7. 设置区域（Region）为静止状态

【Region】→【Make Static】功能：设置区域（Region）为静止状态。使用方法与点集【Region】→【Make Static】功能相同。

8. 清空区域（Region）

【Region】→【Empty】功能：清空区域（Region）内的所有面节点，即该区域（Region）为空。使用方法与点集【Region】→【Empty】功能相同。

9. 添加文件中所有面到区域（Region）中

【Region】→【Fill】功能：将面文件中的所有面节点添加到区域（Region）中，也就是将该面文件中的所有面添加到该区域（Region）中。使用方法与点集【Region】→【Fill】功能相同。

10. 区域（Region）与非区域（Region）之间切换

【Region】→【Complement】功能：切换区域（Region）与非区域（Region）范围。执行一次该功能，将区域（Region）范围变成非区域（Region）范围，非区域（Region）范围变成区域（Region）范围。使用方法与点集【Region】→【Complement】功能相同。同时，该功能与面区域（Region）编辑器中的按钮功能相同。

11. 区域（Region）集合运算

【Region】→【Intersect】功能与区域（Region）编辑器中的“Intersect”按钮功能相同。

【Region】→【Subtract】功能与区域（Region）编辑器中的“Subtract”按钮功能相同。

【Region】→【Union】功能与区域（Region）编辑器中的“Union”按钮功能相同。

12. 根据 *Z* 值范围确定区域（Region）范围

【Region】→【From Z Range】功能：根据 *Z* 值范围确定区域（Region）范围。使用方法与点集【Region】→【From Z Range】功能相同。

13. 根据属性值范围确定区域（Region）范围

【Region】→【From Property Range】功能：根据属性值范围确定区域（Region）范围。使用方法与点集【Region】→【From Property Range】功能相同。

14. 根据地质特征确定区域（Region）范围

【Region】→【From Geologic Feature（Well Marker or Surfaces）】功能：根据地质特征确定区域（Region）范围。使用方法与点集【Region】→【From Geologic Feature（Well Marker or Surfaces）】功能相同。

15. 根据闭合曲线确定区域（Region）范围

【Region】→【Inside Closed Polygons】功能：根据闭合曲线确定面的区域（Region）范围。使用方法与点集【Region】→【Inside Closed Polygons】功能相同。

16. 根据面的边界确定区域（Region）范围

【Region】→【From Border】→【Add/Remove One】功能：根据面的单条边界增加、减少区域（Region）范围。

执行该命令，弹出“Add/Remove Border Atoms to/from Region”［根据面的单条边界增加、减少区域（Region）范围］对话框（图 12.19）。在“Surface surface”栏中选择面文件，“Region”栏中选择区域（Region）的名称。勾选“Add”复选框时，通过选择面边界增加区域（Region）范围；未勾选“Add”复选框时，则是通过选择面边界减少区域（Region）范围。在“number of rings”栏中输入数值，用来确定环数。图 12.20 为通过选择面边界增加区域（Region）范围的处理效果图。

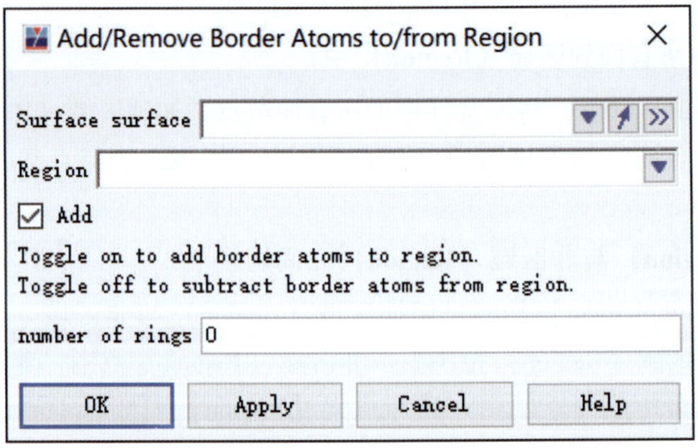

图 12.19　根据面的单条边界增加、减少区域（Region）范围对话框

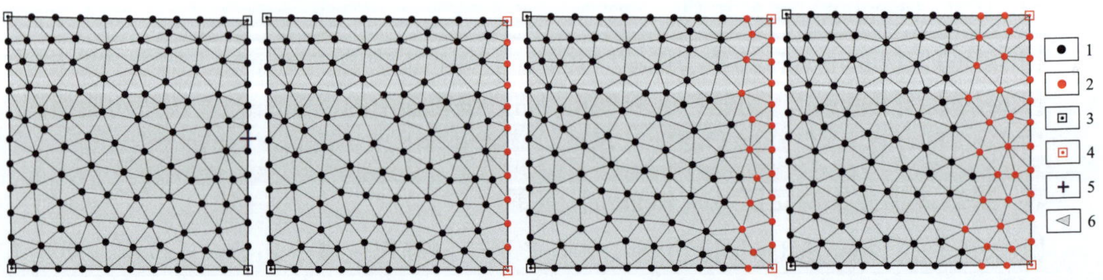

（a）　（b）　（c）　（d）

图 12.20　根据选择的面边界增加区域（Region）范围效果图

（a）原始图；（b）环数为 0 时；（c）环数为 1 时；（d）环数为 2 时。1—区域（Region）外节点；2—区域（Region）内节点；3—区域（Region）外端点；4—区域（Region）内端点；5—鼠标左键单击位置；6—三角网

【Region】→【From Border】→【Add/Remove All】功能：根据面中的边界增加、减少区域（Region）范围。

执行该命令，弹出“Add/Remove All Borders Atoms to/from Region”［根据面中的边界增加、减少区域（Region）范围］对话框（图 12.21）。在“Surface”栏中选择面文件，“Region”栏中选择区域（Region）名称。勾选“Add”复选框时，通过选择面边界增加区域（Region）范围；未勾选“Add”复选框时，则是通过选择面边界减少区域（Region）范围。在“number of rings”栏中输入数值，用来确定环数。图 12.22 为通过选择面边界增加区域（Region）范围的处理效果图。

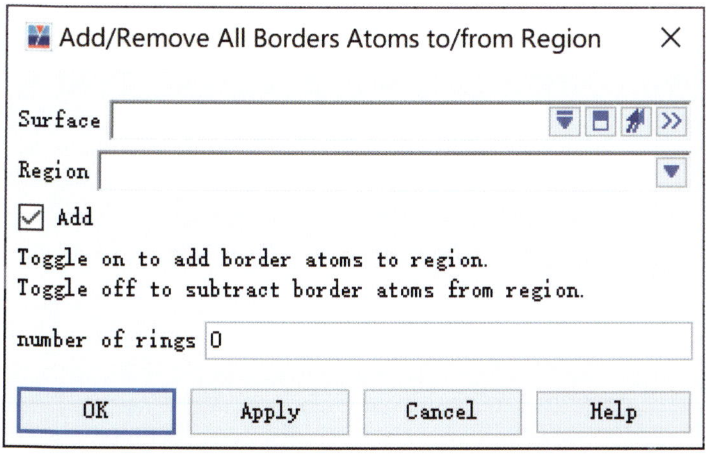

图 12.21 根据面中的边界增加、减少区域（Region）范围对话框

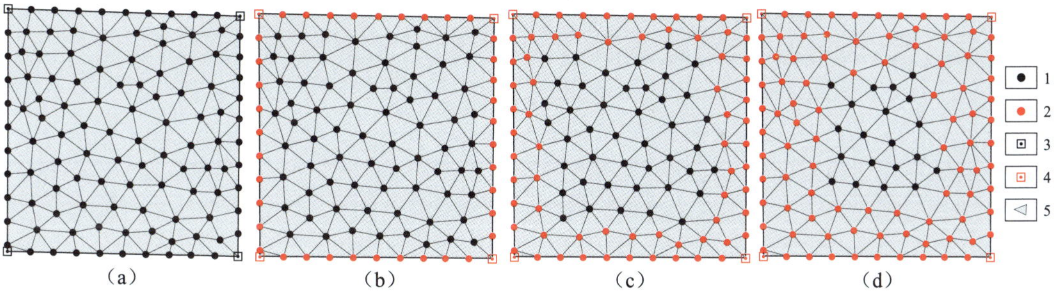

图 12.22 根据面的边界增加区域（Region）范围效果图

（a）原始图；（b）环数为 0 时；（c）环数为 1 时；（d）环数为 2 时。1—区域（Region）外节点；2—区域（Region）内节点；3—区域（Region）外端点；4—区域（Region）内端点；5—三角网

17. 根据三角网边长增加区域（Region）范围

【Region】→【From Triangle Size】→【Add Long Edges Triangles】功能：根据面中三角网的边长增加区域（Region）范围。

执行该命令，弹出“Set Triangles with Long Edges in Region”［根据面中三角网的边长增加区域（Region）范围］对话框（图 12.23）。在“Surface”栏中选择面文件，“Region name”栏中选择区域（Region）名称。在“Distance”栏中输入数值，“Length unit”栏选择长度的类型，有“XY unit”“Z unit”“Time unit”“none”四个选项。单击“OK”按钮执行该功能之后，三角网的边长超过“Distance”栏输入的数值时，该三角网边的两端节点增加到区域（Region）范围。

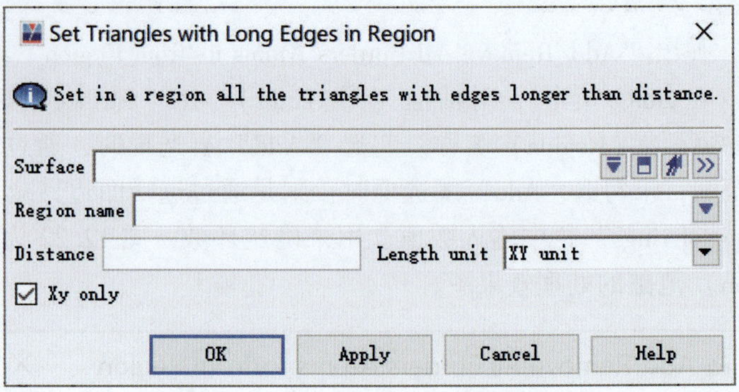

图 12.23　根据面中三角网的边长增加区域（Region）范围对话框

实验十三　三维界面模型的创建

一、实验目的和要求

（一）实验目的

学习两种创建三维界面模型的方法和操作流程，进一步理解点集、线、面的组成与编辑方法。提升学生动手能力、解决实际问题能力、团队合作能力、创新能力，培养学生的三维地质空间思维。

（二）实验要求

熟悉三维界面模型的错误检查。

了解面组合方法创建三维界面模型。

掌握根据 Model3d 方法创建三维界面模型。

（三）软件

GOCAD 软件。

二、实验内容

（一）界面组合方法

将构建的模型边界面（模型的底界面和四周边界面）、DEM 面、地质界面组合生成三维界面模型。在模型的组合过程中应注重地质体的穿插、切割、包含关系及地层的新老关系，先组合时代新的地质体，再组合时代老的地质体。模型组合过程中主要用到四个面编辑功能：

【Tools】→【Cut】→【By Surfaces】功能：用面裁剪与之相交的面。

【Tools】→【Cut】→【Mutual Cut Among Surfaces】功能：面之间相互裁剪。

【Tools】→【Beautify】→【Simplify One Border】功能：简化面中单条界线上的三角网。

【Tools】→【Beautify】→【Simplify All Border of Surface】功能：简化面中所有边界三角网。

最后将构建好的单个地质体界面模型组合生成三维地质界面模型（图 13.1）。

（二）Model3d 方法

1. 创建 Voxet

根据已构建的地质界面生成 Voxet。在视窗下拉菜单中，选择【Command】→【Voxet】。

选择【New】→【From Objects Box】功能，弹出“Create Voxet From Objects Box”（根据对象范围创建 Voxet）对话框（图 13.2）。

图 13.1　三维地质界面模型

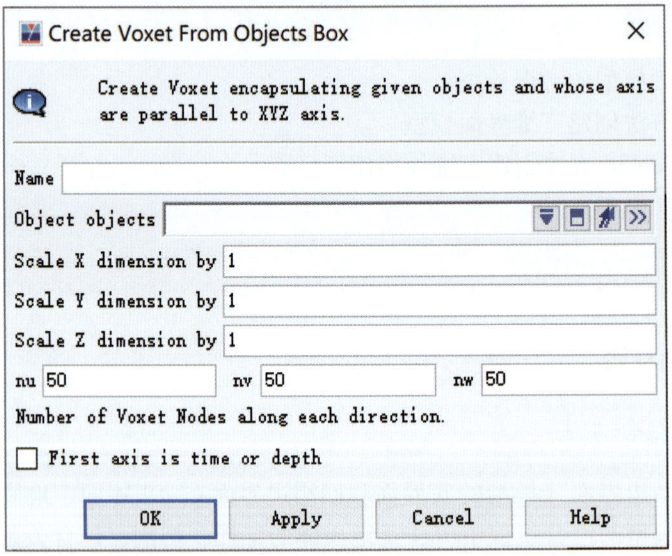

图 13.2　根据对象范围创建 Voxet 对话框

在“Name”栏中输入新创建 Voxet 的名称，“Object objects”栏中选择所有已构建的地质界面。在“Scale X dimension by”“Scale Y dimension by”“Scale Z dimension by”栏中输入数值，该值为所有面范围的比例值，当数值都为 1 时，创建的 Voxet 的范围与面的范围相同；当数值小于 1 时，创建的 Voxet 的范围比面的范围小；当数值大于 1 时，创建的 Voxet 的范围比面的范围大。在“nu”“nv”“nw”栏中输入数值，分别为 U、V、W 轴的格子数。单击“OK”或“Apply”按钮，完成 Voxet 的创建（图 13.3）。

2. 根据 Voxet 创建模型边界面

在视窗下拉菜单中，选择【Command】→【Surface】。选择【New】→【From Grid】→【Voxet Cage】功能，弹出“Create Cube Surface From Voxet Cage”（根据 Voxet 创建界面）对话框（图 13.4）。

在“Name”栏中输入新创建面的名称，“Voxet Voxet”栏中选择 Voxet 文件。在

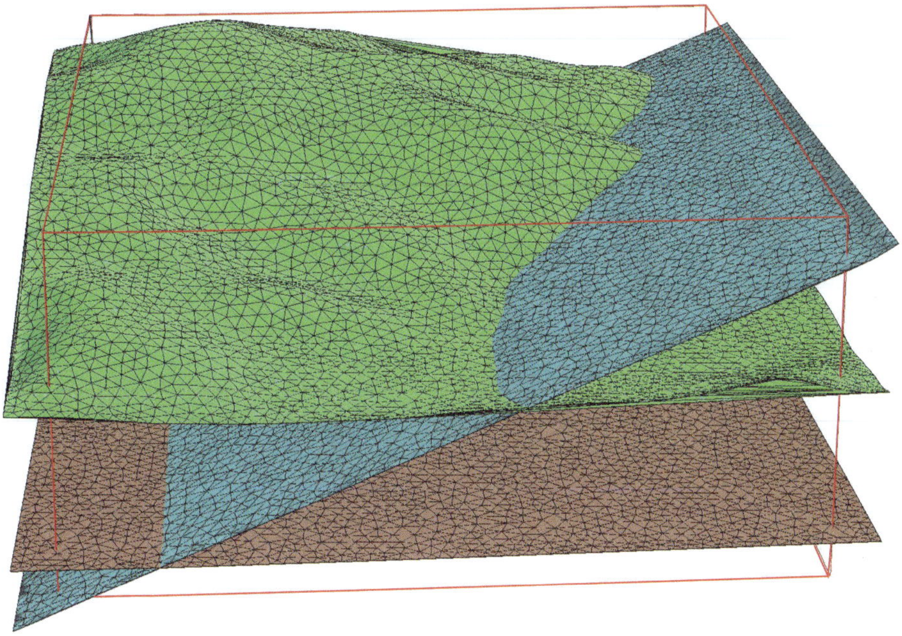

图 13.3　创建的 Voxet 效果图

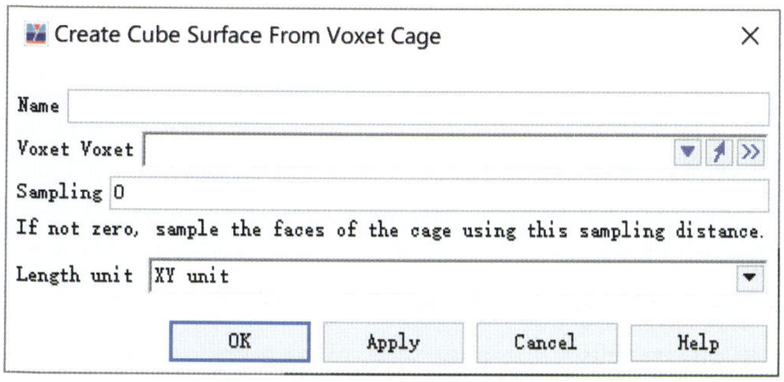

图 13.4　根据 Voxet 创建界面对话框

“Sampling”栏中输入数字，当该值为 0 时，在创建的立方体面中，每个面部分（Part）由两个三角网组成；当该值不为 0 时，以该值作为三角网的边长进行面构建。在“Length unit”栏下拉选项中选择距离类型。单击“OK”或“Apply”按钮，完成模型边界面的创建（图 13.5）。

3. 合并模型边界面

选择【Tools】→【Part】→【Merge All】功能，该功能的使用在面编辑部分已介绍。

4. 边界面赋予地质属性

选择【Tools】→【Assign Geologic Feature】功能，该功能的使用在面编辑部分已介绍。

5. 构建 Model3d

选择【Model3d】→【From Surfaces】功能，弹出“Create Model3d From Surfaces”（构建 Model3d 模型）对话框（图 13.6）。

在“Name”栏中输入新创建 Model3d 的名称，“Surface Surfaces”栏中选择参与创建

图 13.5　创建的模型边界面效果图

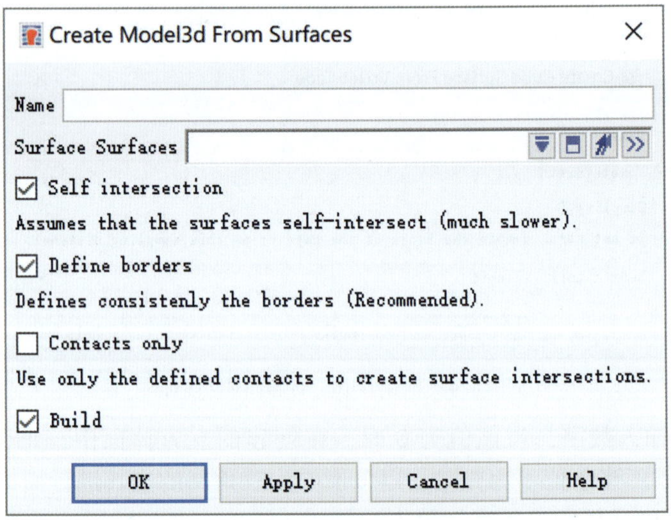

图 13.6　构建 Model3d 模型对话框

Model3d 的面文件。当面中存在自相交时，应选择“Self intersection”复选框，否则该复选框可不选。勾选“Define borders”复选框时，模型获得一致的边界。“Contacts only”复选框的功能为使用定义接触来创建曲面交点，建议不勾选该复选框。勾选“Build”复选框，单击“OK”或“Apply”按钮，完成 Model3d 的创建。

在视窗“Task Pane”任务面板中选择“Model3d”选项，再勾选创建的 Model3d 模型，同时勾选区域（Regions），模型显示效果如图 13.7 所示。

6. 删除无效端点

选择【Model3d】→【More】→【Remove Free Extremities】功能，弹出“Remove Free Horizon Extremities in a given region from Model3d”（删除无效端点）对话框（图 13.8）。

在“Model3d”栏中选择创建的 Model3d 模型，“Region”栏中选择“Universe”。单击“OK”或“Apply”按钮，处理后的效果如图 13.9 所示。

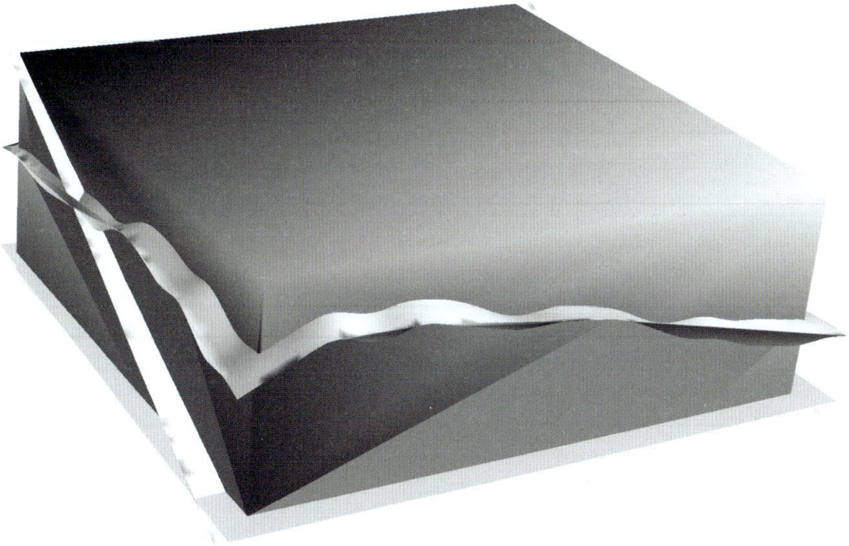

图 13.7　创建的 Model3d 模型效果图

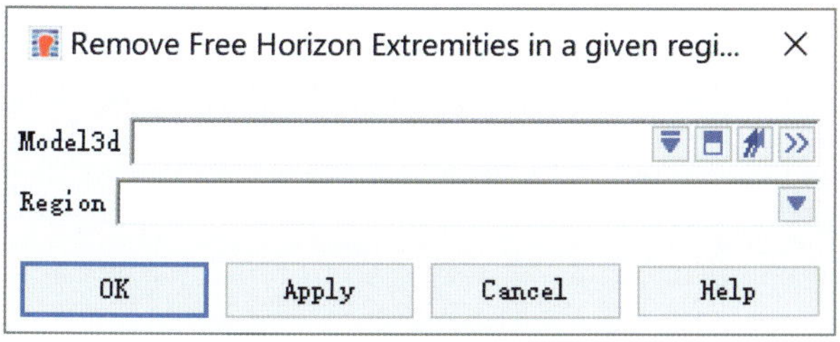

图 13.8　删除无效端点对话框

图 13.9　去除无效端点后的 Model3d 模型效果图

7. Model3d 显示

勾选 Model3d 模型中的所有区域（Regions）。在底部工具栏选中按钮，在“Exploded Factor”栏中输入数值，该值介于 0 至 1 之间，模型呈“炸裂式”显示效果（图 13.10）。

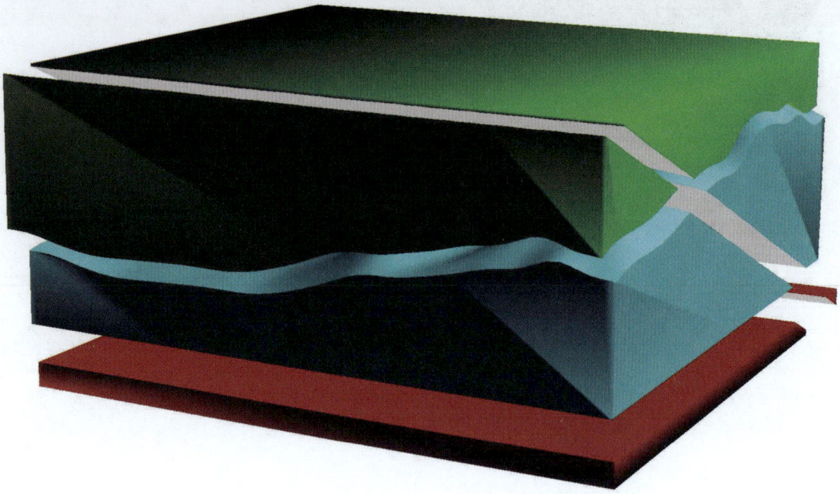

图 13.10　Model3d 模型“炸裂式”显示效果

实验十四　三维属性模型的创建

一、实验目的和要求

（一）实验目的

学习三维地质属性创建方法和操作流程，理解三维地质建模、三维属性模型的概念。提升学生动手能力、解决实际问题能力、团队合作能力、创新能力，培养学生的三维地质时空思维，为未来的学习和工作打下扎实基础。

（二）实验要求

了解根据对象的“box”与“cage”范围创建 SGrid 的区别。

熟悉属性表的创建操作。

掌握空白 SGrid、SGrid 区域（Region）、SGrid 属性名称等的创建操作；掌握 SGrid 属性的赋值操作。

（三）软件

GOCAD 软件。

二、实验内容

（一）创建属性表

在视窗“Task Pane”面板中选择“Objects”选项，使用鼠标右键单击“Classifications”。在弹出的选项中，选择“New Classifications”选项（图 14.1），弹出“Create Facies Classification”（属性表创建）对话框（图 14.2）。

在“Name”栏中输入属性表名称，单击“OK”或“Apply”按钮，弹出“Classification Editor-geolithology”（属性表）编辑窗口（图 14.3）。

在属性表编辑窗口中，“Number of facies”栏中输入数字，窗口中自动创建相应数量的建模单元。在各建模单元中输入“Code”值和“Name”单元名称，在“Color”列中选择颜色，“Pattern”列中选择花纹。

属性表编辑窗口右侧按钮功能介绍如下：

按钮：将勾选的建模单元上移。鼠标左键单击一次该按钮，建模单元上移一行。

按钮：将勾选的建模单元下移。鼠标左键单击一次该按钮，建模单元下移一行。

按钮：底部增加一行建模单元。鼠标左键单击一次该按钮，列表底部增加一行建模单元。

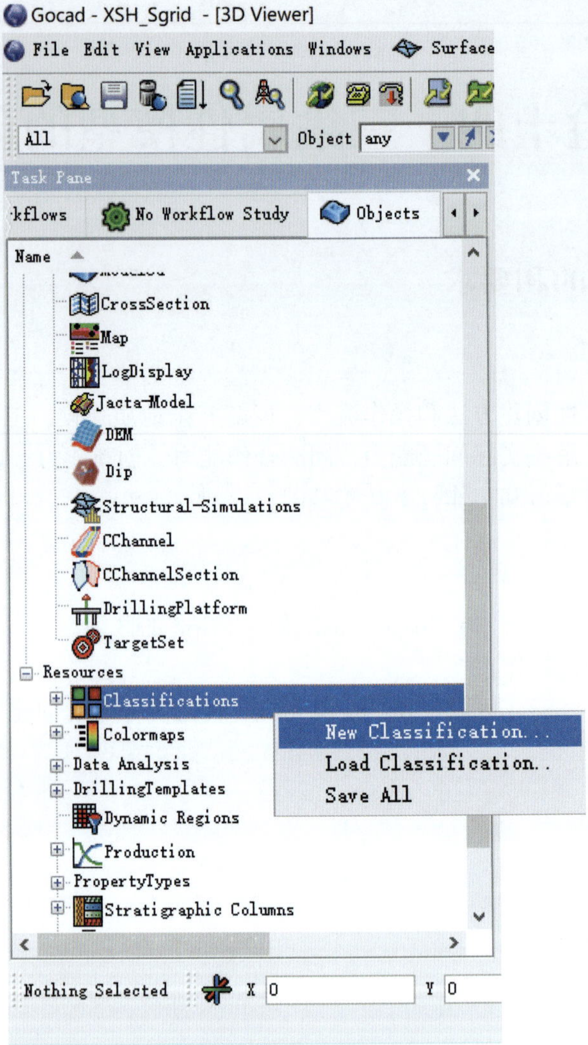

图 14.1　工作面板

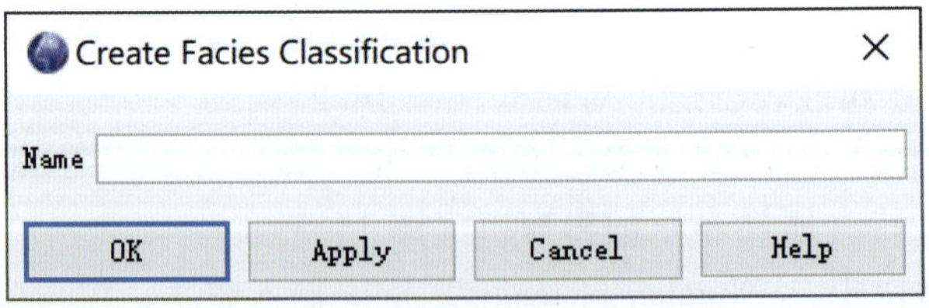

图 14.2　属性表创建对话框

按钮：列表中部增加一行建模单元。鼠标左键单击一次该按钮，在勾选的建模单元上部增加一行建模单元。

按钮：删除一行建模单元。鼠标左键单击一次该按钮，删除已勾选的建模单元。

（二）创建空白 SGrid

在视窗下拉菜单中，选择【Command】→【SGrid】。

图 14.3　属性表编辑窗口

【New】→【From Objects Box】功能：根据对象的“box”范围创建 SGrid。该方法创建 SGrid 的 U、V、W 轴平行于 X、Y、Z 轴。

执行该命令，弹出“Create SGrid from Objects Box”（根据对象的“box”范围创建 SGrid）对话框（图 14.4）。在“Name”栏中输入 SGrid 名称，“Object objects”栏中选择对象。在“Scale X dimension by”“Scale Y dimension by”“Scale Z dimension by”栏中输入缩放数值，当输入的值为 1 时，创建的 SGrid 范围与“box”范围一样大；当输入的值小于 1 时，创建的 SGrid 范围小于“box”范围；当输入的值大于 1 时，创建的 SGrid 范围大于“box”范围。在“Nu”“Nv”“Nw”栏中分别输入网格的数量，U、V、W 分别对应于 X、Y、Z 轴。勾选“property cell centered”复选框时，属性信息位于 SGrid 立方体的中心；未勾选该复选框时，属性信息位于 SGrid 立方体的角点。

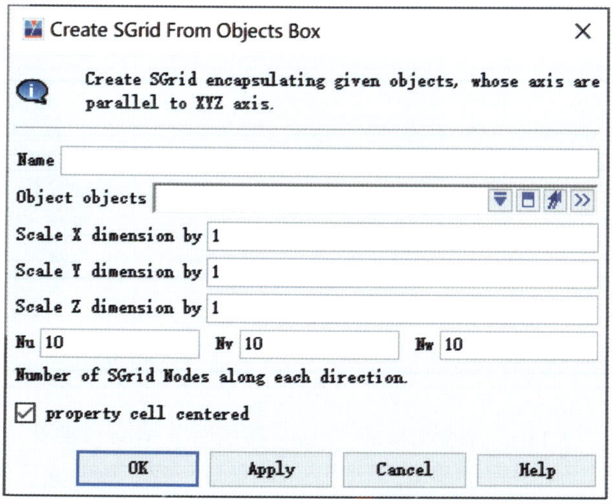

图 14.4　根据对象的“box”范围创建 SGrid 对话框

【New】→【From Objects Cage】功能：根据对象的“cage”范围创建 SGrid。该方法创建 SGrid 的 *U*、*V*、*W* 轴可能不平行于 *X*、*Y*、*Z* 轴。

执行该命令，弹出“Create SGrid from Objects Cage”（根据对象的“cage”范围创建 SGrid）对话框（图 14.5）。在“Name”栏中输入 SGrid 名称，“Object objects”栏中选择对象。勾选“Horizontal”复选框时，创建的 SGrid 立方体 *UV* 面平行 *XY* 面；未勾选该复选框时，创建的 SGrid 立方体平行于对象（图 14.6）。在“Scale U dimension by”“Scale V dimension by”“Scale W dimension by”栏中输入缩放数值，当输入的值为 1 时，创建的 SGrid 范围与“cage”范围一样大；当输入的值小于 1 时，创建的 SGrid 范围小于“cage”范围；当输入的值大于 1 时，创建的 SGrid 范围大于“cage”范围。在“Nu”“Nv”“Nw”栏中分别输入网格的数量。勾选“property cell centered”复选框时，属性信息位于 SGrid 立方体的中心；未勾选该复选框时，属性信息位于 SGrid 立方体的角点。根据“box”范围与“cage”范围创建 SGrid 效果如图 14.7 所示。

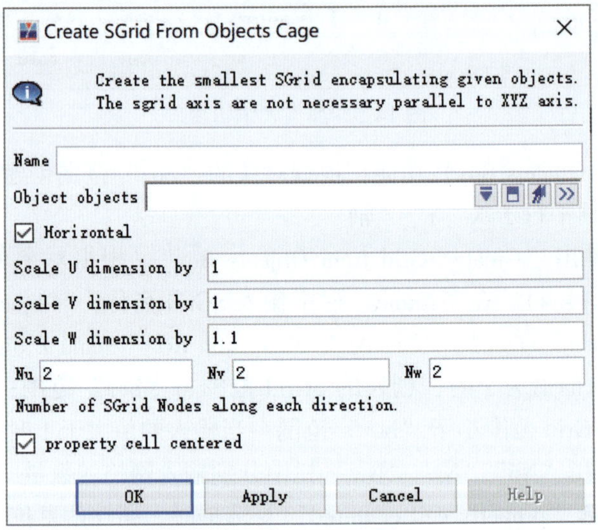

图 14.5　根据对象的“cage”范围创建 SGrid 对话框

（a）　（b）　（c）

图 14.6　根据对象的“cage”范围创建 SGrid 效果图

（a）对象；（b）勾选“Horizontal”复选框时创建的 SGrid；（c）未勾选“Horizontal”复选框时创建的 SGrid

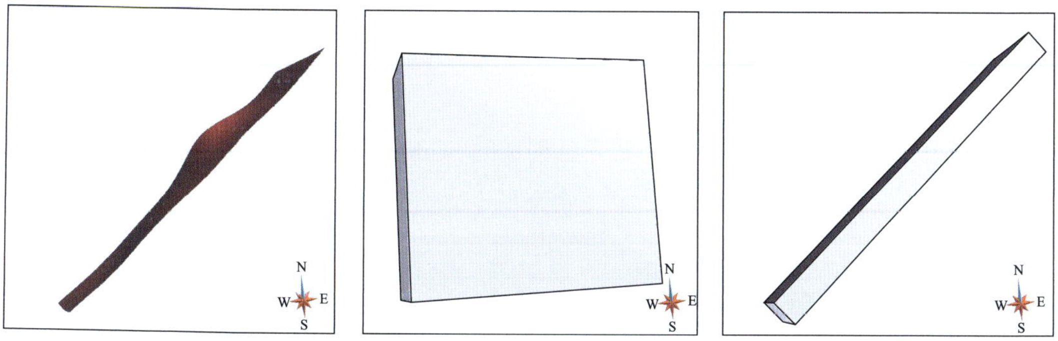

（a）　　（b）　　（c）

图 14.7　根据对象“box”范围与“cage”范围创建 SGrid 效果图

（a）对象；（b）根据“box”范围创建的 SGrid；（c）根据“cage”范围创建的 SGrid

（三）创建区域（Region）

【Region】→【From Surfaces】功能：根据面创建 SGrid 的区域（Region）。

执行该命令，弹出“Initialize SGrid Region From Surfaces”［根据面创建 SGrid 的区域（Region）］对话框（图 14.8）。在“Stratigraphic grid”栏中选择 SGrid 文件，“Region name”栏中输入创建的区域（Region）名称，“Surface Surfaces”栏中选择面文件。勾选“Empty first”复选框时，新的区域（Region）将取代已选的区域（Region）；未勾选该复选框时，则新的区域（Region）将被添加到所选区域（Region）的列表中。勾选“Origin in region”复选框时，保留 SGrid 原始区域（Region），去除面包含的区域（Region）；未勾选该复选框时，仅为面包含的区域（Region）。勾选“Including intersected cells”复选框时，区域（Region）包含面与 SGrid 相交的立方体；未勾选该复选框时，则区域（Region）不包含面与 SGrid 相交的立方体。勾选“Only intersected cells”复选框时，区域（Region）仅为面与 SGrid 相交的立方体；未勾选该复选框时，区域（Region）既包括面与 SGrid 相

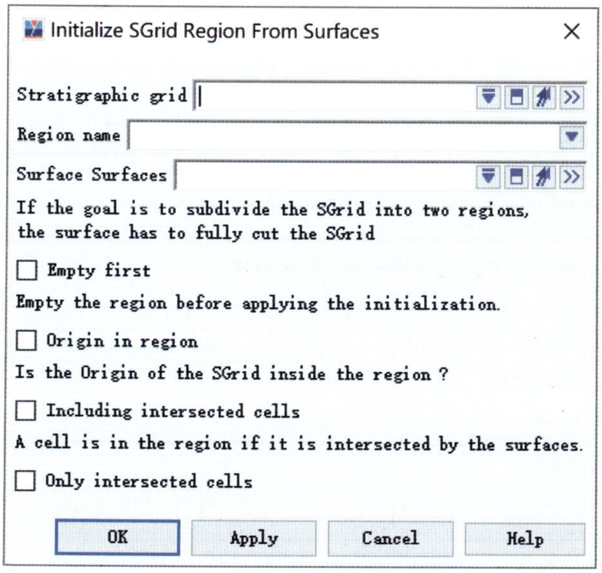

图 14.8　根据面创建 SGrid 的区域（Region）对话框

交的立方体，也包含封闭面内部的 SGrid 立方体。

（四）创建属性

在视窗“Task Pane”面板中，展开已创建的 SGrid，鼠标右键单击“properties”。在弹出的选项中，选择“Create”，弹出“Create Property”（创建属性名称）对话框（图 14.9）。

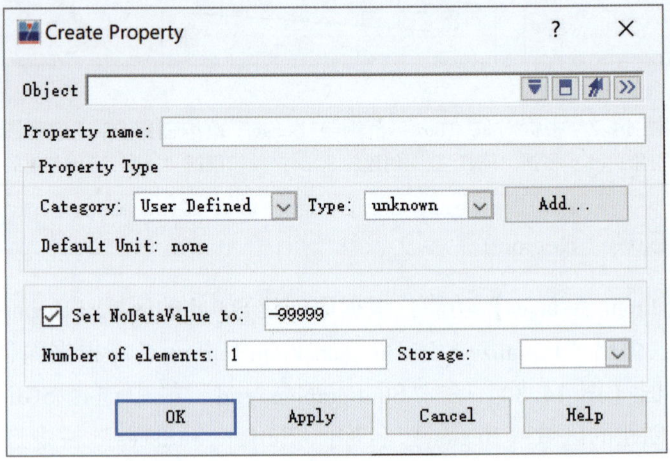

图 14.9　创建属性名称对话框

在“Object”栏中选择 SGrid 文件，“Property name:”栏中输入创建的属性名称。在“Category:”栏中选择数据类型，构建属性模型，此处选择“discrete”。“Type:”栏下拉选项中选择创建的属性表。勾选“Set NoDataValue to:”复选框时，可在对应的空白栏中填入数值，该值表示属性为空；未勾选该复选框时，对应的空白栏不可输入数值。“Number of elements:”栏默认值为 1，无须修改；在“Storage:”栏下拉选项中选择“Memory”。

（五）赋予属性信息

【Property】→【Set Constant】功能：给 SGrid 属性赋常数值。

执行该命令，弹出“Set Property Value to a Constant”（属性赋予常数值）对话框（图 14.10）。在“Object”栏中选择 SGrid 文件，“Property”栏中选择已创建的属性，“Value”栏中输入属性值，“Region”栏中选择区域（Region）名称。

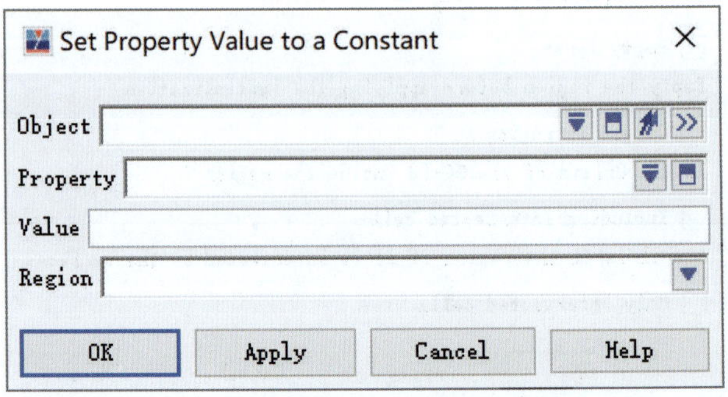

图 14.10　属性赋予常数值对话框

在视窗“Task Pane”面板中，展开 SGrid 文件的 properties 内容，勾选 SGrid 文件和创建的属性复选框，在 3D 视图中显示出属性模型（图 14.11）。

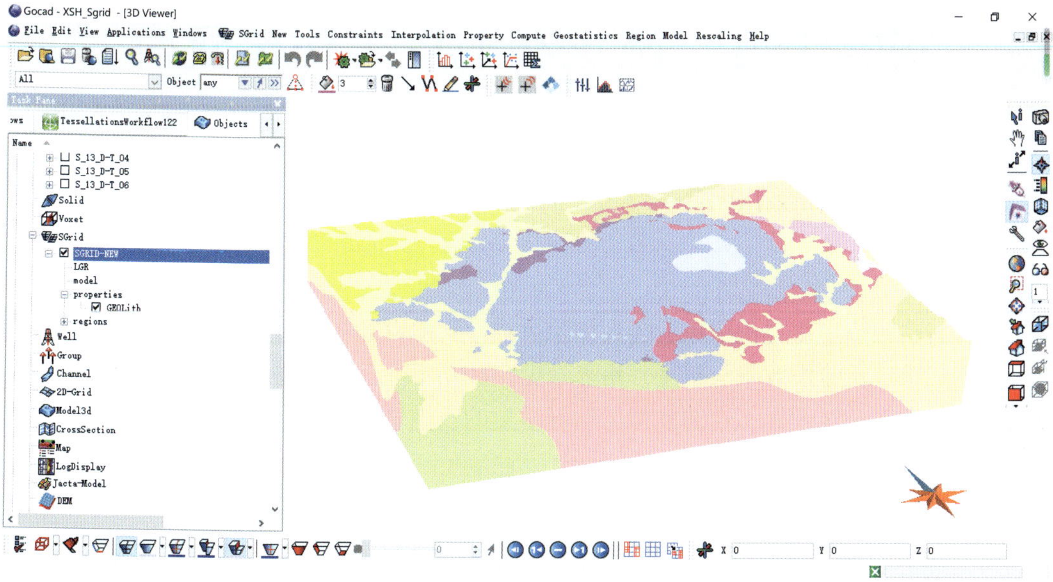

图 14.11　三维属性模型

实验十五　断层和地层工作流建模

一、实验目的和要求

（一）实验目的

学习断层和地层流程化建模方法和操作流程，掌握自动化、智能化建模方法与参数设置，提高三维地质建模效率与精度。培养学生实践动手能力、解决实际问题能力和运用新方法、新技术创新性开展工作的能力，培养学生的三维地质时空思维，为未来的学习和工作打下扎实基础。

（二）实验要求

了解地层柱的创建与设置。

熟悉断层和地层工作流建模过程中的参数设置。

能够掌握工作流建模的基本过程。

（三）软件

GOCAD 软件。

二、实验内容

本部分内容以建模实例进行介绍。建模区共有 A、B、C、D 四个地层，发育一条正断层。具体建模流程如下：

1）在“Workflow”（工作流）建模窗口（图 15.1）选择“SKUA Workflows”单选框，找到“Structure & Stratigraphy”（断层和地层工作流）建模模块。

2）双击“Structure & Stratigraphy”模块，进入“Selecting Data：Horizons”（层面参数设置）界面（图 15.2），各参数设置如下：

ⅰ）选择“Depth”（深度域）单选按钮。

ⅱ）单击按钮定义地层柱，进入“Stratigraphic Column Editor-chronostratigraphic_column”（地层柱设置）界面（图 15.3）。①在“Fill with existing horizon features”栏中，选择参与建模的地层名称。单击“Build Colum”按钮，创建地层柱。②在“Specify the stratigraphic colum”栏中，选择已创建的地层柱。③在“Manage Horizons”栏中，单击箭头按钮调整地层的沉积顺序。④在“Specify unit name and layering style”栏中，定义相邻层的接触关系。⑤单击“Apply”按钮。地层柱创建完成之后退出图 15.3 所示界面，回到图 15.2 所示界面。

ⅲ）在“Wells”栏中选择参与建模的钻孔数据。

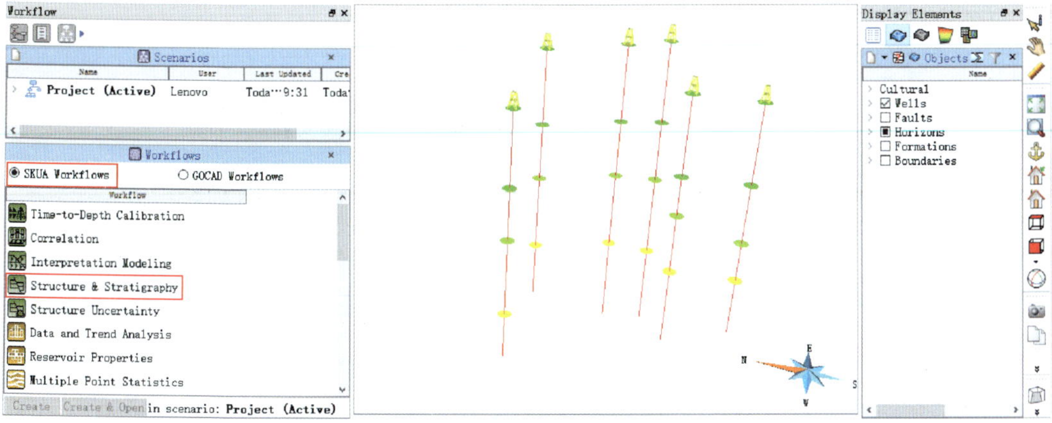

图 15.1　工作流建模窗口

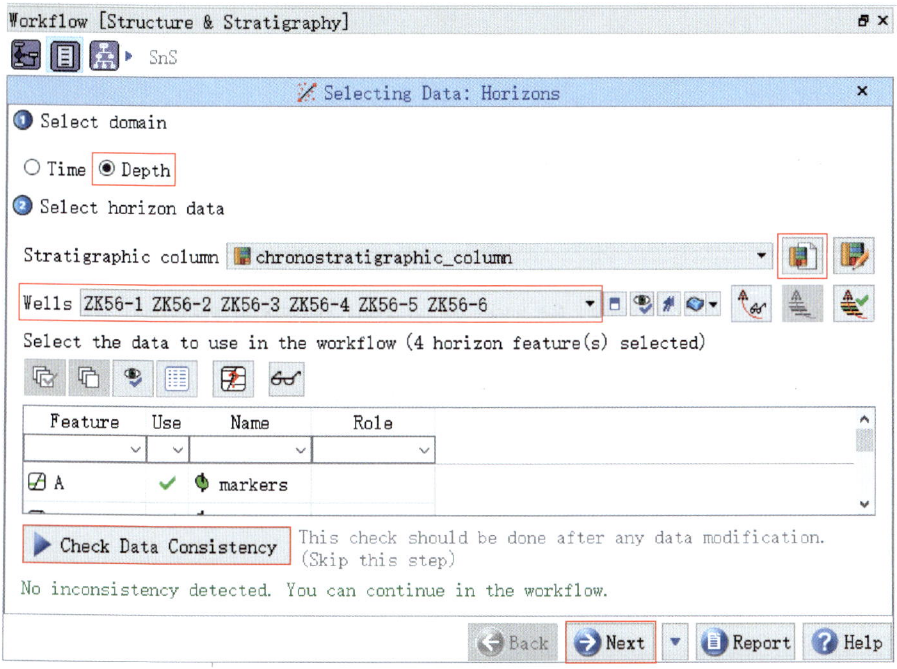

图 15.2　层面参数设置界面

ⅳ）单击“Check Data Consistency”按钮，检查数据的一致性，如果出现绿色字符提示，则表示数据无错误。

ⅴ）点击“Next”按钮，进入“Selecting Data：Faults”（断层参数设置）界面（图 15.4）。

3）“Selecting Data：Faults”（断层参数设置）界面（图 15.4）主要是断层数据的选择和设置，具体操作步骤如下：

ⅰ）在“Select the data to use in the workflow（1 fault feature（s）selected）”栏中，使用鼠标选择参与建模的断层。

ⅱ）单击断层性质按钮，设置断层性质。

ⅲ）单击“Check Data Consistency”按钮，检查数据的一致性。

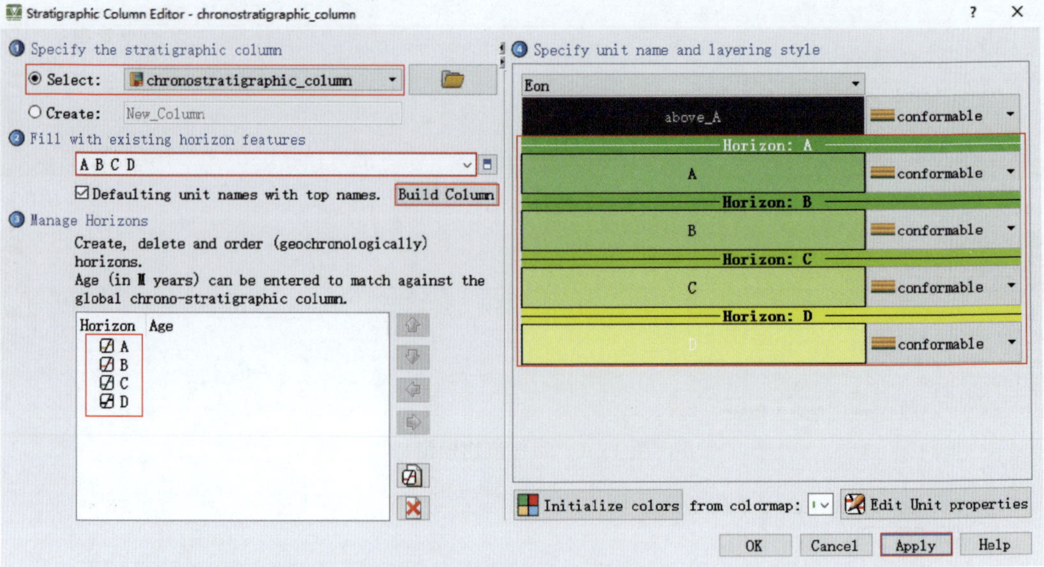

图 15.3　地层柱设置界面

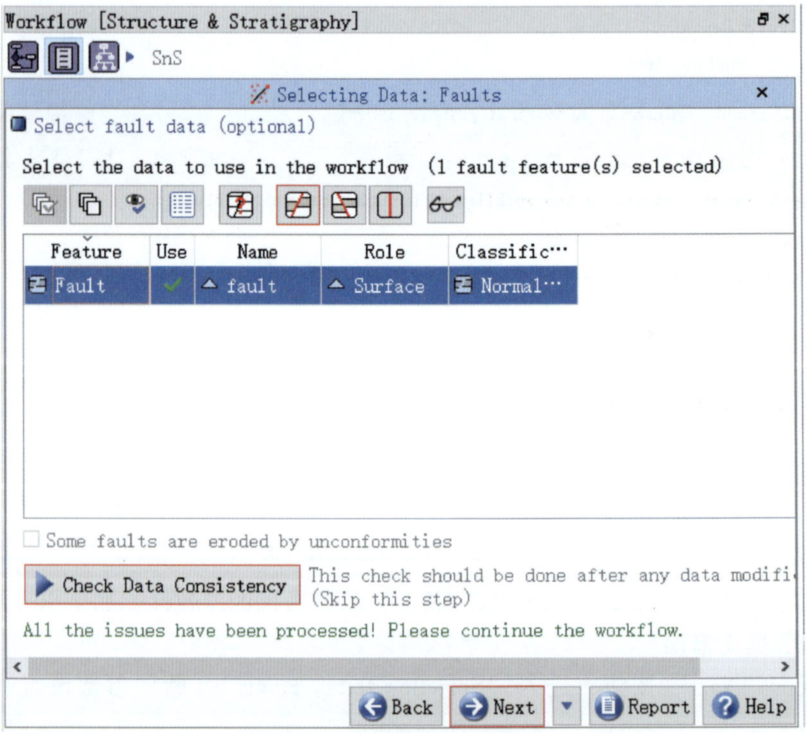

图 15.4　断层参数设置界面

ⅳ）单击“Next”按钮，进入“Selecting Data：Seismic and Salt”（盐丘参数设置）界面（图 15.5）。

4）“Selecting Data：Seismic and Salt”（盐丘参数设置）界面（图 15.5）主要是盐丘数据的选择和设置。该建模实例中无盐丘，直接点击“Next”按钮，进入“Defining the Volume of Interest”（建模空间设置）界面（图 15.6）。

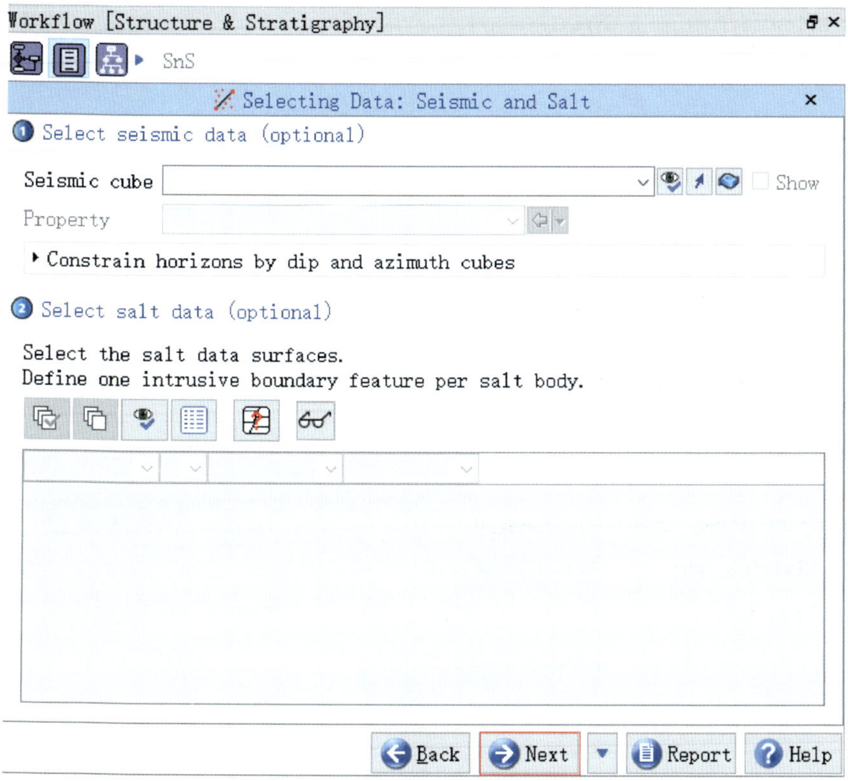

图 15.5　盐丘参数设置界面

5）“Defining the Volume of Interest”（建模空间设置）界面（图 15.6）主要是设置建模空间范围，具体操作步骤如下：

ⅰ）点击“Horizons”栏的按钮［图 15.6（a）］，选择所有地层。

ⅱ）点击“Horizons”栏的按钮［图 15.6（a）］，在 3D 视图中显示所有层。

ⅲ）点击“Faults”栏的按钮［图 15.6（a）］，选择所有断层。

ⅳ）点击“Faults”栏的按钮［图 15.6（a）］，在 3D 视图中显示所有断层。

ⅴ）选择“From 2D boundary and height”单选按钮［图 15.6（a）］，用已有边界作为模型边界。

ⅵ）在“From closed curve:”栏［图 15.6（a）］中，选择工区内已有的边界。此操作之前，需要确保边界线是闭合的曲线，否则无法选中。

ⅶ）点击“Compute”按钮［图 15.6（b）］计算模型空间范围，在 3D 视图内创建出建模空间范围［图 15.6（c）］，范围之外的数据点不参与插值。

ⅷ）点击“Next”按钮［图 15.6（c）］，进入“Building the Fault Network”（构建断层网络设置）界面（图 15.7）。

6）“Building the Fault Network”（构建断层网络设置）界面（图 15.7）主要是设置相关参数构建断层网络，具体操作步骤如下：

ⅰ）“Areal resolution distance”栏和“Vertical resolution distance”栏均采用默认值。这两个值越小，断层面越接近原始数据；值越大，断面越光滑。

ⅱ）点击“Build Fault Network”建立断层网络，图 15.8 为建立的三维断层面。

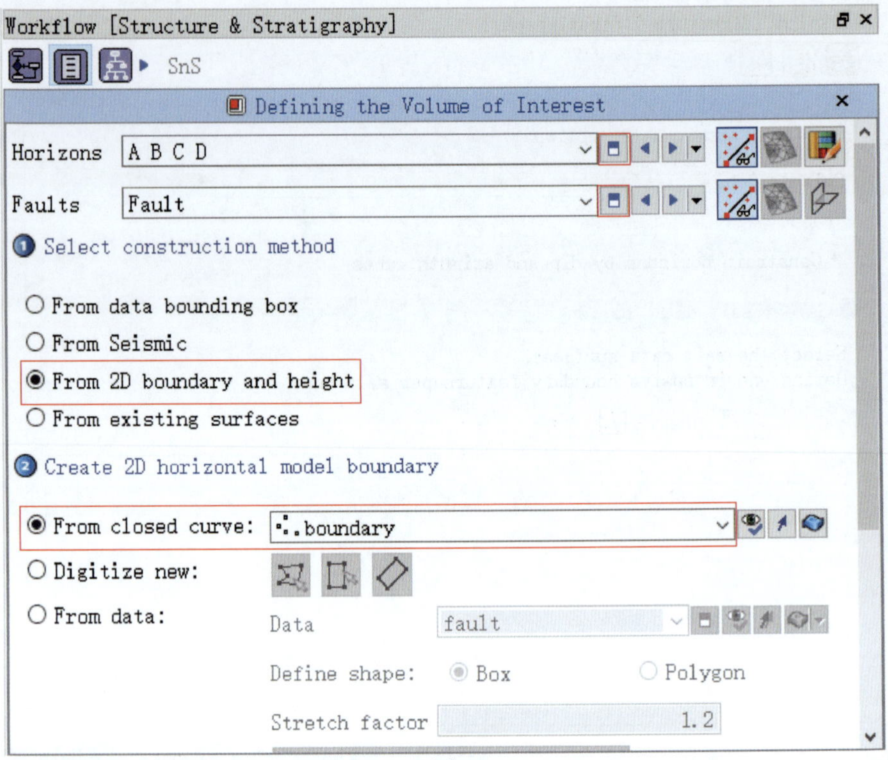

(a)

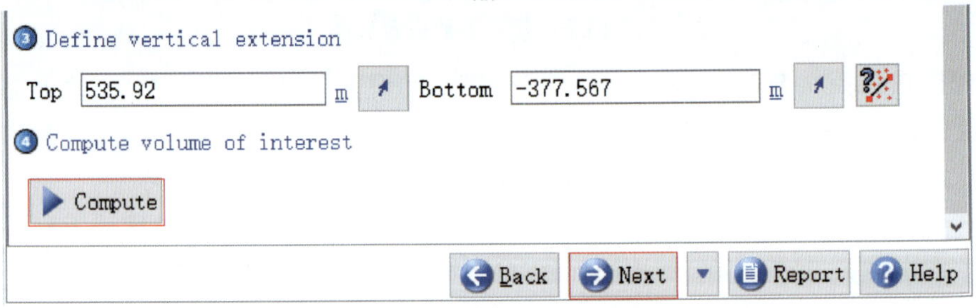

(b)

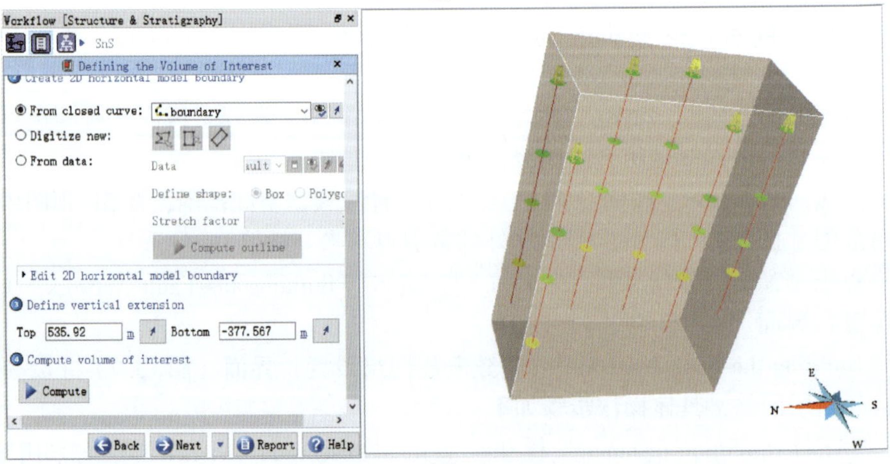

(c)

图 15.6　建模空间设置界面

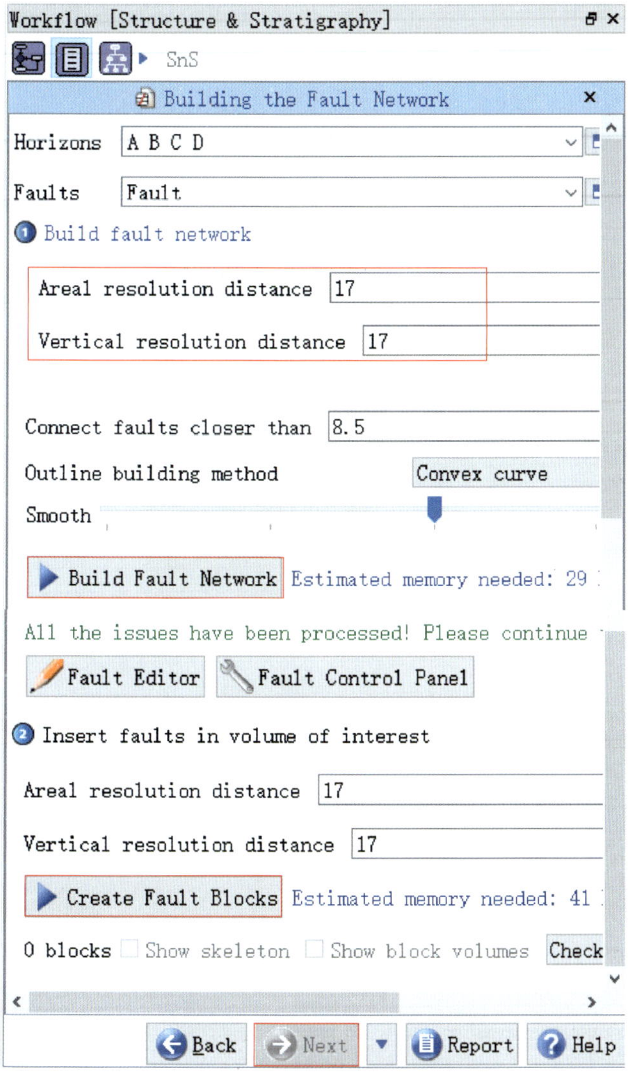

图 15.7　构建断层网络设置界面

图 15.8　三维断层面

ⅲ）在图 15.7 所示界面中，点击“Create Fault Blocks”按钮，创建断块。根据断层和层位的接触关系自动计算断块，图 15.9 为计算后结果生成的三维断层网络。创建断块后生成块体，在块体中白色线条表示断层面和建模范围面的交线。

ⅳ）单击“Next”按钮，进入“Modeling Horizons”（地层建模）界面（一）（图 15.10）。

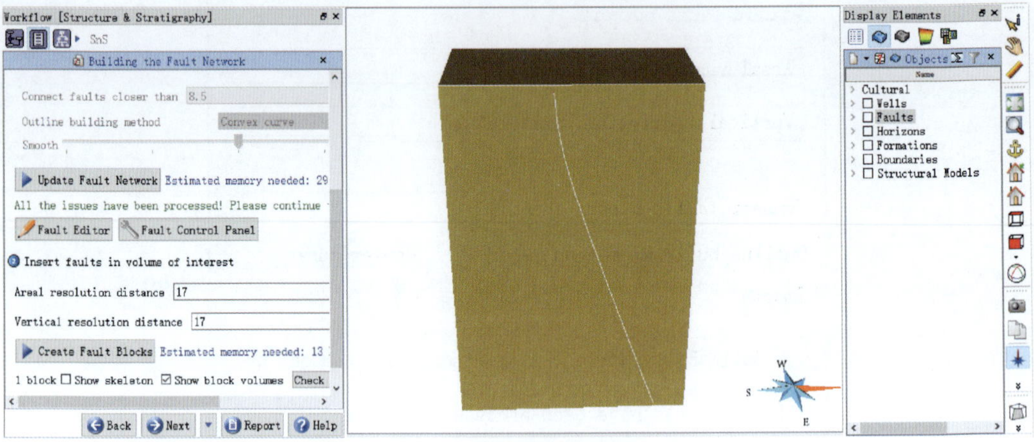

图 15.9 三维断层网络

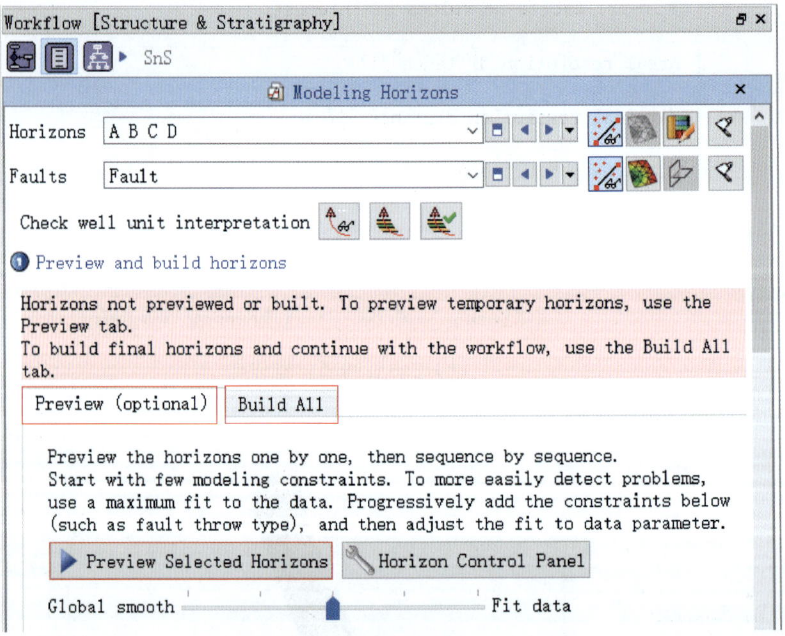

图 15.10 地层建模界面（一）

7）“Modeling Horizons”（地层建模）界面主要是设置相关参数构建层面模型，具体操作步骤如下：

ⅰ）点击“Preview（optional）”按钮（图 15.10）。

ⅱ）点击“Preview Selected Horizons”按钮（图 15.10），预览计算的层面模型，如无问题，则进入下一步。

ⅲ）点击“Build All”按钮（图 15.10）。

ⅳ）点击“Build All Horizons”按钮，同时建立所有层面（图 15.11）。

ⅴ）点击“Compute Paleo-coordinates”按钮（图 15.12），计算 *UVT* 坐标。

ⅵ）点击“Next”按钮（图 15.12），进入“Checking Thickness and Volumes”（计算地层厚度和体积）界面（图 15.13）。

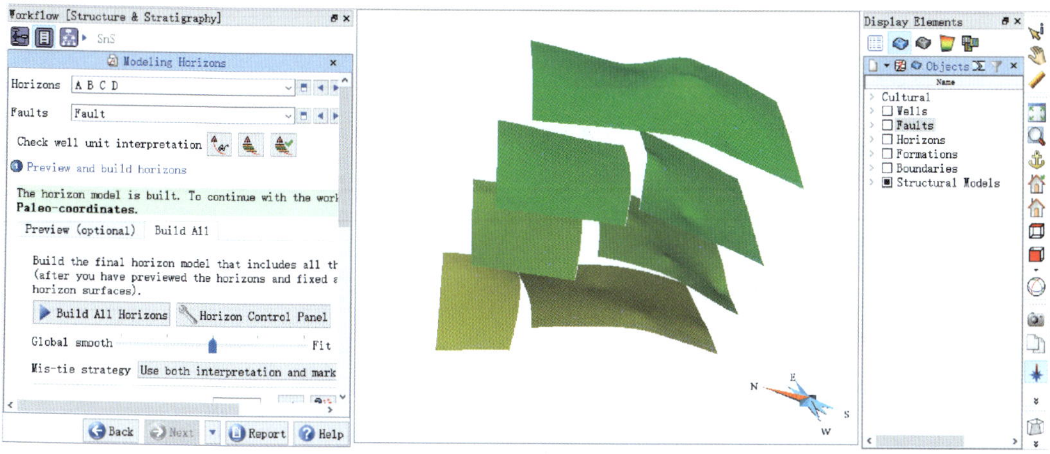

图 15.11　三维地层面模型

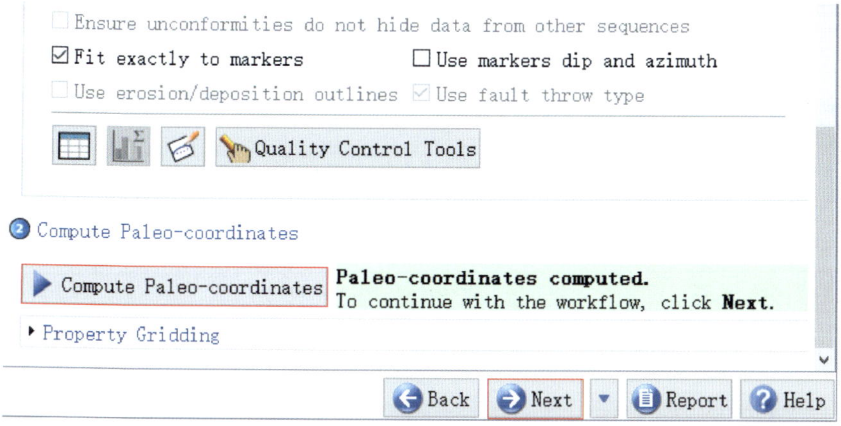

图 15.12　地层建模界面（二）

8）“Checking Thickness and Volumes”（计算地层厚度和体积）界面（图 15.13）主要用于计算地层厚度和每层的岩石体积。点击“Next”按钮，进入“Building the Geologic Grid”（计算所有地层网格）界面（图 15.14）。

9）“Building the Geologic Grid”（计算所有地层网格）界面（图 15.14）主要是设置相关参数计算所有地层网格，具体操作步骤如下：

ⅰ）点击“Compute Unit Areal Extension”按钮，计算模型横向范围。

ⅱ）在“Cell size”栏中输入数值，设置地层网格的横向尺寸。

ⅲ）点击“Compute Unit Thickness”按钮，计算各地层厚度。

ⅳ）取消“above _ A”复选框的选择。

ⅴ）用鼠标勾选 A、B、C、D 地层对应的复选框，让这四个地层参与地层网格建模。

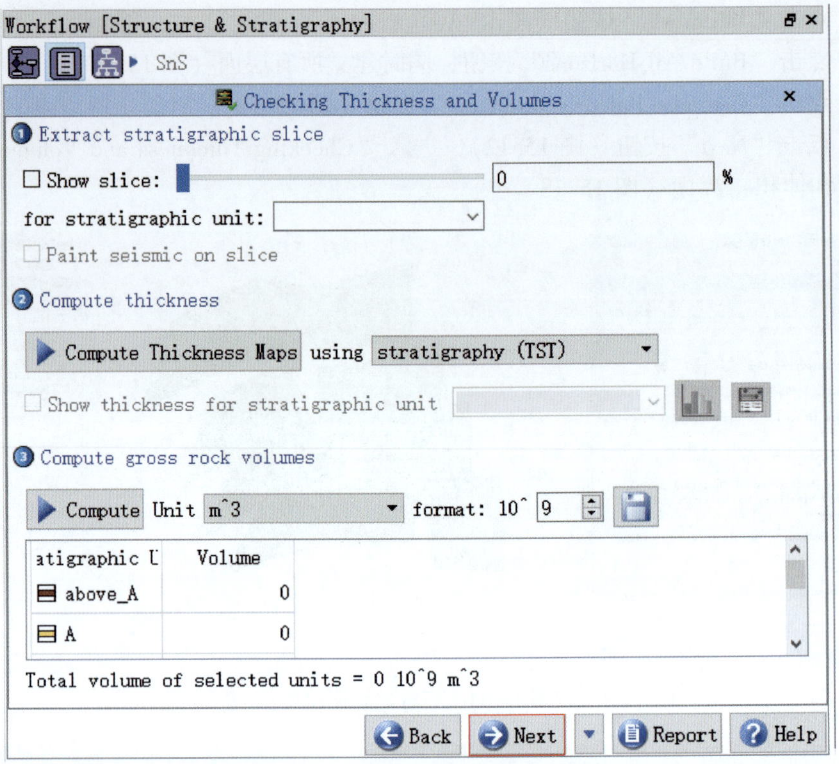

图 15.13　计算地层厚度和体积界面

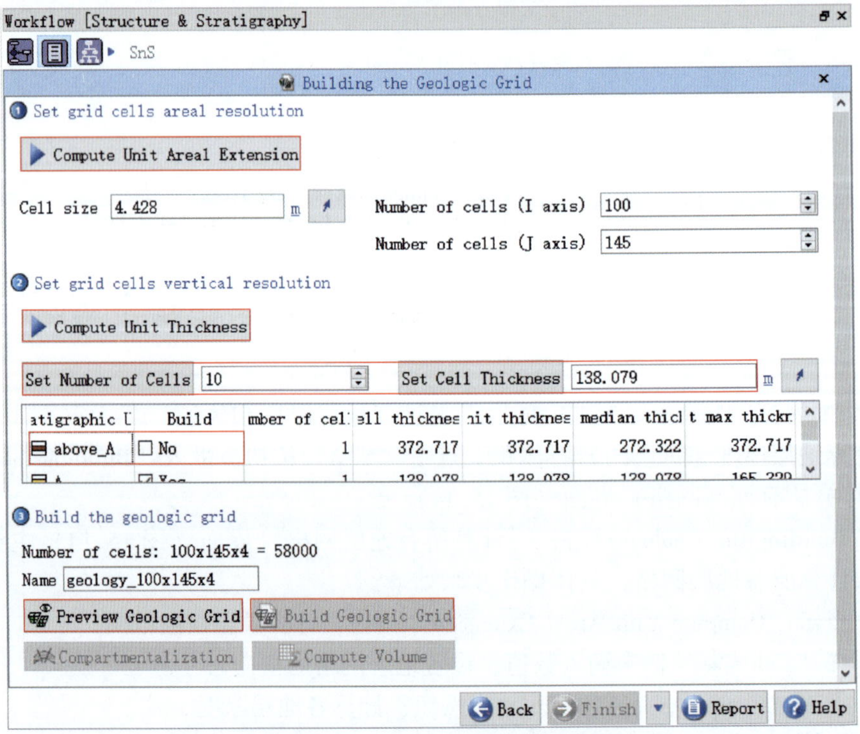

图 15.14　计算所有地层网格界面

ⅵ）在 “Set Number of Cells” 栏或 “Set Cell Thickness” 栏中输入数值，为选择的地层设置地层网格垂向尺寸。

ⅶ）点击 “Preview Geologic Grid” 按钮，预览所有地层网格体。

ⅷ）点击 “Build Geologic Grid” 按钮，计算所有地层网格体。

ⅸ）点击  按钮，显示完整的三维地层网格模型（图 15.15）。

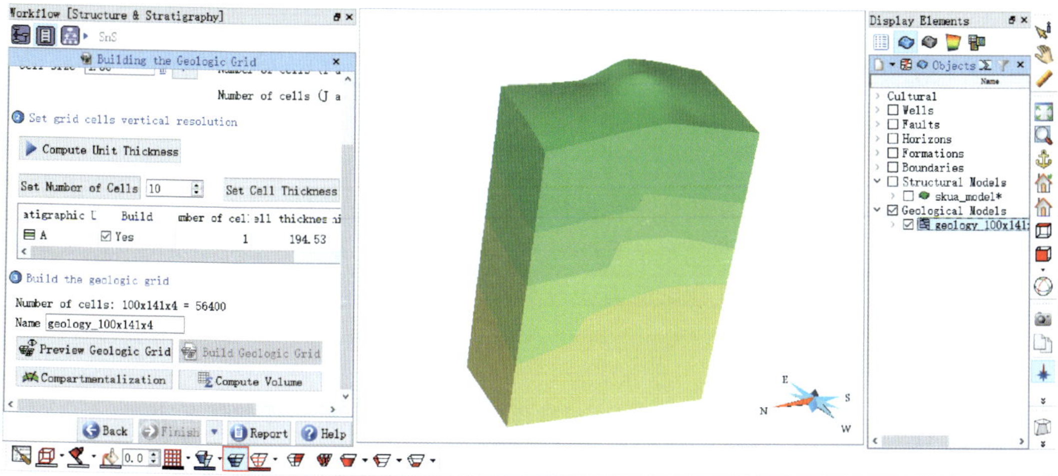

图 15.15　三维地层网格模型

实验十六　矿产资源储量估算

一、实验目的和要求

（一）实验目的

学习运用 SKUA-GOCAD 软件平台提供的克里金插值法和 Micromine 软件平台提供的距离反比加权法进行矿产资源储量估算的方法。通过实验培养学生实践动手能力以及运用新技术、新方法创新性开展工作的能力，为未来的矿产资源勘查工作打下坚实的基础。

（二）实验要求

了解 SKUA-GOCAD 软件或 Micromine 软件的矿产资源储量估算的基本功能。

熟悉运用克里金插值方法或距离反比加权法估算矿产资源储量的参数设置和操作流程。

掌握矿体模型的构建方法。

（三）软件

SKUA-GOCAD 17.0 以上版本（GOCAD 软件高版本）或 Micromine 软件。

二、实验内容

（一）SKUA-GOCAD 软件克里金插值法

矿体面模型的构建在实验十三中已有介绍，此处不再赘述。在已有矿体面模型的基础上，运用克里金插值法对矿体资源量进行估算，具体步骤如下。

1. 构建矿体 SGrid 模型

1）在视窗中显示所有矿体面模型，在右侧工具栏中选择“top view”快捷按钮。

2）构建包含所有矿体面模型的初始 SGrid 模型。在视窗下拉菜单中，选择【Command】→【SGrid】，然后选择【New】→【Digitize in 3d view】→【Rectangle】功能，弹出“Create SGrid From Corners”［根据拐角（点）坐标创建 SGrid 模型］对话框（图 16.1）。在“Name”栏中输入创建 SGrid 的名称。调整“Extremity Point in U direction:”和“Extremity Point in V direction:”栏对应的“X”“Y”“Z”数值，使创建的 SGrid 模型范围大于矿体面模型范围。在“Cell thickness”栏中输入数值，设置单个体元的厚度，本实验中此处输入数值 0.1（即 0.1 m）；在“Nu”“Nv”“Nw”栏中分别输入数值，确定 *U*、*V*、*W* 轴的体元个数。勾选“Property cell centered”复选框。单击“OK”按钮，完成初始 SGrid 模型的创建。

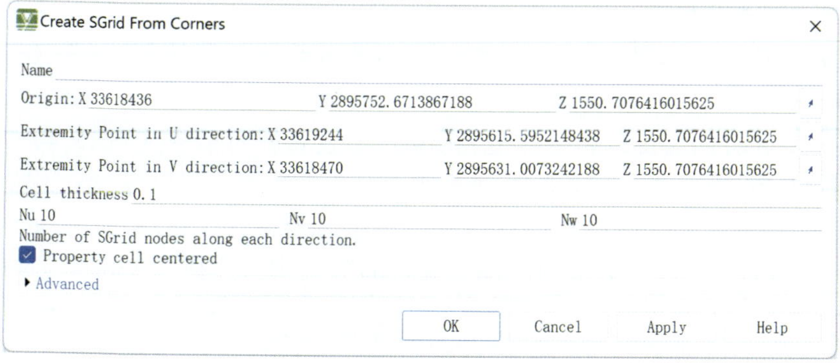

图 16.1 根据拐角（点）坐标创建 SGrid 模型对话框

3）运用【Region】→【From Surfaces】功能，根据矿体面模型范围从初始 SGrid 模型中分离出矿体 SGrid 模型。该功能在实验十四中已有阐述，此处不再赘述。

2. 构建品位模型

（1）数据预处理

1）将钻孔数据导入软件。钻孔数据的导入方法在实验三中已阐述，此处不再赘述。

2）对样品品位数据进行统计分析，用截止法处理特高品位数据。选择【Compute】→【On Object】功能，弹出“Properties Script Editor”（属性脚本编辑）对话框（图 16.2）。在“Objects”栏中选择所有钻孔，勾选“Check no-data values automatically”复选框，单击“Properties”选项，选择样品品位属性名称（此处选择 P1 属性）。当品位达到或高于特高品位时（以品位≥10 为特高品位为例），可以在“Script”栏中输入下列代码：

```
if(P1>=10){P1=10;}else {P1=P1}
```

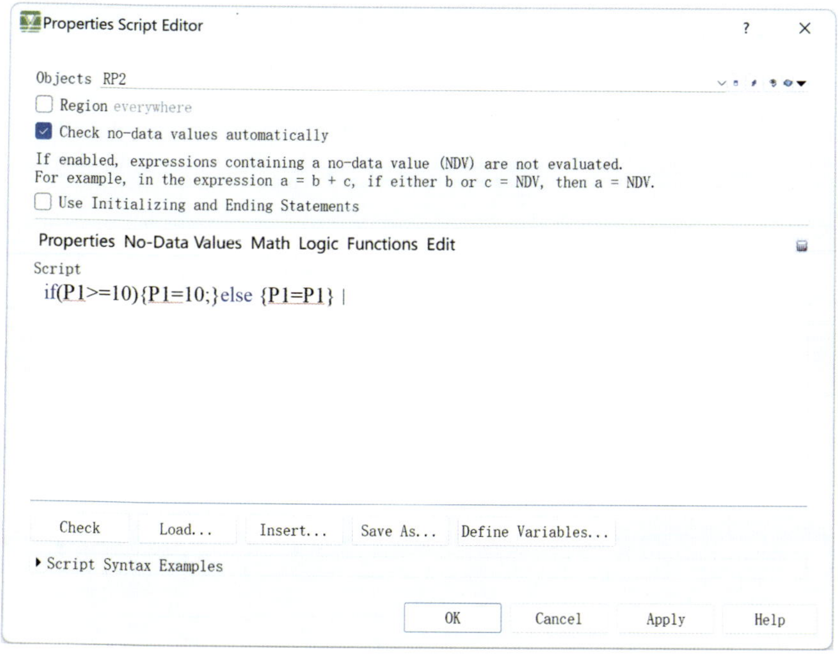

图 16.2 属性脚本编辑对话框

(2) 半变异函数构建

1）在视窗顶部工具栏处单击按钮（半差函数分析器按钮）（图 16.3），弹出“Variogram Analyzer”（半变异函数参数设置）对话框（图 16.4）。

2）在“Variogram Analyzer”（半变异函数参数设置）对话框（图 16.4）中，“Input data”栏选择所有钻孔，“Property”栏选择需要分析的数据。当只有一个区域（Region）时，“Regions”栏的“everywhere”复选框不勾选；当存在多个区域（Region）时，勾选“everywhere”复选框。在“Property transformation”栏中，选择“Normal score”单选按

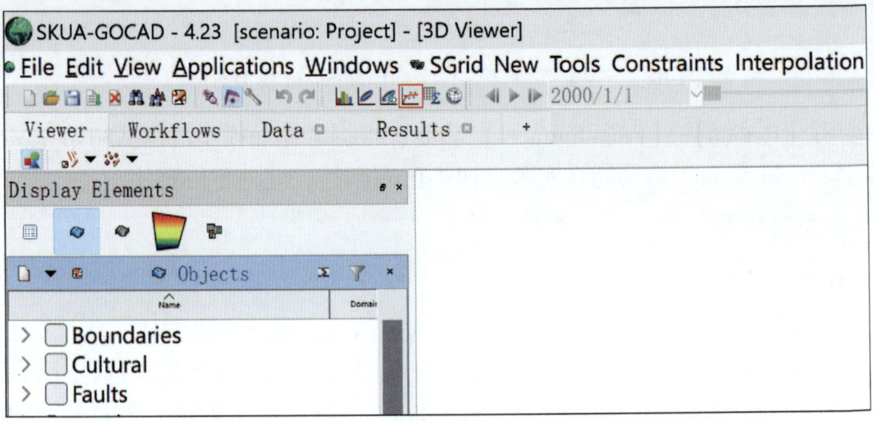

图 16.3　菜单栏变异函数位置

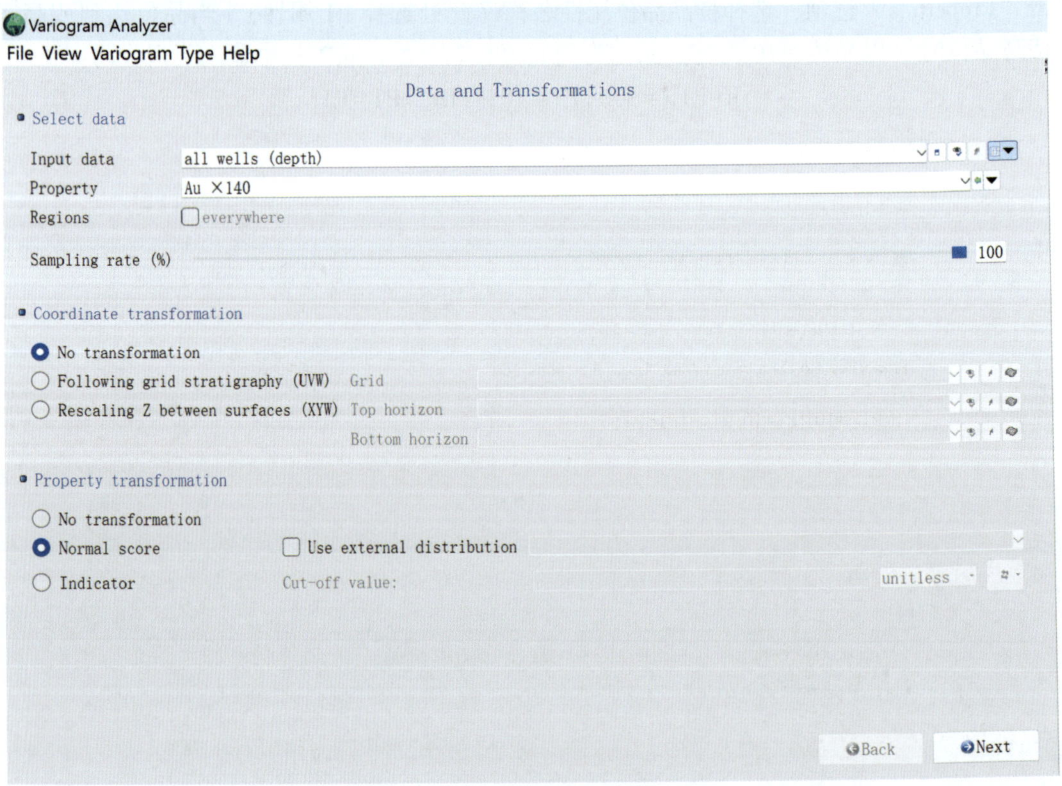

图 16.4　半变异函数参数设置对话框

钮。其他设置保持默认设置。单击“Next”按钮，进入“Variogram Analyzer”的半变异函数计算和拟合界面。

3）在“Variogram Analyzer”的半变异函数计算和拟合界面中，单击“Guess Parameters”按钮，将自动获取相关参数。然后依次单击“Vertical Variogram”和“Areal Variogram”栏中的“Compute”按钮。

4）垂向变异函数拟合处理，通过拖拽直方图中的右侧垂线，使蓝色散点与红色理论线尽量重合。在右下角区域，半变异值在距离稳定延伸的最长方向为搜索椭球体的长轴 $R1$ 方向，与该方向垂直方向为搜索椭球体的短轴 $R2$ 方向。在拟合 $R1$ 和 $R2$ 的过程中，通过拖拽长轴 $R1$ 和短轴 $R2$（长轴+90°）的方式实现，尽量使红色曲线沿数据点方向分布。单击“Next”按钮，进入“Variogram Analyzer”的半变异函数创建界面。

5）在“Variogram Analyzer”的半变异函数创建界面中，根据变异函数计算结果在“Nugget”栏和“Cumulative sill”栏中输入对应的数值。在“Variogram structures”栏的“Type”列中有“Spherical”“Exponential”“Gaussian”三个选项，此处选择默认的“Spherical”选项。“Contribution”列表示模型所占比例，“Azimuth”为长轴主轴方向（此处为0），“Rv”为搜索椭球体中轴搜索距离，“R1”为搜索椭球体长轴搜索距离，“R2”为搜索椭球体短轴搜索距离，在上一步拟合完成之后这些数据将会自动出现。单击“Create as Resource”按钮，完成变异函数模型的构建。

（3）品位模型构建

1）在“Workflow”中打开“Reservoir Properties”流程。在“Reservoir Grid/Voxet”栏中选择矿体名称（图16.5）。单击 按钮，新建一个属性（如Grade），“Type”栏（即数据类型）选择“Continuous”。单击“Next”按钮，进入图16.6界面。

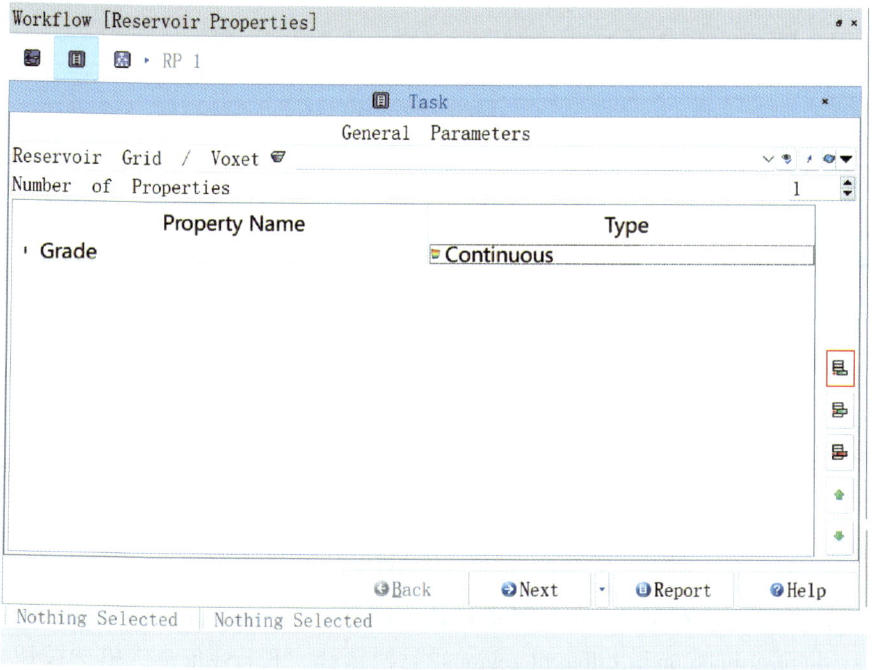

图16.5 新建连续属性

2）在图 16.6 所示界面中，“Do you want to use hard conditioning data?”栏选择“yes”单选按钮，“Are the data already assigned to the grid?”栏选择“no”单选按钮，“Data Object”栏选择“all wells (depth)”（即所有的钻孔），“Property”栏选择属性名称，“Assign data to grid?”栏选择“yes”单选按钮，“Assignment Method”栏选择“Inverse Distance Average”单选按钮，“Create Data Point Region In Grid?”栏选择“no”单选按钮。单击“Next”按钮，进入图 16.7 界面。

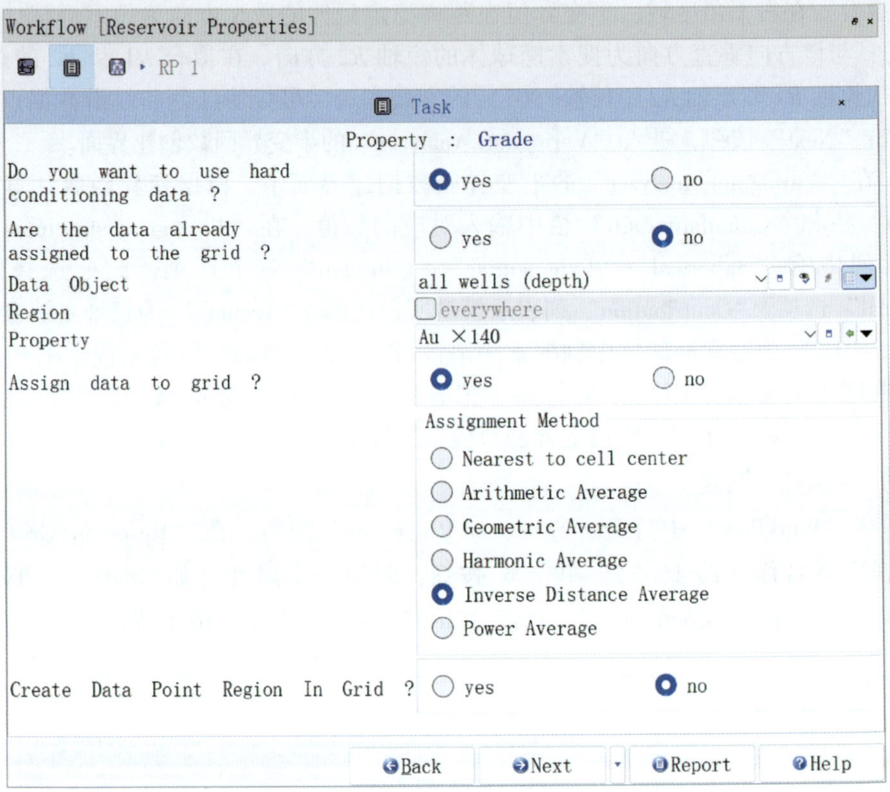

图 16.6　数据输入和重采样方法设置界面

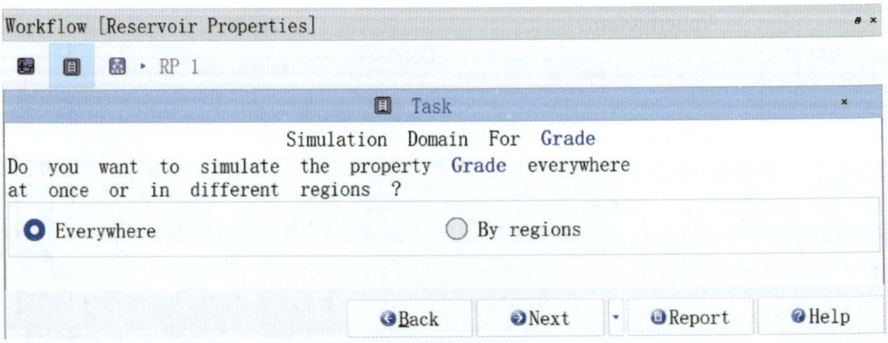

图 16.7　插值对象选择界面（一）

3）在图 16.7 所示界面中，如果是单矿体，则在“Do you want to simulate the property Grade everywhere at once or in different regions?”栏选择“Everywhere”单选按钮，否则选择“By regions”单选按钮。当选择“By regions”单选按钮后，可在“Available Regions”

栏中选择区域（Regions）名称，单击 >> 按钮后，所选区域（Regions）会移至“Regions Used”栏中（图 16.8）。单击“Next”按钮，进入图 16.9 界面。

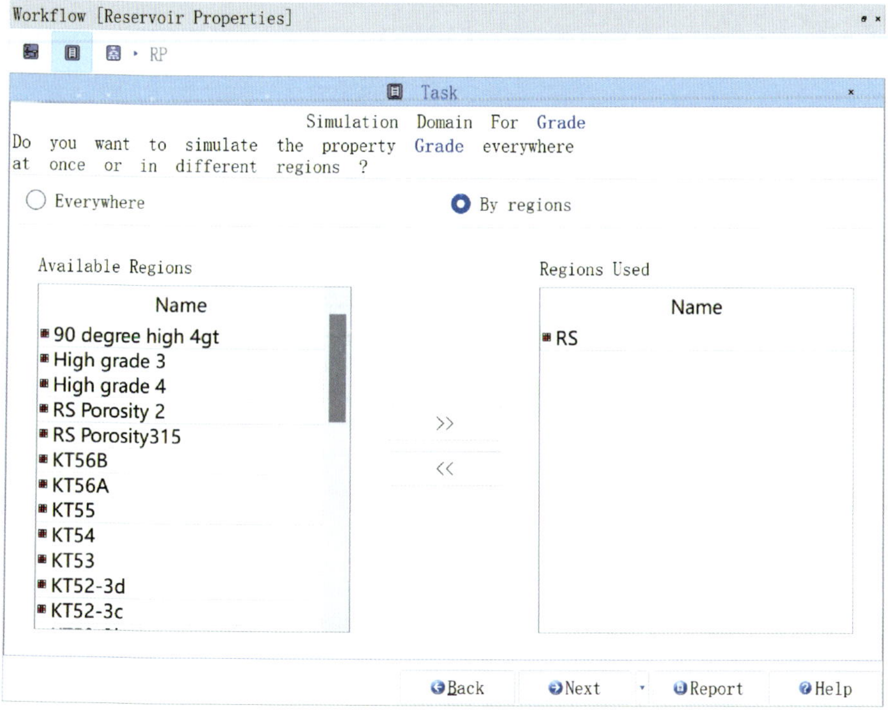

图 16.8　插值对象选择界面（二）

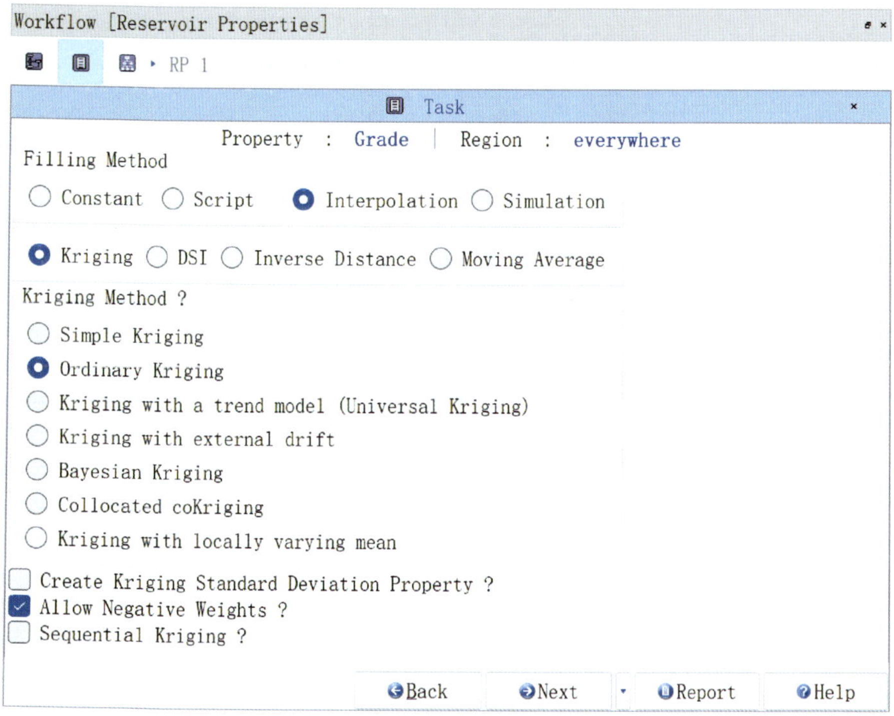

图 16.9　设置插值方法（普通克里金）界面

4）按图 16. 9 所示，对插值方法参数进行设置。单击“Next”按钮，进入图 16. 10 界面。

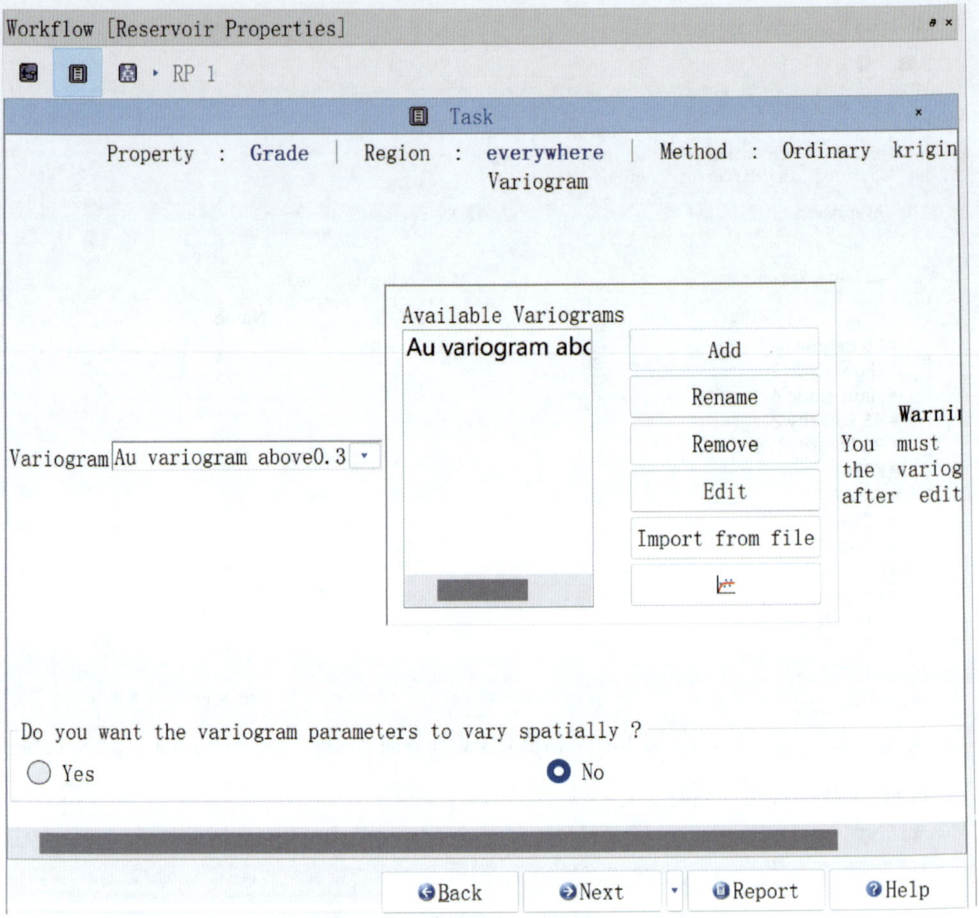

图 16. 10 选择对应变异函数界面

5）在图 16. 10 中，选择已创建的变异函数模型作为本次实验的半差函数，其他参数保持默认设置。单击“Next”按钮，进入图 16. 11 界面。

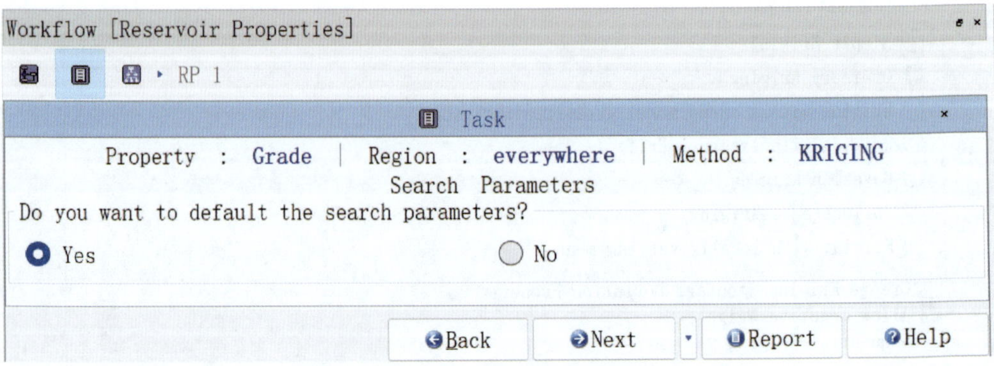

图 16. 11 搜索参数设置界面

6）搜索参数保持默认设置（图 16. 11）。单击“Next”按钮，进入图 16. 12 界面。

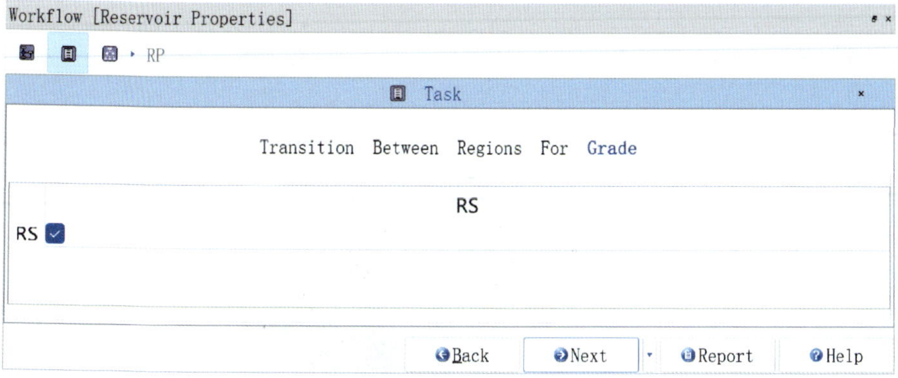

图 16.12　区域（Region）选择界面

7）勾选需要插值的区域（Region）复选框（图 16.12）。单击“Next”按钮，进入图 16.13 界面。

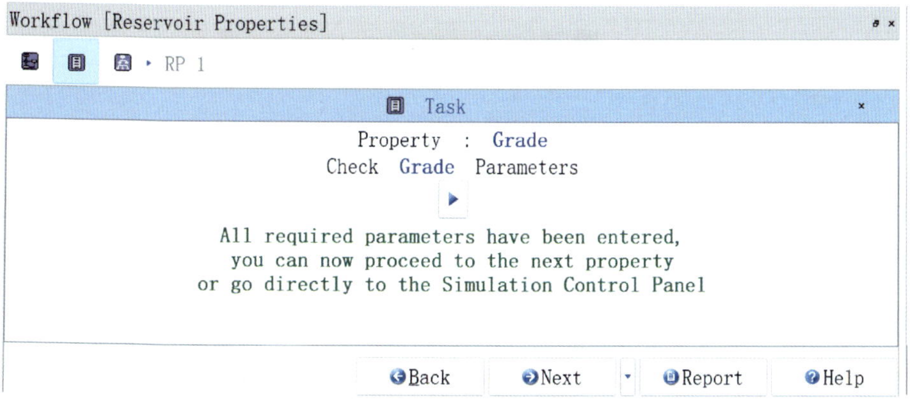

图 16.13　插值前参数检查

8）在图 16.13 所示界面中，单击 ▶ 按钮，检查插值前各项参数设置的准确性。单击“Next”按钮，进入图 16.14 界面。

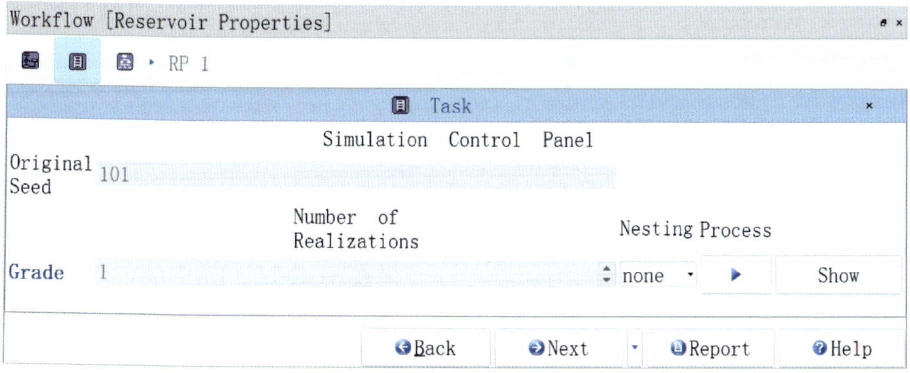

图 16.14　克里金插值界面

9）在图 16.14 所示界面中，单击 ▶ 按钮，完成数据插值。在视窗中可以显示矿体属性插值结果（图 16.15）。

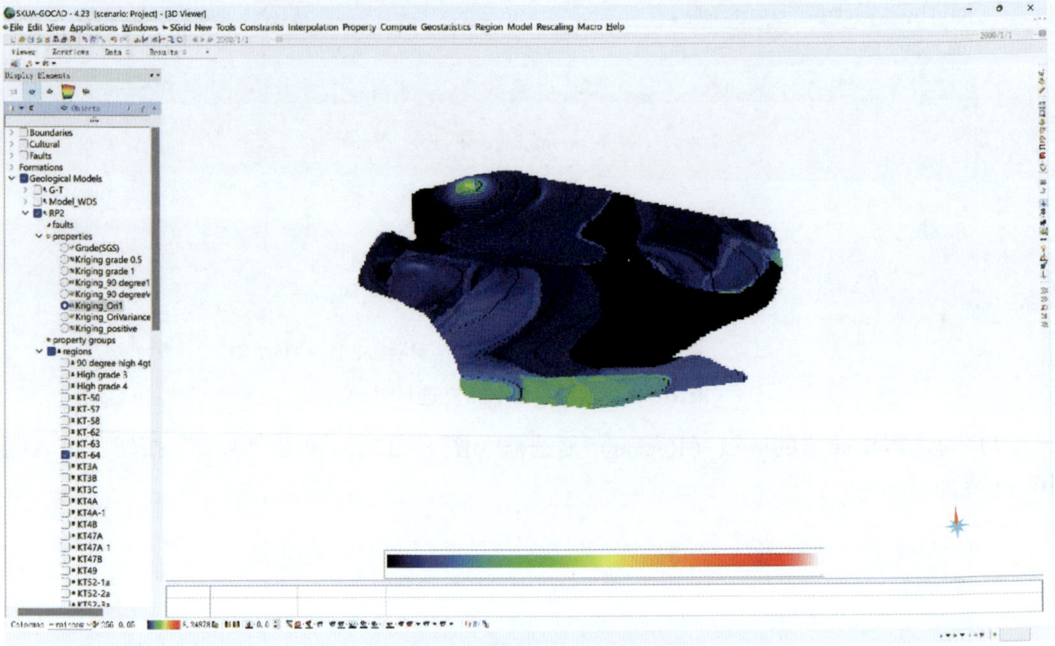

图 16.15 插值结果三维显示

(4) 资源储量估算

资源储量计算公式为：

$$资源储量=品位\times体积\times体重$$

式中：资源储量单位为 g；品位单位为 g/t；体积单位为 m^3；体重单位为 t/m^3。

品位由克里金插值后的 SGrid 模型获得，体积则根据 SGrid 模型中的体元体积计算获得，体重为已知数据，通常可在矿山勘探报告中获得。

1）在视窗任务面板中，展开矿体 SGrid 模型的属性信息。在已构建的品位属性处单击鼠标右键，选择弹出的快捷菜单中的“Edit Properties Settings”功能，弹出“Edit Property Settings”（属性类型设置）对话框（图 16.16）。在“Objects”栏中选择矿体，“Properties”

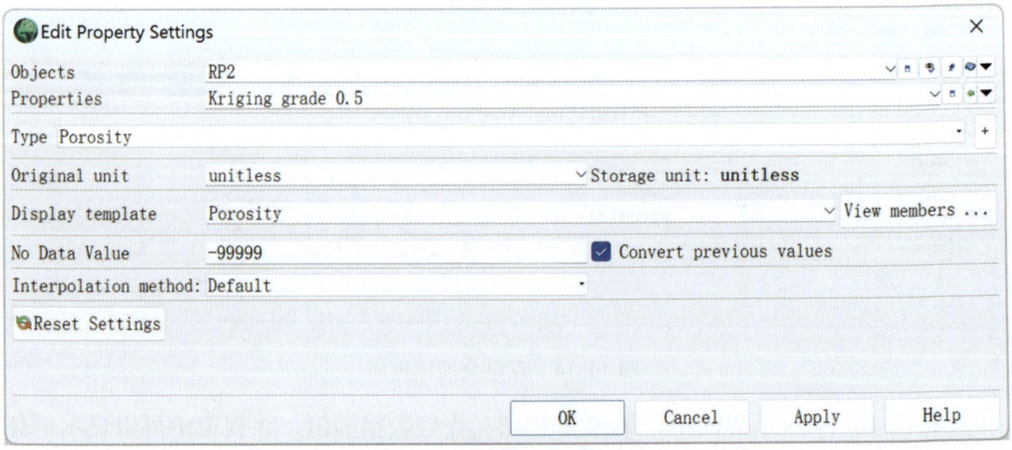

图 16.16 属性类型设置对话框

栏中选择品位模型，“Type”栏中选择“Porosity”，其他设置保持默认设置。单击“OK”按钮，退出对话框。

2）在视窗下拉菜单中，选择【Compute】→【Reservoir Volumes】功能，弹出“Stratigraphy-Compute Volume”（资源储量估算）对话框（图 16.17）。在“Reservoir grid”栏中选择矿体 SGrid 模型；在“Parameters”选项卡中，勾选“Gross”“Net”“Pore”三个复选框；在“Define”列中勾选“Net/Gross”复选框，再勾选“Constant”列对应的单选按钮，并输入矿体的体重（单位为 t/m^3）；在“Define”列中勾选“Porosity”复选框，再勾选“Variable”列对应的单选按钮，并选择品位模型（单位为 g/t）。

图 16.17 资源储量估算对话框

3）单击“Define zones”选项卡（图 16.18），在“Zones”栏中选择需要计算的区域（Region）名称，如果只有一个区域（Region），则选择“Everywhere”单选按钮。其他设置保持默认设置。

4）在“Parameters”选项卡界面，单击“Compute”按钮（图 16.17）进行资源储量估算，在对话框右侧空白栏中将显示出资源储量估算结果（图 16.19）。“Gross Volume for Oil Zone”为矿体总体积，“Net Volume for Oil Zone”为矿体总体重，“Porous Volume for Oil Zone”为资源储量。

（二）Micromine 软件的距离反比加权法

运用距离反比加权法对矿体进行资源储量估算的具体步骤如下。

1. 样品分析

1）启动 Micromine 软件。在视窗下拉菜单中，选择【文件】→【工程】→【打开】功

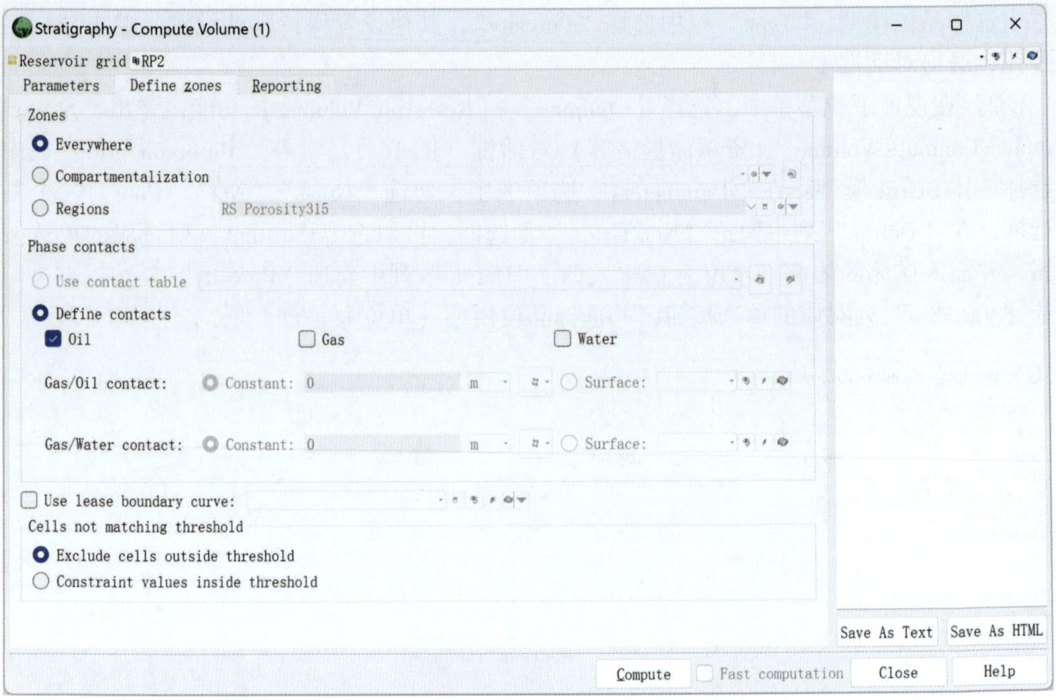

图 16.18　选择需要计算的区域（Region）对话框

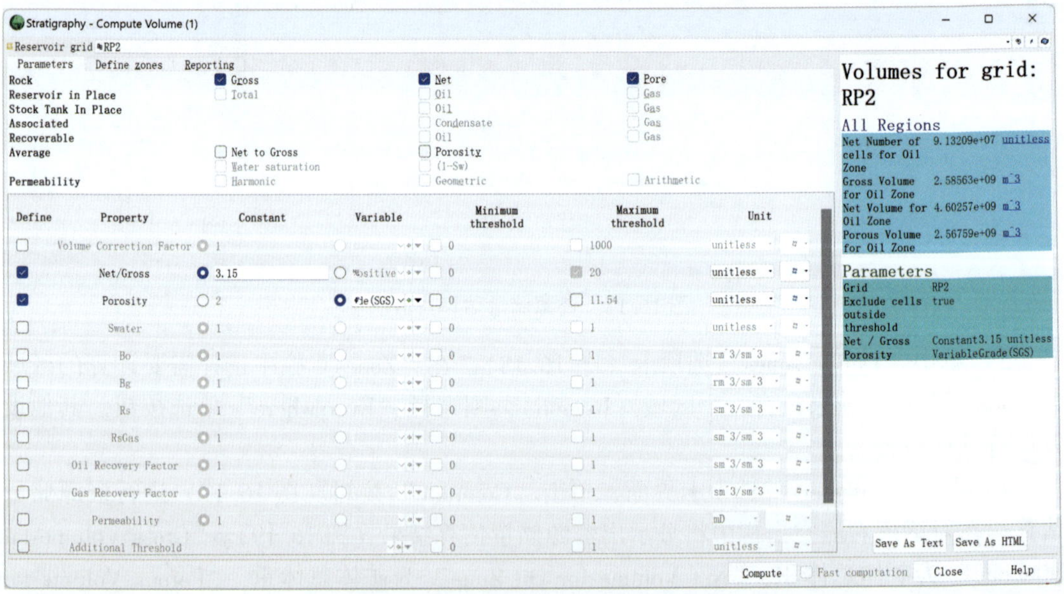

图 16.19　资源储量估算结果对话框

能，单击鼠标左键选择模型和数据所在的工程文件（图 16.20）。

2）在视窗下拉菜单中，选择【文件】→【打开】功能，打开样品分析文件（图 16.21）。可以看到该文件中包含的字段，关闭该文件。

3）在视窗下拉菜单中，选择【钻孔】→【生成】→【井中坐标】功能，弹出“三维坐标”对话框（图 16.22）。该对话框中各参数设置如下：① 在“输入选项”栏中选择“钻

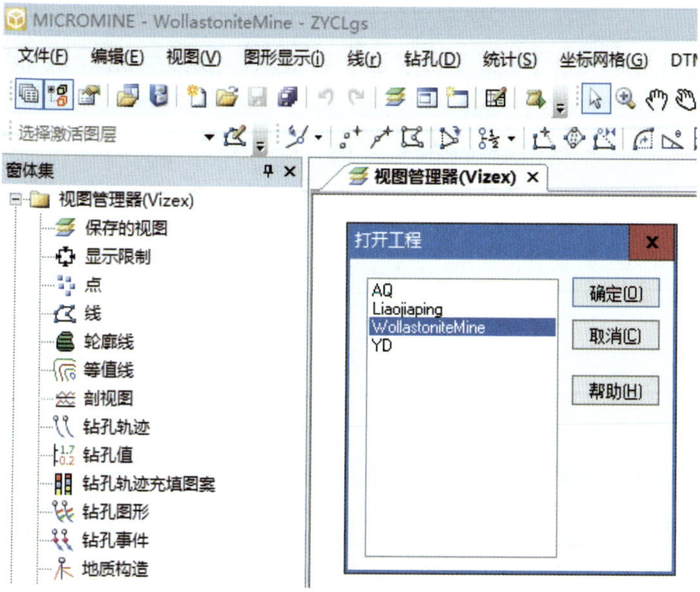

图 16.20 打开工程界面

钻孔编号	样品编号	从	至	样长	品位
ZK001	H1	486.80	488.70	1.90	59.04
ZK001	H2	488.70	490.50	1.80	61.51
ZK001	H3	490.50	491.88	1.38	58.01
ZK001	H4	491.88	492.88	1.00	27.18
ZK001	H5	495.90	496.90	1.00	24.07
ZK001	H6	496.90	498.80	1.90	61.87
ZK001	H7	498.80	500.80	2.00	83.49
ZK001	H8	500.80	502.60	1.80	84.74
ZK001	H9	502.60	504.50	1.90	84.19
ZK001	H10	504.50	506.50	2.00	82.49
ZK001	H11	506.50	508.40	1.90	86.89
ZK001	H12	508.40	510.40	2.00	91.68
ZK001	H13	510.40	511.70	1.30	78.51
ZK001	H14	511.70	513.20	1.50	22.58
ZK001	H15	513.20	514.80	1.60	56.71
ZK001	H16	514.80	516.05	1.25	54.28
ZK001	H17	516.05	517.05	1.00	41.06
ZK002	H1	321.85	322.85	1.00	8.20
ZK002	H2	322.85	324.85	2.00	57.38
ZK002	H3	325.05	327.05	2.00	53.12
ZK002	H4	327.25	329.25	2.00	46.42
ZK002	H5	329.25	331.25	2.00	8.48

图 16.21 数据库样品分析文件界面（一）

孔数据库”单选按钮。在“分割样长为：”栏中输入数值，该值可取最短样长的整数。在“报告文件：”栏中输入报告名称，可任意命名。② 在“钻孔数据库”栏中，“数据库：”栏选择已构建的钻孔数据库（如“Drill _ Data”），“文件类型：”栏下拉选项中选择区间，“区间文件：”栏中选择样品分析文件（如“Assay. DAT”）；勾选“创建新的坐标字段”复选框，采用默认的“东坐标”（“E”）、“北坐标”（“N”）和“高程”（“RL”）字段。最后，单击“运行”按钮。③ 在“区间文件：”文本框中单击鼠标右键，在弹出的菜单中选择“编辑”功能。观察样品分析文件字段的变化（图 16.23），每个样品都生成新的三维坐标。

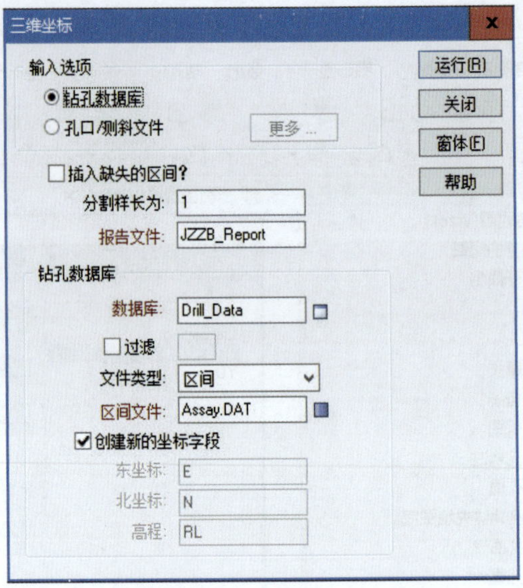

图 16.22 “三维坐标”对话框

钻孔编号	样品编号	从	至	样长	品位	EAST	NORTH	RL
ZK001	H1	486.80	487.80	1.90	59.04	588876.892	3102224.540	-166.91
ZK001	H1	487.80	488.70	1.90	59.04	588876.902	3102224.508	-167.86
ZK001	H2	488.70	489.70	1.80	61.51	588876.913	3102224.477	-168.81
ZK001	H2	489.70	490.50	1.80	61.51	588876.922	3102224.447	-169.71
ZK001	H3	490.50	491.50	1.38	58.01	588876.932	3102224.417	-170.61
ZK001	H3	491.50	491.88	1.38	58.01	588876.939	3102224.394	-171.30
ZK001	H4	491.88	492.88	1.00	27.18	588876.947	3102224.371	-171.99
ZK001	H5	495.90	496.90	1.00	24.07	588876.990	3102224.238	-176.01
ZK001	H6	496.90	497.90	1.90	61.87	588877.001	3102224.205	-177.01
ZK001	H6	497.90	498.80	1.90	61.87	588877.011	3102224.173	-177.96
ZK001	H7	498.80	499.80	2.00	83.49	588877.022	3102224.142	-178.91
ZK001	H7	499.80	500.80	2.00	83.49	588877.032	3102224.108	-179.91
ZK001	H8	500.80	501.80	1.80	84.74	588877.043	3102224.075	-180.91
ZK001	H8	501.80	502.60	1.80	84.74	588877.053	3102224.045	-181.80
ZK001	H9	502.60	503.60	1.90	84.19	588877.062	3102224.015	-182.70
ZK001	H9	503.60	504.50	1.90	84.19	588877.073	3102223.984	-183.65
ZK001	H10	504.50	505.50	2.00	82.49	588877.083	3102223.952	-184.60
ZK001	H10	505.50	506.50	2.00	82.49	588877.094	3102223.919	-185.60

图 16.23 数据库样品分析文件界面（二）

4）在视窗下拉菜单中，选择【线框】→【赋值】功能，弹出“线框赋值”对话框（图 16.24）。该对话框中相关参数设置具体如下：

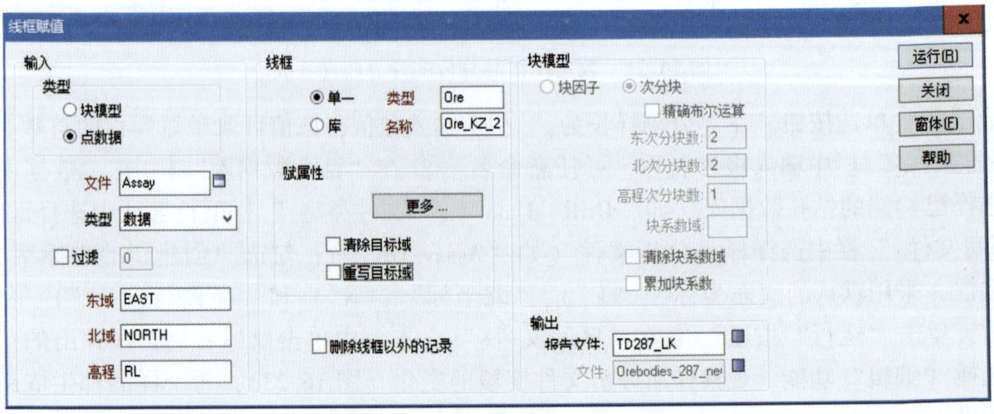

图 16.24 “线框赋值”对话框

ⅰ）在“输入”栏的“类型”栏中选择“点数据”单选按钮。双击“文件”文本框，选择数据类型的样品分析文件，在“类型”栏下拉选项中选择“数据”。使用鼠标右键点击“文件”文本框，选择修改，在弹出的“Assay. DAT（修改）”界面（图 16. 25）中，双击最后一行第一列，单击键盘回车键，则表中增加一行空白行。

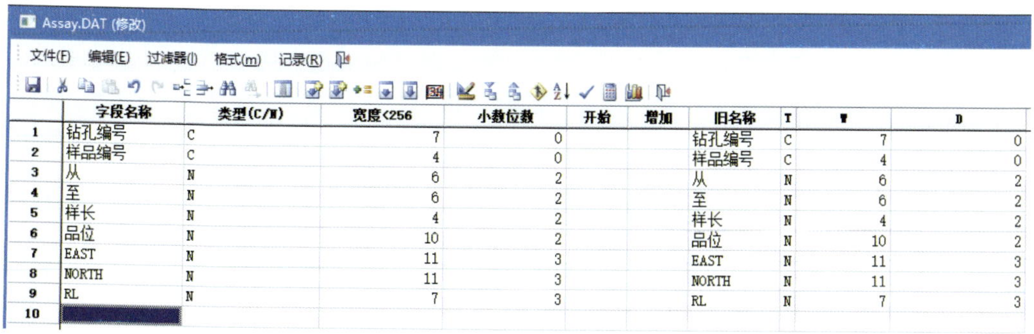

	字段名称	类型(C/N)	宽度<256	小数位数	开始	增加	旧名称	T	W	D
1	钻孔编号	C	7	0			钻孔编号	C	7	0
2	样品编号	C	4	0			样品编号	C	4	0
3	从	N	6	2			从	N	6	2
4	至	N	6	2			至	N	6	2
5	样长	N	4	2			样长	N	4	2
6	品位	N	10	2			品位	N	10	2
7	EAST	N	11	3			EAST	N	11	3
8	NORTH	N	11	3			NORTH	N	11	3
9	RL	N	7	3			RL	N	7	3
10										

图 16. 25　样品分析文件界面（一）

ⅱ）在图 16. 25 对话框中，在“字段名称”列底部填写“矿体名称”，在“类型（C/N）”列填写“C”，“宽度<256”列填写“12”，“小数位数”列填写“0”（图 16. 26），点击保存按钮，确定后退出修改界面，回到图 16. 24 对话框。

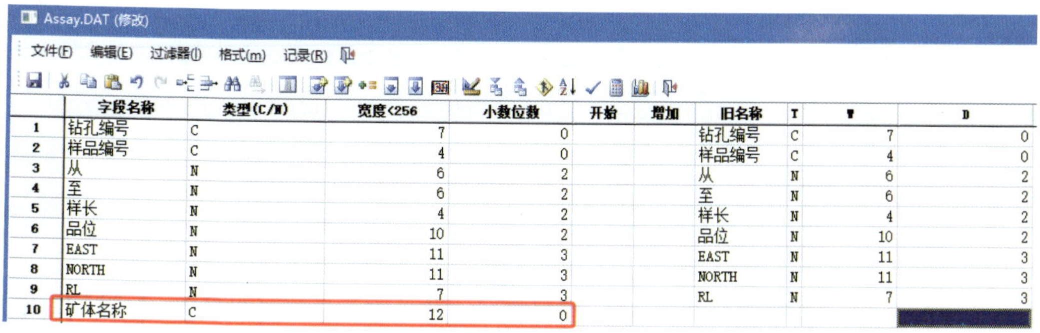

	字段名称	类型(C/N)	宽度<256	小数位数	开始	增加	旧名称	T	W	D
1	钻孔编号	C	7	0			钻孔编号	C	7	0
2	样品编号	C	4	0			样品编号	C	4	0
3	从	N	6	2			从	N	6	2
4	至	N	6	2			至	N	6	2
5	样长	N	4	2			样长	N	4	2
6	品位	N	10	2			品位	N	10	2
7	EAST	N	11	3			EAST	N	11	3
8	NORTH	N	11	3			NORTH	N	11	3
9	RL	N	7	3			RL	N	7	3
10	矿体名称	C	12	0						

图 16. 26　样品分析文件界面（二）

ⅲ）双击“东域”文本框，在弹出的对话框中选中“EAST”，鼠标单击右侧“选择”按钮。同上，依次设置“北域”与“高程”。

ⅳ）该处以矿体 Ore _ KZ _ 287 的线框为例，进行线框赋值。因为矿体 Ore _ KZ _ 287 是单一的一个矿体线框，并且该矿体线框被保存在 Ore. tdb 中，所以在图 16. 26 所示对话框的“线框”栏中选择“单一”单选按钮，“类型”栏中选择“Ore. tdb”。

ⅴ）在“赋属性”栏中点击“更多…”按钮，弹出“赋属性”对话框（图 16. 27），双击“属性”列第一个文本框，选择“NAME”，在对应“赋给”列中选择“矿体名称”。“属性”列下的“NAME”表示线框的名称，而在“赋给”列下需选择文件 Assay. dat 中的一个字段，将线框名称作为新的属性值统一赋予线框内的点数据。在执行赋值的时候，根据点的三维坐标与线框的边缘三维坐标进行比较判断，如果点在线框内，则矿体名称字段将被赋予所属线框的名字（例如，一个属于矿体 Ore _ KZ _ 287 线框内的点，它的矿体名称字段将会被赋予“Ore _ KZ _ 287”的信息）。点击关闭按钮，返回“线框赋值”对话框（图 16. 24）。

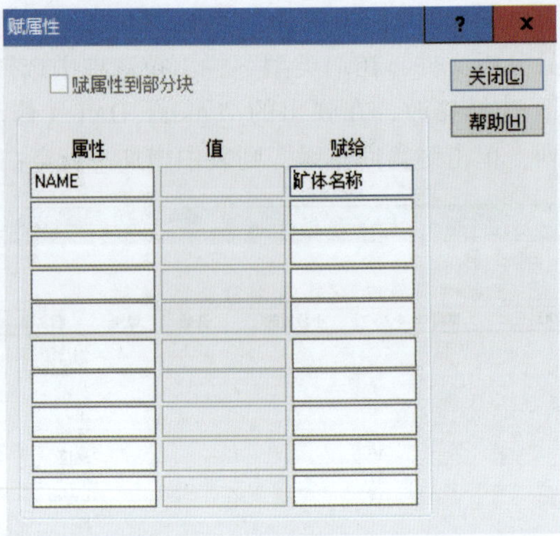

图 16.27 “赋属性”对话框

ⅵ）在“输出”栏的“报告文件”栏中，输入报告文件的名称。鼠标单击“运行”按钮，运行完毕不关闭对话框。鼠标右击“文件”文本框，在弹出的界面中选择“编辑”功能。可知属于 Ore _ KZ _ 287 线框内的采样点已经被成功的赋值（图 16.28）。

钻孔编号	样品编号	从	至	样长	品位	EAST	NORTH	RL	矿体名称
ZK1604	H15	498.50	499.50	2.00	28.42	589692.926	3102172.810	-292.91	
ZK1604	H15	499.50	500.50	2.00	28.42	589692.885	3102172.915	-293.90	
ZK1604	H15	500.50	501.00	0.50	28.42	589692.854	3102172.994	-294.65	Ore_TD_287
ZK1604	H16	501.00	502.00	1.00	47.56	589692.823	3102173.073	-295.40	Ore_TD_287
ZK1604	H17	517.00	518.00	1.00	1.56	589692.160	3102174.755	-311.29	
ZK1604	H18	518.00	519.00	2.00	69.49	589692.119	3102174.860	-312.29	
ZK1604	H18	519.00	520.00	2.00	69.49	589692.084	3102174.968	-313.28	
ZK1604	H19	520.20	521.20	1.00	35.33	589692.038	3102175.095	-314.47	

图 16.28 赋值后的样品分析界面

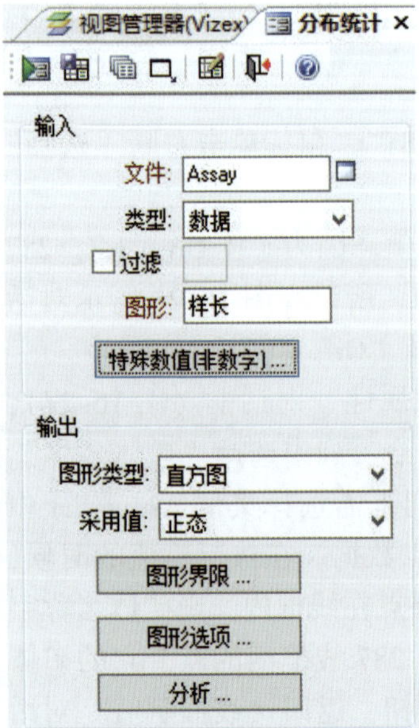

图 16.29 分布统计界面

5）在视窗下拉菜单中，选择【钻孔】→【统计】→【分布】功能，弹出分布统计界面（图 16.29），对所有样品长度进行统计分析，以确定多数样品的长度分布区间，具体操作如下：

ⅰ）在“输入”栏中，双击“文件：”文本框，选择样品分析文件，双击“图形：”文本框，选择字段取样区间（如“样长”）。使用鼠标左键单击“特殊数值（非数字）…”按钮，弹出“特殊数值（非数值）”对话框（图 16.30），勾选三个复选框，单击“关闭”按钮。

ⅱ）在“输出”栏中的“图形类型：”栏下拉选项中选择“直方图”，在“采用值：”栏下拉选项中选择“正态”。使用鼠标左键单击“图形界限…”按钮，弹出“图形限定”对话框（图 16.31）。①在“正态”栏中，双击“图形最小值：”文本框，系统自动填入最小值；在“第一个数据区间的结束值：”文本框中填入 0.5；在“分布频率柱宽:”文本框中填入 1；双击“图形最大值:”文本框，系统自动填写最大值；在“图形增量:”文本框中填入 1。单击“关闭”按钮。②通过以上设置，把统计分栏成：0-0.5、0.5-1.5、1.5-3、3-4.5、4.5-6、6-7.5。

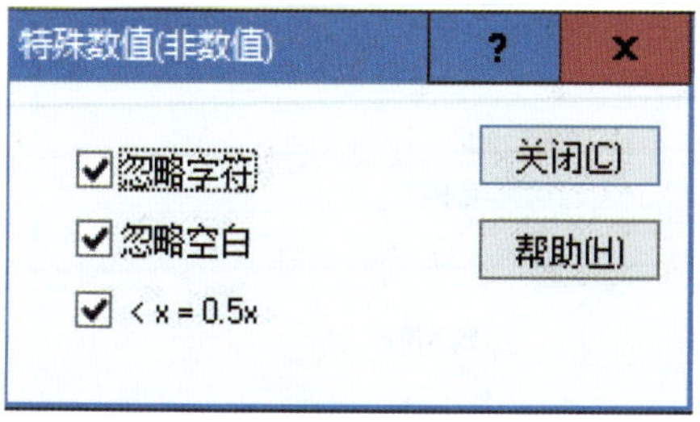

图 16.30 “特殊数值（非数值）”对话框

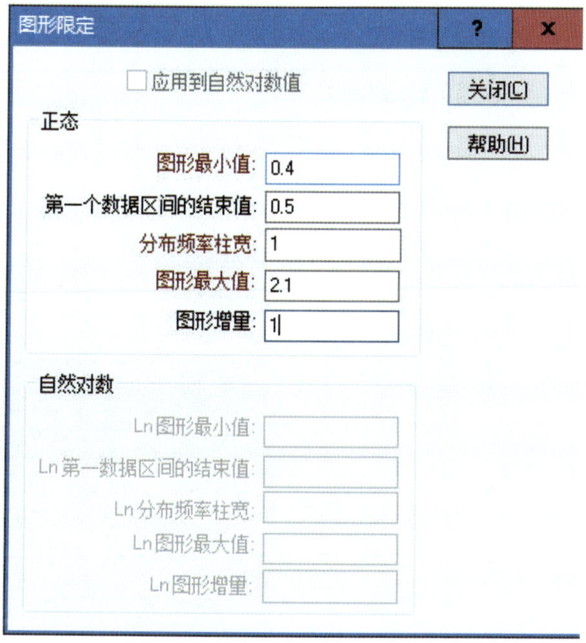

图 16.31 “图形限定”对话框

ⅲ）使用鼠标左键单击“图形选项 …”按钮，弹出“图形选项”对话框（图 16.32），双击“图形颜色:”后面的颜色框来修改颜色设置，其他参数设置如图 16.32 所示。

ⅳ）点击“分布统计”界面（图 16.29）中按钮（执行命令按钮），查看结果（图 16.33）。结果表明样品长度主要分布在 1.4~2.5 m 之间，所以以 2 m 为组合样长。

ⅴ）退出分布统计。

2. 样品组合

在视窗下拉菜单中，选择【钻孔】→【组合】→【钻孔】功能，弹出“钻孔井下组合”对话框（图 16.34），对样品的样长进行组合。对话框中的各参数设置具体如下：

1）双击“区间文件”文本框，选择样品分析文件。鼠标单击“域 …”按钮，弹出“区间文件域”对话框（图 16.35），确保各项与文件域相互对应。

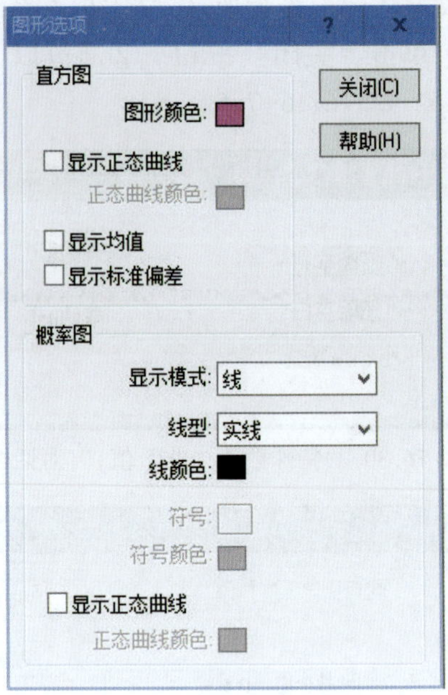

图 16.32 “图形选项”对话框

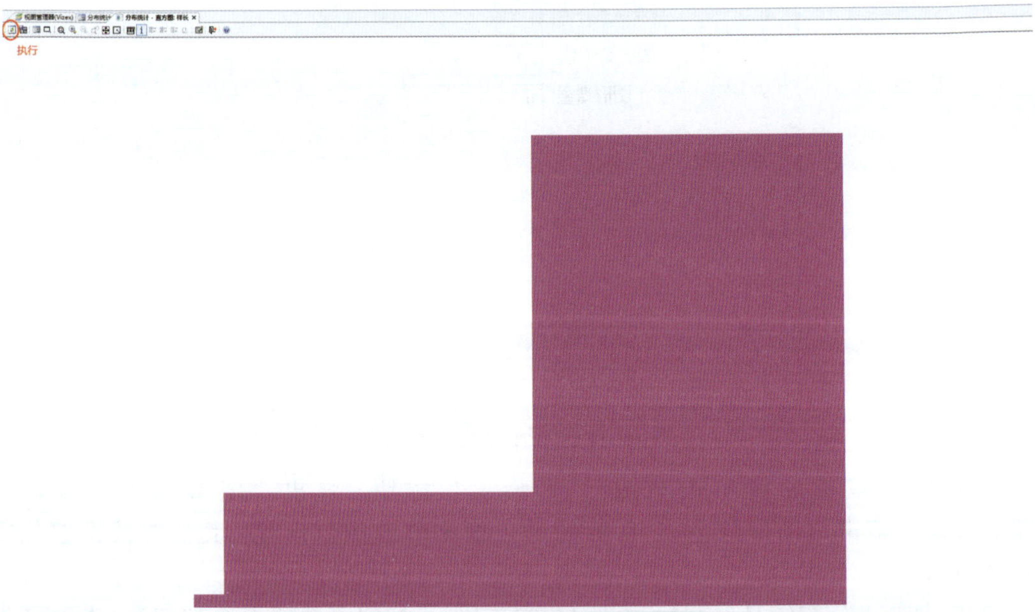

图 16.33 样品长度分布直方图界面

2）在图 16.34 所示对话框中，勾选“计算域”复选框，然后鼠标左键单击其后的“更多…”按钮，弹出“计算域”对话框（图 16.36）。在“厚度域”栏中选择“已有域”单选按钮，双击文本框，选择取样区间；勾选“产生井孔坐标”复选框；在“输入选项”栏中选择“钻孔数据库”单选按钮，双击文本框，选择之前建立的钻孔数据库（如“Drill _ Data”）；在“坐标字段”栏中，依次填写“东坐标”“北坐标”和“高程”，然后勾选“创建新字段”复选框。鼠标单击“关闭”按钮，返回“钻孔井下组合”对话框（图 16.34）。

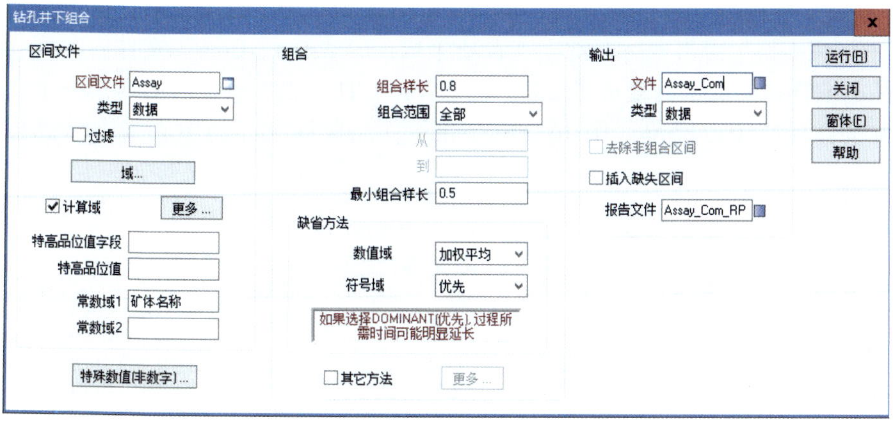

图 16.34 “钻孔井下组合”对话框

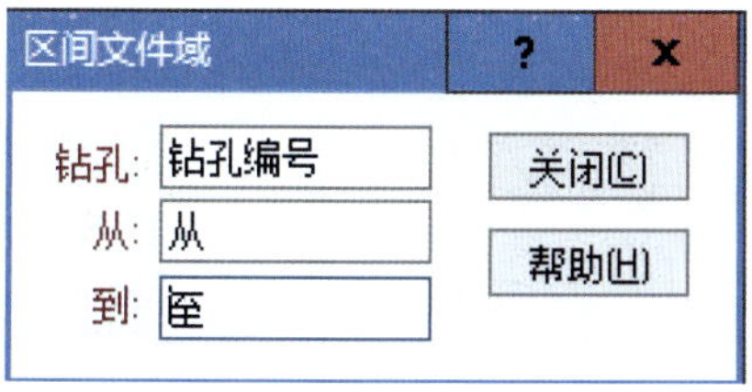

图 16.35 “区间文件域”对话框

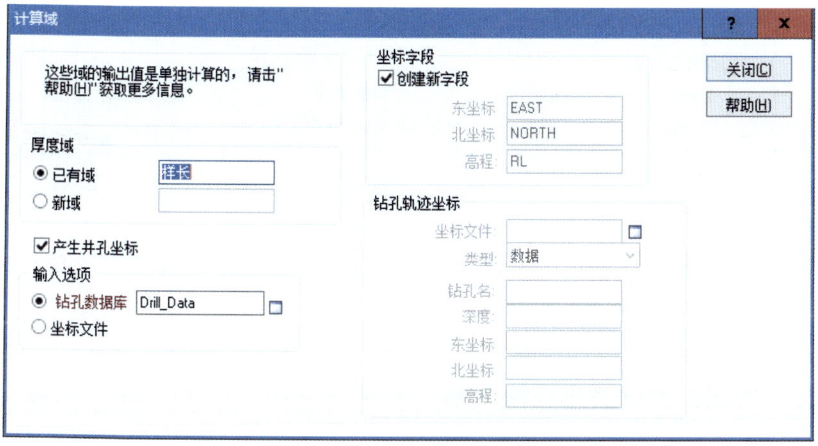

图 16.36 “计算域”对话框

3）鼠标左键双击“常数域 1”文本框，选择矿体名称字段；鼠标左键单击“特殊数值（非数字）...”按钮，在弹出的对话框中勾选三个选项。

4）在“组合”栏的“组合样长”文本框中根据分布统计结果填写 2，“组合范围”栏下拉选项中选择“全部”，“最小组合样长”栏中填写“0.5”（0.5 是经验数值，可参考采用）。

5）在“缺省方法”栏中的“数值域”栏下拉选项中选择“加权平均”，“符号域”栏下拉选项中选择“优先”。

6）在“输出”栏中的“文件”文本框中填写“Assay _ Com”，“类型”栏下拉选项中选择“数据”，并在“报告文件”栏填写报告文件的名称（如“Assay _ Com _ RP”）。

7）鼠标左键点击“运行”按钮，进行钻孔样品组合。运行结束后，在“输出”栏中的“文件”文本框上点击鼠标右键，查看新生成的“Assay _ Com”文件内容变化。可以看出样品的取样区间大部分变成了 2 m，而在 Ore _ TD _ 287 线框内的样长小于 2 m 但大于 0. 5 m 的样品，予以保留（图 16. 37），并对样品取样区间的中心点坐标进行了重新计算。

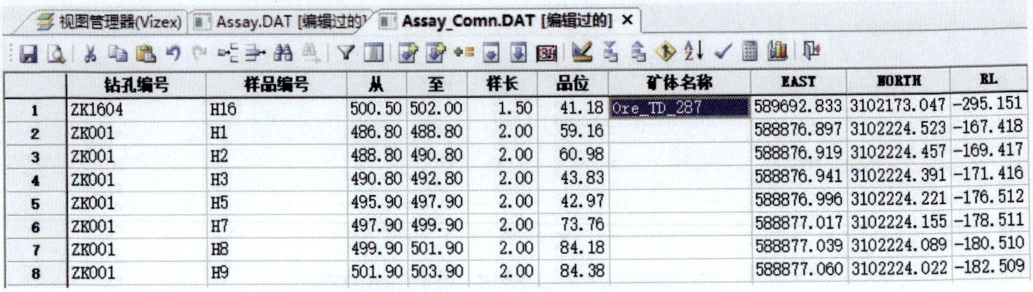

	钻孔编号	样品编号	从	至	样长	品位	矿体名称	EAST	NORTH	RL
1	ZK1604	H16	500.50	502.00	1.50	41.18	Ore_TD_287	589692.833	3102173.047	-295.151
2	ZK001	H1	486.80	488.80	2.00	59.16		588876.897	3102224.523	-167.418
3	ZK001	H2	488.80	490.80	2.00	60.98		588876.919	3102224.457	-169.417
4	ZK001	H3	490.80	492.80	2.00	43.83		588876.941	3102224.391	-171.416
5	ZK001	H5	495.90	497.90	2.00	42.97		588876.996	3102224.221	-176.512
6	ZK001	H7	497.90	499.90	2.00	73.76		588877.017	3102224.155	-178.511
7	ZK001	H8	499.90	501.90	2.00	84.18		588877.039	3102224.089	-180.510
8	ZK001	H9	501.90	503.90	2.00	84.38		588877.060	3102224.022	-182.509

图 16. 37　钻孔井下组合文件

3. 空块模型构建

在视窗下拉菜单中，选择【建模】→【三维矿块估算】→【创建空块模型】功能，打开“创建空块模型”对话框（图 16. 38）。对话框中各参数设置如下：

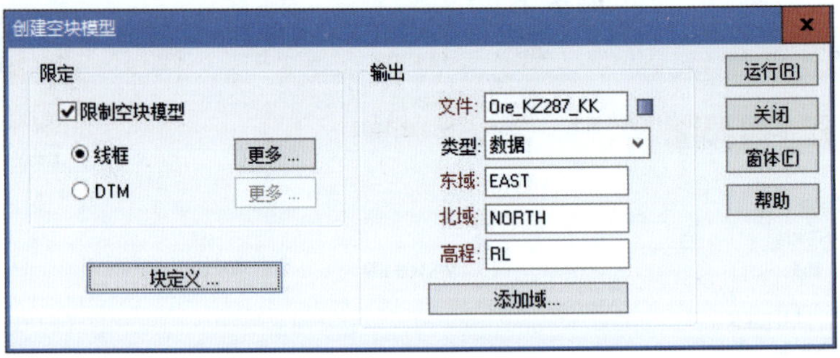

图 16. 38　“创建空块模型”对话框

1）在“限定”栏中，勾选“限制空块模型”复选框，选择“线框”单选按钮，单击“更多 ...”按钮，弹出“用线框限制”对话框（图 16. 39）。在“线框”栏中选择

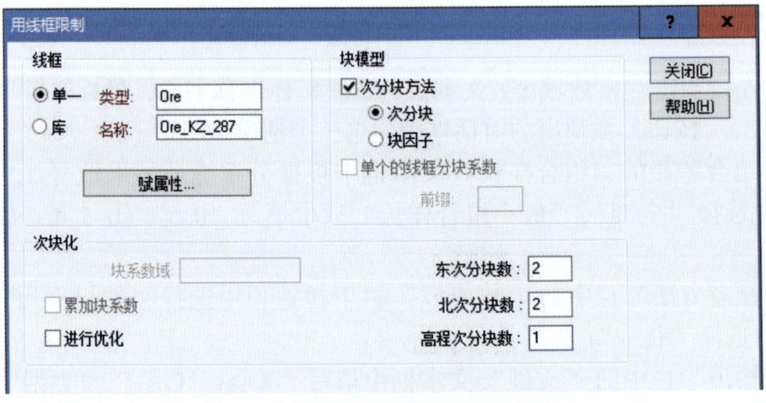

图 16. 39　“用线框限制”对话框

“单一”单选按钮，此处设置与线框赋值中的设置相一致。此外，还需要记录矿体线框的一些属性。

ⅰ）在“用线框限制”对话框（图 16.39）中，鼠标右键单击“名称:”文本框，弹出“线框属性”对话框（图 16.40）。

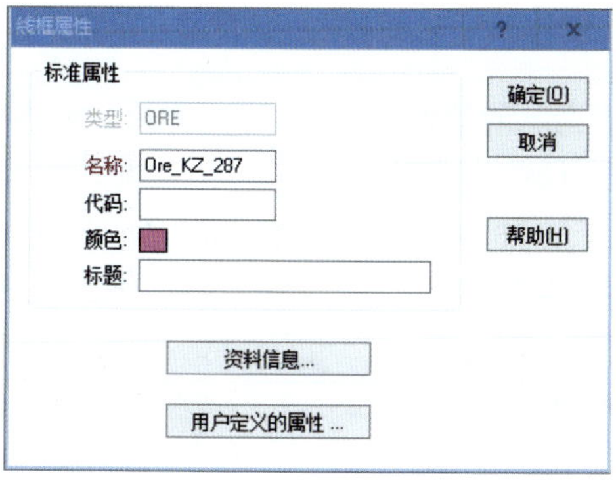

图 16.40 “线框属性”对话框

ⅱ）在“线框属性”对话框（图 16.40）中，鼠标单击“资料信息 ...”按钮，弹出“资料信息”对话框（图 16.41）。记录“限度”栏中的内容，以便在空块划分中应用。单击“关闭”按钮，返回到“创建空块模型”对话框（图 16.38）。

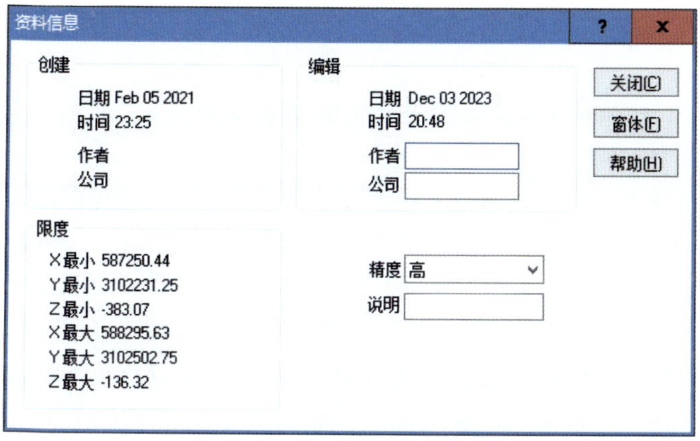

图 16.41 “资料信息”对话框

2）在“创建空块模型”对话框（图 16.38）中，鼠标左键单击“块定义 ...”按钮，弹出“块定义”对话框（图 16.42）。根据之前记录的信息，填写“块定义”对话框。

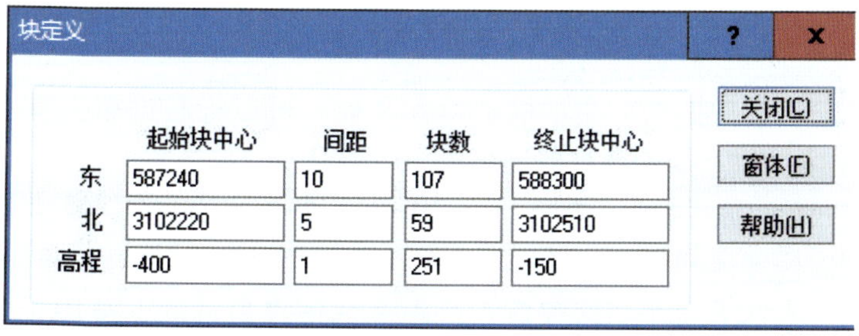

图 16.42 “块定义”对话框

东、北、高程起始值是起始块的中心，因此在各方向起始值的基础上加上块间距的一半。这里选择空块的划分尺寸为 $X=10$ m、$Y=5$ m、$Z=1$ m（根据矿体的产状而定）。填写完成后，鼠标单击“窗体”按钮，根据提示保存窗体，以备定义搜索椭球体时使用。

3）在“创建空块模型”对话框（图 16.38）中，在“输出”栏的“文件”文本框中输入文件名称，“类型”栏下拉选项中选择“数据”，依次填写“东域:”“北域:”“高程:”栏信息。

4）点击“创建空块模型”对话框（图 16.38）中的“窗体”按钮，保存对话框的参数设置后返回，鼠标单击“运行”按钮。

5）在“创建空块模型”对话框（图 16.38）中，右击“输出”栏中的“文件”编辑框，查看生成的空块模型数据文件（图 16.43）。

	EAST	_EAST	NORTH	_NORTH	RL	_RL	Ore_Name
1	587252.500	5.000	3102356.250	2.500	-280.000	1.000	Ore_KZ_287
2	587252.500	5.000	3102358.750	2.500	-278.000	1.000	Ore_KZ_287
3	587252.500	5.000	3102361.250	2.500	-277.000	1.000	Ore_KZ_287
4	587252.500	5.000	3102361.250	2.500	-276.000	1.000	Ore_KZ_287
5	587252.500	5.000	3102363.750	2.500	-276.000	1.000	Ore_KZ_287
6	587252.500	5.000	3102363.750	2.500	-275.000	1.000	Ore_KZ_287
7	587252.500	5.000	3102363.750	2.500	-274.000	1.000	Ore_KZ_287
8	587252.500	5.000	3102366.250	2.500	-274.000	1.000	Ore_KZ_287
9	587252.500	5.000	3102366.250	2.500	-273.000	1.000	Ore_KZ_287
10	587252.500	5.000	3102366.250	2.500	-272.000	1.000	Ore_KZ_287

图 16.43　空块模型数据文件

注：子块划分。在步骤 1）中，当母块不能完全限制在线框内时，可以在线框边缘创建更小的子块（图 16.39）。

子块划分方法包括次分块与块因子两种方法：①次分块是判断与线框边缘相交的子块是否保留，在线框内的子块保留，在线框外的子块则删除。East、North 与 Rl 三列分别存储了每个块的坐标，_ East、_ North 和_ Rl 则分别存储了每个子块在各方向上的大小。如果母块在东坐标方向是 10 m，子分块数为 2 时，那么东方向的子块_ East 大小就是 5 m。②块因子是根据每个块在线框内的百分比（该百分比由线框内的子块数与整个大块内的子块数相比得到）获得。若使用该块进行资源储量估算，需乘上该百分比。

该实验使用次分块法进行空块模型构建（图 16.39）。

4. 搜索椭球体设置

搜索椭球体的设置具体步骤如下：

1）在窗体集 3D 浏览器中，双击搜索椭球体，弹出“装载数据搜索椭球”对话框（图 16.44）。

鼠标左键单击“数据搜索”文本框，输入名称，再鼠标右键单击该名称，弹出搜索数据对话框（图 16.45）。搜索数据对话框的设置具体如下：

ⅰ）定义扇区数。如果数据量较大，在“扇区”下拉选项中宜选择“八”或“十六”。

ⅱ）定义搜索椭球体的每个扇面最多和最少点数。如果在“每一扇面最多点数:”栏中输入数值“6”，意味着每个扇区仅有六个距离估值点最近的点被用于估值计算。如果在“最少点数（总和）:”栏中输入数值 2，意味着在单个扇区搜索范围内，如果只有一个样品被发现，则该估值点将不参与估算。

iii）定义搜索椭球体的三维形态，即按照矿体产状设置“方位角”“倾角”和“倾伏角”三个参数，考虑矿体的最大长度、宽度以及厚度，设置“方位角因子”“倾角因子”和“厚度因子”。这些因子与搜索半径的乘积表示椭球体三个主轴的长度。这应当限定在和估值相关的样品中，并且排除多余的点。可能需要增加几次搜索椭球的范围来对模型中所有的块进行插值。通常需要三次运行来满足模型插值，每运行一次，将增加搜索椭球半径，已被估值的块不会被改写，只有空块才会在每次新的运行中被估值填充。

iv）鼠标单击“确定”按钮，关闭搜索数据对话框，返回到“装载数据搜索椭球”对话框（图 16.44）。

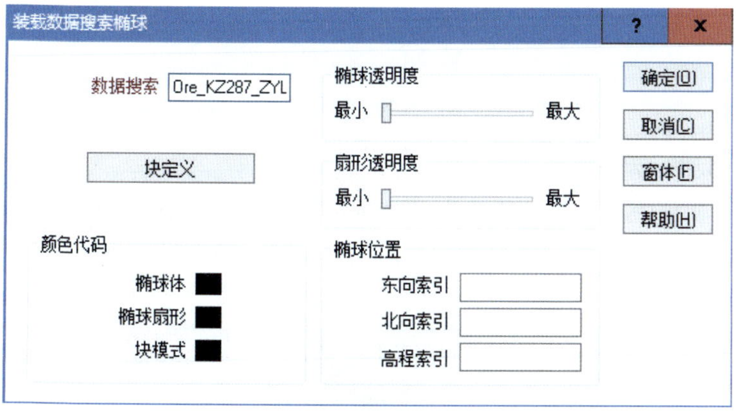

图 16.44 “装载数据搜索椭球”对话框

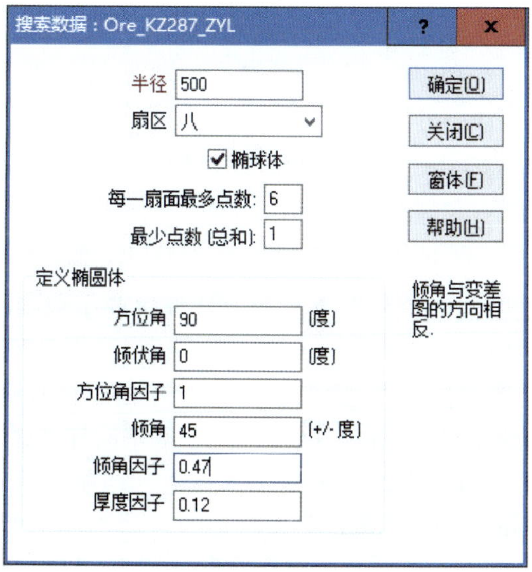

图 16.45 搜索数据对话框

2）在“装载数据搜索椭球”对话框（图 16.44）中，鼠标单击“块定义”按钮→窗体，选择步骤 3-2）中生成空块模型时所保存的窗体。分别设置颜色代码，根据需要设置椭球体的透明度。

3）椭球体的位置需要被放置在矿体中央，以便更快地搜索数据。其东向、北向和高程索引可根据矿体空块模型在东、北和高程方向上块数（近似即可）的一半进行设置。

4）在“装载数据搜索椭球”对话框（图 16.44）中，鼠标单击“确定”按钮，关闭对话框，出现创建的椭球体（图 16.46）。

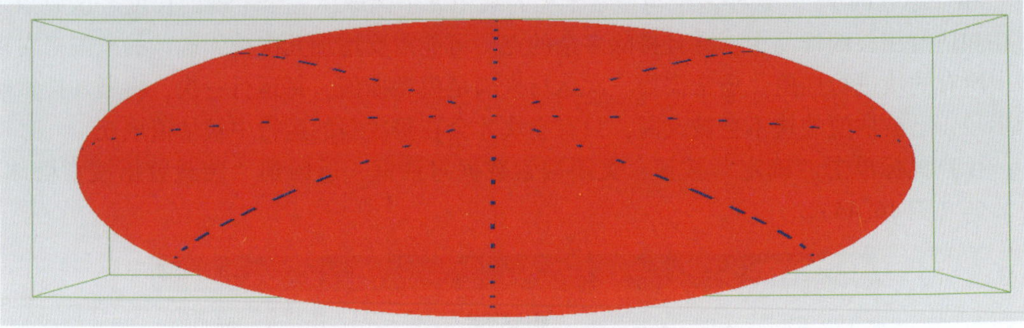

图 16.46　椭球体

5. 距离反比加权法插值

在视窗下拉菜单中，选择【建模】→【三维矿块估算】→【距离反比加权】功能，弹出三维块距离反比估算对话框（图 16.47）。对话框中各参数的设置具体如下：

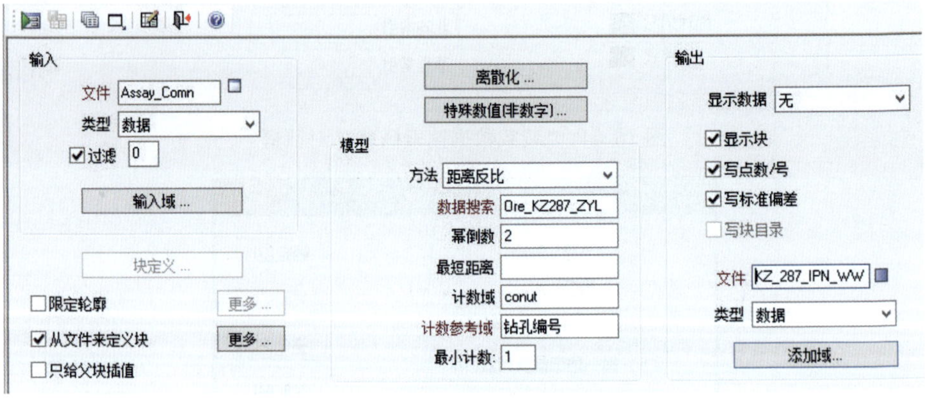

图 16.47　三维块距离反比估算对话框

1）双击“输入”栏中的“文件”文本框，选择之前生成的样品组合文件，在“类型”下拉选项中选择“数据”。

2）勾选“过滤”复选框，在“过滤”文本框处单击鼠标右键，选择“编辑”选项，弹出“过滤”对话框（图 16.48）。在“文件”文本框中同样选择之前生成的样品组合文件，在“过滤情况”栏中双击“域名”列下的文本框，选择“矿体名称”字段，“算子”列下拉选择“=”，在“值”列填入被计算的线框名（之前赋值的线框名）。单击“保存并关闭”按钮，返回到三维块距离反比估算对话框（图 16.47）。

3）单击“输入域...”按钮，弹出“输入域”对话框（图 16.49）。双击“输入域 1:”文本框，选择“品位”，在“东域:”“北域:”“高程:”栏中分别选择“EAST”“NORTH”“RL”。单击“关闭”按钮，返回到“三维块距离反比估算”对话框（图 16.47）。

4）勾选“从文件来定义块”复选框，鼠标单击其后的“更多...”按钮，弹出“模型文件”对话框（图 16.50）。双击“文件:”文本框，选择要估算的空块模型文件，“类

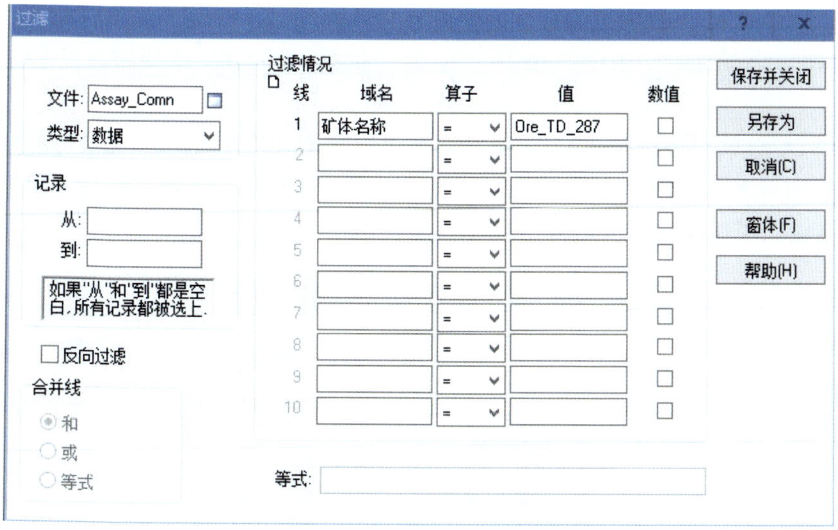

图 16.48 “过滤”对话框

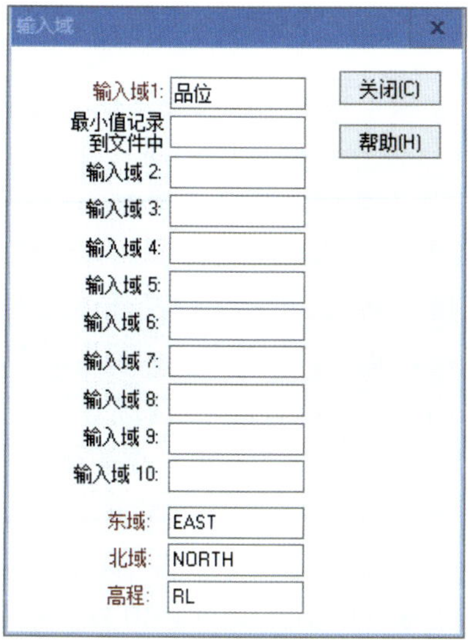

图 16.49 “输入域”对话框

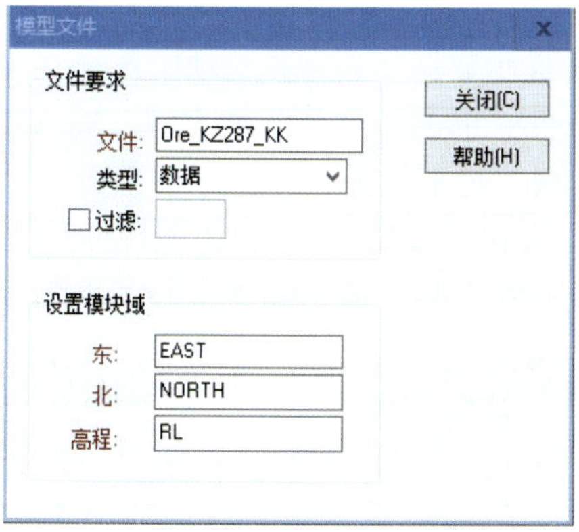

图 16.50 “模型文件”对话框

型”下拉选项中选择“数据”。在“设置模块域”的“东:”“北:”“高程:”栏中分别选择“EAST”“NORTH”“RL”。单击“关闭”按钮，返回到三维块距离反比估算对话框(图16.47)。

5）鼠标左键单击“离散化…”按钮，弹出“离散化”对话框（图16.51)，在“分区”栏中分别填入东、北和高程三个方向上分区子块的划分数量。单击“关闭”按钮，返回到三维块距离反比估算对话框（图16.47)。

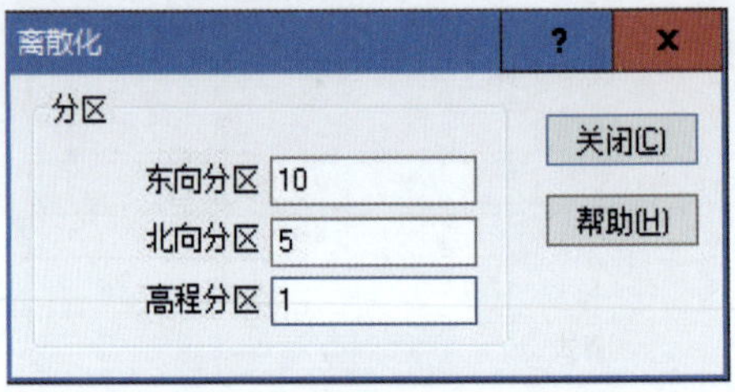

图16.51 “离散化”对话框

6）鼠标左键单击“特殊数值（非数字)…”按钮，在弹出的对话框中勾选其中三个选项。

7）在“模型”栏中的“方法”栏下拉选项中选择“距离反比”法。在“数据搜索”文本框内双击鼠标左键，选择已创建的椭球体“Ore _ KZ287 _ ZYL”，再单击鼠标右键，选择“编辑”功能，即可弹出搜索数据对话框（图16.45)。

ⅰ）在“半径”文本框中填入搜索半径长度，通常该长度为两条勘探线间距的1.25倍。“扇区”栏下拉选项中选择“八”，并勾选“椭球体”复选框，在“每一扇面最多点数:”文本框中输入数值，该数值决定了每个扇区内参与估算的点的个数，而“最少点数(总和):”的含义是每个扇区内不少于该数值才进行估算。

ⅱ）定义椭球体框中的各个参数，该参数可根据矿体的实际产状进行设置。

ⅲ）设置完搜索数据对话框，单击“关闭”按钮，返回到三维块距离反比估算对话框（图16.47)。

8）在“幂倒数”文本框中输入数值“2”（该值为经验值)；在“计数域”文本框中输入名字（如“conut”)；双击“计数参考域”文本框，选择“钻孔编号”字段，在“最小计数”栏中输入数值“1”。

9）在“输出”栏中，“显示数据”栏下拉选项中选择“无”，勾选“显示块”“写点数/号”“写标准偏差”复选框。单击“文件”文本框，输入要输出的文件名（如“KZ _ 287 _ IPN _ WW”)，在“类型”栏下拉选项中选择“数据”。

10）点击“添加域…”按钮，弹出“添加域”对话框（图16.52)。为空块模型文件添加新字段，该字段表示运行的次数，值是随着运行的次数手动修改的，逐次增加。在“名字”列中填入“run”，“类型”列下拉选项中选择“数值”，“宽度”列中输入“4”，“十进制小数”列输入“0”，“值”列输入“1”。

11）设置完毕后，单击工具栏中的“执行”按钮，在弹出的对话框中点击“是”按钮。

12）运行完毕后，右击“输出”栏中的“文件”文本框，在弹出的菜单中选择“最小/最大（M）”功能，弹出“最小和最大值”对话框（图 16.53）。在对话框中可以查看目前已经插值的块数为 13097。

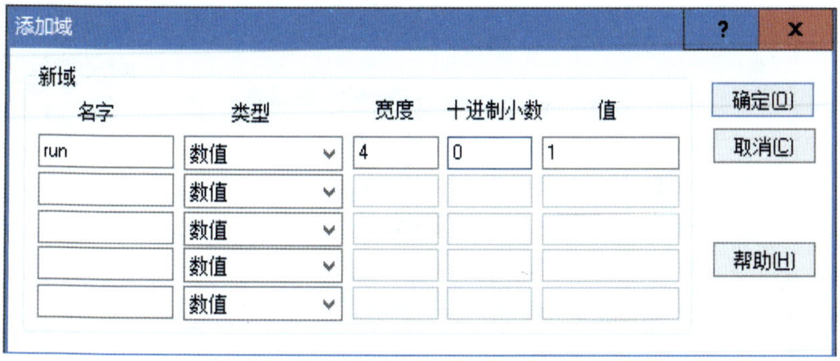

图 16.52 “添加域”对话框

图 16.53 “最小和最大值”对话框

6. 资源储量估算报告输出

在视窗下拉菜单中，选择【建模】→【模型报告】→【矿块模型报告】功能，弹出“创建一个块模型报告”对话框（图 16.54），对话框中的各参数设置如下：

1）在“输入”栏中，双击“文件”文本框，选择已经被插值的矿块模型文件。依次选择“东坐标”“北坐标”与“高程”所对应的字段。在“比重 缺省值”栏中输入“2.87”（该值根据实际情况而定，通常为实验室选样测定的矿石小体重值）。

2）勾选“使用边界品位设置”复选框，右击“边界品位”文本框，在弹出的创建新的窗体集对话框中填入名称，点击“确定”按钮后弹出边界值设置对话框（图 16.55），根据实际情况填入边界品位。单击“确定”按钮，返回到“创建一个块模型报告”对话框（图 16.54）。

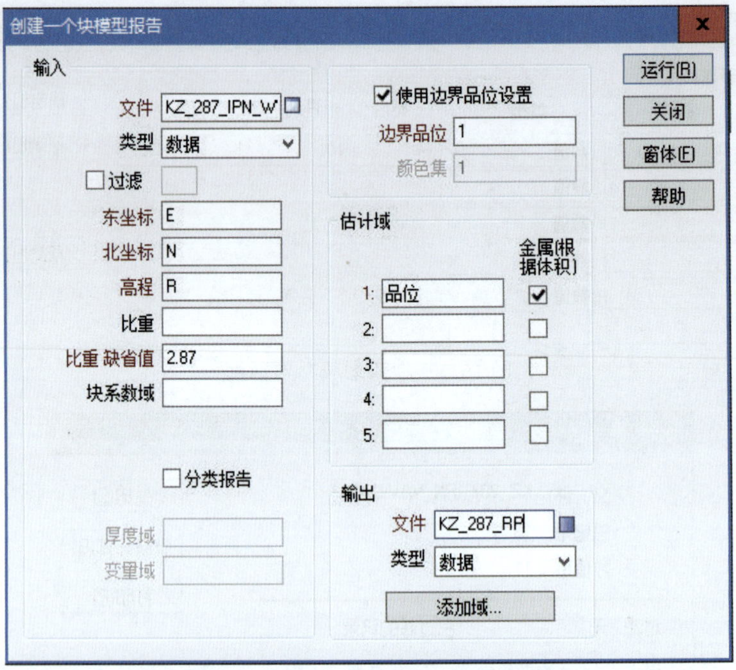

图 16.54 “创建一个块模型报告”对话框

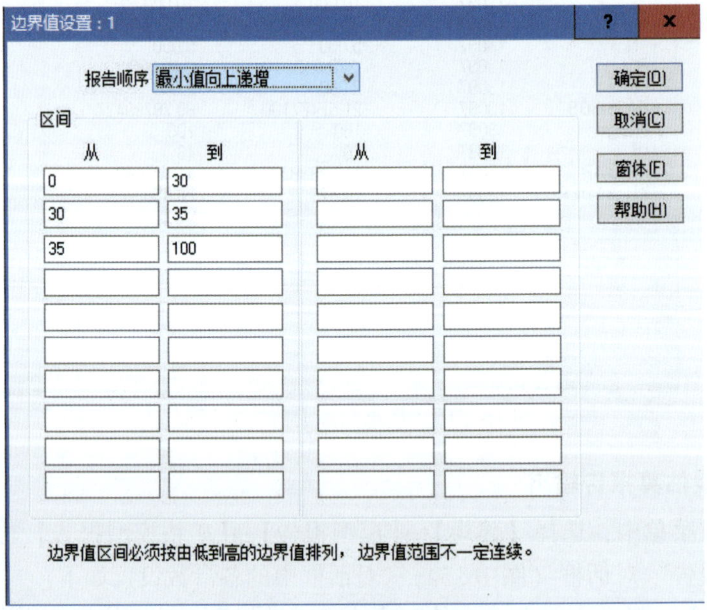

图 16.55 边界值设置对话框

3）在“估计域”栏中，双击第一个文本框，选择被估算的“品位”字段。

4）在“输出”栏中的“文件”文本框中输入输出文件的名称，在“类型”栏下拉选项中选择“数据”。设置完毕后，单击“运行”按钮。

5）运行结束后，鼠标右击“输出”栏中的“文件”文本框，选择“编辑”功能，查看资源储量估算结果（图 16.56）。

	从	到	体积	吨位	比重	品位	累积体积	累积吨位	_品位	MATERIAL
1	0.0000	30.0000	2600.00	7462.00	2.8700	27.59043908	2600.00	7462.00	27.59043908	总计
2	30.0000	35.0000	60600.00	173922.00	2.8700	33.47928903	63200.00	181384.00	33.23702622	总计
3	35.0000	100.0000	1246500.00	3577455.00	2.8700	44.16559260	1309700.00	3758839.00	43.63823107	总计

图 16.56　资源储量估算结果

实验十七　构造建模和网格划分

一、实验目的和要求

（一）实验目的

通过实验能独立完成 Model3d 模型的构建，并能将 Model3d 模型进行网格划分。通过实验拓展学生的三维地质时空思维，为后续构造变形数值模拟实验提供预备知识；培养学生实践动手能力、运用所学知识独立完成工作的基本技能。

（二）实验要求

了解 . inp 数据格式；了解 Solid 模型结构；了解 Abaqus 软件。

熟悉网格划分流程与参数设置。

掌握 Voxet 模型、Model3d 模型构建流程与参数设置。

（三）软件

SKUA-GOCAD 17. 0 以上版本（GOCAD 软件高版本）

二、实验内容

本实验以一条正断层为实例进行介绍，建模步骤具体如下。

（一）新建工程

1）打开 SKUA-GOCAD 软件，新建一个工程，命名并保存，加载需要使用的模块。本次实验须加载的模块如图 17. 1 所示。在该模块中找到“System”选项卡，勾选“Finite Element Mesh Constructor”“3D Magellan Mouse”复选框。单击“OK”按钮。

2）进入“Define Project Units”（初始化工程参数设置）对话框（图 17. 2），在“Area units:”栏中选择“Meters”单选按钮、“Depth unit:”栏中选择“Meters”单选按钮、“Measured depth unit:”栏中选择“Meters”单选按钮、“Time unit:”栏中选择“Milliseconds”单选按钮、“Depth axis positive values:”栏中选择“Upward”单选按钮、“Preferred z-axis:”栏中选择“Depth”单选按钮。单击“OK”按钮。工程创建完成，进入软件视窗。

（二）加载断层数据

在视窗下拉菜单中，选择【File】→【Import】→【Fault Interpretations】→【X Y Z】功能（图 17. 3），弹出“Import X Y Z ASCII File”（散点数据加载）界面（图 17. 4）。

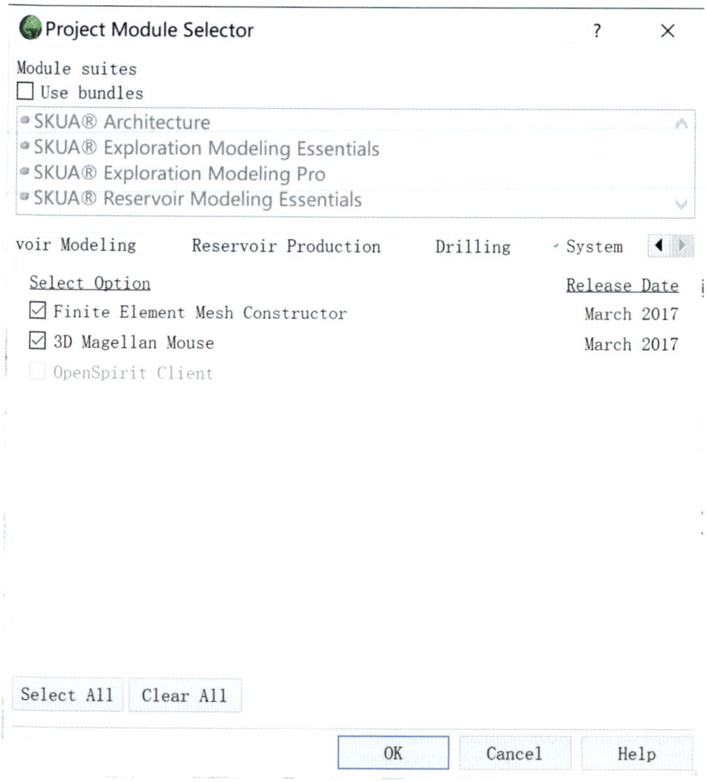

图 17.1　功能模块选择对话框

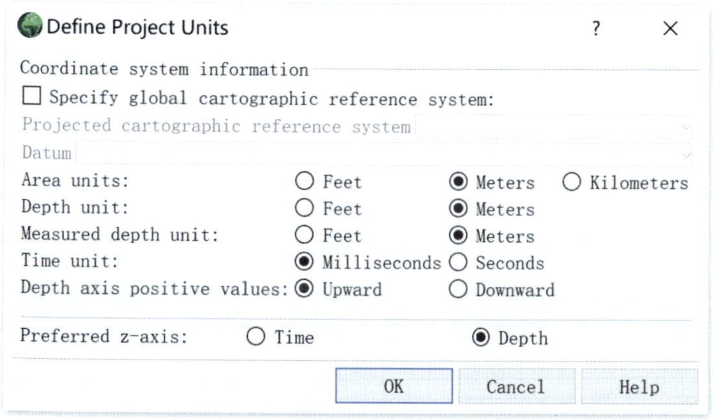

图 17.2　初始化工程参数设置对话框

鼠标左键单击按钮，选择储存数据的文本文件，再用鼠标左键单击“Apply”按钮。本次实验共加载了三个散点数据：“pointsetbase”“pointsetstructure”“pointsettop”。

（三）创建断层面

在视窗下拉菜单中，选择【Command】→【Surface】，再选择【New】→【PointSet】功能，根据点集创建面，此步骤在实验九中已介绍。在本次实验中，根据点集“pointset-structure”创建一个命名为“structure”的断层面。

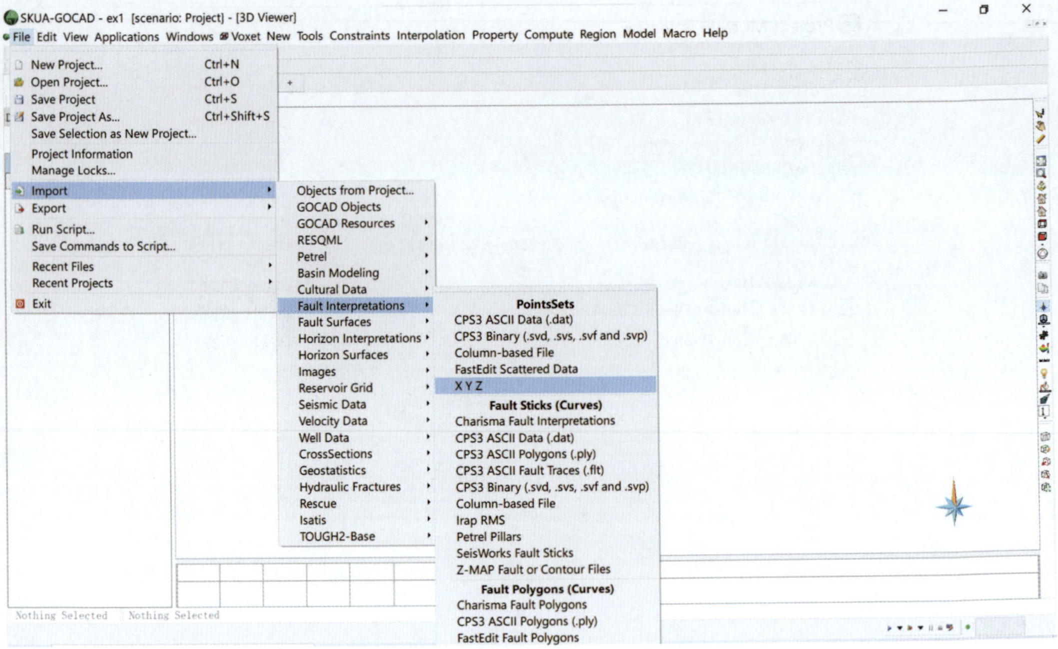

图 17.3　断层散点数据导入界面

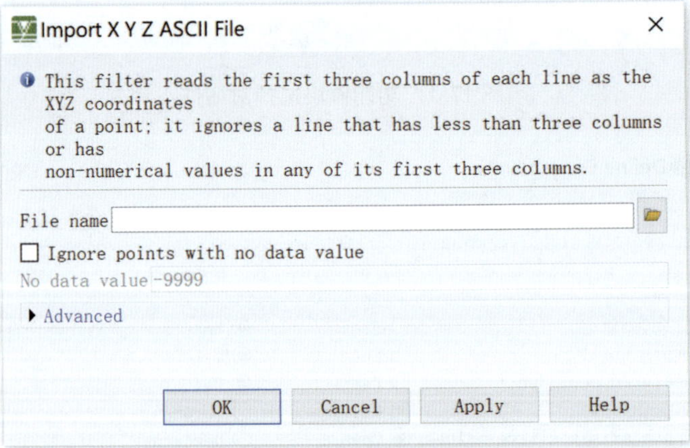

图 17.4　散点数据加载界面

（四）创建 Voxet 模型

在视窗下拉菜单中，选择【Command】→【Voxet】，再选择【New】→【From Objects Box】功能（图 17.5），弹出“Create Voxet From Objects Box”（创建 Voxet 模型）对话框（图 17.6），根据对象创建 Voxet 模型。

在“Create Voxet From Objects Box”对话框（图 17.6）的“Name”栏中输入创建 Voxet 的名称，“Objects”栏中选择已创建的断层面和导入的断层散点数据，“Scale X dimension by”“Scale Y dimension by”“Scale Z dimension by”栏中分别输入数值“1”，“nu”“nv”“nw”栏中分别输入 U、V、W 轴的格子数，不勾选“First axis is time or depth”复选框。最后，单击“OK”按钮。

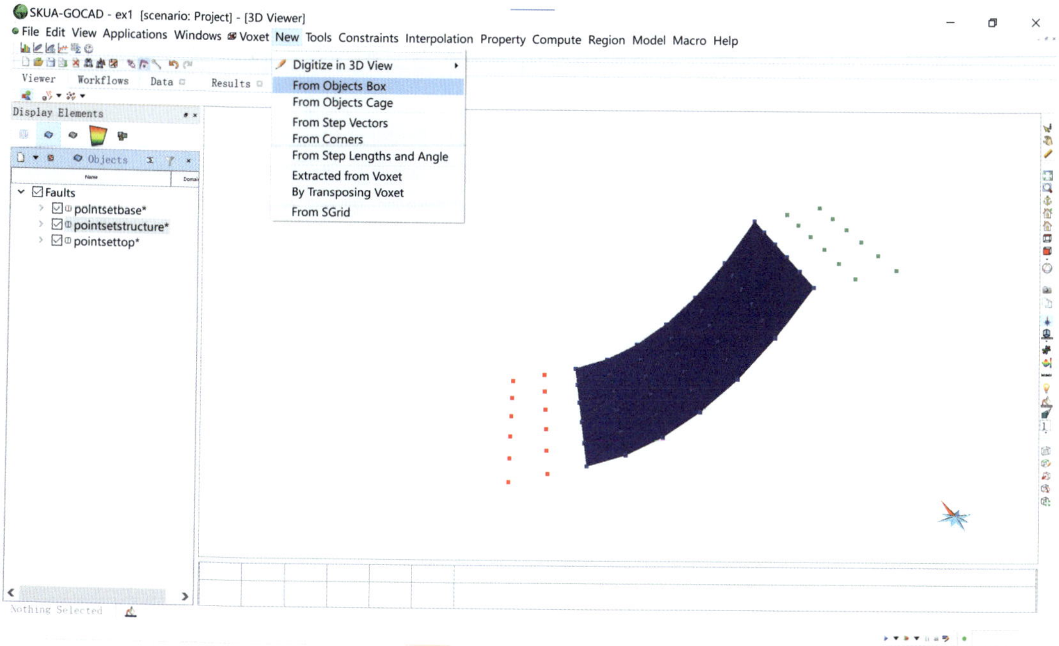

图 17.5　根据断层数据创建 Voxet 模型

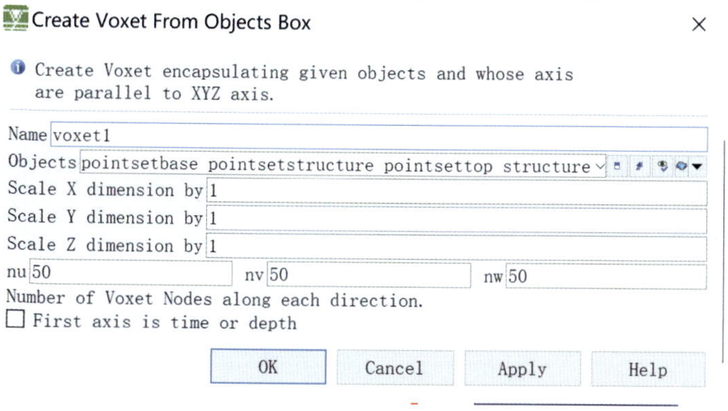

图 17.6　创建 Voxet 模型对话框

（五）根据 Voxet 模型创建模型边界面

在视窗下拉菜单中，选择【Command】→【Surface】，再选择【New】→【From Grid】→【Voxet Cage】功能，根据 Voxet 模型的外围封闭立方框创建模型边界面，此步骤在实验十三中已介绍。在本次实验中，创建一个命名为“cube”的模型边界面。

（六）合并面

在视窗下拉菜单中，选择【Command】→【Surface】，再选择【Tools】→【Part】→【Merge all】功能，将模型边界面合并成一个面，此步骤在前面实验中已介绍。

（七）根据面创建 Model3d 模型

在视窗下拉菜单中，选择【Command】→【Surface】，再选择【Model3d】→【From Surfaces】功能（图 17.7）。根据模型边界面（cube）和断层（structure）创建一个 Model3d，此步骤在实验十三中已有介绍。本次实验中创建一个命名为“model3d”的三维模型。

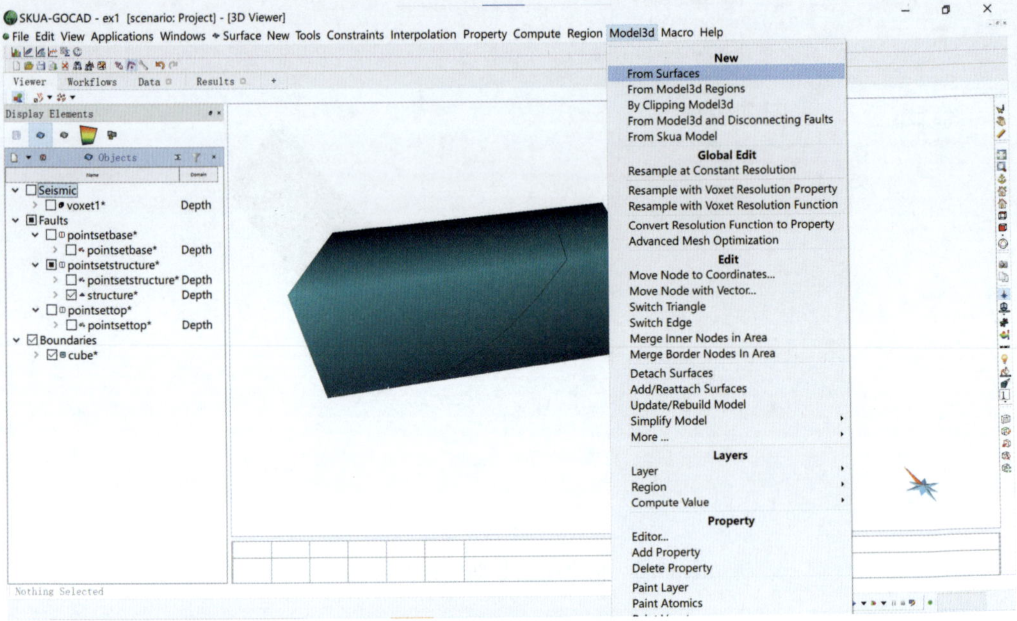

图 17.7　创建 Model3d 模型

（八）模型网格划分

1）在任务面板中选择“Workflows”选项卡，鼠标左键双击“Finite Element Mesh”模块（图 17.8），进入该模块流程。

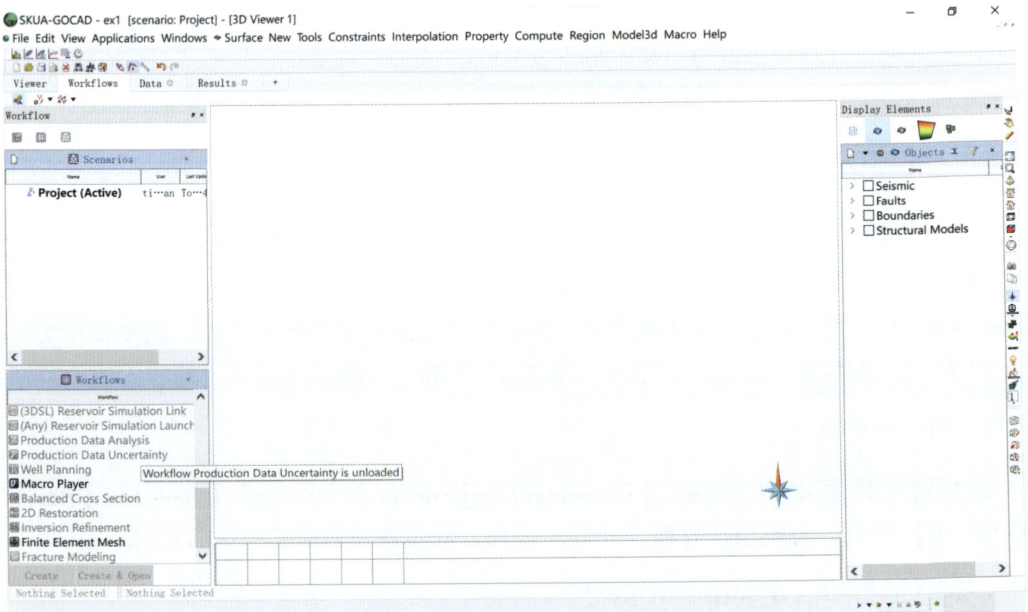

图 17.8　网格划分界面（一）

2）在“Select Objects”界面（图 17.9），选择“An existing 3D model”单选按钮，并在其下方的下拉选项中选择已创建的 Model3d 模型“model3d*”。单击左下角“Next”按钮，进入下一步。

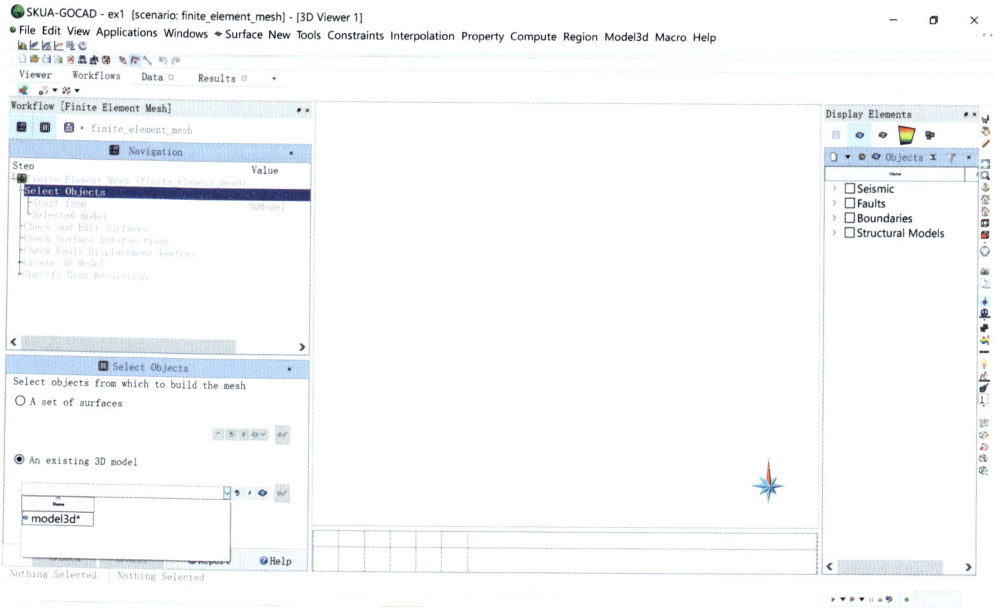

图 17.9　网格划分界面（二）

3）鼠标左键单击“Regular tetrahedra size”，单击“Next”按钮，进入“Create Regular Mesh”界面（图 17.10）。在“Solid name”文本框中输入 Solid 模型名称“solid”，“Size (m)”文本框中输入数值“10”，再鼠标左键单击“Create Tetrahedral Mesh”按钮创建四面体网格。

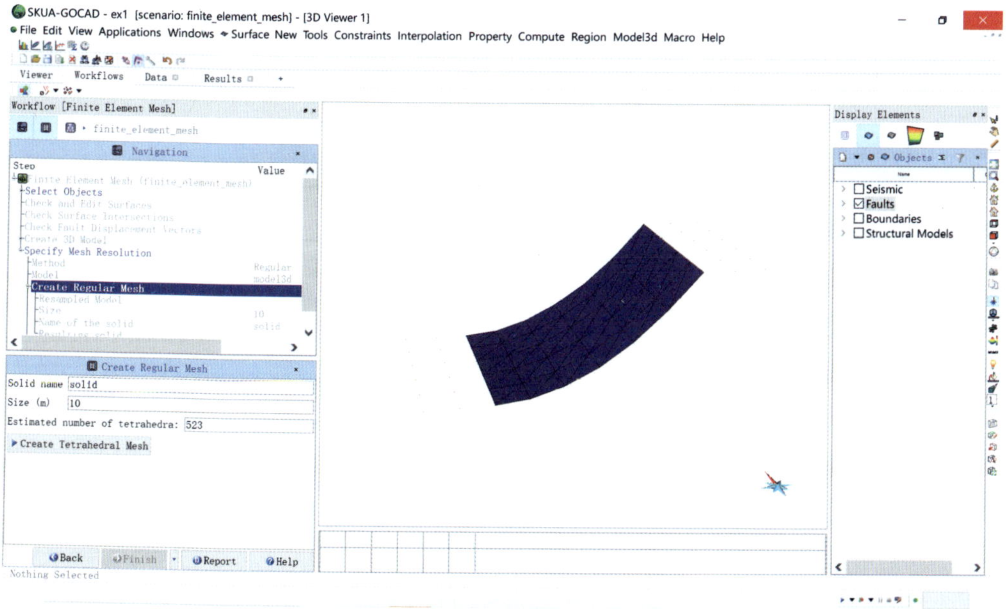

图 17.10　网格划分界面（三）

4）在对象中，可以查看已创建的 Solid 模型视图（图 17.11）。

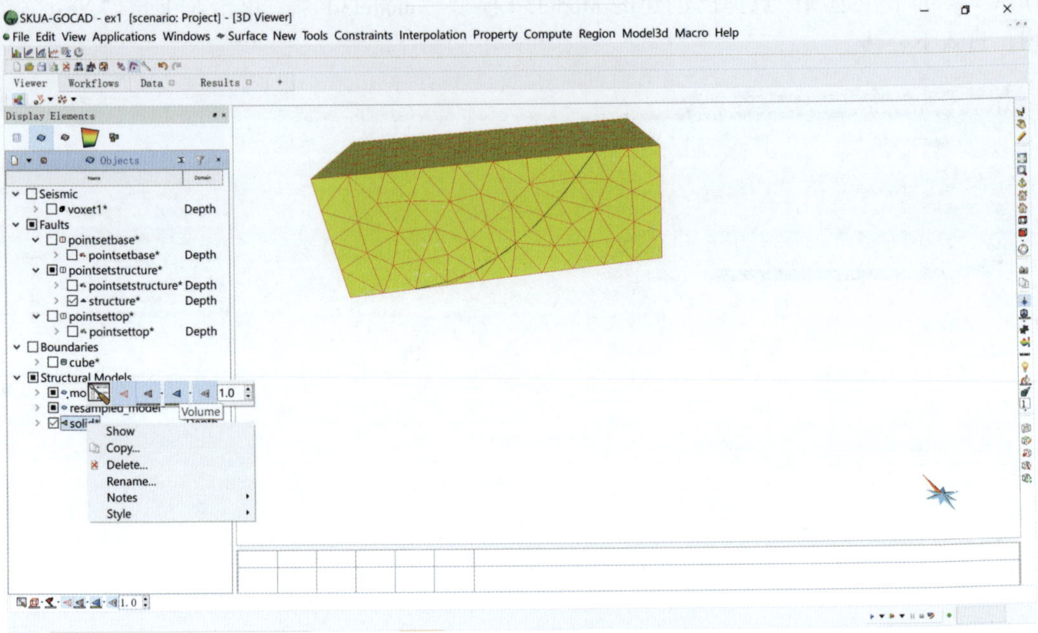

图 17.11 Solid 模型

（九）将 Solid 模型导出为 .inp 格式文件

在视窗下拉菜单中，选择【File】→【Export】→【Solid】→【Abaqus】功能（图 17.12），将 Solid 模型导出为 Abaqus 软件能够读取的 .inp 格式。

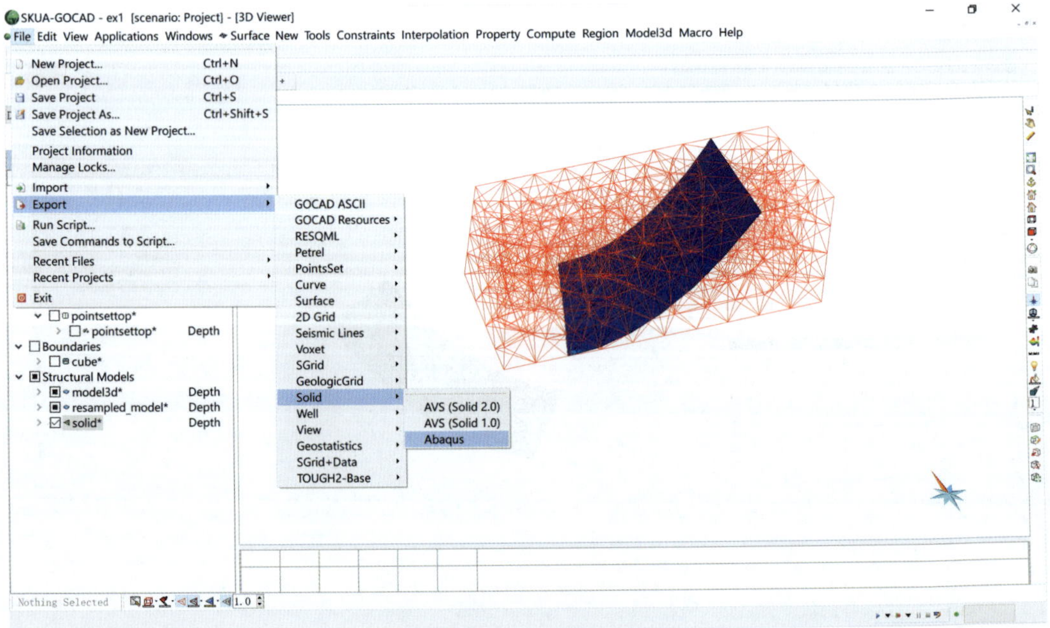

图 17.12 导出 Solid 模型界面

实验十八　构造变形数值模拟

一、实验目的和要求

（一）实验目的

通过构造变形数值模拟，再现构造变形过程，深化对三维地质模型的应用和地质构造变形过程的理解。培养学生动手实践能力、团结合作能力和运用新技术、新方法创新性工作能力，同时培养学生三维地质时空思维。

（二）实验要求

了解三维地质模型、构造变形数值模拟的应用。

熟悉基于 Abaqus 软件的数值模拟流程参数设置。

掌握基于 Abaqus 软件的构造变形数值模拟流程。

（三）软件

Abaqus 软件。

二、实验内容

有限元法（Finite Element Method，简称 FEM）的原理是将连续体结构的求解域看成是由若干个称为有限元的互连子域组成，对每一个单元假定一个合适的近似函数，然后推导求解这个域总的满足条件，从而得到问题的解。由于有限元数值模拟处理效率高，适用于不同材质，所以有限元法广泛应用于构造模拟研究。可用于构造变形模拟的有限元软件较多，如 ANSYS、Abaqus、Marc、ADINA、Nastran、GeoFEMm 等，其中 Abaqus 软件功能强大，应用广泛。本实验是在实验十七创建的构造模型的基础上，运用 Abaqus 软件进行构造变形数值模拟。

（一）定义材料属性

1）打开 Abaqus 软件，进入软件视窗。在任务面板中，“部件”处单击鼠标右键，选择“导入”功能，弹出“导入部件”对话框（图 18.1）。在“导入部件”对话框中的“文件过滤（I）:”栏下拉选项中选择“Abaqus Input File (*.inp)”选项，再选择前一实验生成的网格模型。鼠标左键单击“确定”按钮，完成模型的导入。

2）在“模块”下拉选项中选择“属性”选项。单击按钮（“创建材料”按钮），弹出“编辑材料”对话框（图 18.2）。在“编辑材料”对话框的“名称:”文本框中输入材料名称；选择“通用”选项卡，在“材料行为”栏中选择“密度”选项；在“数据”

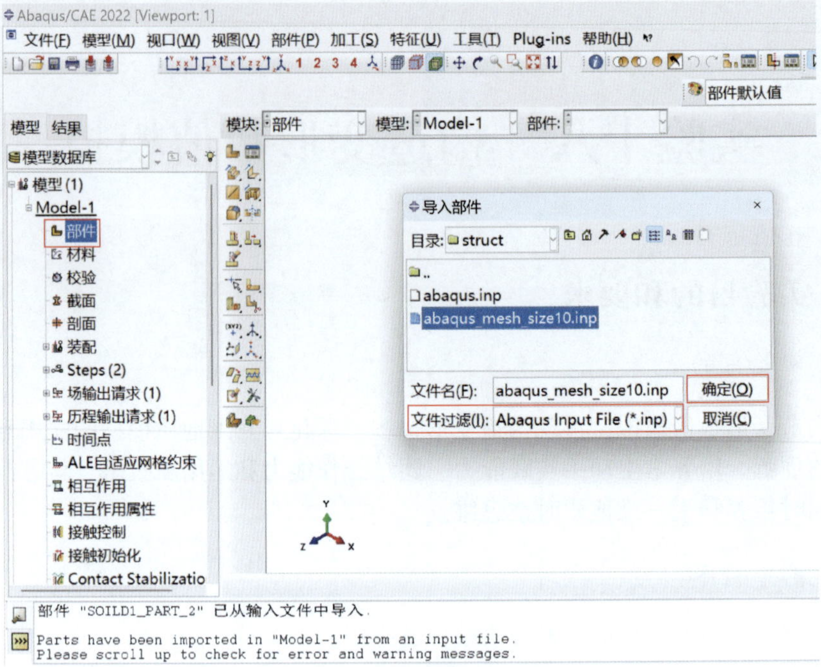

图 18.1 “导入部件”对话框

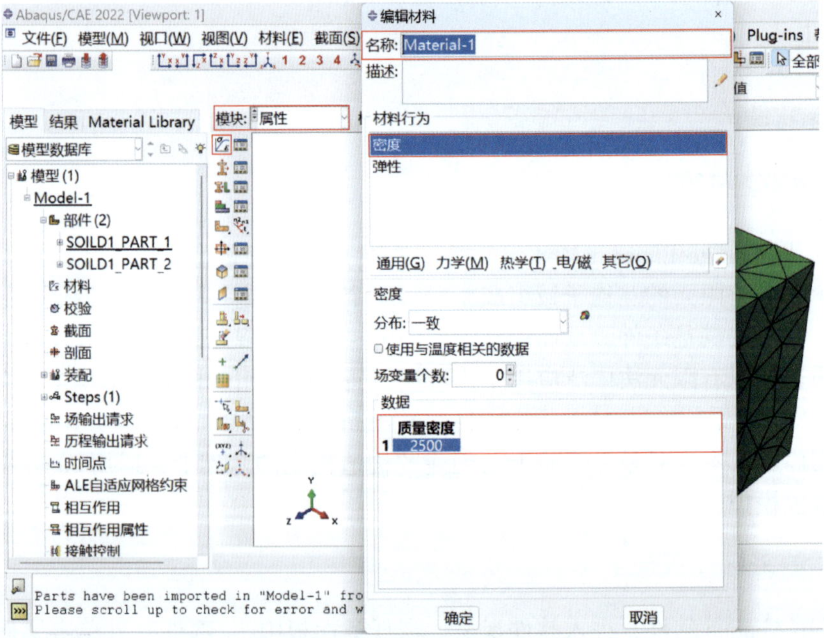

图 18.2 材料属性设置界面

栏中的“质量密度”下方文本框中输入“2500”。

在“编辑材料”对话框（图 18.3）中，选择“力学”选项卡，添加“弹性”选项，在“材料行为”栏中选择“弹性”选项；在“数据”栏中的“杨氏模量”下方文本框中输入“5e11”，“泊松比”下方文本框中输入“0.3”。

在“编辑材料”对话框（图 18.4）中，选择“力学”选项卡，添加“塑性”选项，在“材料行为”栏中选择“塑性”；在“数据”栏中的“屈服应力”下方文本框中输入“2e8”，“塑性应变”下方文本框中输入“0”。单击“确定”按钮，完成材料的属性设置。

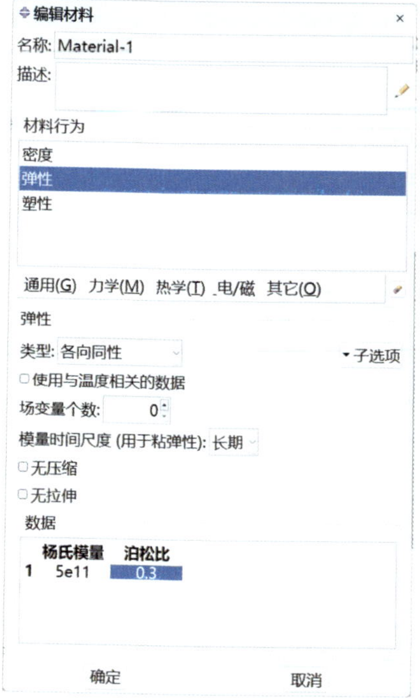

图 18.3 “编辑材料”对话框（一）

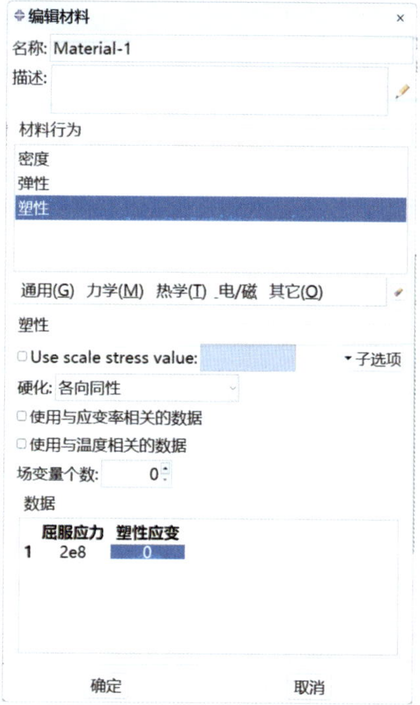

图 18.4 “编辑材料”对话框（二）

3）单击按钮（“创建截面”按钮），弹出“创建截面”对话框（图 18.5 中）。在“创建截面”对话框中，选择“实体”单选按钮，“类型”栏选择“均质”选项。单击

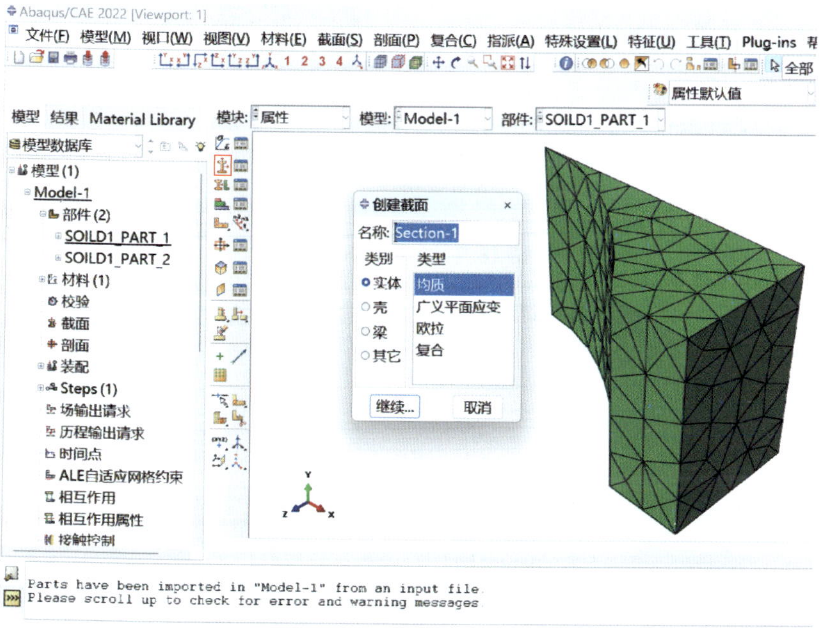

图 18.5 “创建截面”设置界面

“继续...”按钮，弹出“编辑截面”对话框（图 18.6）。在“编辑截面”对话框中，单击“确定”按钮。

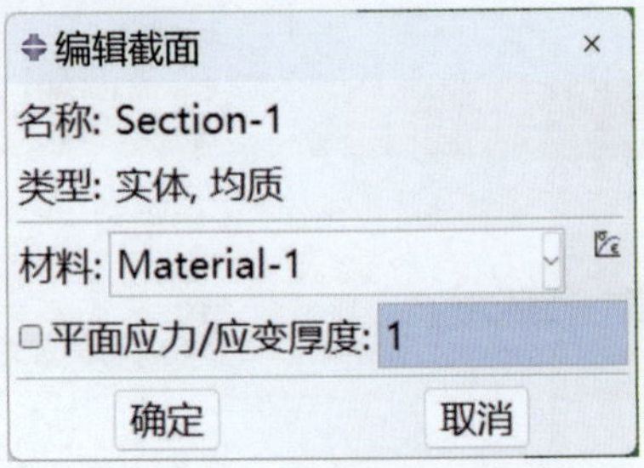

图 18.6 “编辑截面”对话框

4）单击按钮（“指派截面”按钮），长按鼠标左键框选整个模型，单击视窗中“完成”按钮（图 18.7），弹出“编辑截面指派”对话框（图 18.8），再单击“确定”按钮。

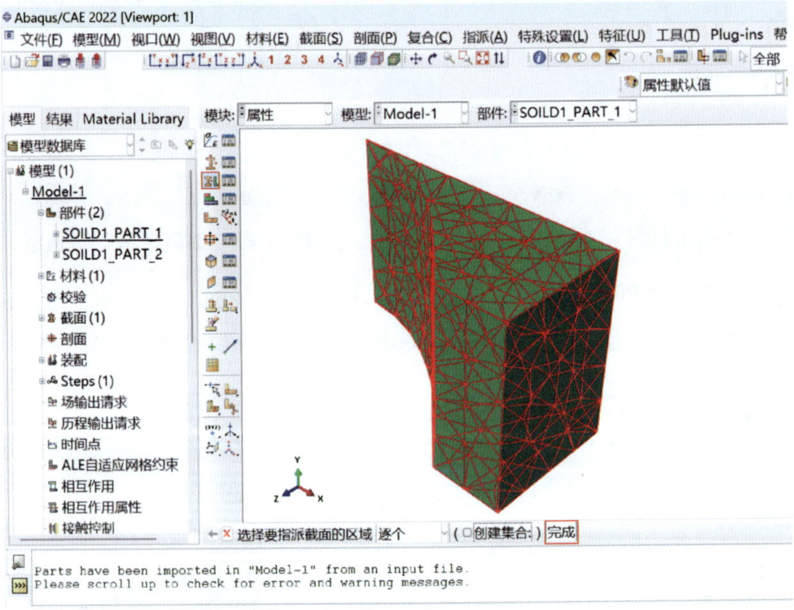

图 18.7 指派截面界面

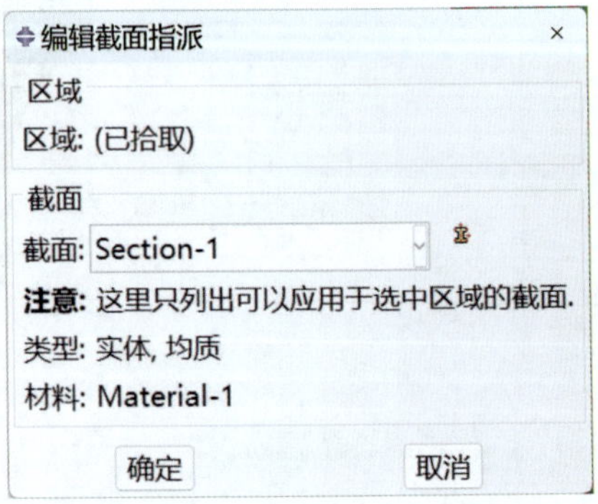

图 18.8 “编辑截面指派”对话框（一）

5）在图 18.9 界面中，在部件中选择第二个部件，重复上述步骤赋予这个部件相同的属性。应注意的是在“编辑截面指派”对话框（图 18.10）中，“截面:”栏下拉选项中应选择“Section-2”选项。

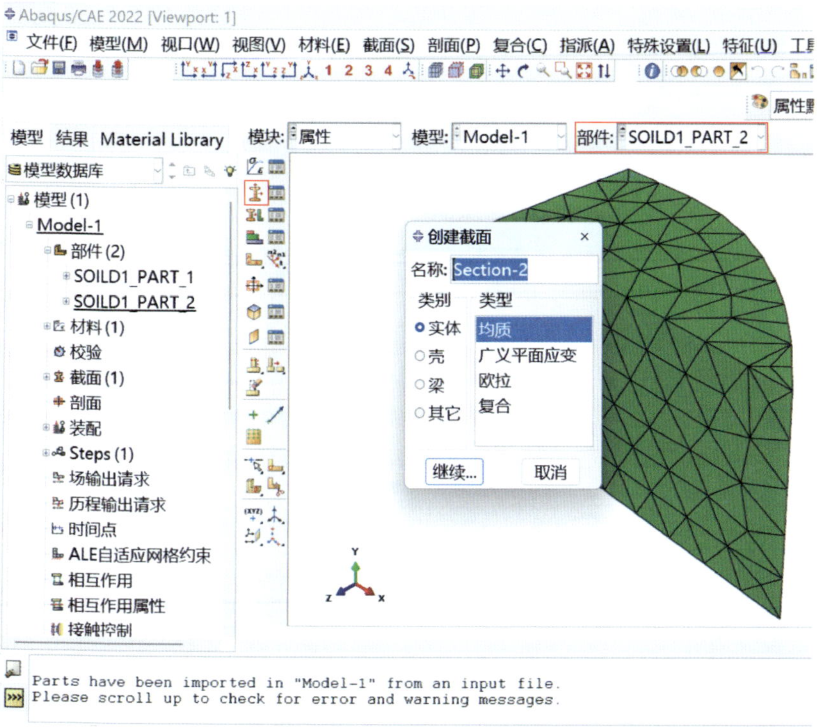

图 18.9 “创建截面”设置界面

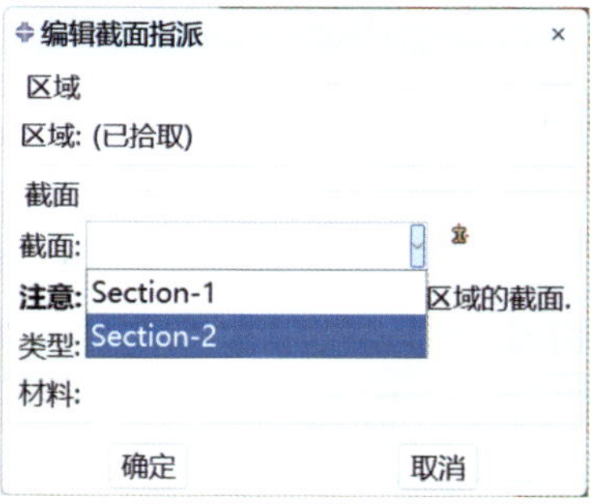

图 18.10 “编辑截面指派”对话框（二）

（二）模型装配

在“模块”下拉选项中选择“装配”选项。鼠标左键单击按钮（“创建实例”按钮），弹出“创建实例”对话框（图 18.11 中）。在视窗中长按 shift 键，单击鼠标左键选中两个模型，再单击“确定”按钮，完成模型的装配。

（三）创建分析步

1）在“模块”下拉选项中选择“分析步”。鼠标单击按钮（“创建分析步”按钮)，弹出“创建分析步”对话框（图 18.12 中）。在“创建分析步”对话框中，选择“动力、显式”，然后单击“继续…”按钮，弹出“编辑分析步”对话框（图 18.13）。在“编辑分析步”对话框中的“时间长度:”栏中输入“0.1”，然后单击“确定”按钮。

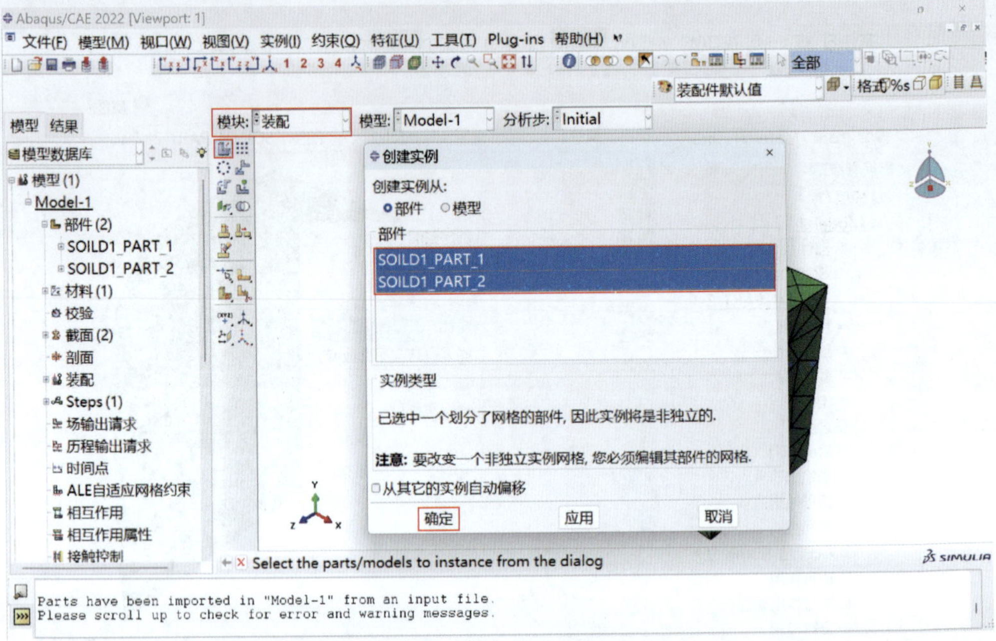

图 18.11　模型装配界面

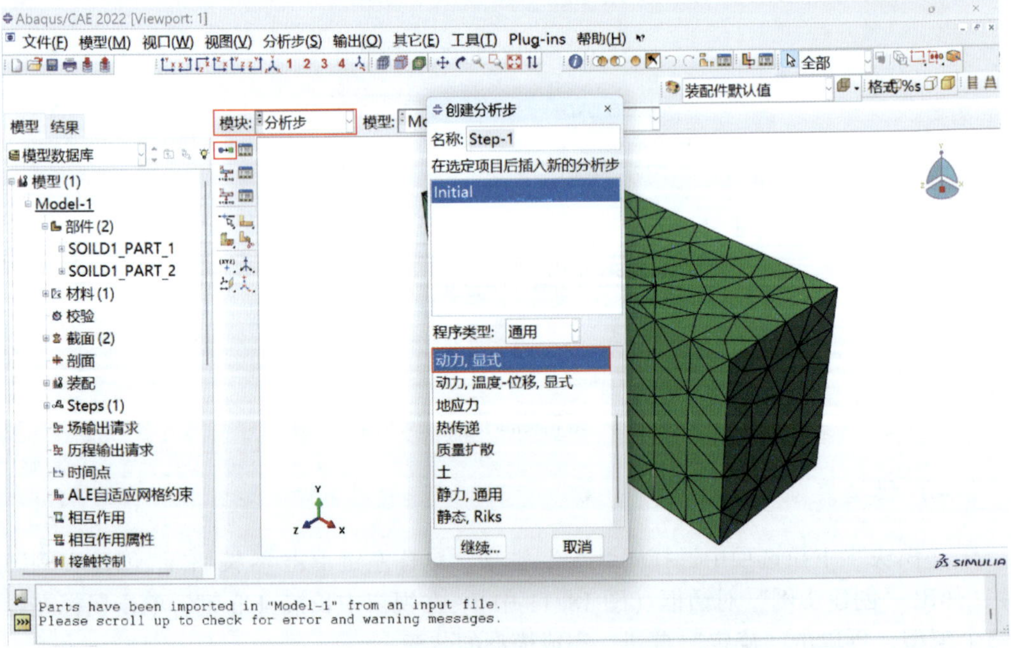

图 18.12　“创建分析步”界面

2）单击按钮（“场输出管理器”按钮），弹出“编辑场输出请求管理器”对话框（图 18.14 中）。单击“编辑…”按钮，弹出“编辑场输出请求”对话框。在“编辑场输出请求”对话框中的“频率:”栏下拉选项中选择“每 x 个时间单位”,“X:”栏中输入“0.001”,单击“确定”按钮。

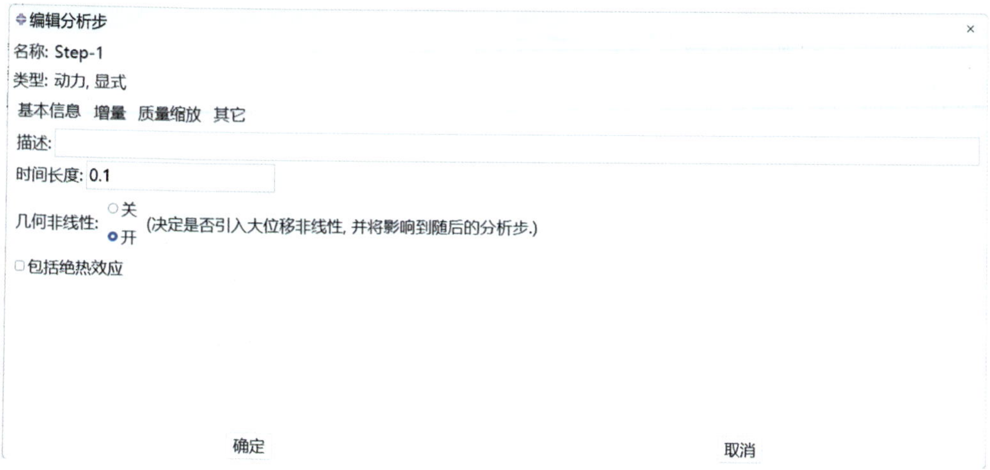

图 18.13 “编辑分析步”对话框

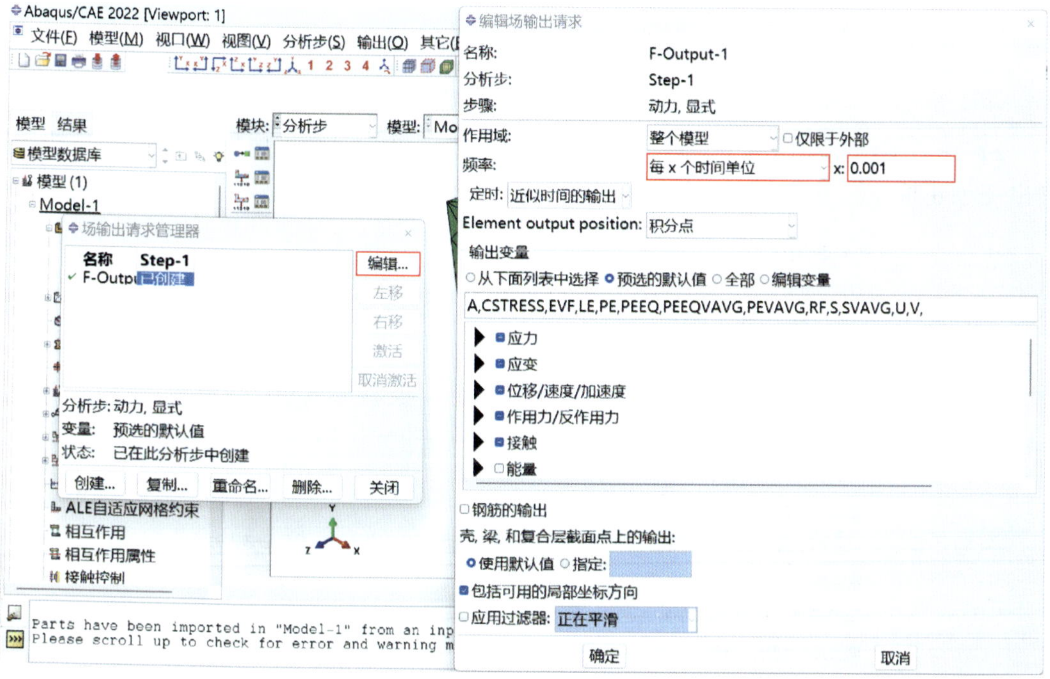

图 18.14 “编辑场输出请求”管理器

(四) 创建相互作用

1) 在“模块”下拉选项中选择“相互作用”。鼠标左键单击按钮(“相互作用”按钮),弹出“创建相互作用”对话框(图 18.15)。在“创建相互作用”对话框中的“分析步:”下拉选项中选择“Initial”,“可用于所选分析步的类型”栏中选择“通用接触(Explicit)”。单击“继续…”按钮,“创建相互作用”对话框变为“编辑相互作用”对话框(图 18.16)。

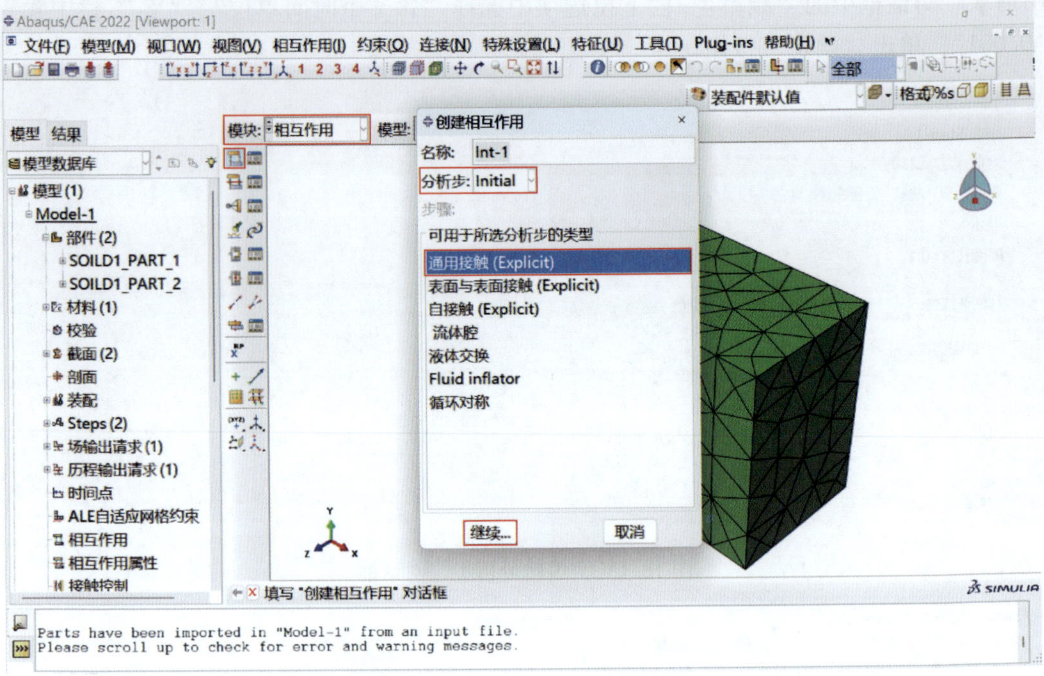

图 18.15 “创建相互作用”界面

2）在“编辑相互作用”对话框（图 18.16）中，单击“全局属性指派”栏 按钮，弹出“创建相互作用属性”对话框（图 18.17）。

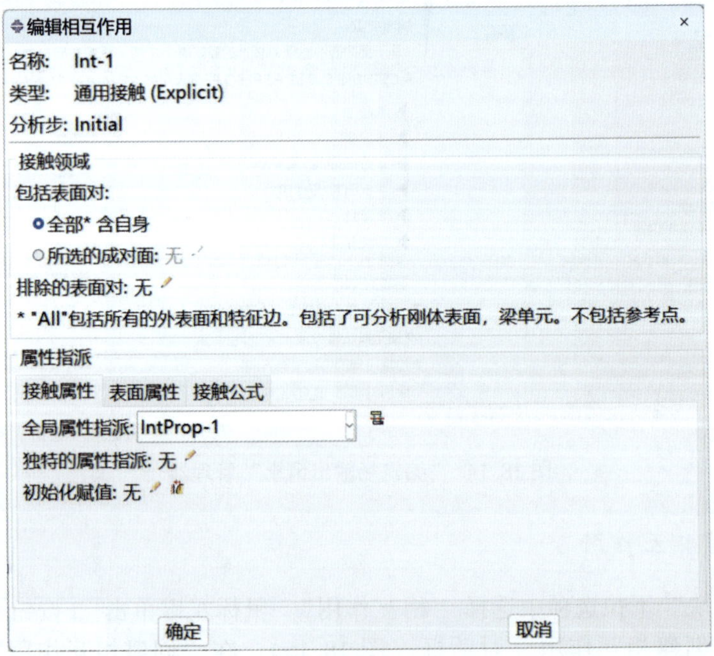

图 18.16 “编辑相互作用”对话框（一）

3）在“创建相互作用属性”对话框（图 18.17）的“类型”栏中选择“接触”。单击“继续...”按钮，弹出“编辑接触属性”对话框（图 18.18）。

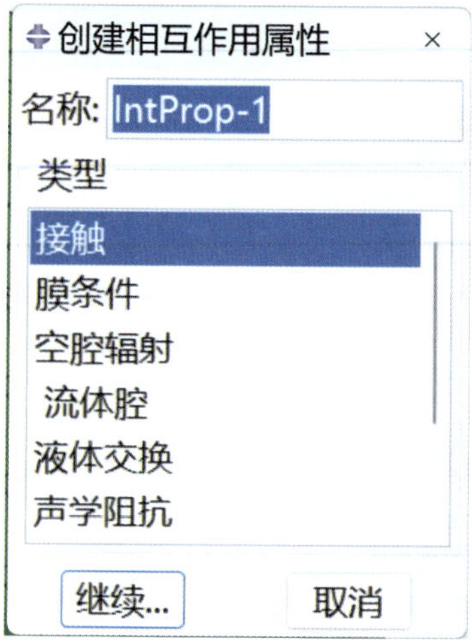

图 18.17 “创建相互作用属性”对话框

图 18.18 “编辑接触属性”对话框

4）在“编辑接触属性”对话框（图 18.18）中的“接触属性选项”栏中选择“切向行为”，“摩擦公式:”下拉选项中选择“罚”，“摩擦系数”下方文本框中输入“0.8”。单击“确定”按钮，回到“编辑相互作用”对话框，并在“全局属性指派”栏下拉选项中选择刚创建的接触条件“IntProp-1”（图 18.19）。

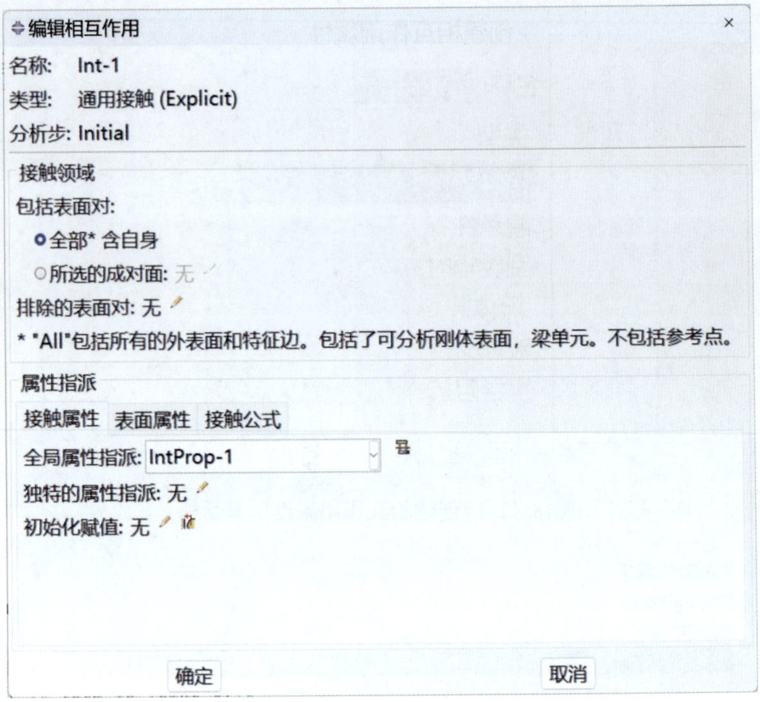

图 18.19 “编辑相互作用”对话框（二）

（五）创建边界条件

1）在“模块”下拉选项中选择“载荷”。单击 ▤ 按钮（“关闭透视”按钮），再单击 ⊾ 按钮（“创建边界条件”按钮），弹出“创建边界条件”对话框（图 18.20）。

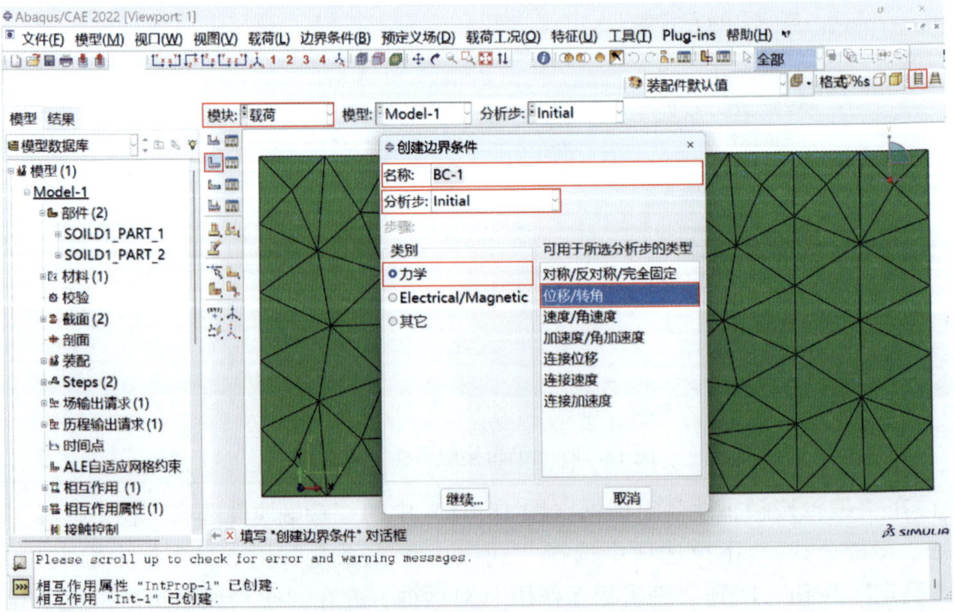

图 18.20 “创建边界条件”界面

2）在“创建边界条件”对话框的“名称:”栏中输入“BC-1”，“分析步:”下拉选项中选择“Initial”，“类别”栏中选择“力学”单选按钮，“可用于所选分析步的类型”栏中选择“位移/转角”选项。单击“继续…”按钮，弹出“编辑边界条件”对话框（图 18.21）。

图 18.21 “编辑边界条件”对话框（一）

3）在“编辑边界条件”对话框中，勾选“U2”复选框，单击“确定”按钮。在视窗界面中单击按钮（“XOY”按钮）；在 *XOY* 平面中长按 shift 键，通过鼠标框选上部、下部边界节点（图 18.22）。单击“完成”按钮。

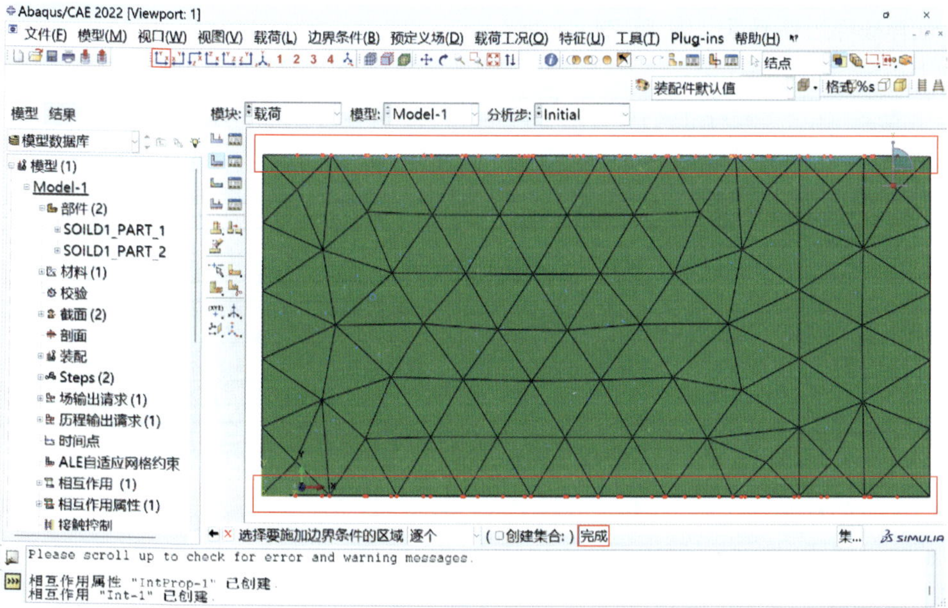

图 18.22 边界选择界面（一）

4）重复上述操作，在“创建边界条件”对话框的“名称:”栏中输入“BC-2”，“分析步:”下拉选项中选择“Initial”，“类别”栏中选择“力学”单选按钮，“可用于所选分析步的类型”栏中选择“位移/转角”选项。单击“继续…”按钮，在弹出“编辑边界条件”对话框中，勾选“U1”复选框，单击“确定”按钮。在视窗界面中单击按钮（“XOY”按钮）；在*XOY*平面中长按shift键，通过鼠标框选右部边界节点（图18.23）。单击“完成”按钮。

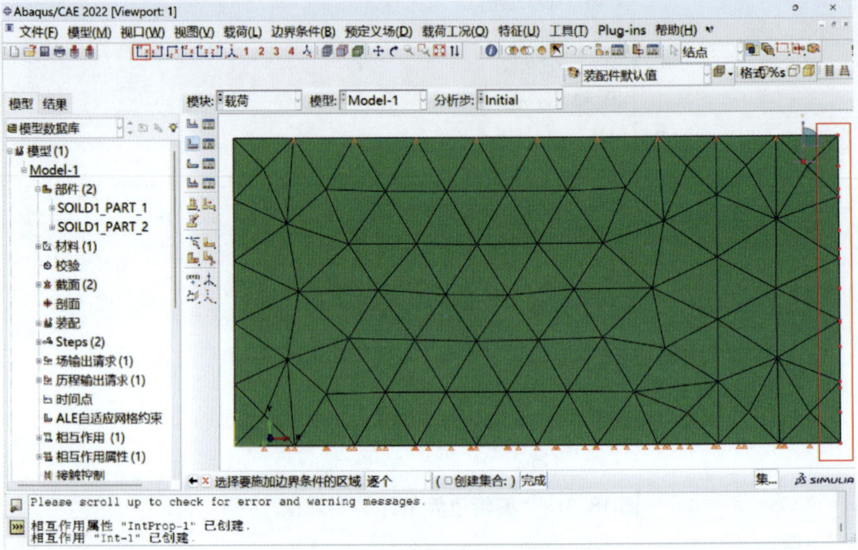

图18.23　边界选择界面（二）

5）重复上述操作，在“创建边界条件”对话框的“名称:”栏中输入“BC-3”。在“编辑边界条件”对话框中勾选“U3”复选框。在视窗界面中单击按钮（“XOZ”按钮），选择底部边界节点（图18.24）。

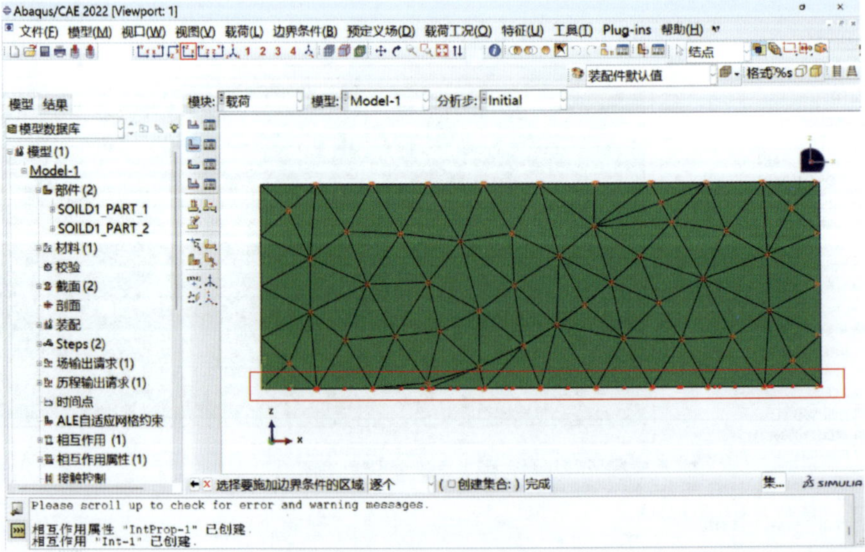

图18.24　边界选择界面（三）

6）在“创建边界条件”对话框的“名称:”栏中输入“BC-4”，“分析步:”下拉选项中选择“Step-1”，“类别”栏中选择“力学”单选按钮，“可用于所选分析步的类型”栏中选择“位移/转角”选项。单击“继续...”按钮，弹出“编辑边界条件”对话框（图 18.25）。

7）在“编辑边界条件”对话框（图 18.25）中，勾选“U1:”复选框，在“U1:”栏文本框中输入数值“6”，单击按钮（“创建幅值”按钮），弹出“创建幅值”对话框（图 18.26）。

8）在“创建幅值”对话框（图 18.26）中，“名称:”栏文本框输入幅值名称“Amp-1”，选择“平滑分析步”单选按钮。单击“继续...”按钮，弹出“编辑幅值”对话框（图 18.27）。

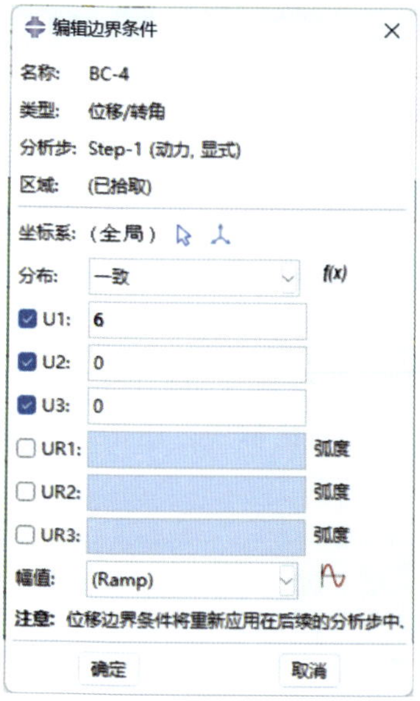

图 18.25 “编辑边界条件”对话框（二）

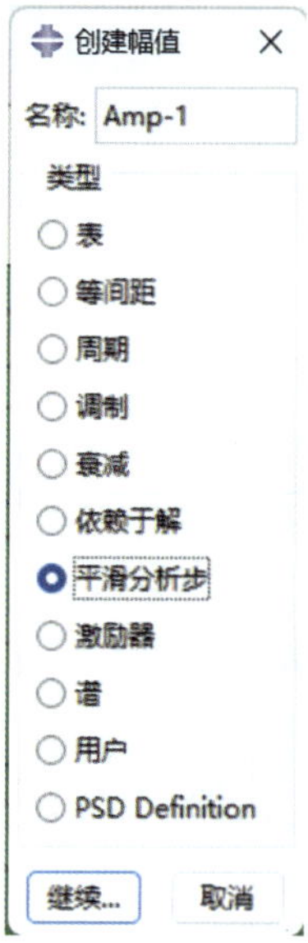

图 18.26 “创建幅值”对话框

9）在“编辑幅值”对话框（图 18.27）中，“幅值”栏下方文本框中输入数值“1”。单击“确定”按钮，返回到“创建幅值”对话框。关闭“创建幅值”对话框，返回到“编辑边界条件”对话框。在“编辑边界条件”对话框中，“幅值:”栏下拉选项中选择刚创建的幅值名称“Amp-1”，单击“确定”按钮退出对话框。

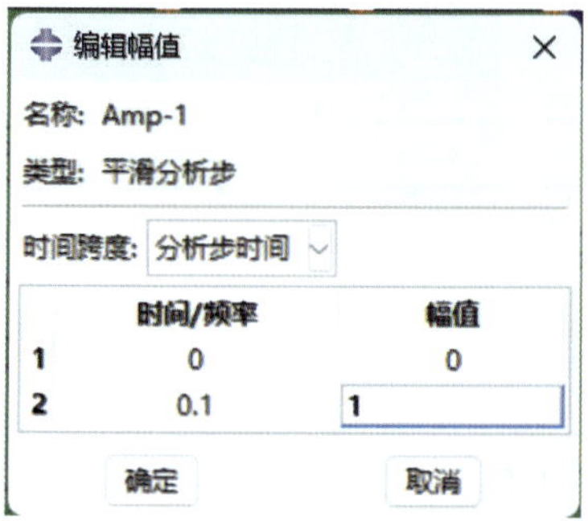

图 18.27 “编辑幅值”对话框

10）在视窗中，单击按钮（“XOZ”按钮），选择左侧边界节点（图 18.28）。

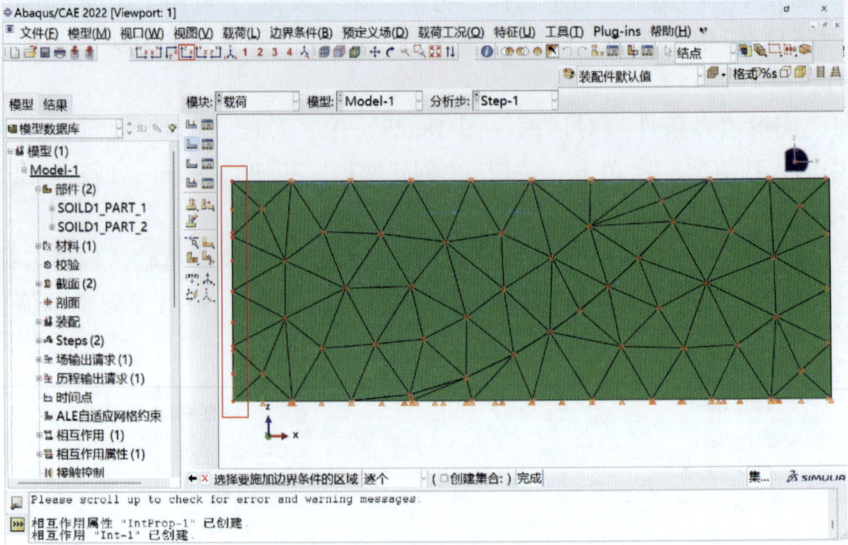

图 18.28　边界选择界面（四）

（六）创建作业

1）在“模块”下拉选项中选择“作业”。单击按钮（“创建作业”按钮），弹出“创建作业”对话框（图 18.29 中）。在“创建作业”对话框中，单击“继续…”按钮，弹出“作业管理器”对话框（图 18.30）。

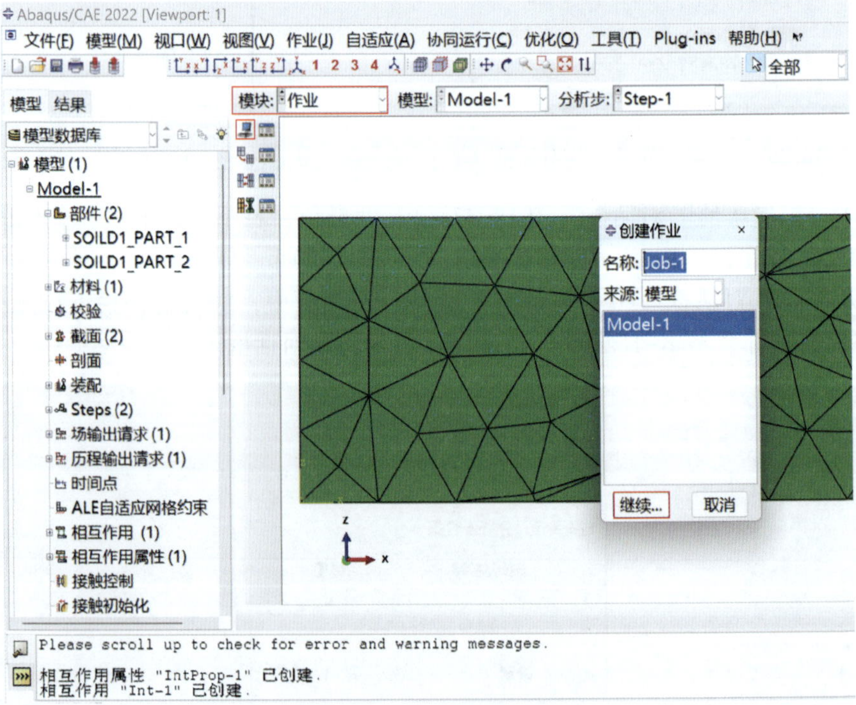

图 18.29　创建作业界面

2）在“作业管理器”对话框（图 18.30）中，单击“提交”按钮，开始进行计算，计算完成之后可单击“结果”按钮显示计算结果。

图 18.30 “作业管理器”对话框

3）下拉选项中选择“PEEQ”，单击按钮，单击按钮，呈现出数值模拟三维模型动态图（图 18.31）。

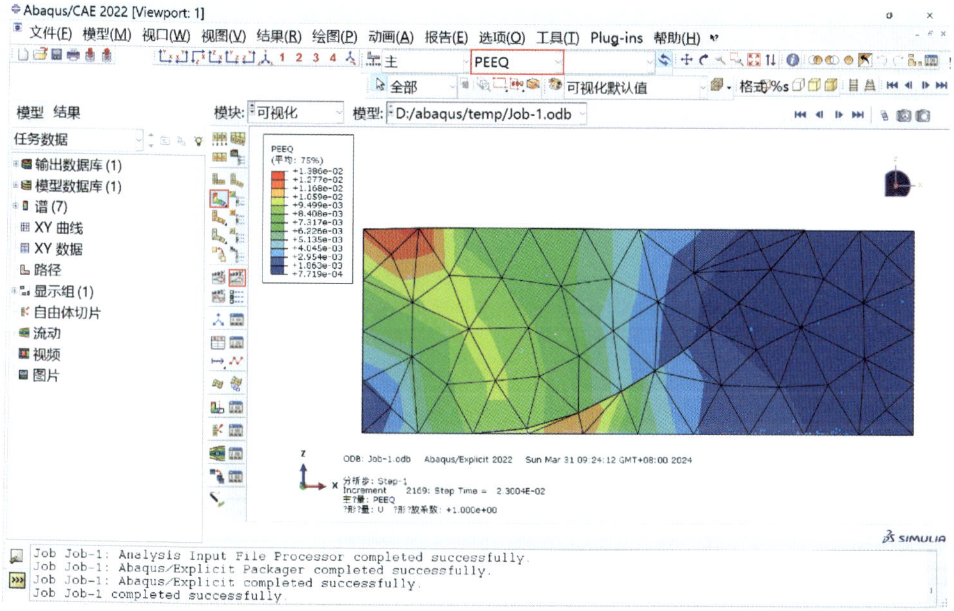

图 18.31 数值模拟结果图

主要参考文献

郭福生，谢财富，邓居智，等，2017. 矿田三维地质调查方法与实践——以江西相山火山盆地为例［M］. 北京：科学出版社.

郭福生，吴志春，李祥，等，2018. 江西相山火山盆地三维地质建模的实践与思考［J］. 地质通报，37（2-3）：421-434.

李祥，吴志春，郭福生，等，2020. 三维地质建模方法解析［M］. 北京：中国原子能出版社.

吴志春，郭福生，郑翔，等，2015. 基于PRB数据构建三维地质模型的技术方法研究［J］. 地质学报，89（7）：1318-1330.

吴志春，郭福生，姜勇彪，等，2016a. 基于地质剖面构建三维地质模型的方法研究［J］. 地质与勘探，52（2）：363-375.

吴志春，郭福生，林子瑜，等，2016b. 三维地质建模中的多源数据融合技术与方法［J］. 吉林大学学报（地球科学版），46（6）：1895-1913.

吴志春，郭福生，张万良，等，2020a. 江西乐安相山火山盆地多源数据融合三维地质建模［J］. 桂林理工大学学报，40（2）：310-322.

吴志春，郭福生，周万蓬，等，2020b. 矿集区多源数据融合建模技术方法［M］. 北京：地质出版社.

吴志春，郭福生，李菊红，等，2023. 矿山三维建模及其数据预处理方法——以GOCAD平台为例［M］. 北京：地质出版社.

张洋洋，周万蓬，吴志春，等，2013. 三维地质建模技术发展现状及建模实例［J］. 东华理工大学学报（社会科学版），32（3）：403-409.

郑翔，吴志春，张洋洋，等，2013. 国外三维地质填图的新进展［J］. 东华理工大学学报（社会科学版），32（3）：397-402.

周放，王保弟，贺娟，等，2022. 云南北衙斑岩-矽卡岩金铜矿床三维可视化建模与应用［J］. 中国地质，49（1）：241-252.

MALLET J L，1989. Discrete smooth interpolation［J］. ACM Transaction on Graphics，8（2）：121-144.

MALLET J L，1997. Discrete modeling for natural objects［J］. Mathematical Geology，29（2）：199-218.

MALLET J L，2004. Space-time mathematical framework for sedimentary geology［J］. Mathematical Geology，36（1）：1-32.